结构优化设计
——探索与进展(第2版)

Structural Optimization
——Exploration and Development

王 栋 著

国防工业出版社
·北京·

内 容 简 介

本书将系统地阐述一种简单实用、且行之有效的结构优化算法，即广义"渐进节点移动法"。该方法适用于结构静力学和动力学领域的多种优化设计问题，特别是结构的形状优化设计问题，结构性能约束条件包括变形、应力、弯矩、局部稳定、固有振动频率、频响函数以及总体质量等。

本书主要介绍杆系结构（桁架或框架结构）的形状、形状与尺寸，梁、板结构支承刚度和位置，以及附加集中质量位置等不同方面优化设计问题。其中，支承位置的优化和附加集中质量位置的优化属于边界优化设计范畴，过去相关研究开展得不多，目前仍存在许多问题有待进一步深入研究。在解决各种结构，如桁架、刚（框）架、薄板等优化设计问题的同时，书中也将介绍相关内容的一些基础理论知识、分析策略和应用特点。

本书可作为航空、力学、结构工程等相关专业高年级本科生、研究生的教学用书，也可作为从事相关专业的设计与工程技术人员的参考用书。

图书在版编目（CIP）数据

结构优化设计：探索与进展／王栋著．—2版．—北京：国防工业出版社，2018.6
ISBN 978-7-118-11601-4

Ⅰ．①结…　Ⅱ．①王…　Ⅲ．①结构设计－最优设计
Ⅳ．①TU318

中国版本图书馆CIP数据核字（2018）第115037号

※

国防工業出版社出版发行
（北京市海淀区紫竹院南路23号　邮政编码100048）
三河市天利华印刷装订有限公司
新华书店经售
*
开本 787×1092　1/16　**印张** 19½　**字数** 440千字
2018年8月第1版第1次印刷　**印数** 1—4000册　**定价** 42.00元

（本书如有印装错误，我社负责调换）

国防书店：（010）88540777　　发行邮购：（010）88540776
发行传真：（010）88540755　　发行业务：（010）88540717

前　　言

结构优化设计(Structural Optimization)是一门包含计算数学、计算结构力学以及工程学等诸多学科知识交叉与融合的综合性学科。自20世纪50年代以来,随着科学计算技术,特别是有限元计算技术和电子计算机软硬件的迅速发展,结构优化设计理论和优化算法得到了巨大的进步和发展,并且越来越受到工程设计人员的重视。在实际结构设计工程中,优化设计技术已经得到广泛的应用。本书是关于结构优化设计理论及其应用的学术著作,其中包括了大量的理论分析、推导过程和数值计算工作。

作者长期从事结构优化设计教学和相关课题的研究工作,对工程结构静、动力学形状优化设计、形状与尺寸组合优化设计、结构支承布局(位置和刚度)优化设计以及附加非结构集中质量位置动力学优化设计进行了系统地研究。对这些结构优化设计所涉及的对变量的一阶导数(即灵敏度)计算分析和方法、结构优化设计准则进行了广泛而详细的研究。基于离散有限元基本知识,推导了灵敏度计算的理论公式,克服了以往认为设计变量一阶导数计算复杂的问题,从而极大地改善了结构优化设计的效率,完善了结构优化设计理论体系。本书便是这一时期教学经验和科研成果积累和总结。

本书共分三部分。第一部分(第1章和第2章)简单阐述结构优化设计的基础知识,详细分析几种典型有限单元的基本特性(如单元刚度、质量矩阵)在空间总体坐标系中的表达公式等。同时也获得了单元刚度、质量矩阵对截面积和节点坐标的一阶导数计算公式,为随后进行的设计变量灵敏度分析和结构优化设计做必要的准备。由于有限元方法计算精度高、适应性强、计算格式规范统一,因此本书中的大部分优化设计工作都是建立在有限元理论基础之上。

第二部分(第3章~第6章)详细介绍结构静力学形状优化设计、形状与尺寸组合优化设计、结构支承位置优化设计基础理论知识,详细推导了离散桁架结构的节点位移,相对结构形状控制节点的坐标(位置)或杆件截面积的一阶导数(灵敏度)计算公式。梁、薄板结构的变形相对支承位置的一阶导数,以及框架结构的内力(弯矩)相对节点坐标或支承位置一阶导数的计算方法和策略。同时重点介绍作者提出的广义“渐进节点移动”优化算法,其本质是每次循环只修改少数对目标函数和约束函数都有较高设计效率的变量。在部分章节的附录里,我们还将从理论上证明所推导的计算公式和结果的正确性。

第三部分(第7章~第12章)详细介绍结构动力学优化设计的基础理论知识,分析了动力学约束的可行域和重频灵敏度的特性,主要考虑了结构的固有频率特性,优化设计了离散桁架结构的截面尺寸、形状及其组合,梁、薄板结构支承的位置和刚度,以及附加非结构集中质量位置等。利用广义“渐进节点移动”优化算法,在灵敏度分析与计算的基础上,成功对以上结构进行了优化设计。

本书的研究工作先后得到了国家自然科学基金(50575181)、航空科学基金

(03B53006,2007ZA53002)和西北工业大学博士论文创新基金(200228)等项目的资助和大力支持。同时,在此还要感谢西北工业大学教材出版基金对本书顺利出版给予的资助。作者特别感谢国防工业出版社在本书编辑出版过程中给予的帮助和支持。

由于作者的水平有限,书中难免会存在一些不妥之处,恳请读者不吝指正,以便提高作者的知识水平。

作者

2012 年 12 月

第2版前言

《结构优化设计——探索与进展》第1版自2013出版后，经历了五年的教学与实践。根据作者在教学过程中发现的问题和积累的经验，并广泛吸取广大读者提出的宝贵意见和建议，这次对第一版的内容做了部分修改。对书中出现的一些错误和不足，都一一给予纠正和补充，对某些问题和公式作了更详细的说明和推导。并增加了一些作者最新的研究成果：第11章和第14章。

在此，向关心本书和对第1版提出的宝贵意见和建议的热心读者表示衷心的感谢。

本书的再版得到了西北工业大学研究生高水平课程建设项目的大力支持，在此深表感谢。

作者

2018年1月

目　　录

第1章 绪 论

1.1 结构优化设计概述

优化设计的概念源自于人类的社会生产实践活动。小到一个产品,大到一项工程,当设计方案未能满足特定的规范或人们预先所期望的要求时,设计者往往会根据前人或自己的经验和知识积累,遵循一定的寻优思想和法则,采用各种方法和手段,不断修改设计模型和设计参数,改善产品或工程结构的性能指标,使设计效果达到最佳。

从数学上讲,所谓优化就是求函数的极大值或极小值。这种极值问题可以是有约束的,即满足一定条件的极值问题,也可能是无约束的。但是,这种无约束的极值只是相对的,实际上并不存在绝对的无约束情况。对于一个工程结构而言,通常是在一定的设计和性能限制条件下,按照特定的性能评价指标寻求最佳的设计方案。这里的评价指标可以是工程结构的造价、运行维护费用、质(重)量、静力或动力性能以及响应等。通常,结构优化的定义是在设计参数的取值范围内,选取一组特定的值,使结构以最小的质量或造价达到所需的功能。

过去,由于缺乏理论分析作指导,在设计方案修改过程中,人们经常采用试凑的方法(Trials and Errors),或通过对若干种设计方案进行直接对比,最终选定“最优”的方案。这时,设计者的经验和直观判断就显得尤为重要。有时甚至依靠设计者的某种独特才智和灵感,才可能使设计方案得到有效改进。因此有人把“优化”工作看成是一门“艺术”而非“技术”,认为寻优过程无规律和法则可以遵循[1]。然而,这种仅凭设计者经验或灵感选优的方法,常常带有一定的盲目性和局限性。所选的“最优”设计,可能仅仅是一种改进,只是若干种设计方案中的较优者,并非最优设计。然而对一些复杂问题,有时甚至还无法获得“最优”设计。

与传统优化设计方法不同,现代结构优化设计方法是建立在理论分析基础之上的一项科学技术[1]。它将结构分析、计算力学、数学规划方法、计算机科学和数值计算技术等多种学科的理论和知识融于一体,借助于科学的计算方法和工具,自动完成设计方案或模型的寻优过程。因此,结构优化设计既是传统设计的扩展与延伸,也是现代创新设计领域中的重要核心技术与定量设计方法。它使得设计者由被动的分析与校核,转变为主动的设计与控制。随着优化理论和优化算法的不断发展和进步,结构分析和计算机技术已广泛应用于结构优化设计领域。这种优化设计方法把设计要求和设计目标,如结构的体积、质量、位移、应力、应变、内力、频率、振型、频响函数、动响应等,都以数学公式的形式表达出来,并通过专门的计算机分析软件实现结构的优化设计。现代结构优化设计技术具有明确的数学理论基础、力学分析特点和优化设计准则,而设计者的经验似乎无从发挥作用。其实,结构优化设计仍然需要设计人员的经验和智慧。其经验主要反映在两个方面:

一是包含在优化设计软件开发中,即开发者将经验和才智置入软件之中;二是使用者将优化设计经验体现在优化设计软件的使用过程中[2]。

结构优化设计技术,又称为结构设计综合(Design Synthesis)技术,是目前工程结构设计领域中一个比较活跃的研究课题。由于它是结构分析的逆问题,是计算力学的进一步延伸和升华,因此在实际工程中有着广泛的应用前景和价值,吸引了世界上众多的科研人员致力于优化理论和优化技术的研究与开发[3]。自20世纪60年代以来,经过大家多年不懈的努力和实践,结构优化设计已取得了非常丰硕的研究成果,优化技术已成为工程领域中一个强大的设计方法。为满足实际工程需要,许多商业化结构计算分析软件,如Nastran、Ansys或Abaqus等,都配有独立的优化设计模块。与此同时,人们还开发了许多通用的优化设计软件,如DDDU[3]、OptiStruct[4]、BOSS - QUATTRO[5]等。

结构优化设计的主要方法是数学规划法和优化准则法两大类。数学规划方法理论基础比较强,适应性好,使用方便,几乎能处理各种类型的变量、约束条件、目标函数以及受力状况等。优化准则法虽然计算效率比较高,概念直观,但它的通用性相对要弱一些,对不同性质的问题需建立不同类型的优化准则,而且还需要优化设计人员有一定相关专业的基础知识。在解决实际结构的优化设计时,由于大多数优化问题都是非线性的,因此两种方法都需要不断重复地计算设计约束函数和目标函数值,甚至还需要计算它们对设计参数的一阶或二阶导数信息。对于大型复杂系统,这种重复计算有时可能需要成百上千次,导致优化过程持续时间很长,计算成本很高。此外,除非问题本身是一个凸规划,否则,这样得到结构优化设计,还不能保证一定是全局性的最优解。优化过程不得不从多个初始点重新开始,以便能够对各个优化设计结果进行比较,最终获得全局最优解[6]。

结构优化设计离不开结构的力学分析与计算。在一定外载荷作用下,根据结构的受力特点和规律,确定最优设计结构的性能和响应必须满足的规范要求。这些要求(或者说约束)包括结构变形(刚度)、应力(强度)、固有振动频率、局部或总体稳定性以及材料利用率等诸多方面。在过去相当长的一个时期内,结构优化设计研究主要依靠变量微(积)分法或变分原理,创建优化设计必须满足的状态控制方程。虽然这种理论分析方法能够提供一般性优化设计的通解,对深入理解和分析优化结果及其意义有很大的帮助。但由于优化问题本身的多样性和复杂性,这种方法只能处理边界条件、受力状况以及结构形式都非常简单的问题,因此其研究范围和推广应用受到极大的限制。计算机技术的飞速发展和商用结构分析软件的广泛开发和利用,对结构优化设计的研究和发展起到了极大的推动作用。现在,对于大型复杂结构的优化设计问题,完全可以借助有限元分析的强大数值计算功能来得到解决。同时,也使许多独特的优化理论和优化算法得到广泛的应用。目前,结构优化设计仍处在快速发展阶段,还有许多理论和技术问题迫切需要解决。

有限元技术是目前工程结构设计非常强大的分析、计算工具。充分利用商业化有限元通用分析软件资源,如Ansys、Nastran或Abaqus等,完成结构的建模、力学分析计算和结果图形显示等。通过二次开发技术,获取商业软件结构分析的计算结果,并完成设计变量的灵敏度计算、优化设计和模型修改等工作。采用这种策略所开发的程序,工作量小,结果可靠,且具有较强的可移植性。只要对程序接口略做改动,既可连接到其它有限元通用商业软件上。

本书主要引用作者近十几年的研究成果,所介绍的内容和算例侧重于优化设计原理和技术在实际工程中的应用。受篇幅所限，对于结构优化设计的基本概念及其理论分析过程，这里只引用相关的结果，不再做详细的阐述和推导，有关的知识在其它一些相关书籍中都有详细的介绍[1,7]。本书系统地介绍和分析一种简单、实用且行之有效的结构优化新算法，即广义“渐进节点移动法”（Generalized Evolutionary Node Shift Method）。该方法可以应用于结构静力学和动力学领域的多种优化设计问题，特别是结构的形状优化设计问题。优化设计目标或约束条件包括结构变形、弯矩、应力、应变、局部和总体失稳载荷、固有振动频率以及振型等。该优化算法以设计变量灵敏度分析与计算为基础，首先由灵敏度信息确定设计搜索方向，然后沿搜索方向修改设计变量，通过不断改进设计模型，使结构性能逐渐达到最优状态。在随后各章解决各种结构，如桁架、刚架、薄板等优化设计问题的同时，我们将逐渐揭示这种方法的基本概念、理论基础和实际应用特点。

1.2 结构优化设计数学模型

对于一个工程结构优化设计问题，首先必须用与结构的性能密切相关的基本设计参数，对结构进行数学建模。其中，有一些参数根据设计要求是可以调整改变的，需要在优化求解过程中被确定。在这一部分参数中，只有线性独立的设计参数才被称为“设计变量”。优化的目的就是要在满足预先指定的限制条件中，寻找出这些设计变量的最佳组合。这些待定的设计参数可以是构件的长度、截面尺寸或特征量（如面积或惯性矩），膜、板壳的厚度，一些关键节点的坐标，一定设计区域内材料分布的存在与否，或是附加构件（附加集中质量或支承弹簧）的位置等。一般情况下，这些设计变量可以是连续变化的。然而，由于工程实际情况的限制，人们很少能得到真正意义上的连续变量。例如，杆件的截面形状和尺寸或板的厚度必须从一组预先定义的离散数值中（如材料表）选取。此时设计变量是非连续变化的参数，这就极大地增加了问题的求解困难。包含离散变量的优化设计问题，分支定界法是实际工作中应用较多的方法之一[1,6]。为了降低求解工作的难度和复杂性，在大多数优化设计问题中，通常暂时不考虑设计变量的离散属性，先将其按连续变量进行处理和设计。一旦获得了优化解，可将最接近的离散值作为设计变量的最终取值[1,2]。

按照变量的性质，可以将设计变量分成以下五类：

(1) 材料性能设计变量，如弹性模量 E；

(2) 构件尺寸设计变量，如杆件横截的宽或高，横截面积 A；

(3) 构件长度设计变量，如杆件的长度 L；

(4) 结构形状设计变量，如结构构型控制节点的位置；

(5) 结构拓扑设计变量，如代表材料存在的量。

设计变量、目标函数和约束条件，是结构优化设计工作的三个基本要素。在优化问题中，至少应有一个能衡量设计效果优劣的量化指标，即优化设计所要追求的目标函数。例如，飞行器结构通常将结构质量作为设计指标，以结构质量最轻为目标函数。也可以用结构的体积或成本最小作为目标函数。同时优化问题还可能有一个或几个对结构性能和设计变量实施限制的约束函数，保证设计过程完成以后，结构能够正常地发挥作用。例如，强度准则就是结构设计最基本的设计限制。约束函数可以是设计变量的线性或非线性函数,甚至还可能是设计变量的隐函数。实际结构优化问题所涉及的目标函数和约束函数,基本上都是设计变量的非线性函数,即所谓的非线性优化问题。目标函数和约束函数可以是下列项目之一:

(1) 结构质量、体积或造价;

(2) 在规定的载荷条件下,结构指定点的变形或位移;

(3) 在规定的载荷条件下,指定构件中的内力(轴力、弯矩或剪力)或应力;

(4) 结构或构件的失稳载荷;

(5) 结构的固有振动频率或振型的节点;

(6) 在规定的动载荷条件下,指定点的动态响应或某一频段内的频响函数幅值。

根据实际问题的具体设计要求,以上几项的组(综)合或者由此自定义的函数,也常出现在结构优化问题中。

除了极简单的问题以外,一般情况下,有关结构的性能和响应,需要通过数值计算方法才能得到,而有限元法是最常用的数值分析方法。另外,如果优化设计只有一个目标函数,称为单目标优化问题。如果目标函数不止一个,并且这些目标之间还有一定的相互制约和耦合性,则称为多目标优化问题。多目标优化设计可以求得一组解集,该集合中的任何一个解,在所有目标上都不比其它解更差(好或更好),即多目标优化设计得到的是一组“非劣解”(Non-Inferior Solution),也称为 Pareto 解集(Pareto Optimum Set)。

结构优化设计的基本任务,就是寻求一组结构的设计变量的最优值,使之既满足约束条件又能使目标函数极小。最常见的单目标结构优化设计问题用数学公式表示如下①:

寻求所有设计变量的一组集合

$$\boldsymbol{X} = [x_1 \quad x_2 \quad \cdots \quad x_n]^{\mathrm{T}} \tag{1.1}$$

使目标函数

$$\min f(\boldsymbol{X}) \text{ 或 } \max f(\boldsymbol{X}) \tag{1.2}$$

且满足约束条件

$$g_i(\boldsymbol{X}) \leqslant 0 \quad (i = 1, 2, \cdots, m) \tag{1.3}$$

$$h_i(\boldsymbol{X}) = 0 \quad (i = m+1, m+2, \cdots, p) \tag{1.4}$$

$$x_j^l \leqslant x_j \leqslant x_j^u \quad (j = 1, 2, \cdots, n) \tag{1.5}$$

式中:$\boldsymbol{X}$ 为设计变量列向量;$f(\boldsymbol{X})$ 为目标函数;$g_i(\boldsymbol{X})$ 为不等式约束函数;$h_i(\boldsymbol{X})$ 为等式约束函数;x_j^l、x_j^u 为设计变量 x_j 取值的下限和上限。

如果一个设计点(或变量的列向量)$\boldsymbol{X} = [x_1 \quad x_2 \quad \cdots \quad x_n]^{\mathrm{T}}$ 能满足所有约束条件,则称其为可行解或可行点(Feasible Design Point),所有可行点组成的集合称为可行域(Feasible Domain)。使目标函数值最小(或最大)的可行解就是最优解。

建立结构优化的数学模型,是将实际工程中的优化设计问题转化为数学问题的一个非常重要的步骤。包括选择设计变量,确定目标函数,建立约束方程,充分反映设计方案

① 在本书中,一般字符代表标量,粗体字符代表向量或矩阵。

的内容和特点等。结构性能(态)的约束条件一般如同式(1.3)所示的不等式方程。通常,不等式约束函数将由全体设计变量构成的空间,分为可行域和不可行域两部分。最优设计可能在某个约束的可行域内部,也可能在可行域的边界上。而式(1.4)代表的等式约束表示设计空间的一个超曲面。除了一些极简单的结构,通常情况下结构的约束方程都难以用设计变量的显式表达。另外,设计变量之间也可能存在某种形式的联系,如保持结构的对称性等。式(1.5)表示的约束函数称为几何(或边界)约束(Side Constraint),限定了设计变量可选择的范围。它可以代表对结构设计、制造、工艺甚至美学等方面的某些特殊要求。为了提高优化算法的效率,降低问题的规模和难度,几何约束往往在结构优化过程中被单独处理。此外,虽然结构的平衡、连续以及协调性条件都没有直接显示在优化模型中,但它们在结构分析过程中必须首先得到满足。

目标函数与约束函数都是设计变量的函数,根据实际工程设计的需要,有时可对它们进行必要的互换(Interchange),以降低问题的难度。当对所追求的设计目标施加一定的限制并需要满足时,它将成为约束函数;相反,当寻求某个受约束的结构性能的极限值时,它即可成为目标函数。例如在结构动力优化设计时,为了防止结构可能与外激励发生危险的共振现象,可以在限定结构质量的条件下,寻求使结构的最低(第一)阶固有频率(基频)达到最大值的设计。我们也可以寻求使结构的第一阶频率大于(或小于)某个特定值的最小质量设计。在结构拓扑优化设计时,一般体积(或质量)是作为约束条件给定,结构的柔度(刚度的倒数)是设计的目标函数。也可以在给定变形(或柔度)和应力的条件下,寻求体积(或质量)最小的结构拓扑优化设计[8]。

1.3　结构优化设计分类

如1.2节所述,结构优化问题主要依赖于目标函数、约束函数以及设计变量的类型,不同类型的设计变量需要用不同的数学方法来处理。根据设计变量的性质,结构优化设计一般划分为拓扑优化、形状优化和尺寸优化三个层次。依据问题的复杂程度,通常认为拓扑优化设计比形状优化和尺寸优化更具难度。

1. 拓扑优化

拓扑优化(Topology Optimization)有时又称为布局优化(Layout Optimization)。在结构的初步设计阶段(如方案设计阶段),特别是复杂结构或部件的初始设计阶段,对于给定的设计目标和约束条件,拓扑优化可用来定性地描述在设定的区域内最佳的结构构型(材料分布及其连通性),以便用最少的材料满足特定的结构性能。在新结构(或产品)开发过程中,若无先前的设计资料或经验可以借鉴,则拓扑优化结果能起到非常重要的作用,为结构进一步详细设计提供科学的依据[8,9]。因此,拓扑优化设计对理论界有很强的挑战性,对工程界也有很大的吸引力。在过去的几十年里,研究人员在拓扑优化方面做了许多工作,在某些领域已取得了很大的成就,优化理论以及优化算法日趋成熟和完善[4]。

对于离散杆系结构,如桁架或刚(框)架结构,拓扑优化需要确定结构的构型,即节点的数量、位置,以及节点之间构件在空间的连接状况(Mutual Connectivity)。使其具有最少的构件数量及其正确的连接形式,从而获得最佳的传力路径。而对于连续体,拓扑优化要在设定设计区域内,对一定数量(质量或体积)的材料进行合理配置和分布,从而明确结构的内、外边界。使其在给定载荷作用下,满足"最大刚度"或"最优性能"设计准则的要求。人们普遍认为拓扑优化比形状或尺寸优化效益更高,更能节省材料。从代表所有可能拓扑设计的基(本)结构(Ground Structure or Structural Universe)的角度看,低效的构件或材料将从设计域内被删除掉,使可用的材料以最佳的布局方案传递外力,从而使结构在满足约束的情况下获取最优的力学性能[9]。连续体拓扑优化通常会在结构内部产生孔洞现象,如图1-1所示。因此拓扑优化也称为实体-孔洞(Solid-Void)问题。拓扑设计变量代表材料的有或无,在优化过程中,它们只能取离散值1或0。因此,理论上讲拓扑优化设计应采用分支定界技术求解[2]。连续体拓扑优化结果,通常呈现出杆状(如桁架或刚架)结构设计的特征。

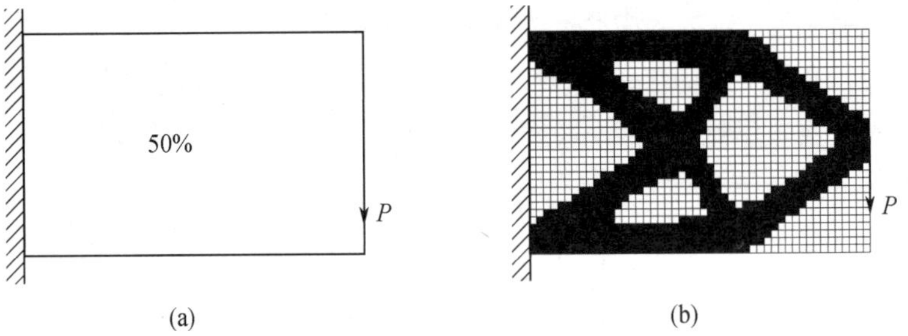

图1-1　拓扑优化问题

(a) 初始设计;(b) 最优设计。

从基结构的设计角度考虑,拓扑优化可以采用类似于尺寸优化的技术来处理。此时,只要允许构件尺寸取零值,然后自动删除既可。即从基结构中删除一些不必要的构件(或材料),剩余的就是必须保留的构件(或材料)。然而,拓扑优化较尺寸优化要复杂得多。因为在拓扑优化过程中,设计变量的集合和有限元分析模型都在不断改变,先前删除的构件有可能还会回到结构中来,因此,孔洞的数量、位置等都无法预先知晓,必须不断地重新生成有限元网格,并在某些局部区域自动进行网格细分。

2. 形状优化

结构形状优化设计,可以用来确定连续体结构的内部或外部几何边界形状,或两种材料之间的界面形状。也用来确定杆系结构(桁架或刚架)形状控制节点的位置,而杆件的截面尺寸保持不变。形状优化属于可动边界问题,其目的是为了改善结构内力传递路径,以降低应力或应力集中,提高结构的强度,增加结构的刚度等。

图1-2(b)为如图1-2(a)所示的二杆平面桁架结构形状优化设计结果。图1-3所示为四边简支薄板中间有一个等面积开孔形状动力优化设计结果[10]。

形状优化不改变结构原来的拓扑构型设计,即不增加新的孔洞或节点,也不允许有孔洞或节点重合而引起单元删除现象出现。在形状优化过程中,结构性能或响应与设计变量之间一般呈现非线性关系,使得形状优化过程中,设计变量的灵敏度分析与计算存在一定的困难。因此,迄今为止,形状优化设计取得的理论和应用成果相对较少。

另外,还有一类优化问题已受到人们的普遍重视,即结构支承(或支撑)或附加非结构集中质量位置的优化设计[11]。众所周知,支承的作用是固定结构,防止结构产生过度(刚体或弹性)的位移和变形。结构与其边界支承一起,构成一个完整的系统,实现结构设计的基本功能。而附加非结构集中质量,可代表结构所承载的设备、配重等。图1-4所示悬臂梁

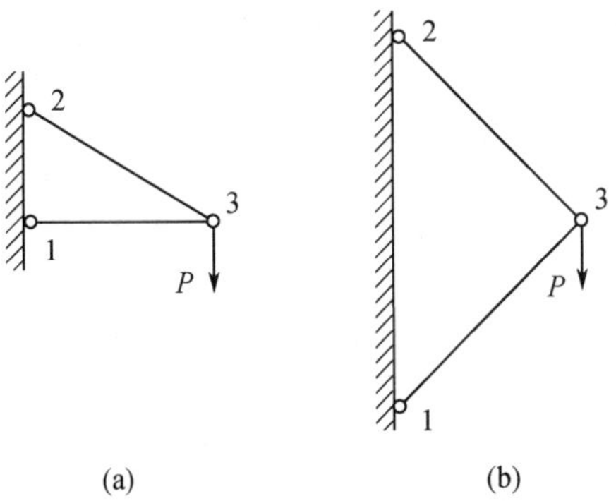

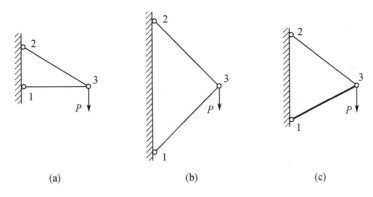

图 1－2　平面桁架结构

(a) 初始设计；(b) 形状最优设计；(c) 形状与尺寸优化设计。

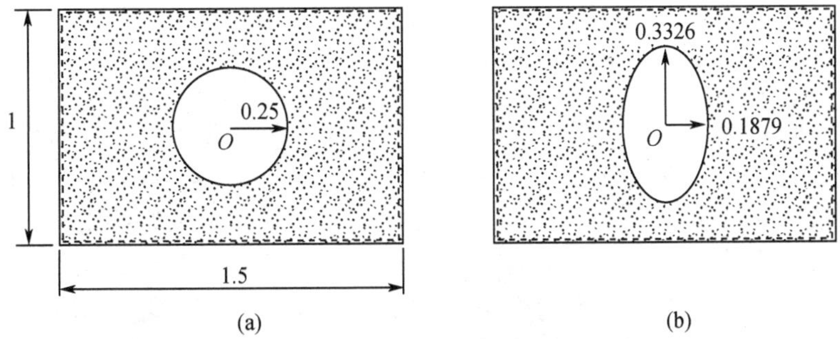

图 1－3　动力约束条件下四边简支薄板中心开一个等面积的孔

(a) 初始设计；(b) 最优设计。

在 B 点附加一个点(铰)支承。结构支承或非结构集中质量位置的不同设计,将改变结构的刚性或惯性分布,也能够极大地改善结构的力学性能。从力学分析角度来看,可以把这些附加构件的作用作为一个施加在结构上的集中外力 F_B——支承反力或惯性力——来统一处理。外力 F_B 作用点的位置 B 的优化设计也属于结构形状优化设计范畴的问题。

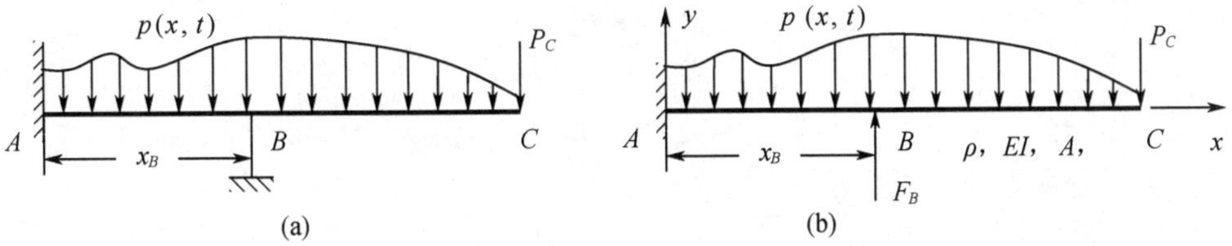

图 1－4　悬臂梁支承位置优化及受力分析示意图

(a) 结构图；(b) 受力图。

3. 尺寸优化

结构尺寸优化设计是最先开展研究的优化问题,其设计变量一般是杆件的横截面积、梁的截面的尺寸(宽和高)、截面惯性矩、板的厚度或是复合材料的分层厚度或铺层角度。通过调整构件的尺寸,从而达到优化设计的目的。与拓扑或形状优化相比,尺寸优化相对比较简单,因为在优化过程中不需要对有限元网格重新进行划分,而且设计变量与刚度矩阵一般呈现线性或简单的非线性关系。图 1－5 所示为桁架结构尺寸优化设计。经过众多研究者多年的不懈努力和研究,尺寸优化技术已经比较成熟。在尺寸优化中,设计变量可以是连续的,也可以是离散的。实际结构设计时,尺寸参数一般在某个离散集合之内选取。通常情况下,应将结构的形状和尺寸同时进行优化设计,如图 1 -2(c)为图 1 -2(a)所示的二杆平面桁架结构形状与尺寸同时优化设计结果。

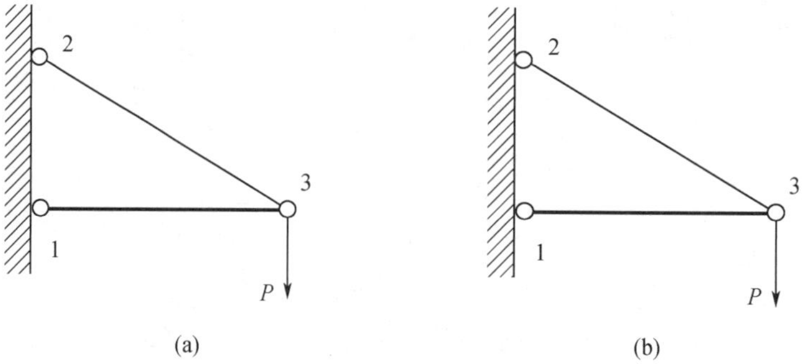

图 1 -5　桁架结构尺寸优化问题
(a) 初始设计;(b) 最优设计。

根据结构响应的特点,有时引入中间变量可以显著降低问题的非线性特性,如杆件截面积的倒数或杆件的内力。引入中间变量也能使目标和约束函数的导数计算得到一定程度的简化,精度得以提高。这种技术对大型复杂结构优化设计非常实用。

根据结构所受外力的特点,结构优化设计可分为静力优化和动力优化。目前,结构静力优化进展很快,研究成果较多。而结构动力优化,特别是在动载荷作用下,结构的动响应优化设计研究成果较少,结构动力拓扑优化设计研究就更少。结构动力优化的应用和实际成效远落后于优化理论的发展。固有频率、振型、动响应的灵敏度分析与计算、高度密集频率的动力学问题的分析和优化设计、大型复杂结构动力优化问题的建模和求解方法、基于动态特性设计的结构拓扑优化等,都极富有研究和应用价值。在航空航天、土木、桥梁等具有结构设计的工程部门,运用结构动力优化设计技术,必将带来巨大的经济和社会效益[2]。

1.4　结构优化设计主要方法

数学规划(Mathematical Programming,MP)法和优化准则(Optimality Criteria,OC)法是求解优化问题最主要的两种方法。现有许多研究和应用,都是基于这两种方法解决优化设计问题。实际结构优化问题,通常都包含等式和不等式约束条件,多数情况下,优化设计问题无法得到理论解。因而只能采用数值解法,通过反复修改和调整模型,逐步逼近最优设计,这就需要花费一定的时间和精力。而每一步迭代过程通常由两部分组成:①结构性能分析与收敛性检验;②修改模型参数值获得一组新的设计变量值。从某种意义来说,迭代次数依赖于问题的复杂程度。每次迭代步长(修改量)也是有限的,因此非常费时和费力。尤其是对动力优化问题,致使结构优化设计变得效率低、成本高。开发快速、高效的优化算法也是结构优化设计研究的一项关键技术。

1.4.1　数学规划法

数学规划法以运筹学的规划理论为基础,能在由设计变量构成的 n 维空间内确定一个函数的极值(极大或极小值)。它依据结构的数学模型求最优解,有严格的数学推导过程。它对约束和目标函数的形式一般没有特别要求,因而比优化准则法有更广泛的适应性。但是数学规划法计算量较大,对于多变量的结构优化问题,收敛太慢。数学规划法包括拉格朗日乘子法、可行方向法、共轭梯度法、牛顿法、序列线性规划法以及序列二次规划法等,各有优缺点[12]。这些方法都需要计算目标和约束函数的灵敏度信息,即目标函数和约束函数对每个设计变量的一阶导数值。有些算法(如牛顿法、序列二次规划法)甚至需要计算对设计变量的二阶导数值。另外,由于采用近似技术,而近似计算公式只在设计点附近才足够准确,因此这些算法一般对设计变量的每次修改量都施加一定的限制(Move Limit)。近年来,随机搜索法,如遗传算法和模拟退火法等得到人们的普遍重视,因为这些算法不需要计算目标和约束函数的导数信息,可以使优化设计问题得到一定程度上的简化。

对于一般的结构优化问题,可以采用有限差分技术简单代替设计变量的灵敏度分析和计算。但是,如果设计变量很多,这样做的计算工作量将非常巨大,而且计算结果受差分步长的影响很大,因此计算精度很难得到保证[1]。为了提高灵敏度计算精度,也可以采用半解析的方法近似计算灵敏度值。即先用差分方法估算结构基本量的一阶导数,然后按照公式计算结构性能或响应的一阶导数。对一些简单的问题,通过结构力学分析,可以得到精确的一阶导数表达式。使得灵敏度计算变得简单、易行,而且不受设计变量规模的限制。经过一次有限元结构分析,既可计算得到全部设计变量的灵敏度值。

1.4.2 优化准则法

优化准则法首先从结构设计的基本原理出发,为满足各种约束的要求,建立直观、可操作的结构设计方案必须遵循的最优性条件,如等强度设计准则等。许多优化准则法都是通过对库恩—塔克(Kuhn-Tucker)优化设计条件做相应的改进而得到。但也有些优化准则是基于结构力学的基本概念和工程经验建立起来的,如同步失效准则、应变能密度一致准则等,以便能充分发挥材料的潜力。通常认为优化准则法算法简单,收敛快,要求结构重分析的次数一般与设计变量的数目没有太多关系,而且编程计算相对比较简单[7]。因此,对于大型复杂工程结构的优化设计问题,人们更倾向于运用优化准则方法解决。但是对不同类型的优化设计问题,优化准则的形式各不相同。必须根据不同问题的性质,构造不同的设计迭代公式。近年来,优化准则法和数学规划法相互渗透、融合,吸收对方的优点,形成了相应的序列近似规划法,在结构优化设计中取得了很大的成功[1]。

1.5 结构动力优化设计

在动态载荷作用下,结构会发生随时间变化的弹性变形运动。这些运动可以用位移、应力、速度、加速度、频率、振型等物理量来描述,统称为结构的动态(力)响应。研究结构动态响应的问题,就称为结构动力学问题。如果动态外载荷的频率与结构的某一阶固有频率相等或很接近,那么即使外力很小,结构也会产生非常显著的振幅,从而引起结构内部很大的动应力,导致其产生无法允许的变形或破坏,这种物理现象称为共振。因此,必须进行结构振动固有频率分析和设计,改变并控制结构的固有频率,避免与外加动载荷频率发生危险的共振。

结构动力优化是当前工程结构设计领域中比较前沿性的研究课题。自从 1965 年 Niordson[13]关于梁结构振动优化设计的文献问世以来,结构动力优化设计研究已有了极大的进步和发展。国内外发表的相关文献很多,所涉及的问题包括结构的尺寸、形状以及拓扑优化的算法、灵敏度分析与计算、约束函数近似等诸多方面,而且研究的深度和广度还在不断扩展。结构动力优化研究总体上可以分为两大部分,即结构动力特性的优化设计和结构动响应的优化设计[14]。当前结构动力优化研究的内容从相对简单的单频率优化,发展到多频率同时优化;从单纯动响应优化,发展到频率与响应的联合协同优化等。研究的对象已由简单结构,趋于解决更加复杂、实际的结构;从单纯减轻结构质量,扩展到改善结构动态性能、降低响应水平等多个方面问题。

作为一门交叉性学科,结构动力优化设计已成为寻求最优结构动态性能的现代先进设计方法之一。它对提高新产品的设计水平、改进现有结构的设计和现行结构的设计方法,都具有重要的理论和实用价值。但与结构静力优化设计相比,由于动力优化需要考虑材料和构件的惯性力,外载荷的时间效应等,使得优化问题的非线性特点更加突出,难度和困难也更大。特别是当研究结构动响应优化设计时,包括时域瞬态响应和频域稳态响应,由于涉及结构动态特性和动响应分析与计算,且目标函数和约束函数都是设计变量的隐函数或复合函数,具有高度的非线性,因此该类问题的优化设计会更难。

在结构动力优化设计中,以固有频率为目标或约束函数的结构动力优化研究取得成果较多。这是因为固有频率是振动系统最重要的特性之一,改变固有频率能极大地改善结构的动态响应水平。Grandhi[15]曾经指出:对大多数低频振动系统来说,结构的动响应主要依赖其第一阶频率及相应的振型。控制住了结构的第一阶频率,在很大程度上就等于控制住了结构的动响应水平。另外,在一般的窄带激励问题中,控制结构的固有频率处于指定频率范围之内,防止其接近外激励的频率,也可以很好地控制结构的动态响应。与其它约束函数相比,如动位移或动应力约束,现已证明[16]固有频率约束是结构动力优化是否有解的关键性因素,必须谨慎地确定和处理。

在结构动力优化设计中,尺寸优化设计是相对比较简单的一类问题,研究成果较多。许多优化算法只涉及杆件的横截面积设计,现有的优化技术和方法也已成熟。从有限元分析理论可知,桁架单元的刚度矩阵和质量矩阵都是杆件截面积的线性函数。因此,频率对截面尺寸的灵敏度计算相对比较简单,很容易获得。如采用序列二次规划法优化结构的固有频率,已取得了满意的结果[17]。另外,对于离散截面尺寸的桁架结构频率优化设计问题,通过引入一个中间函数,可将原问题变成一个线性 0-1 规划问题求解[18]。

相对而言,有关单独开展杆系结构动力形状优化的文献并不多见,一般都是将形状与尺寸变量同时进行优化,以便提高优化设计效果。利用对杆件尺寸变量的调整,可以每次将迭代所得设计结果移到可行域之内或边界上。但是将两种类型的设计变量同时出现在同一设计空间内,又会引起另外一个问题。由于形状设计变量与尺寸设计变量物理意义不同,它们的单位和数量级相差很大。将两种不同类型的变量同时进行优化设计,有可能导致优化过程不收敛,甚至出现振荡发散的现象。

薄板结构的动力拓扑优化设计在建筑、航空、船舶和汽车工业中都具有广泛的应用前景。通常的问题是在给定质量或体积情况下,优化设计结构的固有频率或稳态响应。类似于静力学拓扑优化的做法，当结构受到简谐激励作用时，通过引入所谓“动柔顺性”(Dynamic Compliance)的概念，作为优化设计的目标函数，使这个“动柔顺性”达到极小值[19]。在拓扑优化过程中，由于材料的不断消除，经常会遇到“局部模态”(Localized Modes)和模态重合现象，导致频率的一阶导数在迭代过程中产生不连续现象，使求解过程变得更加复杂化。

迄今为止，结构动力优化设计尚存在许多方面的问题有待进一步深入研究和分析。例如，受当前技术水平的制约，且由于振动环境的复杂性，对各种动载荷还不能准确地给予描述。而结构动态响应不仅依赖于结构的动态性能，同时也取决于外载荷的频域分布特性。只有在外载荷确定的情况下，才可准确计算结构动态的响应。对于大型复杂结构的有限元模型，由于缺乏判断其精确程度的方法，在设计阶段结构尚未制造出来，无法用实测结果与理论结果进行比较。复杂结构的阻尼特性也尚难确定；结构振动疲劳破坏的机理、结构动强度的判据和准则等都需要进一步的研究。这一系列问题都增加了动力优化设计的困难。目前，结构动力优化还处于从研究室与实验室走向工程应用的过渡时期，结构设计也正处于由静力设计走向同时考虑静力、动力、疲劳、环境等多方面因素进行综合设计的过渡阶段[20]。

1.6　本书的内容及安排

本书主要介绍结构静力、动力优化设计基本理论和方法，包括杆系结构(桁架或刚架结构)的形状优化设计、形状与尺寸协同优化设计，梁、薄板结构支承位置和刚度的优化设计、附加非结构集中质量位置的优化设计等。在优化设计过程中，假设所有材料都处于线弹性变形状态，即结构处于线性小变形状态。随后各章将详细阐述实现这些优化设计的广义“渐进节点移动法”技术以及应用范围和成果。其中的绝大部分内容是作者及其合作者近几年的研究成果。考虑到国内学者在这方面关注较少，本书也将介绍相关研究内容的一些基础理论知识。

第2章简要介绍三种典型有限单元的理论基础、刚度矩阵和质量矩阵的形成过程以及单元的刚度和质量矩阵的一阶偏导数计算公式和处理策略。有关这一章的分析计算结果，将在随后的研究过程中被广泛地引用。对于其他一些类型的有限单元，读者可以参考相关的有限元理论书籍[21]。

第3章~第6章主要涉及结构静力优化设计内容。其中，第3章首先介绍桁架结构在多工况、多节点位移约束条件下，单独的形状优化设计问题。此时，设计变量是节点坐标，目标函数是使结构总质量最小。考虑到结构优化问题的复杂性，如结构性能以及响应的高度非线性，初始设计很可能无法满足约束条件。第3章将从渐进优化的思想出发，详细介绍“渐进节点移动法”的概念基础、优化设计执行策略和收敛准则。第4章将“渐进节点移动法”推广到桁架结构形状与尺寸协同优化问题，设计变量包括节点坐标和杆件的截面积。优化设计的约束条件包括单元应力、构件局部稳定性和节点位移。此类优化问题的主要困难是同时处理两类不同性质的设计变量。第5章开展梁、板结构变形相对点(铰)支承位置优化设计研究，通过改变点支承位置设计，从而改变内力在结构中的传递路线和距离，进而改善结构的变形。将“渐进节点移动法”改成“渐进移动法”，同样可以应用于支承位置的优化设计。第6章将开展刚架结构内力优化设计研究,此类结构中的构件是按照梁模型进行分析。对于梁单元来说,内力是截面剪力、弯矩和轴力。其中,弯矩是最主要的内力,由弯矩引起的正应力是梁截面强度设计的关键因素。因此,本章将详细推导弯矩的灵敏度计算公式。通过优化设计刚架结构的形状或其点支承的位置,可以显著降低构件中的最大弯矩,达到提高结构的强度的目的。

第7章~第14章是有关结构动力优化设计的一些研究分析内容。与结构静力优化设计相比,惯性力的出现使得优化问题非线性度更高、结构性能计算的隐含性更强、求解难度也更大。第7章首先对结构动力优化设计的基本特性进行分析,包括动力优化解的存在性,结构固有频率、振型和频响函数灵敏度(即一阶导数)计算公式推导,重点是对重(合)频(率)灵敏度计算及其性能的分析。第8章运用重频灵敏度计算结果,分析了频率重合的判断标准。第9章研究以结构固有频率为约束的桁架结构优化设计。尽管桁架结构的尺寸变量与形状变量的量纲以及对固有频率的影响程度各不相同,这里将它们放在同一个设计空间里,同时开展桁架结构尺寸、形状以及形状与尺寸协同优化设计。第10章和第11章是关于梁结构支承位置和刚度的优化设计研究。运用梁振动的微分方程及其理论解,详细分析梁的边界约束状况和轴向压力对支承优化设计的影响。第12章是对薄板结构支承位置和刚度优化设计,这是对梁结构支承优化设计研究的进一步推广。第13章是关于非结构集中质量位置的优化设计的研究。为了能同时考虑集中质量的平动(平移)惯性和转动惯性,本章首先采用高阶梁、板有限元模型,利用单元节点增加的曲率自由度,准确推导出频率对集中质量位置的灵敏度计算公式。第14章开展了以频响函数为约束的结构优化设计研究。与前几章离散的固有频率约束相比,频响函数约束代表着在一个频段内的连续约束函数,实际包含了无数多个响应约束条件。我们也将会看到,广义“渐进节点移动”优化算法在结构动力优化设计中同样具有很强的适用性和广泛的应用空间。

第 2 章　有限元法基础简介

结构优化设计离不开结构的力学分析与计算，这包括静力学和动力学两个方面的内容。随着科学技术的迅速发展，结构优化设计的研究对象越来越复杂，经典的结构力学分析方法和手段，已经很难满足工程结构发展的需要。优化技术与结构数值分析相结合，是目前经常采用的一种方法，可有效地对实际工程结构进行力学行为分析和优化设计，而且已经在实践中取得了辉煌成果。在多种数值分析方法中，有限元素法是适应性最强、采用最多，且计算精度能够普遍接受的一种数值分析方法。

有限元素法是从能量变分原理产生和发展起来的。它将弹性力学问题的控制微分方程，转变成用离散量表示的代数方程组，并用简单的几何形状的组合，代表结构分析的定义域。在基于有限元素法的结构优化设计中，涉及单元模型，刚度矩阵和质量矩阵构建及其求导运算。工程中大量的实际结构是杆、梁、板、壳等或它们的组合体，针对本书后续有关结构优化设计的内容，本章简要介绍有限元法的基本概念、求解步骤，以及几种常用单元的刚度和质量矩阵形成过程[21]，同时详细分析、推导它们对不同类型设计变量的一阶导数计算公式，为进一步开展结构优化设计奠定必要的理论基础。

2.1　常用直杆单元

2.1.1　二力杆单元

桁架结构中的杆单元，是一个仅在其两端承受沿轴线方向拉力或压力的简单模型，因而也只有沿杆轴向的弹性变形，而沿与杆轴线垂直方向的位移并不产生杆件的弹性变形。图 2－1 是一个等截面直杆单元，单元轴线与 x 坐标轴重合，因此也称为一维杆单元。假设杆的材料弹性模量为 E，横截面面积是 A，杆单元长是 L。杆的两个节点坐标分别为 x_i 和 x_j，两端节点位移分别是 u_i 和 u_j，节点力分别是 f_i 和 f_j。单元的节点位移列阵表示为

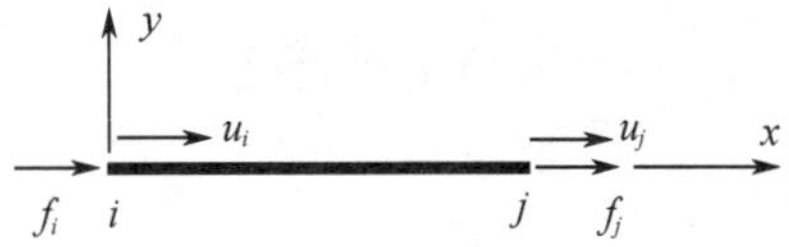

图 2－1　两节点等截面直杆单元

$$\boldsymbol{u}_e = [u_i \quad u_j]^{\mathrm{T}} \tag{2.1}$$

与节点位移列阵相应的单元节点力列阵为

$$\boldsymbol{f}_e = [f_i \quad f_j]^{\mathrm{T}} \tag{2.2}$$

1. 单元的位移函数

位移有限元素法的最基本概念就是用单元的节点位移 $\boldsymbol{u}_e$，近似（插值）表示单元内部各点的位移。即用有限的、离散的节点位移，表示单元内无限的、连续的位移场。根据一

维杆单元两端的节点只有轴向位移的特点,单元内任意一点 x 沿着轴线的位移 $u(x)$ 可用节点位移线性插值得到:

$$u(x)=\frac{x_j-x}{L}u_i-\frac{x_i-x}{L}u_j \tag{2.3}$$

式(2.3)可写成如下矩阵形表达式:

$$u(x)=\boldsymbol{N}(x)\boldsymbol{u}_e \tag{2.4}$$

式中:$\boldsymbol{N}=[N_1 \quad N_2]$ 为单元的形状函数矩阵,N_1 和 N_2 是两端节点的形状函数,即

$$N_1(x)=\frac{x_j-x}{L},\quad N_2(x)=-\frac{x_i-x}{L} \tag{2.5}$$

可见,杆单元的形状函数正是一次拉格朗日(Lagrange)插值多项式,它们在单元内都是线性变化的,这也保证了位移 u 是 x 的线性函数。

2. 单元应变与应力

一维杆单元只有沿轴向的位移,因此也只有沿轴线方向的应变和应力。根据弹性力学的变形分析,沿轴线的应变为

$$\varepsilon_x=\frac{\mathrm{d}u}{\mathrm{d}x} \tag{2.6}$$

将位移表达式(2.4)代入式(2.6),可得

$$\varepsilon_x=\frac{\mathrm{d}u}{\mathrm{d}x}=\begin{bmatrix}\frac{\mathrm{d}N_1}{\mathrm{d}x} & \frac{\mathrm{d}N_2}{\mathrm{d}x}\end{bmatrix}\begin{Bmatrix}u_i\\u_j\end{Bmatrix}=\boldsymbol{B}\boldsymbol{u}_e \tag{2.7}$$

式中:$\boldsymbol{B}$ 为单元几何(应变)矩阵,且

$$\boldsymbol{B}=\begin{bmatrix}\frac{\mathrm{d}N_1}{\mathrm{d}x} & \frac{\mathrm{d}N_2}{\mathrm{d}x}\end{bmatrix}=\frac{1}{L}[-1 \quad 1] \tag{2.8}$$

由胡克定律,可得由节点位移表示的单元应力表达式为

$$\sigma_x=E\varepsilon_x=E\boldsymbol{B}\boldsymbol{u}_e=\boldsymbol{S}\boldsymbol{u}_e \tag{2.9}$$

式中:$\boldsymbol{S}$ 为单元应力矩阵,且

$$\boldsymbol{S}=\frac{E}{L}[-1 \quad 1] \tag{2.10}$$

由式(2.7)~式(2.10)可知,在一维杆单元中应变和应力都是常数。

3. 单元刚度矩阵与质量矩阵

单元受到节点力的作用时,将引起节点位移。有了单元的几何矩阵,既可构造节点力 $\boldsymbol{f}^e$ 与节点位移 $\boldsymbol{u}_e$ 之间的数学关系式。单元的刚度矩阵是把单元的(离散的)节点力与相应的节点位移联系在一起的矩阵。由单元应变能表达式,二力杆单元的刚度矩阵计算公式为

$$\boldsymbol{k}_e=\int_{V_e}\boldsymbol{S}^{\mathrm{T}}\boldsymbol{B}\mathrm{d}V=\int_{V_e}E\boldsymbol{B}^{\mathrm{T}}\boldsymbol{B}\mathrm{d}V \tag{2.11}$$

式中:V_e 为单元的体积。

因为 $\mathrm{d}V = A\mathrm{d}x$，并且令 A、E 均为常数，故有

$$\boldsymbol{k}_e = EA\int_L \boldsymbol{B}^{\mathrm{T}}\boldsymbol{B}\mathrm{d}x \tag{2.12}$$

将杆单元几何矩阵 $\boldsymbol{B}$ 代入式(2.12)，经积分得到单元刚度矩阵的显式表达式：

$$\boldsymbol{k}_e = \frac{AE}{L}\begin{bmatrix} 1 & -1 \\ -1 & 1 \end{bmatrix} \tag{2.13}$$

于是，单元的节点力列阵与节点位移列阵存在如下线性关系：

$$\boldsymbol{f}_e = \boldsymbol{k}_e\boldsymbol{u}_e \tag{2.14}$$

这里，单元节点力的数目与其节点位移或单元自由度的数目相等，并且本身也要构成一组平衡力系。这就意味着单元的节点力并不是相互独立的，彼此间有一定的相关性，且其相关数与单元整体平衡方程的数目相等。如一维单元只有一个相关关系，二维单元有 3 个，三维单元有 6 个。由于这些相关性，使得单元的刚度矩阵 $\boldsymbol{k}_e$ 成为一个奇异矩阵，即矩阵的行列式等于 0，因此式(2.14)并不能求得唯一解。

单元质量矩阵模型一般分为两种：即一致质量矩阵和集中质量矩阵。如果材料密度为 ρ，则由单元的动能表达式，质量矩阵可按下式计算：

$$\boldsymbol{m}_e = \int_{V_e} \rho\boldsymbol{N}^{\mathrm{T}}\boldsymbol{N}\mathrm{d}V \tag{2.15}$$

将单元位移的形函数矩阵代入式(2.15)，得到的质量矩阵中，元素分布规律与刚度矩阵相同。由于在以上单元质量矩阵推导过程中，采用了与单元刚度矩阵推导中相同的形函数矩阵，因此称为一致质量矩阵，即

$$\boldsymbol{m}_e = \frac{\rho AL}{6}\begin{bmatrix} 2 & 1 \\ 1 & 2 \end{bmatrix} \tag{2.16}$$

从以上单元的刚度矩阵和质量矩阵的表达式可知，桁架结构的刚度和质量矩阵与杆件的截面积都是线性关系，这为桁架结构的尺寸优化设计提供了很大的便利。如果在杆单元的两端还有集中质量 m_1 和 m_2 存在，若将它们视为一个整体单元，则该单元的质量矩阵为

$$\boldsymbol{m}_e = \frac{\rho AL}{6}\begin{bmatrix} 2 & 1 \\ 1 & 2 \end{bmatrix} + \begin{bmatrix} m_1 & 0 \\ 0 & m_2 \end{bmatrix} \tag{2.17}$$

单元的集中质量矩阵一般是将单元质量集中到单元两端的节点上，并且假定单元的质量平均分配。因此，集中质量矩阵是对角矩阵，构造非常简单：

$$\boldsymbol{m}_e = \frac{\rho AL}{2}\begin{bmatrix} 1 & 0 \\ 0 & 1 \end{bmatrix} \tag{2.18}$$

在用有限元法分析计算结构的动力性能和响应时，应该首先确定选用哪种单元质量模型。采用不同的质量模型，得到的动态性能及响应值会有一定的差别，虽然这种差别有时并不是很明显。

2.1.2 平面直梁单元

空间梁单元能同时抵抗轴力、弯矩和扭矩的作用。在小变形条件下,轴向变形与横向变形可以认为是相互独立的。可先单独分析,然后进行叠加。另外,如果选择局部轴与横截面的主轴重合,则沿两个相互垂直的主平面内的弯曲和剪切变形也可认为是相互独立的。在此,仅考虑细长梁($L/h>10$),忽略截面的剪切变形。

首先,在局部坐标系中分析平面梁单元的位移模式,建立梁单元的刚度、质量矩阵,然后再将它们转换到总体坐标系中。如图2-2所示的两节点等截面梁单元,长度为L。其轴线位于坐标系的x轴上,由于受外力作用而产生横向(y轴方向)弯曲变形。若同时考虑轴向变形的影响,则每个节点有3个位移分量:沿x轴和y轴方向的位移u、v,以及绕z轴的转角θ。这样,一个梁单元就有6个节点位移和相应的节点力分量:

$$\boldsymbol{u}_e=[u_i \quad v_i \quad \theta_i \quad u_j \quad v_j \quad \theta_j]^{\mathrm{T}} \tag{2.19a}$$

$$\boldsymbol{f}_e=[F_i \quad Q_i \quad M_i \quad F_j \quad Q_j \quad M_j]^{\mathrm{T}} \tag{2.19b}$$

图2-2 两节点等截面平面梁单元

1. 单元的位移函数

平面梁单元的变形由x方向的拉-压变形和y方向的弯曲变形复合而成。在小变形条件下,轴向位移和弯曲位移可单独构造。单元内任意一点沿x方向的位移,采用与杆单元相同的线性插值函数表示,由二端2个轴向节点位移u_i和u_j确定;而沿y方向的位移,由二端的4个节点位移v_i、θ_i、v_j和θ_j表示。于是有

$$\boldsymbol{\delta}_e=\begin{Bmatrix} u(x) \\ v(x) \end{Bmatrix}=\begin{bmatrix} N_1 & 0 & 0 & N_4 & 0 & 0 \\ 0 & N_2 & N_3 & 0 & N_5 & N_6 \end{bmatrix}\begin{Bmatrix} u_i \\ v_i \\ \theta_i \\ u_j \\ v_j \\ \theta_j \end{Bmatrix}=\boldsymbol{N}(x)\boldsymbol{u}_e \tag{2.20}$$

式中:N_{1-6}为梁单元的形状函数,其中,沿轴向的位移形状函数N_1和N_4由式(2.5)确定。根据欧拉-伯努利(Euler-Bernoulli)梁单元的变形特性,横向位移可采用三次埃尔米特(Hermitian)插值多项式作为形状函数,以保证在单元节点上,横向位移和转角都能连续:

$$
\begin{cases}
N_2(x)=1-\dfrac{3x^2}{L^2}+\dfrac{2x^3}{L^3}, & N_3(x)=x-\dfrac{2x^2}{L}+\dfrac{x^3}{L^2} \\
N_5(x)=\dfrac{3x^2}{L^2}-\dfrac{2x^3}{L^3}, & N_6(x)=-\dfrac{x^2}{L}+\dfrac{x^3}{L^2}
\end{cases}
\tag{2.21}
$$

2. 单元应变与应力

平面梁单元受到拉压和弯曲变形后，其应变可分为两部分：拉压应变 ε_t 和弯曲应变 ε_b。若略去剪切应变的影响，按照材料力学分析结果，则有

$$
\boldsymbol{\varepsilon}^e=\begin{Bmatrix}\varepsilon_t\\ \varepsilon_b\end{Bmatrix}=\begin{Bmatrix}\dfrac{\mathrm{d}u}{\mathrm{d}x}\\ -y\dfrac{\mathrm{d}^2v}{\mathrm{d}x^2}\end{Bmatrix}
$$

$$
=\begin{bmatrix}\dfrac{\mathrm{d}N_1}{\mathrm{d}x} & 0 & 0 & \dfrac{\mathrm{d}N_4}{\mathrm{d}x} & 0 & 0\\ 0 & -y\dfrac{\mathrm{d}^2N_2}{\mathrm{d}x^2} & -y\dfrac{\mathrm{d}^2N_3}{\mathrm{d}x^2} & 0 & -y\dfrac{\mathrm{d}^2N_5}{\mathrm{d}x^2} & -y\dfrac{\mathrm{d}^2N_6}{\mathrm{d}x^2}\end{bmatrix}\begin{Bmatrix}u_i\\ v_i\\ \theta_i\\ u_j\\ v_j\\ \theta_j\end{Bmatrix}
\tag{2.22}
$$

引入单元几何矩阵：

$$
\boldsymbol{B}=\begin{bmatrix}\dfrac{\mathrm{d}N_1}{\mathrm{d}x} & 0 & 0 & \dfrac{\mathrm{d}N_4}{\mathrm{d}x} & 0 & 0\\ 0 & -y\dfrac{\mathrm{d}^2N_2}{\mathrm{d}x^2} & -y\dfrac{\mathrm{d}^2N_3}{\mathrm{d}x^2} & 0 & -y\dfrac{\mathrm{d}^2N_5}{\mathrm{d}x^2} & -y\dfrac{\mathrm{d}^2N_6}{\mathrm{d}x^2}\end{bmatrix}
\tag{2.23}
$$

式(2.23)可简写成

$$
\boldsymbol{\varepsilon}_e=\begin{Bmatrix}\varepsilon_t\\ \varepsilon_b\end{Bmatrix}=\boldsymbol{B}\boldsymbol{u}_e
\tag{2.24}
$$

根据胡克定律，可得由节点位移表示的单元内任一点的应力表达式：

$$
\boldsymbol{\sigma}_e=\begin{Bmatrix}\sigma_t\\ \sigma_b\end{Bmatrix}=E\boldsymbol{\varepsilon}_e=E\boldsymbol{B}\boldsymbol{u}_e
\tag{2.25}
$$

式中：σ_t 为轴向拉－压引起的正应力；σ_b 为弯曲引起的正应力；E 为弹性模量。由于应力 σ_t 和 σ_b 都沿 x 轴方向，因此截面上任意一点的应力应为这两个应力的代数之和。

3. 单元刚度矩阵与质量矩阵

有了单元的几何矩阵，则两节点平面梁单元的刚度矩阵可按下式计算：

$$
\boldsymbol{k}_e=\int_{V_e}E\boldsymbol{B}^{\mathrm{T}}\boldsymbol{B}\,\mathrm{d}V
\tag{2.26}
$$

将式(2.23)代入(式(2.26)),经过简单积分,可得梁单元刚度矩阵的显式表达式:

$$\boldsymbol{k}_e=\begin{bmatrix}\frac{EA}{L} & 0 & 0 & -\frac{EA}{L} & 0 & 0\\ & \frac{12EI}{L^3} & \frac{6EI}{L^2} & 0 & \frac{-12EI}{L^3} & \frac{6EI}{L^2}\\ & & \frac{4EI}{L} & 0 & \frac{-6EI}{L^2} & \frac{2EI}{L}\\ & \text{对} & & \frac{EA}{L} & 0 & 0\\ & & & & \frac{12EI}{L^3} & \frac{-6EI}{L^2}\\ & & & \text{称} & & \frac{4EI}{L}\end{bmatrix} \tag{2.27}$$

显而易见,平面梁单元的刚度矩阵中,第1、4行和列是扩阶后的二力杆单元的刚度矩阵,其余的行和列是纯弯曲梁的单元刚度矩阵,而且轴向变形与横向变形不存在相互耦合。因此,在梁单元刚度矩阵分析与计算(如一阶导数计算)时,完全可以用杆单元和纯弯曲梁单元刚度矩阵单独分析计算的结果叠加而成。

与杆单元质量矩阵一样,梁单元质量矩阵也分为一致质量矩阵和集中质量矩阵两种形式。如果材料的密度为ρ,则梁单元的一致质量矩阵仍可按式(2.15)计算。将梁单元位移的形函数矩阵式(2.5)和式(2.21)代入,得到梁单元的质量矩阵为

$$\boldsymbol{m}_e=\frac{\rho AL}{420}\begin{bmatrix}140 & 0 & 0 & 70 & 0 & 0\\ & 156 & 22L & 0 & 54 & -13L\\ & & 4L^2 & 0 & 13L & -3L^2\\ \text{对} & & & 140 & 0 & 0\\ & & & & 156 & -22L\\ & & \text{称} & & & 4L^2\end{bmatrix} \tag{2.28}$$

若每个节点分配梁单元的1/2质量,并略去转动影响效应,可得梁单元集中质量矩阵:

$$\boldsymbol{m}_e=\frac{\rho AL}{2}\mathrm{diag}(1\quad 1\quad 0\quad 1\quad 1\quad 0) \tag{2.29}$$

式中:diag(·)为对角矩阵,即只在主对角线有值,其他位置都是0。式(2.29)表明梁单元的集中质量模型,只考虑其平动惯性,不考虑其转动惯性。比较式(2.28)和式(2.29)可以发现,在一致质量矩阵表达式中,梁单元沿x轴方向的平动惯性,与沿y轴方向的平动惯性并不相等。这是由于沿x方向的位移模式(线性函数),与沿y方向的位移模式(三次函数)不同的缘故。

2.2　薄板弯曲单元

2.2.1　基本理论

工程结构中存在许多平板（Plate）构件，其几何特点是厚度比长度和宽度的尺寸要小很多。如果厚度与板的跨度尺寸之比小于 1/10，可以认为是薄板（Thin Plate），反之则为厚板（Thick Plate）。当薄板受到垂直于板面的载荷作用后，其变形主要是由弯曲引起。薄板弯曲可以看成是平面梁在二维空间的延伸，因此其变形特点类似于欧拉－伯努利梁的变形。但是薄板弯曲时产生的应力和应变会更加复杂，精确计算更加困难。如果板的挠度 w 与其厚度相比是一个小量，可按克希霍夫（Kirchhoff）薄板弯曲理论，即直法线假设处理：

（1）变形前垂直于中面的法线，变形后仍垂直于中面，且其长度保持不变；

（2）板的中面只发生弯曲变形，没有中面内的伸缩变形；

（3）应力分量 σ_z 与应力 σ_x、σ_y 和 τ_{xy} 相比属于小量，可忽略。

上述假设类似于 2.1 节平面梁的变形理论。据此，可以用板中面的挠度 w 写出薄板弯曲问题的位移、应变、应力和内力矩分量的表达式。在小挠度的条件下，叠加原理成立，即可以分别计算横向和面内载荷作用下的应力和变形，然后叠加构成总的变形[21]。由此看来，薄板虽然有一定的厚度，但其变形可简化为平面问题处理。

1. 位移

取位于板厚度中点的平面为板的中面，并使坐标平面 $O-xyz$ 与薄板的中面重合，如图 2－3 所示。以中面代表板，假设板具有均匀厚度 h。根据上述第一个假定可知

$$\varepsilon_z=\frac{\partial w}{\partial z}=0,\quad \gamma_{zx}=\frac{\partial w}{\partial x}+\frac{\partial u}{\partial z}=0,\quad \gamma_{yz}=\frac{\partial w}{\partial y}+\frac{\partial v}{\partial z}=0 \tag{2.30}$$

于是，由以上三个方程，可将薄板内各点沿坐标轴的位移分量表示为

$$u=z\theta_y=-z\frac{\partial w}{\partial x},\quad v=-z\theta_x=-z\frac{\partial w}{\partial y},\quad w=w(x,y) \tag{2.31}$$

可见，由薄板位移 w，即可确定其它的位移分量 u 和 v。

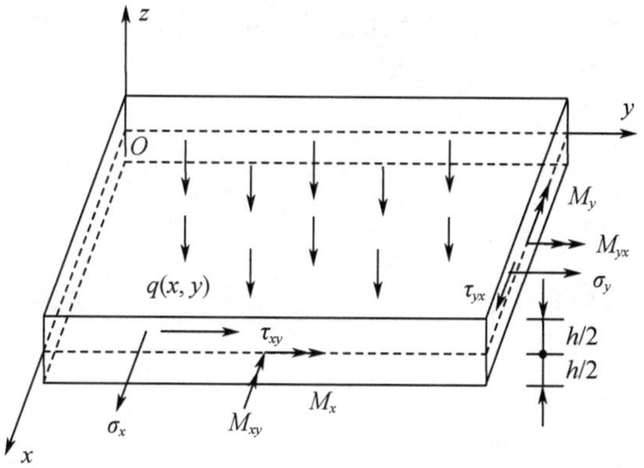

图 2－3　薄板受力分析

2. 应变

对于薄板弯曲问题,由于位移 w 仅是坐标 x 和 y 的函数,因此只需要考虑 ε_x、ε_y 和 γ_{xy} 三个应变分量。根据几何方程和式(2.30),应变可以表示为

$$\boldsymbol{\varepsilon}=\begin{Bmatrix}\varepsilon_x\\ \varepsilon_y\\ \gamma_{xy}\end{Bmatrix}=\begin{Bmatrix}\dfrac{\partial u}{\partial x}\\ \dfrac{\partial v}{\partial y}\\ \dfrac{\partial u}{\partial y}+\dfrac{\partial v}{\partial x}\end{Bmatrix}=z\begin{Bmatrix}-\dfrac{\partial^2 w}{\partial x^2}\\ -\dfrac{\partial^2 w}{\partial y^2}\\ -2\dfrac{\partial^2 w}{\partial x\partial y}\end{Bmatrix} \tag{2.32}$$

式中:$-\partial^2 w/\partial x^2$ 和 $-\partial^2 w/\partial y^2$ 分别为中面沿 x 和 y 方向的弯曲曲率 κ_x 和 κ_y,而 $-2\,\partial^2 w/\partial x\partial y$ 称为 x 和 y 方向的扭(转)曲率 κ_{xy},合称为薄板的曲率。这三个曲率反映了薄板中面弯曲变形的程度,并能完全确定板内各点的应变,因而又称为薄板的广义应变,用矩阵表示为

$$\boldsymbol{\chi}=\begin{bmatrix}-\dfrac{\partial^2 w}{\partial x^2} & -\dfrac{\partial^2 w}{\partial y^2} & -2\dfrac{\partial^2 w}{\partial x\partial y}\end{bmatrix}^{\mathrm{T}} \tag{2.33}$$

于是,板内各点的应变可以表示为

$$\boldsymbol{\varepsilon}=\begin{Bmatrix}\varepsilon_x\\ \varepsilon_y\\ \gamma_{xy}\end{Bmatrix}=z\boldsymbol{\chi} \tag{2.34}$$

3. 应力

由薄板弯曲基本假设可知,$\tau_{xz}=\tau_{yz}=0$。对于各向同性材料,根据材料的物理方程(胡克定律),板内各点的应力可用应变表示如下:

$$\begin{cases}\sigma_x=\dfrac{E}{1-\nu^2}(\varepsilon_x+\nu\varepsilon_y)\\ \sigma_y=\dfrac{E}{1-\nu^2}(\nu\varepsilon_x+\varepsilon_y)\\ \tau_{xy}=\dfrac{E}{2(1+\nu)}\gamma_{xy}\end{cases} \tag{2.35}$$

式中:E 为材料的弹性模量;ν 为材料的泊松(Poisson)比。

将式(2.34)代入式(2.35)可以写为

$$\boldsymbol{\sigma}=\begin{Bmatrix}\sigma_x\\ \sigma_y\\ \tau_{xy}\end{Bmatrix}=\boldsymbol{D\varepsilon}=z\boldsymbol{D\chi} \tag{2.36}$$

式中:$\boldsymbol{D}$ 为材料的弹性系数矩阵,它与平面应力问题的弹性系数矩阵相同,有

$$\boldsymbol{D}=\frac{E}{1-\nu^2}\begin{bmatrix}1 & \nu & 0\\ \nu & 1 & 0\\ 0 & 0 & \dfrac{1-\nu}{2}\end{bmatrix} \tag{2.37}$$

于是,在薄板的上(或下)表面 $z=h/2$,可以得到在点(x, y)处的最大应力值:

$$\sigma_x = -\frac{Eh}{2(1-v^2)}\left(\frac{\partial^2 w}{\partial x^2}+v\frac{\partial^2 w}{\partial y^2}\right)$$

$$\sigma_y = -\frac{Eh}{2(1-v^2)}\left(\frac{\partial^2 w}{\partial y^2}+v\frac{\partial^2 w}{\partial x^2}\right)$$

$$\tau_{xy} = -\frac{Eh}{2(1+v)}\frac{\partial^2 w}{\partial x\partial y}$$

4. 内力矩

由式(2.36)可知,应力与 z 方向的坐标成正比,即应力沿板厚度方向呈线性变化,并且在中面上等于零。因此只能合成为一个力偶,如图 2-3 所示。在 x = 常数的横截面上,厚度为 h 的板,单位宽度上的正应力 σ_x 将合成弯矩 M_x(注意 M_x 并不与 x 轴平行):

$$M_x = \int_{-h/2}^{h/2} z\sigma_x \mathrm{d}z$$

而该截面上的剪应力 τ_{xy}将合成扭矩 M_{xy}。

同样,在 y = 常数的横截面上,单位宽度板上的正应力 σ_y 和剪应力 τ_{yx}也分别形成弯矩 M_y 和扭矩 M_{yx},其正方向如图 2-3 双箭头所示。由于剪应力互等,因此,$M_{xy}=M_{yx}$。将 M_x、M_y 和 M_{xy}统称为内力矩,并表示为矩阵形式,则有

$$\boldsymbol{M} = \begin{Bmatrix} M_x \\ M_y \\ M_{xy} \end{Bmatrix} = \int_{-h/2}^{h/2} z\boldsymbol{\sigma}\mathrm{d}z = \int_{-h/2}^{h/2} z^2 \boldsymbol{D\chi}\mathrm{d}z = \frac{h^3}{12}\boldsymbol{D\chi} \tag{2.38}$$

比较式(2.36)和式(2.38),可得用内力矩表示的板内各点的应力公式:

$$\boldsymbol{\sigma} = \begin{Bmatrix} \sigma_x \\ \sigma_y \\ \tau_{xy} \end{Bmatrix} = \frac{12z}{h^3}\boldsymbol{M} = \frac{12z}{h^3}\begin{Bmatrix} M_x \\ M_y \\ M_{xy} \end{Bmatrix} \tag{2.39}$$

式(2.39)表示:如果知道了薄板内的内力矩 $\boldsymbol{M}$,则各点的应力 $\boldsymbol{\sigma}$ 即可确定。因此,内力矩 $\boldsymbol{M}$ 又称为薄板的广义应力。式(2.38)表示了广义应力与广义应变之间的关系。除了有一个系数 $h^3/12$ 以外,该式与应力-应变的表达式形式完全相同。

综上所述,薄板的中面挠度 w 是基本的未知量,由 w 的值,既可计算出薄板内任意一点的应变、应力和内力矩。

2.2.2 矩形板弯单元

在薄板的小变形理论中,一般假设横向挠度与平面内位移相互之间是不耦合的。因此,横向位移与平面内位移可以分别构造和计算,所得结果然后相加,即可得薄板的总体变形。下面我们只考虑薄板横向弯曲变形的计算问题。

如图 2-4 所示为 4 节点矩形薄板纯弯曲单元(Adini - Clough - Melsh Element)(或 R -

12),节点编号按逆时针排序。在自然(本征)坐标系中,每个节点有 3 个位移分量:挠度 w、绕 x 轴的转角 θ_x 和绕 y 轴的转角 θ_y。这 3 个分量为板单元的广义节点位移,即 3 个节点自由度,并规定了它们的正方向。按照直法线假设,在小挠度变形情况下,法线的转角可以由挠度的斜率来表示。于是,每个节点的位移可表示成

$$\boldsymbol{u}_i = \begin{Bmatrix} w_i \\ \theta_{xi} \\ \theta_{yi} \end{Bmatrix} = \left[w_i \left(\frac{\partial w}{\partial y}\right)_i \; -\left(\frac{\partial w}{\partial x}\right)_i \right]^{\mathrm{T}} \quad (i=1,2,3,4) \tag{2.40}$$

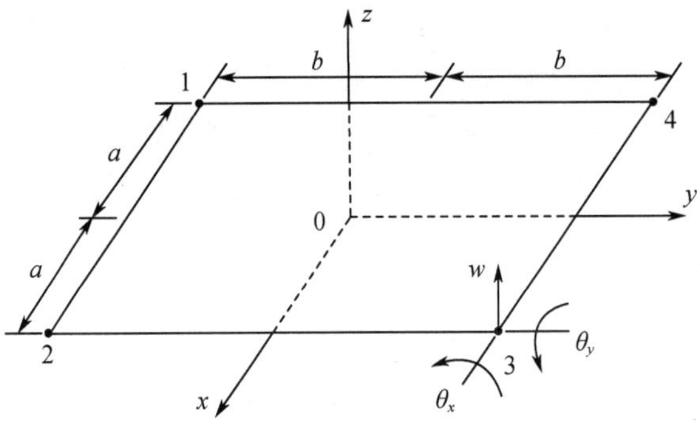

图 2-4　矩形板弯单元节点位移

与这些节点位移相应的节点力列阵可表示为

$$\boldsymbol{f}_i = \begin{Bmatrix} Q_i \\ M_{xi} \\ M_{yi} \end{Bmatrix} \quad (i=1,2,3,4) \tag{2.41}$$

1. 单元位移函数

由于一个矩形薄板弯曲单元有 4 个节点,而每个节点有 3 个自由度。因此,一个矩形板单元就有 12 个自由度。单元的节点位移列阵表示为

$$\boldsymbol{u}_e = [w_1 \quad \theta_{x1} \quad \theta_{y1} \quad w_2 \quad \theta_{x2} \quad \theta_{y2} \quad w_3 \quad \theta_{x3} \quad \theta_{y3} \quad w_4 \quad \theta_{x4} \quad \theta_{y4}]^{\mathrm{T}} \tag{2.42}$$

由于薄板单元有 12 个自由度,因此板的横向挠度 w 的表达式必须包含 12 个待定参数,可用如下多项式表示:

$$\begin{aligned} w(x,y) = {} & \alpha_1 + \alpha_2 x + \alpha_3 y + \alpha_4 x^2 + \alpha_5 xy + \alpha_6 y^2 + \alpha_7 x^3 + \alpha_8 x^2 y \\ & + \alpha_9 xy^2 + \alpha_{10} y^3 + \alpha_{11} x^3 y + \alpha_{12} xy^3 \end{aligned} \tag{2.43}$$

也可以采用插值的方法,直接用单元节点位移表示矩形板单元内任一点$(x,\ y)$的横向位移:

$$w(x,y) = \boldsymbol{N}(x)\boldsymbol{u}_e \tag{2.44}$$

式中:$\boldsymbol{N}_{1\times 12}$为矩形板弯单元的形状函数矩阵,且

$$\boldsymbol{N} = [N_1 \quad N_{x1} \quad N_{y1} \quad N_2 \quad N_{x2} \quad N_{y2} \quad N_3 \quad N_{x3} \quad N_{y3} \quad N_4 \quad N_{x4} \quad N_{y4}] \tag{2.45a}$$

$$\begin{cases} N_i = (1+\xi_i\xi)(1+\eta_i\eta)(2+\xi_i\xi+\eta_i\eta-\xi^2-\eta^2)/8 \\ N_{xi} = -b\eta_i(1+\xi_i\xi)(1+\eta_i\eta)(1-\eta^2)/8 \\ N_{yi} = a\xi_i(1+\xi_i\xi)(1+\eta_i\eta)(1-\xi^2)/8 \end{cases} \quad (i=1,2,3,4) \tag{2.45b}$$

为了简化分析，式(2.45b)中引入了无量纲坐标：

$$\begin{cases} \xi = \dfrac{x}{a} \in [-1,1], \quad \xi_i = \dfrac{x_i}{a} \\ \eta = \dfrac{y}{b} \in [-1,1], \quad \eta_i = \dfrac{y_i}{b} \end{cases} \tag{2.45c}$$

式中：a、b 为矩形板的尺寸，如图 2-4 所示。

现在我们分析相邻单元之间位移的连续性。在薄板弯曲理论中，薄板的广义应变是横向位移 w 的二阶导数，见式(2.33)。因此要求在两个相邻单元的公共边上，位移 w 及其一阶导数要连续。从板单元位移的多项式(2.43)可以看到，在 x = 常数(如 1-2 边)或 y = 常数(如 2-3 边)的边界上，如图 2-4 所示，位移 w 是 y 或 x 的三次函数，它需要由两端 4 个位移参数唯一确定。例如在边界 1-2 边上，x 为常数，w 是 y 的三次多项式，共有 4 个待定常数。而与这条边界有关的节点位移是 w_1、w_2、θ_{x1} 和 θ_{x2}。则沿 1-2 边上，w 可唯一确定。因此，两个相邻单元在 1-2 边上，位移函数是完全相同的，从而保证了两个单元之间 w 是连续的，而且沿边界上切线导数($\partial w/\partial y$)也是连续的。但在 1-2 边上，w 的法线导数($\partial w/\partial x$)也是 y 的三次多项式，而现在只剩下 2 个节点位移，即 $\theta_{y1} = -(\partial w/\partial x)_1$ 和 $\theta_{y2} = -(\partial w/\partial x)_2$，这可以部分限定沿 1-2 边界上的法线导数($\partial w/\partial x$)，但不能唯一确定它。因此两个相邻矩形单元只在节点上具有相同的法线导数。而在整个边界上，单元之间法线导数的连续性无法得到满足，所以这种单元是一种非协调元。不过实际计算结果表明，当单元尺寸逐步减小时，计算结果还是能够收敛于正确解答的[21]。

2. 单元应变和应力

将式(2.44)代入式(2.32)，可得如下形式的单元应变：

$$\boldsymbol{\varepsilon}_e = \begin{Bmatrix} \varepsilon_x \\ \varepsilon_y \\ \gamma_{xy} \end{Bmatrix} = \begin{Bmatrix} \dfrac{\partial u}{\partial x} \\ \dfrac{\partial v}{\partial y} \\ \dfrac{\partial u}{\partial y} + \dfrac{\partial v}{\partial x} \end{Bmatrix} = -z \begin{Bmatrix} \dfrac{\partial^2 w}{\partial x^2} \\ \dfrac{\partial^2 w}{\partial y^2} \\ 2\dfrac{\partial^2 w}{\partial x \partial y} \end{Bmatrix}$$

$$= -z \begin{bmatrix} \dfrac{\partial^2 N_1}{\partial x^2} & \dfrac{\partial^2 N_{x1}}{\partial x^2} & \dfrac{\partial^2 N_{y1}}{\partial x^2} & \cdots & \dfrac{\partial^2 N_4}{\partial x^2} & \dfrac{\partial^2 N_{x4}}{\partial x^2} & \dfrac{\partial^2 N_{y4}}{\partial x^2} \\ \dfrac{\partial^2 N_1}{\partial y^2} & \dfrac{\partial^2 N_{x1}}{\partial y^2} & \dfrac{\partial^2 N_{y1}}{\partial y^2} & \cdots & \dfrac{\partial^2 N_4}{\partial y^2} & \dfrac{\partial^2 N_{x4}}{\partial y^2} & \dfrac{\partial^2 N_{y4}}{\partial y^2} \\ 2\dfrac{\partial^2 N_1}{\partial x \partial y} & 2\dfrac{\partial^2 N_{x1}}{\partial x \partial y} & 2\dfrac{\partial^2 N_{y1}}{\partial x \partial y} & \cdots & 2\dfrac{\partial^2 N_4}{\partial x \partial y} & 2\dfrac{\partial^2 N_{x4}}{\partial x \partial y} & 2\dfrac{\partial^2 N_{y4}}{\partial x \partial y} \end{bmatrix} \boldsymbol{u}_e \tag{2.46}$$

令单元的应变转换矩阵 $\boldsymbol{B}$ 为

$$\boldsymbol{B}_{3\times12} = -\begin{bmatrix} \frac{\partial^2 N_1}{\partial x^2} & \frac{\partial^2 N_{x1}}{\partial x^2} & \frac{\partial^2 N_{y1}}{\partial x^2} & \cdots & \frac{\partial^2 N_4}{\partial x^2} & \frac{\partial^2 N_{x4}}{\partial x^2} & \frac{\partial^2 N_{y4}}{\partial x^2} \\ \frac{\partial^2 N_1}{\partial y^2} & \frac{\partial^2 N_{x1}}{\partial y^2} & \frac{\partial^2 N_{y1}}{\partial y^2} & \cdots & \frac{\partial^2 N_4}{\partial y^2} & \frac{\partial^2 N_{x4}}{\partial y^2} & \frac{\partial^2 N_{y4}}{\partial y^2} \\ 2\frac{\partial^2 N_1}{\partial x\partial y} & 2\frac{\partial^2 N_{x1}}{\partial x\partial y} & 2\frac{\partial^2 N_{y1}}{\partial x\partial y} & \cdots & 2\frac{\partial^2 N_4}{\partial x\partial y} & 2\frac{\partial^2 N_{x4}}{\partial x\partial y} & 2\frac{\partial^2 N_{y4}}{\partial x\partial y} \end{bmatrix} \tag{2.47}$$

则单元内任一点的应变可表示为

$$\boldsymbol{\varepsilon}_e = \begin{Bmatrix} \varepsilon_x \\ \varepsilon_y \\ \gamma_{xy} \end{Bmatrix} = z\boldsymbol{B}\boldsymbol{u}_e = [\boldsymbol{B}_1 \quad \boldsymbol{B}_2 \quad \boldsymbol{B}_3 \quad \boldsymbol{B}_4]\boldsymbol{u}_e \tag{2.48a}$$

式中

$$\boldsymbol{B}_{i,3\times3} = \frac{1}{4ab}\begin{bmatrix} \frac{3b}{a}\xi_i\xi(1+\eta_i\eta) & 0 & b\xi_i(1+3\xi_i\xi)(1+\eta_i\eta) \\ \frac{3a}{b}\eta_i\eta(1+\xi_i\xi) & -a\eta_i(1+\xi_i\xi)(1+3\eta_i\eta) & 0 \\ \xi_i\eta_i(3\xi^2+3\eta^2-4) & -b\xi_i(3\eta^2+2\eta_i\eta-1) & a\eta_i(3\xi^2+2\xi_i\xi-1) \end{bmatrix}$$

$$(i=1,2,3,4) \tag{2.48b}$$

有了单元几何矩阵,由物理方程式(2.36),可得单元应力为

$$\boldsymbol{\sigma}_e = \boldsymbol{D}\boldsymbol{\varepsilon}_e = z\boldsymbol{D}\boldsymbol{B}\boldsymbol{u}_e \tag{2.49}$$

再根据单元应力公式(2.39),可得板单元单位宽度上的内力矩计算公式:

$$\boldsymbol{M} = \begin{Bmatrix} M_x \\ M_y \\ M_{xy} \end{Bmatrix} = \frac{h^3}{12z}\boldsymbol{\sigma}_e = \frac{h^3}{12}\boldsymbol{D}\boldsymbol{B}\boldsymbol{u}_e \tag{2.50}$$

3. 单元刚度和质量矩阵

由虚功原理,可得单元刚度矩阵的一般表达式为

$$\boldsymbol{k}_e = \int_{V_e} z^2\boldsymbol{B}^{\mathrm{T}}\boldsymbol{D}\boldsymbol{B}\,\mathrm{d}x\mathrm{d}y\mathrm{d}z \tag{2.51}$$

式(2.51)具有通用性。对于不同类型的单元,只是其中 $\boldsymbol{B}$ 和 $\boldsymbol{D}$ 以及具体积分计算细节略有不同而已。将单元几何矩阵代入式(2.51),则有

$$\boldsymbol{k}_{e(12\times12)} = \int_{-h/2}^{h/2} z^2\mathrm{d}z\int_{-1}^{1}\int_{-1}^{1}\boldsymbol{B}_{12\times3}^{\mathrm{T}}\boldsymbol{D}_{3\times3}\boldsymbol{B}_{3\times12}\,ab\,\mathrm{d}\xi\mathrm{d}\eta \tag{2.52}$$

将单元刚度矩阵写成如下分块形式:

$$\boldsymbol{k}_{e(12\times12)} = \begin{bmatrix} \boldsymbol{k}_{11} & \boldsymbol{k}_{12} & \boldsymbol{k}_{13} & \boldsymbol{k}_{14} \\ \boldsymbol{k}_{21} & \boldsymbol{k}_{22} & \boldsymbol{k}_{23} & \boldsymbol{k}_{24} \\ \boldsymbol{k}_{31} & \boldsymbol{k}_{32} & \boldsymbol{k}_{33} & \boldsymbol{k}_{34} \\ \boldsymbol{k}_{41} & \boldsymbol{k}_{42} & \boldsymbol{k}_{43} & \boldsymbol{k}_{44} \end{bmatrix} \tag{2.53}$$

式中:各子矩阵的计算公式为

$$\boldsymbol{k}_{ij,3\times3} = \frac{abh^3}{12}\int_{-1}^{1}\int_{-1}^{1}\boldsymbol{B}_{i,3\times3}^{\mathrm{T}}\boldsymbol{D}_{3\times3}\boldsymbol{B}_{j,3\times3}\mathrm{d}\xi\mathrm{d}\eta \quad (i,j = 1,2,3,4) \tag{2.54}$$

各子矩阵 $\boldsymbol{k}_{ij}$ 的积分结果为

$$\boldsymbol{k}_{ij} = H\begin{bmatrix} a_{11} & a_{12} & a_{13} \\ a_{21} & a_{22} & a_{23} \\ a_{31} & a_{32} & a_{33} \end{bmatrix} \quad (i,j=1,2,3,4) \tag{2.55}$$

式中

$$H=\frac{D}{60ab},\quad D=\frac{Eh^3}{12(1-\nu^2)}$$

通常 D 称为薄板的抗弯刚度。子矩阵中的 9 个元素的显式表达式如下:

$$a_{11}=3\left[15\left(\frac{b^2}{a^2}\xi_i\xi_j+\frac{a^2}{b^2}\eta_i\eta_j\right)+\left(14-4\nu+5\frac{b^2}{a^2}+5\frac{a^2}{b^2}\right)\xi_i\xi_j\eta_i\eta_j\right]$$

$$a_{12} = -3b\left[\left(2+3\nu+5\frac{a^2}{b^2}\right)\xi_i\xi_j\eta_i+15\frac{a^2}{b^2}\eta_i+5\nu\xi_i\xi_j\eta_j\right]$$

$$a_{13}=3a\left[\left(2+3\nu+5\frac{b^2}{a^2}\right)\xi_i\eta_i\eta_j+15\frac{b^2}{a^2}\xi_i+5\nu\xi_j\eta_i\eta_j\right]$$

$$a_{21} = -3b\left[\left(2+3\nu+5\frac{a^2}{b^2}\right)\xi_i\xi_j\eta_j+15\frac{a^2}{b^2}\eta_j+5\nu\xi_i\xi_j\eta_i\right]$$

$$a_{22}=b^2\left[2(1-\nu)\xi_i\xi_j(3+5\eta_i\eta_j)+5\frac{a^2}{b^2}(3+\xi_i\xi_j)(3+\eta_i\eta_j)\right]$$

$$a_{23} = -15\nu ab(\xi_i+\xi_j)(\eta_i+\eta_j)$$

$$a_{31}=3a\left[\left(2+3\nu+5\frac{b^2}{a^2}\right)\xi_j\eta_i\eta_j+15\frac{b^2}{a^2}\xi_j+5\nu\xi_i\eta_i\eta_j\right]$$

$$a_{32} = -15\nu ab(\eta_i+\eta_j)(\xi_i+\xi_j)$$

$$a_{33}=a^2\left[2(1-\nu)\eta_i\eta_j(3+5\xi_i\xi_j)+5\frac{b^2}{a^2}(3+\xi_i\xi_j)(3+\eta_i\eta_j)\right]$$

对于矩形薄板弯曲单元,假设材料密度 ρ 为常数,一致质量矩阵仍可按式(2.15)计算:

$$\boldsymbol{m}_e = \rho\int_{-\frac{h}{2}}^{\frac{h}{2}}\int_{-b}^{b}\int_{-a}^{a}\boldsymbol{N}^{\mathrm{T}}\boldsymbol{N}\mathrm{d}x\mathrm{d}y\mathrm{d}z = \rho abh\int_{-1}^{1}\int_{-1}^{1}\boldsymbol{N}^{\mathrm{T}}\boldsymbol{N}\mathrm{d}\xi\mathrm{d}\eta \tag{2.56}$$

同样,将单元质量矩阵写成分块形式:

$$\boldsymbol{m}_{e(12\times12)} = \begin{bmatrix} \boldsymbol{m}_{11} & \boldsymbol{m}_{12} & \boldsymbol{m}_{13} & \boldsymbol{m}_{14} \\ \boldsymbol{m}_{21} & \boldsymbol{m}_{22} & \boldsymbol{m}_{23} & \boldsymbol{m}_{24} \\ \boldsymbol{m}_{31} & \boldsymbol{m}_{32} & \boldsymbol{m}_{33} & \boldsymbol{m}_{34} \\ \boldsymbol{m}_{41} & \boldsymbol{m}_{42} & \boldsymbol{m}_{43} & \boldsymbol{m}_{44} \end{bmatrix} \tag{2.57}$$

式中:子矩阵的计算公式为

$$\boldsymbol{m}_{ij,3\times3} = \rho abh\int_{-1}^{1}\int_{-1}^{1}\boldsymbol{N}_{i,3\times1}^{\mathrm{T}}\boldsymbol{N}_{j,1\times3}\mathrm{d}\xi\mathrm{d}\eta \quad (i,j = 1,2,3,4) \tag{2.58}$$

各子矩阵 $\boldsymbol{m}_{ij}$ 的积分结果为

$$\boldsymbol{m}_{ij} = \rho hA\begin{bmatrix}\beta_{11} & \beta_{12} & \beta_{13}\\ \beta_{21} & \beta_{22} & \beta_{23}\\ \beta_{31} & \beta_{32} & \beta_{33}\end{bmatrix} \quad (i,j=1,2,3,4) \tag{2.59}$$

式中

$$A = 4ab$$

子矩阵中9个元素的显式表达式如下：

$$\beta_{11} = \frac{1}{25200}[765(\xi_i\xi_j + \eta_i\eta_j) + 349\eta_j\eta_i\xi_j\xi_i + 1575]$$

$$\beta_{21} = \frac{-b}{25200}[2\xi_i\xi_j(105\eta_i + 26\eta_j) + 525\eta_i + 135\eta_j]$$

$$\beta_{31} = \frac{a}{25200}[2\eta_i\eta_j(105\xi_i + 26\xi_j) + 525\xi_i + 135\xi_j]$$

$$\beta_{12} = \frac{-b}{25200}[2\xi_i\xi_j(105\eta_j + 26\eta_i) + 525\eta_j + 135\eta_i]$$

$$\beta_{22} = \frac{b^2}{2520}\eta_i\eta_j(\xi_i\xi_j + 3)(\eta_i\eta_j + 7)$$

$$\beta_{23} = \frac{-ab}{3600}\eta_i\xi_j(\xi_i\xi_j + 5)(\eta_i\eta_j + 5)$$

$$\beta_{13} = \frac{a}{25200}[2\eta_i\eta_j(105\xi_j + 26\xi_i) + 525\xi_j + 135\xi_i]$$

$$\beta_{32} = \frac{-ab}{3600}\xi_i\eta_j(\xi_i\xi_j + 5)(\eta_i\eta_j + 5)$$

$$\beta_{33} = \frac{a^2}{2520}\xi_i\xi_j(\xi_i\xi_j + 7)(\eta_i\eta_j + 3)$$

比较式(2.54)与式(2.59)可知，薄板单元的弯曲刚度与其厚度的三次方成正比，但质量却与其厚度的一次方成正比。可见，改变薄板单元的厚度对其刚度的影响要远大于对其质量的影响。

如果将矩形板单元的质量四等分，每个节点分配一份，并略去转动影响效应，可得矩形板单元的集中质量矩阵：

$$\boldsymbol{m}_e = \rho hab\mathrm{diag}(1\quad 0\quad 0\quad 1\quad 0\quad 0\quad 1\quad 0\quad 0\quad 1\quad 0\quad 0) \tag{2.60}$$

与梁单元相同，式(2.60)只考虑了板单元的平动惯性，忽略了其转动惯性的影响。

2.3 坐标变换

有了单元在其局部坐标系中的刚度和质量矩阵，还需要将它们转换到总体坐标系中。使所有单元的节点位移、节点力以及刚度和质量矩阵在统一的坐标系下表示，以便能够组装成整体结构的刚度和质量矩阵。假设 $\boldsymbol{U}_e$ 和 $\boldsymbol{F}_e$ 分别代表单元在总体坐标系中的位移和力列阵，则两种坐标系下节点位移和力列阵存在如下类似关系：

$$\boldsymbol{u}_e = \boldsymbol{T}\boldsymbol{U}_e, \quad \boldsymbol{f}_e = \boldsymbol{T}\boldsymbol{F}_e \tag{2.61}$$

式中：$\boldsymbol{T}$ 为坐标变换矩阵。

于是单元刚度矩阵之间存在下列关系：

$$\boldsymbol{K}_e = \boldsymbol{T}^{\mathrm{T}}\boldsymbol{k}_e\boldsymbol{T} \tag{2.62a}$$

同样，单元质量矩阵之间也有相同的表达式：

$$\boldsymbol{M}_e = \boldsymbol{T}^{\mathrm{T}}\boldsymbol{m}_e\boldsymbol{T} \tag{2.62b}$$

式(2.62)具有通用性。对于不同类型的单元，坐标变换矩阵 $\boldsymbol{T}$ 的表达式略有差异。

2.3.1　空间杆单元

一个桁架杆单元在空间总体坐标系中的位置如图 2-5 所示，定义其方向为从节点 i 指向节点 j。由于不考虑节点的转动，每个节点的位移沿坐标轴各有 3 个分量，因此一个杆单元就有 6 个位移分量 $[U_i, V_i, W_i, U_j, V_j, W_j]^{\mathrm{T}}$。而杆单元只有沿其轴向的弹性变形，则坐标变换矩阵为

$$\boldsymbol{T}_t = \begin{bmatrix} \alpha & \beta & \gamma & 0 & 0 & 0 \\ 0 & 0 & 0 & \alpha & \beta & \gamma \end{bmatrix} \tag{2.63}$$

式中：α、β 和 γ 为杆单元 $i-j$ 对总体 x、y、z 坐标轴的方向余弦，即

$$\alpha = \frac{x_j - x_i}{L}, \quad \beta = \frac{y_j - y_i}{L}, \quad \gamma = \frac{z_j - z_i}{L} \tag{2.64}$$

式中：L 为杆的长度，与节点坐标有下列关系式，即

$$L = [(x_j - x_i)^2 + (y_j - y_i)^2 + (z_j - z_i)^2]^{\frac{1}{2}} \tag{2.65}$$

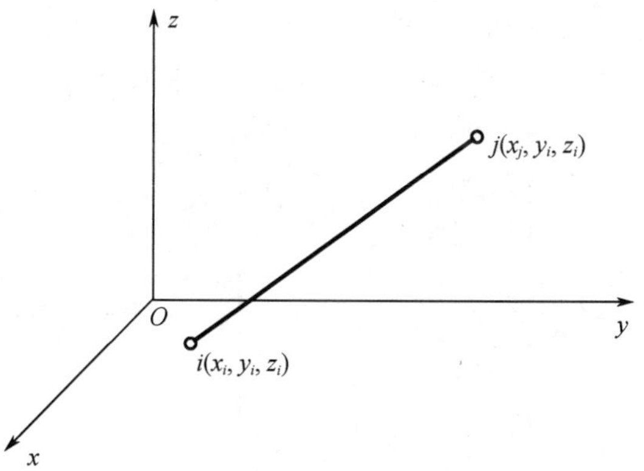

图 2-5　空间总体坐标系中的杆单元 $i-j$

由坐标变换，按照式(2.62a)，可得杆单元在总体坐标系中的刚度矩阵 $\boldsymbol{K}_e$。将杆单元刚度矩阵表示为

$$\boldsymbol{K}_e = \frac{AE}{L}\begin{bmatrix} \boldsymbol{D} & -\boldsymbol{D} \\ -\boldsymbol{D} & \boldsymbol{D} \end{bmatrix} \tag{2.66}$$

式中

$$\boldsymbol{D}=\begin{bmatrix}\alpha^2 & \alpha\beta & \alpha\gamma\\ \alpha\beta & \beta^2 & \beta\gamma\\ \alpha\gamma & \beta\gamma & \gamma^2\end{bmatrix}=\begin{Bmatrix}\alpha\\ \beta\\ \gamma\end{Bmatrix}[\alpha\quad\beta\quad\gamma] \tag{2.67}$$

在已有的研究和工程应用中,对单元质量矩阵的转换有不同的策略。通常认为质量是标量,没有方向性。由此得出杆单元的质量矩阵,将不随着杆轴线方向的改变而变化[22]。即在总体坐标系中,单元的一致质量矩阵仍是

$$\boldsymbol{M}_e=\frac{\rho AL}{6}\begin{bmatrix}2\boldsymbol{I}_3 & \boldsymbol{I}_3\\ \boldsymbol{I}_3 & 2\boldsymbol{I}_3\end{bmatrix} \tag{2.68a}$$

式中:$\boldsymbol{I}_3$ 为 3×3 阶的单位矩阵。与式(2.16)相比,此时单元的质量矩阵仅仅是阶次发生了改变,从原来的 2×2 阶,转化成空间坐标系的 6×6 阶。但若从系统动能不变性考虑,由于速度是有方向性的,由此另一种理论认为质量矩阵应该随着坐标轴的方向不同而改变[20]。即在空间坐标系中,按照式(2.62b)确定单元的一致质量矩阵:

$$\boldsymbol{M}_e=\boldsymbol{T}^{\mathrm{T}}\boldsymbol{m}_e\boldsymbol{T}=\frac{\rho AL}{6}\begin{bmatrix}2\boldsymbol{D} & \boldsymbol{D}\\ \boldsymbol{D} & 2\boldsymbol{D}\end{bmatrix} \tag{2.68b}$$

此外,若采用集中质量矩阵,质量矩阵也不随着坐标轴的方向而改变:

$$\boldsymbol{M}_e=\frac{\rho AL}{2}\boldsymbol{I}_6 \tag{2.69}$$

式中:$\boldsymbol{I}_6$ 为 6×6 阶的单位矩阵。

以上三种模型在工程实践中均有应用,在结构动力分析时应明确采用何种质量模型和变换策略。

平面问题是空间问题的特例,对于平面中的杆单元坐标变换问题,只需将 $\gamma=0$ 代入以上各式,并将矩阵的维数做相应地降低即可,这里不再做推导。

下面用一个简单的例子来说明各质量模型之间的差异。如图2-1所示的直杆单元,若单元的轴线就沿着空间总体坐标系的 x 轴方向,按照不同的转换策略构造单元的总体质量矩阵分别为

$$\boldsymbol{M}_e=\frac{\rho AL}{6}\begin{bmatrix}2&0&0&1&0&0\\0&2&0&0&1&0\\0&0&2&0&0&1\\1&0&0&2&0&0\\0&1&0&0&2&0\\0&0&1&0&0&2\end{bmatrix}\quad[\text{按式}(2.68\text{a})]$$

$$\boldsymbol{M}_e=\frac{\rho AL}{6}\begin{bmatrix}2&0&0&1&0&0\\0&0&0&0&0&0\\0&0&0&0&0&0\\1&0&0&2&0&0\\0&0&0&0&0&0\\0&0&0&0&0&0\end{bmatrix}\quad[\text{按式}(2.68\text{b})]$$

$$\boldsymbol{M}_e = \frac{\rho AL}{2}\begin{bmatrix} 1 & 0 & 0 & 0 & 0 & 0 \\ 0 & 1 & 0 & 0 & 0 & 0 \\ 0 & 0 & 1 & 0 & 0 & 0 \\ 0 & 0 & 0 & 1 & 0 & 0 \\ 0 & 0 & 0 & 0 & 1 & 0 \\ 0 & 0 & 0 & 0 & 0 & 1 \end{bmatrix} \quad [按式(2.69)]$$

2.3.2 平面梁单元

对于平面内的梁单元，若暂时不考虑其轴向变形时，即不计梁节点的轴向位移分量，则坐标变换矩阵为

$$\boldsymbol{T}_b = \begin{bmatrix} -\sin\varphi & \cos\varphi & 0 & 0 & 0 & 0 \\ 0 & 0 & 1 & 0 & 0 & 0 \\ 0 & 0 & 0 & -\sin\varphi & \cos\varphi & 0 \\ 0 & 0 & 0 & 0 & 0 & 1 \end{bmatrix} \tag{2.70}$$

式中：φ 为梁单元轴线 $i-j$ 与总体坐标 x 轴的夹角，如图 2-6 所示，且

$$\alpha = \cos\varphi = \frac{x_j - x_i}{L}, \quad \beta = \sin\varphi = \frac{y_j - y_i}{L} \tag{2.71}$$

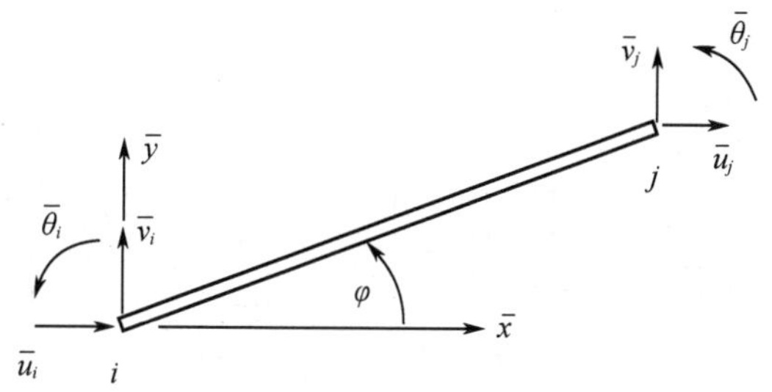

图 2-6　平面梁单元节点位移

则平面弯曲梁单元在总体坐标系中的刚度矩阵：

$$\boldsymbol{K}_e = \boldsymbol{T}_b^{\mathrm{T}} \boldsymbol{k}_e \boldsymbol{T}_b \tag{2.72}$$

式中：在局部坐标系中平面弯曲梁单元的刚度矩阵为

$$\boldsymbol{k}_e = \frac{EI}{L^3}\begin{bmatrix} 12 & 6L & -12 & 6L \\ & 4L^2 & -6L & 2L^2 \\ \text{对} & & 12 & -6L \\ & \text{称} & & 4L^2 \end{bmatrix} \tag{2.73}$$

若同时考虑梁单元的轴向变形和弯曲变形，可将平面二力杆单元和平面弯曲梁单元在总体坐标系中的刚度矩阵，按节点位移顺序直接叠加来获得。采用同样的方法可获得梁单元在总体坐标系中的质量矩阵。之所以采用这种叠加形式来获得一般梁单元在总体

坐标系中的刚度和质量矩阵,是为了今后能更加方便地计算梁单元刚度和质量矩阵的一阶导数。

2.4 单元刚度和质量矩阵一阶导数计算

在结构优化设计过程中,经常需要计算结构的性能或由外激励引起的响应,对一个可变的设计参数的一阶导数,即设计变量的灵敏度。如计算结构的质量、变形、应力或固有频率等对设计变量的灵敏度值。灵敏度分析与计算问题,实际就是结构的性能或响应,相对设计参数改变的变化率,以便评估设计参数对结构性能或响应的影响程度。其最终将归结为结构的刚度矩阵和质量矩阵,对设计变量一阶导数的数值计算问题。因此,结构的刚度和质量矩阵对设计变量的一阶导数计算,是灵敏度分析与计算的基础。根据有限元基础理论,结构的刚度矩阵和质量矩阵是由单元的相应量组装(叠加)而成。因此,其导数计算可转化为单元的刚度矩阵和质量矩阵,对设计参数的一阶导数计算问题。由于一般的商业有限元软件,都不涉及单元的刚度和质量矩阵的一阶导数计算,故需要研究者自己编程分析和计算。

下面按照变量的类型,分别研究单元刚度矩阵和质量矩阵的一阶导数计算问题,为以后各章结构的响应灵敏度计算做必要的准备。

2.4.1 对矩阵中某一元素的导数

在模型修正过程中,有时以单元刚度矩阵中的某一个元素 k_{ij} 为参数。若不考虑矩阵的对称性,则单元刚度和质量矩阵的一阶导数是

$$\frac{\partial \boldsymbol{M}_e}{\partial k_{ij}} = [0], \quad \frac{\partial \boldsymbol{K}_e}{\partial k_{ij}} = \begin{bmatrix} 0 & 0 & \cdots & 0 & 0 \\ 0 & 0 & \cdots & 1 & 0 \\ \vdots & \vdots & & \vdots & \vdots \\ 0 & 0 & \cdots & 0 & 0 \\ 0 & 0 & \cdots & 0 & 0 \end{bmatrix} \begin{matrix} \\ i \\ \\ \\ \\ \end{matrix} \quad (\text{第 } j \text{ 列}) \tag{2.74}$$

同样,如果需要计算对单元质量矩阵中某一元素 m_{ij} 的一阶导数,则有

$$\frac{\partial \boldsymbol{K}_e}{\partial m_{ij}} = [0], \quad \frac{\partial \boldsymbol{M}_e}{\partial m_{ij}} = \begin{bmatrix} 0 & 0 & \cdots & 0 & 0 \\ 0 & 0 & \cdots & 1 & 0 \\ \vdots & \vdots & & \vdots & \vdots \\ 0 & 0 & \cdots & 0 & 0 \\ 0 & 0 & \cdots & 0 & 0 \end{bmatrix} \begin{matrix} \\ i \\ \\ \\ \\ \end{matrix} \quad (\text{第 } j \text{ 列}) \tag{2.75}$$

若要考虑刚度和质量矩阵的对称性,即 $m_{ij} = m_{ji}$,则以上导数结果也将是对称的。在以上两式中,在第 j 行 i 列位置上($i \neq j$),将 0 改成 1 即可。例如:

$$\frac{\partial \boldsymbol{M}_e}{\partial m_{ij}} = \begin{array}{c} \begin{matrix} & i & & j & \end{matrix} \\ \begin{bmatrix} 0 & 0 & \cdots & 0 & 0 \\ 0 & 0 & \cdots & 1 & 0 \\ \vdots & \vdots & & \vdots & \vdots \\ 0 & 1 & \cdots & 0 & 0 \\ 0 & 0 & \cdots & 0 & 0 \end{bmatrix} \begin{matrix} \\ i \\ \\ j \\ \\ \end{matrix} \end{array}$$

如果结构的边界上有弹性支承约束，或结构上带有集中质量块。则支承弹簧的刚度系数 k_s 或集中质量的平动(移)惯性 m 和转动惯性 J，只可能出现在相应单元刚度或质量矩阵的对角线上。支承弹簧的刚度或集中质量的惯性如果发生变化，只影响矩阵中的一个元素值，因此导数计算比较容易。若对非对角线上的某一个元素求导，计算将使刚度或质量矩阵的导数结果不再具有对称性。另外还应该认识到，对单元刚度矩阵或质量矩阵中某一个元素的导数计算公式虽然非常简单，但有时其物理意义并不明确，与实际结构设计参数并无密切联系。这是因为实际设计变量可能出现在刚度矩阵或质量矩阵的所有元素上。例如，杆单元的截面面积 A 或杆长 L 就出现在单元刚度矩阵和质量矩阵所有元素上，对杆单元截面面积 A 或杆长 L 求导计算，要涉及刚度和质量矩阵中的所有元素。

2.4.2　对截面尺寸的导数

对于二力杆单元，通常以杆件的横截面面积 A 为设计变量。由于单元刚度矩阵和质量矩阵与截面积 A 成正比，其一阶导数计算非常容易。在空间总体坐标系下，由式(2.66)，杆单元的刚度矩阵对其横截面积的导数：

$$\frac{\partial \boldsymbol{K}_e}{\partial A} = \frac{E}{L}\begin{bmatrix} \boldsymbol{D} & -\boldsymbol{D} \\ -\boldsymbol{D} & \boldsymbol{D} \end{bmatrix} = \frac{\boldsymbol{K}_e}{A} \tag{2.76}$$

同样，由式(2.68)，杆单元的集中或一致质量矩阵对横截面积的导数也有以上的形式：

$$\frac{\partial \boldsymbol{M}_e}{\partial A} = \frac{\boldsymbol{M}_e}{A} \tag{2.77}$$

对于一般的平面梁单元，在小变形情况下，可以分别考虑轴向和弯曲变形。轴向变形的刚度矩阵一阶导数可由式(2.76)计算。由式(2.73)可知，纯弯曲梁单元刚度矩阵正比于截面的惯性矩 I，未显含横截面积 A。通常梁截面的惯性矩 I 与截面积 A 并非相互独立，它们之间的关系可以用一个简单通式表示如下[7]：

$$I = cx^s \tag{2.78}$$

式中：c 和 s 是由截面形状确定的常数；x 为设计变量。

例如，对于矩形截面梁，若以梁的高度 h 作为中间变量，则有

$$I = \frac{b}{12}h^3 \tag{2.79}$$

即 $c = b/12$，$s = 3$，b 是梁截面的宽度。若以矩形梁的截面面积 A 为设计变量，即 $x = A =$

bh,命 $b/h = r =$ 常数,则有

$$I = \frac{b^2h^2h}{12b} = \frac{A^2}{12}\frac{h}{b} = \frac{A^2}{12r} \tag{2.80}$$

与式(2.78)比较,即可得 $c = 1/12r, s = 2$。对于实心圆截面梁,若取直径 d 为中间变量,则有

$$I = \frac{\pi}{64}d^4 \tag{2.81}$$

若以截面积 $A = \pi d^2/4$ 为设计变量,则有

$$I = \frac{1}{4\pi}A^2 \tag{2.82}$$

其他截面形状的惯性矩 I 与横截面积 A 的关系如图 2-7 所示。于是,梁截面惯性矩 I 对其横截面积 A 的一阶导数为

$$\frac{\partial I}{\partial A} = \frac{s}{A}I \tag{2.83}$$

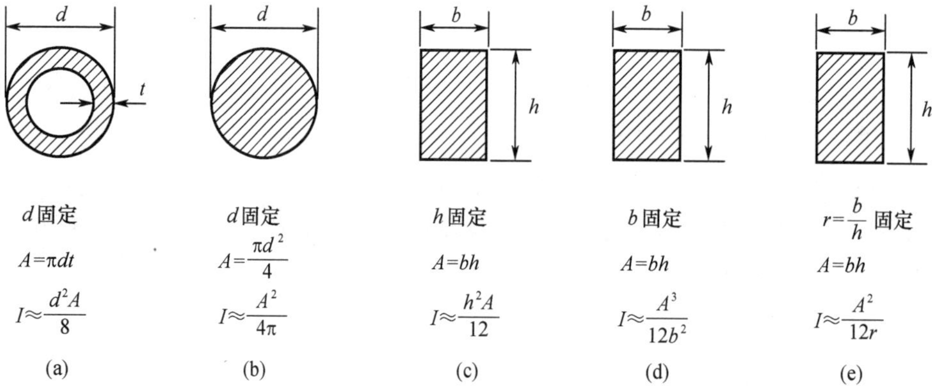

图 2-7 梁的截面惯性矩 I 与横截面积 A 之间的关系

若以梁的横截面积 A 为设计变量,梁单元的刚度矩阵对 A 的一阶导数为

$$\frac{\partial \boldsymbol{k}_e}{\partial A} = \frac{\partial \boldsymbol{k}_e^t}{\partial A} + \frac{\partial \boldsymbol{k}_e^b}{\partial I}\frac{\partial I}{\partial A} = \frac{\boldsymbol{k}_e^t}{A} + \frac{s\boldsymbol{k}_e^b}{A} \tag{2.84}$$

式中:$\boldsymbol{k}_e^t$ 为杆单元刚度矩阵;$\boldsymbol{k}_e^b$ 为梁弯曲单元的刚度矩阵,见式(2.73)。

注意:式(2.84)是在单元局部坐标系下推导的结果。由于坐标变换矩阵不受横截面积 A 的影响,因此利用刚度矩阵变换式(2.62a),可以得到总体坐标系中,梁单元刚度矩阵的一阶导数:

$$\frac{\partial \boldsymbol{K}_e}{\partial A} = \boldsymbol{T}^{\mathrm{T}}\frac{\partial \boldsymbol{k}_e}{\partial A}\boldsymbol{T} = \frac{\boldsymbol{K}_e^t + s\boldsymbol{K}_e^b}{A} \tag{2.85}$$

由式(2.28)可得,平面梁单元的质量矩阵对横截面积 A 的一阶导数为

$$\frac{\partial \boldsymbol{M}_e}{\partial A} = \frac{\boldsymbol{M}_e}{A} = \frac{\boldsymbol{T}^{\mathrm{T}}\boldsymbol{m}_e\boldsymbol{T}}{A} \tag{2.86}$$

2.4.3　对端点坐标的导数

1. 空间杆单元

在空间桁架或刚架结构优化设计过程中，经常要涉及单元的刚度矩阵和质量矩阵相对端点坐标（位置）的一阶导数的计算问题。端点坐标的改变将影响杆的长度和其方向角，且都是非线性关系。对于图 2－5 中 $i-j$ 杆单元，杆长 L 与端点坐标之间的关系由式（2.65）确定。因此，杆长 L 对 i 端（起始端）坐标的一阶导数可分别按下式计算：

$$\frac{\partial L}{\partial x_i}=\frac{1}{2L}[-2(x_j-x_i)]=-\alpha,\quad \frac{\partial L}{\partial y_i}=-\beta,\quad \frac{\partial L}{\partial z_i}=-\gamma \tag{2.87}$$

对 j 端（末端）坐标的一阶导数计算分别为

$$\frac{\partial L}{\partial x_j}=\frac{1}{2L}2(x_j-x_i)=\alpha,\quad \frac{\partial L}{\partial y_j}=\beta,\quad \frac{\partial L}{\partial z_j}=\gamma \tag{2.88}$$

比较式（2.87）和式（2.88）可知：杆件长度 L 对其 j 端各坐标分量的一阶导数，与对其 i 端相应坐标的一阶导数计算结果，仅仅只相差一个符号。如果将杆件的方向改成从 j 到 i，起始端是 j 点，那么仍然可以按照对起始端（i 点）坐标的导数公式（2.87），计算杆长对 j 端坐标的一阶导数。此时，杆件对各坐标轴的方向余弦与原来相比也仅差一个符号，其计算结果与按式（2.88）计算完全一致。据此，为了表述简洁起见，在以后单元质量和刚度矩阵导数推导过程中，只给出对杆件起始端坐标的一阶导数表达式。只要调转杆件的方向（倾角增加 180°），同样可以计算对其末端坐标的一阶导数值。由式（2.87），则有

$$\frac{\partial(L^{-1})}{\partial x_i}=\frac{\alpha}{L^2},\quad \frac{\partial(L^{-1})}{\partial y_i}=\frac{\beta}{L^2},\quad \frac{\partial(L^{-1})}{\partial z_i}=\frac{\gamma}{L^2} \tag{2.89}$$

而杆单元的方向余弦对其 i 端 x_i 坐标的一阶导数分别为

$$\frac{\partial\alpha}{\partial x_i}=\frac{-L+(x_j-x_i)\alpha}{L^2}=\frac{-1+\alpha^2}{L} \tag{2.90a}$$

$$\frac{\partial\beta}{\partial x_i}=\frac{(y_j-y_i)\alpha}{L^2}=\frac{\alpha\beta}{L},\quad \frac{\partial\gamma}{\partial x_i}=\frac{(z_j-z_i)\alpha}{L^2}=\frac{\alpha\gamma}{L} \tag{2.90b}$$

同样可以得到杆的方向余弦对其 i 端坐标 y_i 和 z_i 的一阶导数，所得结果如表 2－1 所列。于是在总体坐标系下，杆单元刚度矩阵 $\boldsymbol{K}_e$ 相对于 i 端 x_i 坐标的一阶导数计算如下：

表 2－1　杆件 $i-j$ 的方向余弦对起始端（i 端）坐标的一阶导数

方向余弦	对 x_i 坐标	对 y_i 坐标	对 z_i 坐标
α	$(-1+\alpha^2)/L$	$\alpha\beta/L$	$\alpha\gamma/L$
β	$\beta\alpha/L$	$(-1+\beta^2)/L$	$\beta\gamma/L$
γ	$\gamma\alpha/L$	$\gamma\beta/L$	$(-1+\gamma^2)/L$

$$\frac{\partial\boldsymbol{K}_e}{\partial x_i}=\frac{EA}{L^2}\begin{bmatrix}\boldsymbol{k}_{x_i} & -\boldsymbol{k}_{x_i}\\ -\boldsymbol{k}_{x_i} & \boldsymbol{k}_{x_i}\end{bmatrix} \tag{2.91}$$

式中

$$\boldsymbol{k}_{x_i}=\begin{bmatrix}3\alpha^3-2\alpha & 3\alpha^2\beta-\beta & 3\alpha^2\gamma-\gamma\\ 3\alpha^2\beta-\beta & 3\alpha\beta^2 & 3\alpha\beta\gamma\\ 3\alpha^2\gamma-\gamma & 3\alpha\beta\gamma & 3\alpha\gamma^2\end{bmatrix}\tag{2.92}$$

类似地,采用同样的推导步骤,可以得到杆单元刚度矩阵 $\boldsymbol{K}_e$,相对于 i 端其它坐标 y_i 和 z_i 的一阶导数计算公式。不难发现,杆单元刚度矩阵对端点坐标的一阶导数仍是对称矩阵。

此外,也可以采用一种简单轮换替代的方法,通过变量和符号替换,直接得到刚度矩阵 $\boldsymbol{K}_e$ 相对于 i 端其他坐标的导数计算公式。该方法的执行步骤:

符号:$x_i\to y_i\to z_i\to x_i$, $\alpha\to\beta\to\gamma\to\alpha$

矩阵:$1\to2\to3\to1$

即将坐标和杆件的方向余弦替代以后,矩阵 $\boldsymbol{k}_{xi}$ 的行和列也要同时进行轮换,以保持矩阵的对称性。例如,按以上轮换替代执行步骤,由式(2.91)和式(2.92)可得

$$\frac{\partial\boldsymbol{K}_e}{\partial y_i}=\frac{EA}{L^2}\begin{bmatrix}\boldsymbol{k}_{y_i} & -\boldsymbol{k}_{y_i}\\ -\boldsymbol{k}_{y_i} & \boldsymbol{k}_{y_i}\end{bmatrix}\tag{2.93a}$$

式中

$$\boldsymbol{k}_{y_i}=\begin{bmatrix}3\beta\alpha^2 & 3\beta^2\alpha-\alpha & 3\beta\gamma\alpha\\ 3\beta^2\alpha-\alpha & 3\beta^3-2\beta & 3\beta^2\gamma-\gamma\\ 3\beta\gamma\alpha & 3\beta^2\gamma-\gamma & 3\beta\gamma^2\end{bmatrix}\tag{2.93b}$$

可以证明,式(2.93b)结果是完全正确的。类似地,还可以由式(2.93)得到单元刚度矩阵对端点坐标 z_i 的一阶导数计算公式,其中:

$$\boldsymbol{k}_{z_i}=\begin{bmatrix}3\gamma\alpha^2 & 3\gamma\alpha\beta & 3\gamma^2\alpha-\alpha\\ 3\gamma\alpha\beta & 3\gamma\beta^2 & 3\gamma^2\beta-\beta\\ 3\gamma^2\alpha-\alpha & 3\gamma^2\beta-\beta & 3\gamma^3-2\gamma\end{bmatrix}\tag{2.94}$$

若仅考虑杆单元在 xy 平面内,则在以上表达式中令 $\gamma=0$,可得到相应各项。另外,由式(2.68b),可得杆单元一致质量矩阵对 i 端 x_i 坐标的一阶导数公式:

$$\frac{\partial\boldsymbol{M}_e}{\partial x_i}=\frac{\rho A}{6}\begin{bmatrix}2\boldsymbol{m}_{x_i} & \boldsymbol{m}_{x_i}\\ \boldsymbol{m}_{x_i} & 2\boldsymbol{m}_{x_i}\end{bmatrix}\tag{2.95}$$

式中

$$\boldsymbol{m}_{x_i}=\begin{bmatrix}\alpha^3-2\alpha & \alpha^2\beta-\beta & \alpha^2\gamma-\gamma\\ \alpha^2\beta-\beta & \alpha\beta^2 & \alpha\beta\gamma\\ \alpha^2\gamma-\gamma & \alpha\beta\gamma & \alpha\gamma^2\end{bmatrix}\tag{2.96}$$

采用简单轮换替代的方法,也可以得到质量矩阵 $\boldsymbol{M}_e$ 相对于 i 端其他坐标的导数计算公式。例如:

$$\frac{\partial \boldsymbol{M}_e}{\partial y_i}=\frac{\rho A}{6}\begin{bmatrix}2\boldsymbol{m}_{y_i} & \boldsymbol{m}_{y_i}\\ \boldsymbol{m}_{y_i} & 2\boldsymbol{m}_{y_i}\end{bmatrix} \tag{2.97a}$$

式中

$$\boldsymbol{m}_{y_i}=\begin{bmatrix}\beta\alpha^2 & \beta^2\alpha-\alpha & \beta\gamma\alpha\\ \beta^2\alpha-\alpha & \beta^3-2\beta & \beta^2\gamma-\gamma\\ \beta\gamma\alpha & \beta^2\gamma-\gamma & \beta\gamma^2\end{bmatrix} \tag{2.97b}$$

进一步还可得

$$\boldsymbol{m}_{z_i}=\begin{bmatrix}\gamma\alpha^2 & \gamma\alpha\beta & \gamma^2\alpha-\alpha\\ \gamma\alpha\beta & \gamma\beta^2 & \gamma^2\beta-\beta\\ \gamma^2\alpha-\alpha & \gamma^2\beta-\beta & \gamma^3-2\gamma\end{bmatrix} \tag{2.97c}$$

此外，由式(2.68a)，还可得杆单元质量矩阵对坐标 x_i 的一阶导数另一种表达式：

$$\frac{\partial \boldsymbol{M}_e}{\partial x_i}=-\frac{\rho A\alpha}{6}\begin{bmatrix}2\boldsymbol{I}_3 & \boldsymbol{I}_3\\ \boldsymbol{I}_3 & 2\boldsymbol{I}_3\end{bmatrix} \tag{2.98a}$$

而由式(2.69)，可得杆单元集中质量矩阵相对于坐标 x_i 的一阶导数：

$$\frac{\partial \boldsymbol{M}_e}{\partial x_i}=-\frac{\rho A\alpha}{2}\boldsymbol{I}_6 \tag{2.98b}$$

由以上分析可知，杆单元的刚度和质量矩阵，对其端点坐标的一阶导数计算并不难。只要知道端点的坐标，代入式(2.98a)、式(2.98b)即可。

2. 平面梁单元

由于节点在空间内移动可能会改变空间梁截面的中性轴在总体坐标系中的方向，导致对中性轴的截面惯性矩必须重新计算，甚至还需计算截面的惯性积。因此，通常对空间梁单元，只考虑圆形截面的情况。而平面梁单元端点坐标的改变不会影响梁的截面惯性矩，因而其刚度矩阵对端点坐标的一阶导数计算相对比较简单。根据力的独立性原则，梁单元的刚度矩阵由二力杆单元和纯弯曲梁单元组合而成：

$$\boldsymbol{K}_e=\boldsymbol{K}_e^t+\boldsymbol{K}_e^b=\boldsymbol{K}_e^t+\boldsymbol{T}_b^{\mathrm{T}}\boldsymbol{k}_e^b\boldsymbol{T}_b \tag{2.99}$$

二力杆单元在平面内的刚度矩阵一阶导数已有现成的计算公式(2.91)可用。对于平面弯曲梁单元，总体坐标系下的刚度矩阵一阶导数按下式计算：

$$\frac{\partial \boldsymbol{K}_e^b}{\partial x_i}=\frac{\partial \boldsymbol{T}_b^{\mathrm{T}}}{\partial x_i}\boldsymbol{k}_e^b\boldsymbol{T}_b+\boldsymbol{T}_b^{\mathrm{T}}\frac{\partial \boldsymbol{k}_e^b}{\partial x_i}\boldsymbol{T}_b+\boldsymbol{T}_b^{\mathrm{T}}\boldsymbol{k}_e^b\frac{\partial \boldsymbol{T}_b}{\partial x_i} \tag{2.100}$$

式中：坐标变换矩阵 T_b 如式(2.70)所示。

由式(2.71)可得

$$\frac{\partial\cos\varphi}{\partial x_i}=\frac{-L+(x_j-x_i)\cos\varphi}{L^2}=\frac{-\sin^2\varphi}{L} \tag{2.101a}$$

$$\frac{\partial \sin\varphi}{\partial x_i}=\frac{(y_j-y_i)\cos\varphi}{L^2}=\frac{\sin\varphi\cos\varphi}{L} \tag{2.101b}$$

则坐标变换矩阵 $\boldsymbol{T}_b$ 的一阶导数为

$$\frac{\partial \boldsymbol{T}_b}{\partial x_i}=\frac{-\sin\varphi}{L}\begin{bmatrix}\cos\varphi & \sin\varphi & 0 & 0 & 0 & 0\\ 0 & 0 & 0 & 0 & 0 & 0\\ 0 & 0 & 0 & \cos\varphi & \sin\varphi & 0\\ 0 & 0 & 0 & 0 & 0 & 0\end{bmatrix} \tag{2.102a}$$

同理可得

$$\frac{\partial \boldsymbol{T}_b}{\partial y_i}=\frac{\cos\varphi}{L}\begin{bmatrix}\cos\varphi & \sin\varphi & 0 & 0 & 0 & 0\\ 0 & 0 & 0 & 0 & 0 & 0\\ 0 & 0 & 0 & \cos\varphi & \sin\varphi & 0\\ 0 & 0 & 0 & 0 & 0 & 0\end{bmatrix} \tag{2.102b}$$

由式(2.73)可得在局部坐标系中,平面弯曲梁单元的刚度矩阵 $\boldsymbol{k}_e^b$ 对坐标的一阶导数:

$$\frac{\partial \boldsymbol{k}_e^b}{\partial x_i}=\frac{2EI\cos\varphi}{L^4}\begin{bmatrix}18 & 6L & -18 & 6L\\ & 2L^2 & -6L & L^2\\ \text{对} & & 18 & -6L\\ & \text{称} & & 2L^2\end{bmatrix} \tag{2.103a}$$

$$\frac{\partial \boldsymbol{k}_e^b}{\partial y_i}=\frac{2EI\sin\varphi}{L^4}\begin{bmatrix}18 & 6L & -18 & 6L\\ & 2L^2 & -6L & L^2\\ \text{对} & & 18 & -6L\\ & \text{称} & & 2L^2\end{bmatrix} \tag{2.103b}$$

于是,按照式(2.100),经过简单的矩阵相乘运算,可以得到平面弯曲梁单元刚度矩阵的一阶导数。将所得结果再与平面二力杆单元刚度矩阵的导数结果相加,既可得到包含轴向变形的一般平面梁单元刚度矩阵的一阶导数。采用同样步骤,也可以计算平面梁单元质量矩阵对端点坐标的一阶导数。在单元局部坐标系中,由式(2.28)可得,纯弯曲梁单元一致质量矩阵的一阶导数:

$$\frac{\partial \boldsymbol{m}_e^b}{\partial x_i}=\frac{-\rho A\cos\varphi}{420}\begin{bmatrix}156 & 44L & 54 & -26L\\ & 12L^2 & 26L & -9L^2\\ \text{对} & & 156 & -44L\\ & \text{称} & & 12L^2\end{bmatrix} \tag{2.104a}$$

$$\frac{\partial \boldsymbol{m}_e^b}{\partial y_i}=\frac{-\rho A\sin\varphi}{420}\begin{bmatrix}156 & 44L & 54 & -26L\\ & 12L^2 & 26L & -9L^2\\ \text{对} & & 156 & -44L\\ & \text{称} & & 12L^2\end{bmatrix} \tag{2.104b}$$

于是仿照式(2.99)和式(2.100),即可得到总体坐标系中平面梁单元的质量矩阵和对端点坐标的一阶导数。以上所得单元刚度和质量矩阵的一阶导数公式,将广泛应用于桁架、刚架结构静力学或动力学尺寸与形状优化,结构响应对截面尺寸或节点坐标灵敏度计算公式的推导过程中。

对于其他单元,一般情况下单元的刚度和质量矩阵对端点坐标的一阶导数计算比较复杂,有时也很难用一个精确的公式表示出来。如计算一般的四边形薄板弯曲单元刚度和质量矩阵,通常采用数值积分的方法,其计算结果都是节点坐标的隐函数。相应地,单元的刚度和质量矩阵对节点坐标的导数计算就很费事,很难用一个显式表达。于是,一种简单的解决策略是用差商近似代替微分。通常刚度矩阵的差分有两种格式,一种是向前(后)差分法:

$$\frac{\partial \boldsymbol{k}_e(x)}{\partial x} \cong \frac{\boldsymbol{k}_e(x \pm \Delta x) - \boldsymbol{k}_e(x)}{\Delta x} \tag{2.105}$$

另一种是中心差分法:

$$\frac{\partial \boldsymbol{k}_e(x)}{\partial x} \cong \frac{\boldsymbol{k}_e(x + \Delta x) - \boldsymbol{k}_e(x - \Delta x)}{2\Delta x} \tag{2.106}$$

一阶向前(后)差分法的截断误差(Truncation Error)是差分步长 Δx 的一次方 $O(\Delta x)$;而中心差分法的截断误差是 Δx 的二次方 $O(\Delta x^2)$,因此中心差分法计算精度一般较高。但使用中心差分法需要两次计算受扰动单元的刚度矩阵,计算和存储量比较大。对于质量矩阵的一阶导数近似计算也有同样的问题。通常情况下,差分步长 Δx 取得越小越好。然而,如果差分步长取得太小,计算舍入误差(Round - off Error)也同样有可能引起差商计算结果精度显著下降。如何确定合理的差分步长,目前还没有满意的结果,一般取相对值为 0.1% ~2% [1,23]。

其实,用差分方法计算设计变量的导数,与所考虑问题的性质无关,也不涉及单元的具体构造和设计变量的性质。因此可以避免复杂、冗长的推导过程。只要能对结构进行数值分析计算,就能得到结构性能和响应的灵敏度。但是,采用差分方法最大的缺点是其计算效率很低,要求结构分析的工作量很大。若一个结构有 n 个设计变量,向前(后)差分法需要对结构进行 $n+1$ 次数值分析;而中心差分法更是需要 $2n+1$ 次结构分析。对一个工程结构,一次有限元分析计算就很费时。若设计变量有很多,对所有设计变量进行灵敏度分析,则需要巨大的计算工作量,而所得结果的精度还无法得到保证[24]。

2.5　数 值 算 例

在结束本章之前,用一个简单算例详细说明单元刚度矩阵和质量矩阵的形成过程及其一阶导数的计算步骤。如图 2 -8 所示为一个平面刚(框)架结构,假设各构件横截面为圆环形,内、外半径分别是 10mm 和 15mm。弹性模量 $E=200$GPa,材料密度 $\rho=7800\text{kg/m}^3$。求第 3 号杆件的刚度矩阵和质量矩阵,对节点 4 的 x 坐标的一阶导数 $\partial \boldsymbol{K}_e/\partial x_4$ 和 $\partial \boldsymbol{M}_e/\partial x_4$,并分别与中心差分法所得结果进行比较。

值得注意的是:由于节点 4 的 x 坐标只影响第 3 号杆件的性能,该单元的刚度和质量

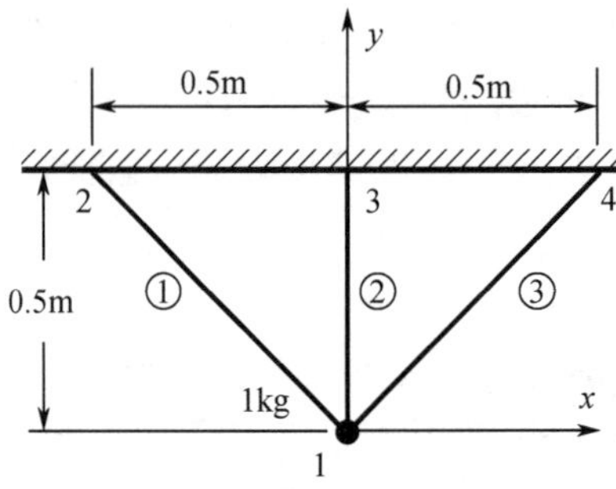

图 2-8　平面刚架结构模型

矩阵对 x_4 的一阶导数，也是结构的总刚度矩阵 $\boldsymbol{K}$ 和质量矩阵 $\boldsymbol{M}$ 对 x_4 的一阶导数。而总刚度和质量矩阵无须显示表达。

首先构造第3号梁单元的刚度矩阵和质量矩阵。为了今后使用方便起见，这里将轴向拉伸变形和横向弯曲变形分开单独表示。将所得结果进行相加，既可得到梁单元的总体结果。第3号杆件长度 $L=0.707\text{m}$，横截面积 $A=\pi(r_o^2-r_i^2)=3.9270\times10^{-4}\text{m}^2$，截面惯性距 $I=\pi(r_o^4-r_i^4)/4=3.1907\times10^{-8}\text{m}^4$。在单元局部坐标系中，第3号梁单元轴向拉伸部分刚度和质量矩阵分别为

$$\boldsymbol{k}_e^t=10^8\times\begin{bmatrix}1.1107 & -1.1107\\ -1.1107 & 1.1107\end{bmatrix},\quad \boldsymbol{m}_e^t=\begin{bmatrix}0.7220 & 0.3610\\ 0.3610 & 0.7220\end{bmatrix}$$

第3号梁单元横向弯曲部分刚度和质量矩阵为

$$\boldsymbol{k}_e^b=10^4\times\begin{bmatrix}21.659 & 7.6577 & -21.659 & 7.6577\\ 7.6577 & 3.6099 & -7.6577 & 1.8049\\ -21.659 & -7.6577 & 21.659 & -7.6577\\ 7.6577 & 1.8049 & -7.6577 & 3.6099\end{bmatrix}$$

$$\boldsymbol{m}_e^b=\begin{bmatrix}0.8045 & 0.08022 & 0.2785 & -0.04741\\ 0.08022 & 0.01031 & 0.04741 & -0.007735\\ 0.2785 & 0.04741 & 0.8045 & -0.08022\\ -0.04741 & -0.007735 & -0.08022 & 0.01031\end{bmatrix}$$

可见该单元轴向拉伸刚度与横向弯曲刚度相差至少3个数量级，而质量矩阵相差不多。为了运用以上推导的公式，以节点4为第3号单元的起始端，该单元的正方向由节点4指向节点1，与总体 x 轴的方向夹角为 $\varphi=5\pi/4$。由式(2.63)，轴向拉伸变形坐标变换矩阵为

$$\boldsymbol{T}_t=\begin{bmatrix}\cos\varphi & \sin\varphi & 0 & 0\\ 0 & 0 & \cos\varphi & \sin\varphi\end{bmatrix}=\frac{1}{\sqrt{2}}\begin{bmatrix}-1 & -1 & 0 & 0\\ 0 & 0 & -1 & -1\end{bmatrix}$$

根据式(2.70)，弯曲变形坐标变换矩阵为

$$
\boldsymbol{T}_b = \begin{bmatrix} \frac{1}{\sqrt{2}} & \frac{-1}{\sqrt{2}} & 0 & 0 & 0 & 0 \\ 0 & 0 & 1 & 0 & 0 & 0 \\ 0 & 0 & 0 & \frac{1}{\sqrt{2}} & \frac{-1}{\sqrt{2}} & 0 \\ 0 & 0 & 0 & 0 & 0 & 1 \end{bmatrix}
$$

经坐标变换，在总体坐标系中（如图 2－8 中所示）拉伸和弯曲刚度矩阵分别为

$$
\boldsymbol{K}_e^t = 10^7 \times \begin{bmatrix} 5.5536 & 5.5536 & -5.5536 & -5.5536 \\ 5.5536 & 5.5536 & -5.5536 & -5.5536 \\ -5.5536 & -5.5536 & 5.5536 & 5.5536 \\ -5.5536 & -5.5536 & 5.5536 & 5.5536 \end{bmatrix}
$$

$$
\boldsymbol{K}_e^b = 10^4 \times \begin{bmatrix} 10.830 & -10.830 & 5.4148 & -10.830 & 10.830 & 5.4148 \\ -10.830 & 10.830 & -5.4148 & 10.830 & -10.830 & -5.4148 \\ 5.4148 & -5.4148 & 3.6099 & -5.4148 & 5.4148 & 1.8049 \\ -10.830 & 10.830 & -5.4148 & 10.830 & -10.830 & -5.4148 \\ 10.830 & -10.830 & 5.4148 & -10.830 & 10.830 & 5.4148 \\ 5.4148 & -5.4148 & 1.8049 & -5.4148 & 5.4148 & 3.6099 \end{bmatrix}
$$

由式（2.103），在单元局部坐标系中，弯曲刚度矩阵的一阶导数：

$$
\frac{\partial \boldsymbol{k}_e^b}{\partial x_4} = 10^5 \times \begin{bmatrix} -6.4977 & -1.5315 & 6.4977 & -1.5315 \\ -1.5315 & -0.36098 & 1.5315 & -0.18049 \\ 6.4977 & 1.5315 & -6.4977 & 1.5315 \\ -1.5315 & -0.18049 & 1.5315 & -0.36098 \end{bmatrix}
$$

而坐标变换矩阵的导数：

$$
\frac{\partial \boldsymbol{T}_b}{\partial x_4} = \frac{1}{\sqrt{2}} \begin{bmatrix} -1 & -1 & 0 & 0 & 0 & 0 \\ 0 & 0 & 0 & 0 & 0 & 0 \\ 0 & 0 & 0 & -1 & -1 & 0 \\ 0 & 0 & 0 & 0 & 0 & 0 \end{bmatrix}
$$

由式（2.91）和式（2.92），在总体坐标系下，轴向拉伸部分刚度矩阵的一阶导数为

$$
\frac{\partial \boldsymbol{K}_e^t}{\partial x_4} = 10^7 \times \begin{bmatrix} 5.5536 & -5.5536 & -5.5536 & 5.5536 \\ -5.5536 & -16.661 & 5.5536 & 16.661 \\ -5.5536 & 5.5536 & 5.5536 & -5.5536 \\ 5.5536 & 16.661 & -5.5536 & -16.661 \end{bmatrix}
$$

按照式（2.100），在总体坐标系下弯曲部分刚度矩阵的一阶导数计算结果为

$$\frac{\partial \boldsymbol{K}_e^b}{\partial x_4}=10^5\times\begin{bmatrix} -5.4148 & 3.2489 & -1.6244 & 5.4148 & -3.2489 & -1.6244 \\ 3.2489 & -1.0830 & 0.54148 & -3.2489 & 1.0830 & 0.54148 \\ -1.6244 & 0.54148 & -0.36099 & 1.6244 & -0.54148 & -0.18049 \\ 5.4148 & -3.2489 & 1.6244 & -5.4148 & 3.2489 & 1.6244 \\ -3.2489 & 1.0830 & -0.54148 & 3.2489 & -1.0830 & -0.54148 \\ -1.6244 & 0.54148 & -0.18049 & 1.6244 & -0.54148 & -0.36099 \end{bmatrix}$$

先将桁架单元刚度矩阵的一阶导数计算结果扩阶成6×6阶矩阵(第三、六行和列加0),使其与梁单元节点自由度相一致,然后两式相加,可得第3号杆件的刚度矩阵对节点4的x坐标的一阶导数。从轴向拉伸变形刚度矩阵的一阶导数计算结果可以发现,在当前刚架形状设计情形下,节点4沿x方向移动可使该单元的沿x方向的刚度增加($\partial \boldsymbol{K}_e^t(1,1)/\partial x_4>0$),但却使该单元沿$y$方向的刚度减小($\partial \boldsymbol{K}_e^t(2,2)/\partial x_4<0$)。然而,单元沿$x$方向刚度的增加幅度仅是沿$y$方向的刚度减小幅度的1/3。产生这样的结果其实也不难理解,因为节点4沿x方向移动将使杆件增长,总体刚度要下降。但同时也使该杆件与x轴的夹角减小,其沿x轴方向的刚度会有所增加,而沿y轴方向的刚度继续减小。因此,轴向变形部分刚度矩阵的一阶导数结果是合理的。对于弯曲刚度的变化情况,节点4沿x方向移动使该单元刚度矩阵对角线上的元素值都会有所减小,但其变化量比轴向刚度的变化量至少小两个数量级。

按照相似的步骤,第3号杆件的一致质量矩阵在总体坐标系中的值以及一阶导数也可分别计算得到。若质量矩阵随着坐标轴的方向而改变,按照式(2.68b):

$$\boldsymbol{M}_e^t=\begin{bmatrix} 0.3610 & 0.3610 & 0.1805 & 0.1805 \\ 0.3610 & 0.3610 & 0.1805 & 0.1805 \\ 0.1805 & 0.1805 & 0.3610 & 0.3610 \\ 0.1805 & 0.1805 & 0.3610 & 0.3610 \end{bmatrix}$$

$$\boldsymbol{M}_e^b=\begin{bmatrix} 0.4022 & -0.4022 & 0.05673 & 0.1392 & -0.1392 & -0.03352 \\ -0.4022 & 0.4022 & -0.05673 & -0.1392 & 0.1392 & 0.03352 \\ 0.05673 & -0.05673 & 0.01031 & 0.03352 & -0.03352 & -0.007735 \\ 0.1392 & -0.1392 & 0.03352 & 0.4022 & -0.4022 & -0.05673 \\ -0.1392 & 0.1392 & -0.03352 & -0.4022 & 0.4022 & 0.05673 \\ -0.03352 & 0.03352 & -0.007735 & -0.05673 & 0.05673 & 0.01031 \end{bmatrix}$$

$$\frac{\partial \boldsymbol{M}_e^t}{\partial x_4}=\begin{bmatrix} 1.0830 & 0.3610 & 0.5415 & 0.1805 \\ 0.3610 & -0.3610 & 0.1805 & -0.1805 \\ 0.5415 & 0.1805 & 1.0830 & 0.3610 \\ 0.1805 & -0.1805 & 0.3610 & -0.3610 \end{bmatrix}$$

$$\frac{\partial \boldsymbol{M}_e^b}{\partial x_4}=\begin{bmatrix} -0.4022 & -0.4022 & 0.05673 & -0.1392 & -0.1392 & -0.03352 \\ -0.4022 & 1.2067 & -0.1702 & -0.1392 & 0.4177 & 0.1006 \\ 0.05673 & -0.1702 & 0.03094 & 0.03352 & -0.1006 & -0.02321 \\ -0.1392 & -0.1392 & 0.03352 & -0.4022 & -0.4022 & -0.05673 \\ -0.1392 & 0.4177 & -0.1006 & -0.4022 & 1.2067 & 0.1702 \\ -0.03352 & 0.1006 & -0.02321 & -0.05673 & 0.1702 & 0.03094 \end{bmatrix}$$

以上两式结果扩阶后再相加，既可得第 3 号杆件的质量矩阵对节点 4 的 x 坐标的一阶导数。

利用中心差分法公式(2.106)，可以验证以上导数计算结果的正确性。取差分步长 $\Delta x_4 = 1\text{mm}$，分别计算扰动后第 3 号杆件的刚度和质量矩阵。则由此可以计算该单元刚度矩阵的差商：

$$\frac{\Delta \boldsymbol{K}_e^t}{\Delta x_4}=10^7\times\begin{bmatrix} 5.5536 & -5.5536 & -5.5536 & 5.5536 \\ -5.5536 & -16.661 & 5.5536 & 16.661 \\ -5.5536 & 5.5536 & 5.5536 & -5.5536 \\ 5.5536 & 16.661 & -5.5536 & -16.661 \end{bmatrix}$$

$$\frac{\Delta \boldsymbol{K}_e^b}{\Delta x_4}=10^5\times\begin{bmatrix} -5.4148 & 3.2489 & -1.6244 & 5.4148 & -3.2489 & -1.6244 \\ 3.2489 & -1.0829 & 0.54148 & -3.2489 & 1.0829 & 0.54148 \\ -1.6244 & 0.54148 & -0.36099 & 1.6244 & -0.54148 & -0.18049 \\ 5.4148 & -3.2489 & 1.6244 & -5.4148 & 3.2489 & 1.6244 \\ -3.2489 & 1.0829 & -0.54148 & 3.2489 & -1.0829 & -0.54148 \\ -1.6244 & 0.54148 & -0.18049 & 1.6244 & -0.54148 & -0.36099 \end{bmatrix}$$

而该单元质量矩阵的差商为

$$\frac{\Delta \boldsymbol{M}_e^t}{\Delta x_4}=\begin{bmatrix} 1.0830 & 0.3610 & 0.5415 & 0.1805 \\ 0.3610 & -0.3610 & 0.1805 & -0.1805 \\ 0.5415 & 0.1805 & 1.0830 & 0.3610 \\ 0.1805 & -0.1805 & 0.3610 & -0.3610 \end{bmatrix}$$

$$\frac{\Delta \boldsymbol{M}_e^b}{\Delta x_4}=\begin{bmatrix} -0.4022 & -0.4022 & 0.05673 & -0.1392 & -0.1392 & -0.03352 \\ -0.4022 & 1.2067 & -0.1702 & -0.1392 & 0.4177 & 0.1006 \\ 0.05673 & -0.1702 & 0.03094 & 0.03352 & -0.1006 & -0.02321 \\ -0.1392 & -0.1392 & 0.03352 & -0.4022 & -0.4022 & -0.05673 \\ -0.1392 & 0.4177 & -0.1006 & -0.4022 & 1.2067 & 0.1702 \\ -0.03352 & 0.1006 & -0.02321 & -0.05673 & 0.1702 & 0.03094 \end{bmatrix}$$

两种方法所得结果完全一致，这就证明了本章有关刚度和质量矩阵一阶导数公式推导过程的正确性。但是读者也应该认识到，如果采用向前或向后差分公式，或者差分步长不是 1mm，计算结果可能会有略微的差别。

2.6 本章小结

本章介绍了杆、梁和弯曲板三种基本的有限单元,推导了这三种单元的刚度和质量矩阵;对杆、梁单元的刚度和质量矩阵,从局部坐标系向总体坐标系进行了变换;分别推导了杆、梁单元的刚度和质量矩阵,对截面面积和端点坐标的一阶导数公式,数值算例证明这些公式都是正确的。

第3章 桁架结构形状优化设计

在结构静力分析与设计过程中,结构的位移、应力等响应必须得到有效的控制。以保证结构在外载荷作用下,具有足够的刚度和强度,不至于产生过大的变形或破坏。如果结构的拓扑构型设计预先已经确定,且无法更改时,可以通过优化结构的形状或构件的截面尺寸,满足设计对结构响应的要求。也可以通过单独改变结构的形状设计,达到增加其刚度,减小变形的目的。由于桁架结构在实际工程中是一类非常重要的结构类型,因此本章基于有限元方法,首先开展空间桁架结构在位移约束条件下的形状优化设计研究,即桁架结构的节点和杆件在空间几何分布优化设计研究。

众所周知,桁架结构由于其易于制造和装配等特点,在航空、航天、建筑和桥梁等工程中有广泛地应用。迄今为止,人们在桁架结构的拓扑和尺寸优化设计方面已经做了许多研究工作,采用不同的方法,如基结构法、倒变量法等,对桁架结构的拓扑和尺寸优化分别进行了广泛而深入地研究,并取得了巨大的成果[18,25]。经过多年的工程设计实践,人们也逐渐认识到,单独开展桁架结构的几何形状优化设计,同样也能够极大地改善结构的力学性能。与尺寸优化相比较,形状优化设计能节省更多的材料,获得更大的经济效益。这是因为改变结构的形状,将影响结构的整体性能分布和外力传递路径,而尺寸设计仅仅是局部构件性能的改变,只影响结构的局部特性[26]。然而,由于桁架结构的形状与其节点位移响应之间,存在着复杂的非线性关系。结构的形状通常由设计者,根据以往的经验决定。虽然这些设计经验在实际工作中具有非常重要的作用,但也可能妨碍或湮没一些新的设计方案的产生和实施,有时甚至无法达到设计方案设定的要求。如果结构的形状按照设计者的经验选取,尺寸优化设计有可能在一个非优的形状设计上展开,则所能取得的优化设计效果非常有限。相反,如果尺寸优化能在一个较优的形状设计基础上展开,则对最终优化效果非常有益。

本章研究桁架结构在多种载荷工况作用下,结构受多点位移约束的形状优化设计[27]。为此,我们将提出一种简单而有效的优化设计方法,即"渐进节点移动法"。这种方法的策略是在设计变量灵敏度分析的基础上,逐渐移动桁架结构形状控制节点的位置,即改变形状控制节点的坐标,完成对结构形状的优化设计。通过改变外力在结构内部的传递路径,使结构的变形逐渐减小,最终满足对结构刚度的约束要求。为此,本章将首先详细推导节点位移的灵敏度计算公式,并引入设计变量的灵敏度数(Sensitivity Index)的概念[28]。如果优化设计有许多约束,则寻找一个满足所有约束的初始设计并不是一件容易的事。因此本章提出的方法将从不可行初始设计点开始,此时至少有一个位移约束条件未得到满足。在逐渐满足位移约束的同时,优化过程使结构质量增加最少,从而间接得到结构的最小质(重)量设计。然后运用库恩—塔克(Kuhn-Tucker)优化条件检验所得结果,以确保优化过程收敛到最优设计点。

3.1 优化问题基本描述

对于空间桁架结构形状优化,假设结构的拓扑设计和杆件的截面积,在优化设计过程中始终保持不变。即节点不发生重合,没有节点和杆件被删除或取消。我们选定一些能代表结构几何外形(Configuration)的控制节点坐标,作为优化问题的设计变量。经过重新设计节点位置,可以改变结构的形状和外力传递路径,使构件的内力以及变形重新分布。从而使结构上指定节点位移,减小到设计条件所允许的范围之内。需要指出的是,结构的质量和节点位移都是选定节点坐标的非线性函数。

例如,图3-1中实线所示为一个简单的平面桁架结构,受外力 P 作用。要求节点3的垂直位移分量 v_3,满足预先指定的设计条件 $v_3 \leqslant v_3^*$。为了减小位移 v_3,凭直观概念,可以将节点1移到1′。在移动节点1的同时,调整相连杆件的长度,使外力 P 到支承墙壁的距离保持不变。很明显,这样做的结果不仅改变了结构形状,同时也改变了相连杆件的长度。换句话说,这样移动节点的位置,不仅减小了节点3的位移,同时也改变了结构的质量。选择桁架结构形状优化设计方法,希望能在指定点位移减小的同时,结构质量增加最少。为此需要在设计过程中确定选哪些节点、沿着什么方向、以多大的步长、按什么顺序移动。

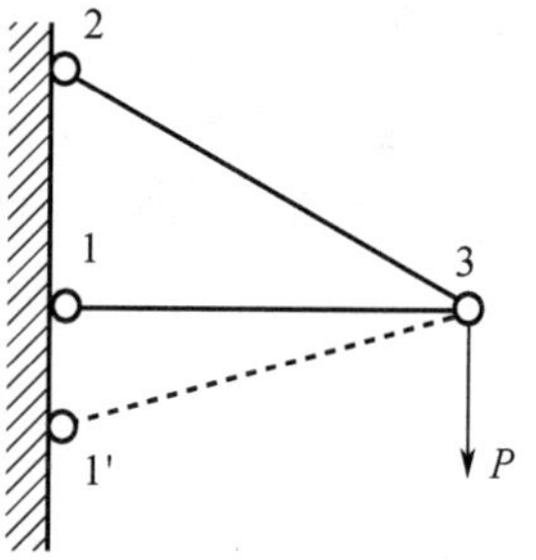

图3-1　简单平面桁架结构

考虑在多种工况载荷作用下,桁架结构形状优化设计。要求指定节点的位移满足约束条件,同时结构的质量达到极小。优化问题的数学模型表达式为

求设计变量的一组集合　$\boldsymbol{x} = [x_1, x_2, \cdots, x_k]^{\mathrm{T}}$

$$\min \quad W = \sum_{e=1}^{n} L_e \rho_e A_e \tag{3.1}$$

$$\text{s.t.} \quad \begin{cases} u_{il} \leqslant u_i^* \quad (i=1,2,\cdots,m; \quad l=1,2,\cdots,p) \\ \underline{x}_j \leqslant x_j \leqslant \overline{x}_j \quad (j=1,2,\cdots,k) \end{cases} \tag{3.2}$$

式中:W 为结构总质量;L_e、ρ_e 和 A_e 分别是第 e 号杆件的长度、材料密度和横截面面积;n 为结构所包含的杆单元总数;u_{il} 为在第 l 个载荷工况作用下,节点 i 的位移;u_i^* 为在所有工况条件下,节点 i 的位移约束上限;m 为受约束节点位移总数;p 为载荷工况数;k 为设计变量数;$\overline{x}_j$ 和 $\underline{x}_j$ 分别为第 j 个节点坐标 x_j 的设计上限和下限。

3.2 节点移动对结构变形的影响

设计变量灵敏度分析与计算,在优化算法中具有非常重要的作用和意义。它可用来预测设计模型变化对结构响应的影响趋势,确定设计变量的搜索方向和判断优化过程的收敛程度。本节首先推导指定节点位移,相对其他节点移动的灵敏度计算公式。为了推

导简便,假设可移动节点 j 沿 x 轴方向移动,沿其它坐标轴的移动按第二章的方法处理。

3.2.1　节点移动的灵敏度分析

假设桁架结构受一组外力 $\boldsymbol{P}$ 的作用,并处于平衡状态。采用有限元分析可以保证桁架结构变形的连续性,结构受力平衡方程为

$$\boldsymbol{K}\boldsymbol{u}=\boldsymbol{P} \tag{3.3}$$

式中:$\boldsymbol{K}$ 为结构的总体刚度矩阵,在总体坐标系中,它是由单元刚度矩阵 $\boldsymbol{k}_e$ 直接组装(相加)而成;$\boldsymbol{u}$ 为未知节点位移列阵;$\boldsymbol{P}$ 为外载荷列阵。

那么,总体刚度矩阵改变量 $\Delta\boldsymbol{K}$ 相对节点 j 的移动量 Δx_j 可线性近似表示为

$$\Delta\boldsymbol{K} = \sum_{e=1}^{n_j}\Delta\boldsymbol{k}_e \approx \left(\sum_{e=1}^{n_j}\frac{\partial\boldsymbol{k}_e}{\partial x_j}\right)\cdot\Delta x_j \tag{3.4a}$$

式中:n_j 为与可移动节点 j 相连的单元数,而且 $n_j \ll n$,即节点 j 的坐标改变只影响少数几个单元;$\Delta\boldsymbol{k}_e$ 为单元刚度矩阵的改变量;Δx_j 为节点 j 的移动步长。由此可得

$$\frac{\partial\boldsymbol{K}}{\partial x_j} = \lim_{\Delta x_j\to 0}\frac{\Delta\boldsymbol{K}}{\Delta x_j} = \sum_{e=1}^{n_j}\frac{\partial\boldsymbol{k}_e}{\partial x_j} \tag{3.4b}$$

式(3.4b)表示:总刚度矩阵对 x_j 的一阶导数,等于与节点 j 相连的单元刚度矩阵一阶导数之和。而杆单元刚度矩阵对端点坐标的一阶导数已于第 2 章推导得出。通常情况下,可以假定外载荷 $\boldsymbol{P}$ 在优化设计过程中保持不变,即外载荷与设计变量无关,如不考虑结构本身的重力作用情况。将式(3.3)两边对设计变量 x_j 求一阶导数可得

$$\frac{\partial\boldsymbol{K}}{\partial x_j}\boldsymbol{u}+\boldsymbol{K}\frac{\partial\boldsymbol{u}}{\partial x_j}=0 \tag{3.5a}$$

于是,节点位移列阵对坐标 x_j 的一阶导数 $\partial\boldsymbol{u}/\partial x_j$ 为

$$\frac{\partial\boldsymbol{u}}{\partial x_j} = -\boldsymbol{K}^{-1}\frac{\partial\boldsymbol{K}}{\partial x_j}\boldsymbol{u} \tag{3.5b}$$

式(3.5b)导数计算需要先求解结构的位移列阵 $\boldsymbol{u}$,并要计算总体刚度矩阵 $\boldsymbol{K}$ 的逆矩阵,运算很不方便。为此,将式(3.5b)两边同时左乘一个单位虚载荷阵 $\boldsymbol{F}^{i\mathrm{T}}$。其中,对应于位移受约束节点 i 的项等于单位 1,其他项都等于 0。于是,节点 i 位移的导数可表示为

$$\frac{\partial u_i}{\partial x_j} = -\boldsymbol{F}^{i\mathrm{T}}\boldsymbol{K}^{-1}\frac{\partial\boldsymbol{K}}{\partial x_j}\boldsymbol{u} = -(\boldsymbol{u}^i)^{\mathrm{T}}\frac{\partial\boldsymbol{K}}{\partial x_j}\boldsymbol{u} \tag{3.6}$$

式中:$\boldsymbol{u}^i$ 为由单位虚载荷 $\boldsymbol{F}^i$ 单独作用在结构上引起的节点位移列阵,且

$$\boldsymbol{K}\boldsymbol{u}^i=\boldsymbol{F}^i \tag{3.7}$$

将式(3.4b)代入式(3.6),可计算得到节点 i 的位移相对节点 j 移动的灵敏度:

$$\frac{\partial u_i}{\partial x_j} = -\sum_{e=1}^{n_j}(\boldsymbol{u}_e^i)^{\mathrm{T}}\frac{\partial\boldsymbol{k}_e}{\partial x_j}\boldsymbol{u}_e \tag{3.8}$$

式(3.8)中:$\boldsymbol{u}_e^i$ 和 $\boldsymbol{u}_e$ 分别是由单位虚载荷和外载荷引起的单元的节点位移列阵。

计算时,只需考虑桁架结构中与节点 j 相关的单元即可,而与节点 j 不相连的杆件可

不必计入。这使得式(3.8)的计算容易很多,因为节点j的移动并不影响其他杆件的刚度矩阵,而且单元刚度矩阵的阶数也不大。而节点i的位移相对节点j移动的改变量Δu_{ij}可近似计算:

$$\Delta u_{ij} \approx \frac{\partial u_i}{\partial x_j}\Delta x_j = -\left(\sum_{e=1}^{n_j}(\boldsymbol{u}_e^i)^{\mathrm{T}}\frac{\partial \boldsymbol{k}_e}{\partial x_j}\boldsymbol{u}_e\right)\Delta x_j \tag{3.9}$$

另外,由式(3.9)的计算结果,可以很容易确定最有效的节点移动方案。值得注意的是,Δu_{ij}的值可正、也可负。即对于节点j的不同移动方向,有可能引起u_i增加,也可能引起u_i减小。要使指定节点的位移u_i朝其约束值u_i^*方向减小,则要求

$$\Delta u_{ij} < 0 \quad (j = 1,2,\cdots,k) \tag{3.10}$$

于是,节点j的移动方向由式(3.9)和式(3.10)确定如下:

$$\operatorname{sign}(\Delta x_j) = \operatorname{sign}\left(\sum_{e=1}^{n_j}(\boldsymbol{u}_e^i)^{\mathrm{T}}\frac{\partial \boldsymbol{k}_e}{\partial x_j}\boldsymbol{u}_e\right) \quad (j = 1,2,\cdots,k) \tag{3.11}$$

式中:sign(·)为符号函数。至此可以看到,设计变量搜索方向,即节点位置移动方向,由灵敏度分析确定。

例3.1 计算图3-2所示平面桁架结构受外力作用下,节点1的位移$\boldsymbol{u}_1$相对节点4的x坐标灵敏度。假设构件截面和材料与图2-8相同。

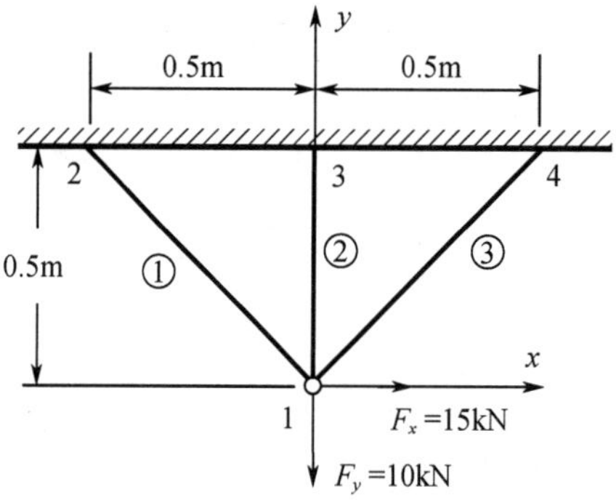

图3-2 平面桁架结构模型

根据有限元分析,施加边界条件后,结构的总体刚度矩阵为

$$\boldsymbol{K} = 10^8 \times \begin{bmatrix} 1.1107 & 0 \\ 0 & 2.6815 \end{bmatrix}$$

在图3-2中所示外载荷作用下,节点1的位移为

$$\boldsymbol{u}_1 = \begin{Bmatrix} u_1 \\ v_1 \end{Bmatrix} = 10^{-5} \times \begin{Bmatrix} 13.505 \\ -3.729 \end{Bmatrix} \quad (\mathrm{m})$$

由第2章的算例计算结果可知

$$\frac{\partial \boldsymbol{K}}{\partial x_4} = 10^7 \times \begin{bmatrix} 5.5536 & -5.5536 \\ -5.5536 & -16.661 \end{bmatrix}$$

于是按照式(3.5a),计算虚拟载荷列阵:

$$\frac{\partial \boldsymbol{K}}{\partial x_4}\boldsymbol{u}_1 = \begin{Bmatrix} 9571.1 \\ -1286.8 \end{Bmatrix}$$

求解式(3.5b)可得

$$\frac{\partial \boldsymbol{u}_1}{\partial x_4}=10^{-5}\times\begin{Bmatrix}-8.6170\\0.4799\end{Bmatrix}$$

另外,如果在节点 1 的水平和垂直方向上分别施加单位虚载荷

$$\boldsymbol{F}^i=\begin{bmatrix}1&0\\0&-1\end{bmatrix}$$

注意这里的虚载荷与节点 1 的位移方向相一致,则由虚单位载荷引起的节点 1 的虚位移分别为

$$\boldsymbol{u}^i=10^{-9}\times\begin{bmatrix}9.0032&0\\0&-3.7292\end{bmatrix}$$

于是按照式(3.6)可得

$$\frac{\partial \boldsymbol{u}_1}{\partial x_4}=-10^{-9+7-5}\times\begin{bmatrix}9.0032&0\\0&-3.7292\end{bmatrix}\begin{bmatrix}5.5536&-5.5536\\-5.5536&-16.661\end{bmatrix}\begin{Bmatrix}13.505\\-3.729\end{Bmatrix}$$
$$=10^{-5}\times\begin{Bmatrix}-8.6170\\-0.4799\end{Bmatrix}$$

以上是将单位虚载荷与节点 1 的位移方向保持一致而得到的结果。当然也可以将单位虚载荷按照坐标轴的方向施加,这时位移 v_1 的一阶导数显然会有不同的符号。这就是说,节点位移的灵敏度值(或符号)与虚单位载荷的方向有关。今后可以将节点位移都设想为正的位移(负、负得正),这一点对正确认识和理解节点移动的方向(式(3.10)和式(3.11))、准确掌握优化算法的构造原理和处理各种约束时都至关重要,以免引起不必要的迷茫和误解。

由以上分析可知,假设杆件 3 实际加工长度与原设计值相比有稍许的误差,如果将它安装在目前给定的节点 1 和 4 之间,则杆件 3 中会产生一定的初始应力。若稍微移动节点 4 的位置,释放掉杆件 3 和结构中的初始应力,则由以上灵敏度分析结果可知:在当前载荷工况下,若节点 4 向右侧有微小的移动(如杆件 3 加工稍长),则节点 1 的水平和垂直位移值(变形量)都会减小。

3.2.2　节点移动的灵敏度数

必须指出:对于能使结构位移减小最有效的节点移动方案,对以桁架结构质量最小为目标的优化设计,并不一定是最佳的方案。当节点 j 移动时,为了保持结构的连续性,其周围单元的长度也要发生改变,这必将导致结构质量发生变化。可见,减小节点位移有时与减小结构质量之间存在相互制约的关系。由节点 j 移动而引起结构质量的变化量:

$$\Delta W_j=\sum_{e=1}^{n_j}\Delta w_{ej}\approx\frac{\partial W}{\partial x_j}\cdot\Delta x_j=\sum_{e=1}^{n_j}\rho_e A_e\frac{\partial L_e}{\partial x_j}\cdot\Delta x_j \tag{3.12}$$

式中:ΔW_j 和 Δw_{ej} 分别是由于节点 j 的移动而引起结构和杆单元质量的改变量。式(3.12)的计算同样仅涉及与节点 j 相连的周围单元,其中的杆长对节点坐标 x_j 的一阶导数可按式(2.87)计算。

在形状优化问题中,结构质量通常为目标函数,而节点位移作为约束条件。因此,对每个可移动节点坐标,即每一个设计变量,定义节点的灵敏度数[27,28]为

$$\alpha_{ij}=\frac{\Delta u_{ij}}{\Delta W_j}=\frac{-\sum_{e=1}^{n_j}(\boldsymbol{u}_e^i)^{\mathrm{T}}\frac{\partial \boldsymbol{k}_e}{\partial x_j}\boldsymbol{u}_e}{\sum_{e=1}^{n_j}\rho_e A_e\frac{\partial L_e}{\partial x_j}}=\frac{\frac{\partial u_i}{\partial x_j}}{\frac{\partial W}{\partial x_j}}\quad (j=1,2,\cdots,k) \tag{3.13}$$

可以看出,式(3.13)的分子是节点位移 u_i 对节点坐标 x_j 的一阶导数,而分母是结构质量 W 的一阶导数。α_{ij}表示由于节点j的移动,而引起的节点 i 的位移改变量与结构质量改变量之比。直观地说,灵敏度数 α_{ij}表示节点j的移动,引起节点位移 u_i 改变的效率。例如,若有两个不同的节点移动方案,增加结构质量可使节点 i 的位移减小量(假设为负值)相同。那么,使质量增加较少的节点移动效率最高。从另一个角度来看,对于相同的结构质量增加值,使节点位移减小量最大的节点移动方案效率最高,应该首先被移动。因此,在所有可移动节点中,应该首先确定并移动效率最高的形状控制节点位置,即最小灵敏度数(最大绝对值)所对应的节点:

$$\min\quad\{\alpha_{ij}\mid j=1,2,\cdots,k\} \tag{3.14}$$

在许多情况下,节点j的移动能使节点 i 的位移和结构质量同时减少,即 Δu_{ij}和 ΔW_j都是负值。于是有

$$\alpha_{ij}=\frac{\Delta u_{ij}}{\Delta W_j}>0 \tag{3.15}$$

此时,α_{ij}的最小值(最小绝对值)对应的节点移动效率最高。因为对同样的位移减小量,相应于 α_{ij}值最小的节点移动能使结构质量减少最大,这是设计者最愿意得到的结果。为了使结构质量达到最小,在优化过程中,将同时移动所有正灵敏度数所对应的节点,以使节点 i 的位移尽快满足约束要求。因此,桁架结构形状优化算法的执行方针是:

(1) 优先修改(移动)正灵敏度数对应的所有节点的坐标(位置);

(2) 然后修改(移动)最负灵敏度数对应的某个节点的坐标(位置)。

以上优化策略表明,一次设计循环并非修改所有的变量,而只修改少数的、同时对目标函数和约束函数最有效的设计变量。对那些具有负灵敏度数且绝对值较小的设计变量暂时不做修改。通过不断地循环设计,可使结构的形状设计逐渐达到最优。

3.2.3 单一工况下多节点位移约束

实际工程结构设计时,在单一工况载荷作用下,可能有多个节点位移同时受到设计约束。值得注意的是,由于这些节点位移都来自同一个结构的变形,它们之间并非完全独立。通常的做法是采用拉格朗日乘子法处理此类问题[1]。但这样做所遇到的主要困难是如何确定主动(或有效)约束集和相应的拉格朗日乘子,因为被动(或无效)约束对设计不起作用。在当前设计循环中,可以暂时不考虑被动约束,其对应的拉格朗日乘子为 0。如果每次循环只考虑少数几个主动约束,在设计过程中,由于设计点有可能到达新的约束区域的边界,主动约束集合不断改变,这会造成优化过程收敛出现困难。也有人采用罚函数法,将所有节点位移约束条件构成一个总的约束函数[26]。本章采用一种比较简单的处理方法,将所有节点位移约束作为一个整体来考虑。为此,首先将所有的节点位移梯度进行一个线性组合:

$$\boldsymbol{s} = \sum_{i=1}^{m} \overline{\lambda}_i \nabla u_i \tag{3.16}$$

式中：$\boldsymbol{s}$ 为可行的设计搜索方向；∇u_i 为节点 i 的位移 u_i 的梯度(Gradient)；$\overline{\lambda}_i(>0)$为与节点位移约束相关的加权系数。

对于每个节点 j 的移动，即对每一个设计变量，沿 $\boldsymbol{s}$ 方向定义其对所有节点位移约束的总体灵敏度数 η_j 为

$$\eta_j = \sum_{i=1}^{m} \overline{\lambda}_i \frac{\partial u_i}{\partial x_j} \Big/ \frac{\partial W}{\partial x_j} = \sum_{i=1}^{m} \overline{\lambda}_i \alpha_{ij} \quad (j = 1,2,\cdots,k) \tag{3.17}$$

式(3.17)实际上是节点移动灵敏度数的加权和[27]，它反映了一个设计变量对所有节点位移约束的综合设计效率。加权系数$\overline{\lambda}_i$ 应该体现这样的设计原则：哪个节点位移约束违反越严重，它对总体灵敏度数的贡献也就越大；相反，哪个节点位移约束条件已经得到满足，它对总体灵敏度数贡献也就越小，甚至没有贡献。通常加权系数取当前位移 u_i 与允许最大位移 u_i^* 的比值，或按下式计算[28]：

$$\overline{\lambda}_i = \left(\frac{u_i}{u_i^*}\right)^b \quad (i = 1,2,\cdots,m) \tag{3.18}$$

由式(3.18)可以看出：如果某个节点位移约束被严重违反 $u_i >> u_i^*$，则相应的加权系数会很大，因而该位移约束对总体灵敏度数贡献也就越大。这个节点位移约束在当前的优化循环中，应当首先被减小。相反，如果某个节点位移已经满足约束条件，则这个节点位移对 η_j 的影响就会很小。指数 b 是一个惩罚因子。如果 b 取值很大，对应于违反约束的加权系数会变得更大；而已满足的位移约束对应的加权系数会更小。通常情况下，可取 $b=1\sim3$。而在本章后面的例题中，统一取 $b=3$。

将式(3.13)和式(3.18)代入式(3.17)，调整求和顺序可得

$$\eta_j = \frac{-1}{\sum_{e=1}^{n_j} \rho_e A_e \dfrac{\partial L_e}{\partial x_j}} \sum_{e=1}^{n_j} \left[\sum_{i=1}^{m} \left(\frac{u_i}{u_i^*}\right)^b \boldsymbol{u}_e^i \right]^{\mathrm{T}} \frac{\partial \boldsymbol{k}_e}{\partial x_j} \boldsymbol{u}_e \quad (j = 1,2,\cdots,k) \tag{3.19}$$

引入总体灵敏度数 η_j的优点是它提供了统一的方法处理单一节点和多节点位移约束问题。在优化设计循环过程中，不必考虑主动约束和被动约束的互换问题。利用一个灵敏度指标就可以确定节点移动方案，并且 η_j的最小值总是对应于效率最高的节点移动。

3.2.4 多工况、多节点位移约束

桁架结构若在多工况载荷作用下，多个节点位移受到约束时，节点 i 的位移相对节点 j 的移动的灵敏度数根据式(3.13)的定义为

$$\alpha_{ij}^l = \frac{\Delta u_{ij}^l}{\Delta W_j} = \frac{-\left(\sum_{e=1}^{n_j} (\boldsymbol{u}_e^i)^{\mathrm{T}} \dfrac{\partial \boldsymbol{k}_e}{\partial x_j} \boldsymbol{u}_e^l \right)}{\sum_{e=1}^{n_j} \rho_e A_e \dfrac{\partial L_e}{\partial x_j}} \quad (j = 1,2,\cdots,k;\ \ l = 1,2,\cdots,p) \tag{3.20}$$

式中：$\boldsymbol{u}_e^l$ 为第 l 个载荷工况 $\boldsymbol{P}^l$ 作用下，单元节点位移列阵。

根据对式(3.17)的分析结果,定义总体灵敏度数为

$$\eta_j = \sum_{l=1}^{p}\sum_{i=1}^{m}\overline{\lambda}_i^l \alpha_{ij}^l \quad (j = 1,2,\cdots,k) \tag{3.21}$$

式中:加权系数$\overline{\lambda}_i^l$仍然采用式(3.18)所建议的形式,即

$$\overline{\lambda}_i^l = \left(\frac{u_i^l}{u_i^*}\right)^b \quad (i=1,2,\cdots,m;\quad l=1,2,\cdots,p) \tag{3.22}$$

将式(3.20)和式(3.22)代入式(3.21)中可得

$$\eta_j = \frac{-1}{\sum_{e=1}^{n_j}\rho_e A_e \dfrac{\partial L_e}{\partial x_j}}\sum_{e=1}^{n_j}\left(\sum_{l=1}^{p}\left(\sum_{i=1}^{m}\left(\frac{u_i^l}{u_i^*}\right)^b \boldsymbol{u}_e^i\right)^{\mathrm{T}}\frac{\partial \boldsymbol{k}_e}{\partial x_j}\boldsymbol{u}_e^l\right) \quad (j = 1,2,\cdots,k) \tag{3.23}$$

实际结构优化设计时,为了提高优化设计效率,减少结构重分析次数以及节点灵敏度数计算工作量,充分利用优化过程中每次有限元分析计算结果,一次循环设计可以同时移动多个灵敏度数较小的节点位置。但也不必将所有可移动节点的位置都移动,因为有些节点的灵敏度数的绝对值太小,改动这些节点的坐标对约束函数和目标函数作用并不大。以灵敏度数为指标,推动优化设计过程逐渐运行,直到所有位移约束都得到满足。

3.3 库恩—塔克优化条件

上述优化设计执行过程是根据设计变量灵敏度数(Sensitivity Index)的定义,基于对其数值计算结果直观认识和理解而确定的,是一种经验分析结果。通常情况下,这个优化过程可以得到较满意的设计。但从数学规划原理上看,结果不一定是最优解。为了保证获得的结构设计达到最优,目标函数达到最小(即结构质量最小),有必要利用库恩—塔克优化条件检验所得结果,即从数学上保证优化过程收敛于目标极小点[7]。

库恩—塔克条件是有约束极小值问题的必要条件,用它可以判断一个设计点是否是极小值点,即目标函数是否达到极小值。但一般的结构优化问题,可能有不止一个极小值点。只有当优化设计是一个凸规划问题时,库恩—塔克条件才是全域极小点的必要且充分条件。此外,也可以从库恩—塔克条件出发,构造一些特定的优化准则公式。因此,其在优化设计中的重要性十分明显。

虽然3.2节的优化过程能提供逼近最优点的设计。但为了保证获得最小质量设计,还必须利用库恩—塔克优化条件检验所得结果。对于由式(3.1)和式(3.2)定义的优化问题,在单一节点i位移约束下,引入拉格朗日函数:

$$L(\boldsymbol{x}) = W(\boldsymbol{x}) + \lambda(u_i - u_i^*) \tag{3.24}$$

式中:$\boldsymbol{x}$为所有设计变量构成的列向量(集合);λ是拉格朗日乘子。

在约束极小点,拉格朗日函数的梯度应该等于0,最优设计应满足库恩—塔克条件:

$$\begin{cases}\nabla_x L(\boldsymbol{x}) = \nabla W(\boldsymbol{x}) + \lambda \nabla (u_i - u_i^*) = 0\\ u_i \leqslant u_i^*\\ \lambda(u_i - u_i^*) = 0\\ \lambda \geqslant 0\end{cases} \tag{3.25}$$

对于大多数带约束条件的结构优化问题，最优设计点一般位于可行域的边界上。而且主动约束不会全部退化，即 $\partial W/\partial x_j^* \neq 0$。否则，优化问题将成为无约束最小值问题，可能导致结构质量变为 0。因此，由式(3.25)的第一式可得

$$\frac{1}{\lambda} = -\frac{\dfrac{\partial u_i}{\partial x_j}}{\dfrac{\partial W}{\partial x_j}} = -\frac{\partial u_i}{\partial W} = -\alpha_{ij} \quad (j=1,2,\cdots,k) \tag{3.26}$$

式(3.26)具有明确的实际意义。它表示在最优设计点，所有节点灵敏度数 α_{ij}，都应该等于一个负常数。即所有可移动(未到达几何约束边界)的节点，对于约束和目标函数具有相同的效率。特别是不应还有灵敏度数为正值的设计变量存在。可见 3.2.2 节提出的结构形状优化执行方针能够保证 α_{ij} 最终都为负值，因为所有正灵敏度数对应的节点优先被移动，而且所有节点灵敏度数最终将趋于一致。

然而，如果设计变量比较多，用式(3.26)判断最优设计比较烦琐。根据拉格朗日函数的梯度，我们给出一种更加简便的优化设计判断准则。用 $(\nabla u_i)^{\mathrm{T}}$ 同时左乘式(3.25)的第一式两边可得

$$\lambda = -(\nabla u_i)^{\mathrm{T}} \nabla W / (\nabla u_i)^{\mathrm{T}} (\nabla u_i) \tag{3.27}$$

由于节点 i 的位移 u_i 和结构质量 W 对所有可移动节点的一阶导数均已求出，因此，λ 是可以唯一确定的。将式(3.27)所得结果代回到式(3.25)的第一式中，拉格朗日函数的梯度应等于 0。在数值计算时，若拉格朗日函数的梯度满足：

$$\| \nabla_{\boldsymbol{x}} L(\boldsymbol{x}) \| \leqslant 10^{-2} \tag{3.28}$$

则认为设计点已经达到收敛条件，优化过程可以终止。式中，$\| \cdot \|$ 表示欧几里德范数(Euclidean Norm)。本章后面的例题 3.2 将详细比较由式(3.26)和式(3.28)定义的两种收敛准则的收敛精度，以表明用拉格朗日函数梯度的模，作为优化收敛条件的合理性。反之，若式(3.28)表示的收敛条件未被满足，则将设计点沿着拉格朗日函数的负梯度方向 $-\nabla_{\boldsymbol{x}} L(\boldsymbol{x})$ 移动，使设计点逐渐趋向最优点。由于约束函数的非线性特性，在此过程中，设计点有可能离开可行域的边界，再次回到不可行域之中。此时，可以继续执行 3.2.2 节有关节点移动优化过程，将设计点再次拉回到可行域的边界上。经过多次反复，直至式(3.28)定义的收敛条件得到满足。

下面证明拉格朗日函数负梯度方向也是梯度投影方向，即设计搜索方向[7]。如图 3-3 所示，对于有一个节点位移约束的结构优化设计问题，约束函数的梯度，即位移增加的方向是

$$\boldsymbol{A} = \nabla u_i(\boldsymbol{x}) \tag{3.29}$$

目标函数的负梯度为

$$\boldsymbol{B} = -\nabla W(\boldsymbol{x}) \tag{3.30}$$

$\boldsymbol{A}$ 和 $\boldsymbol{B}$ 的方向如图 3-3 所示。由矢量运算，梯度投影方向 $\boldsymbol{S}$ 可按下式计算得

$$\boldsymbol{S} = \boldsymbol{B} - \boldsymbol{C} = \boldsymbol{B} - \beta \boldsymbol{A} \tag{3.31}$$

由于 $\boldsymbol{S}$ 与 $\boldsymbol{A}$ 正交，则 $\boldsymbol{A}^{\mathrm{T}}\boldsymbol{S} = \boldsymbol{A}^{\mathrm{T}}(\boldsymbol{B} - \beta\boldsymbol{A}) = 0$ 可得

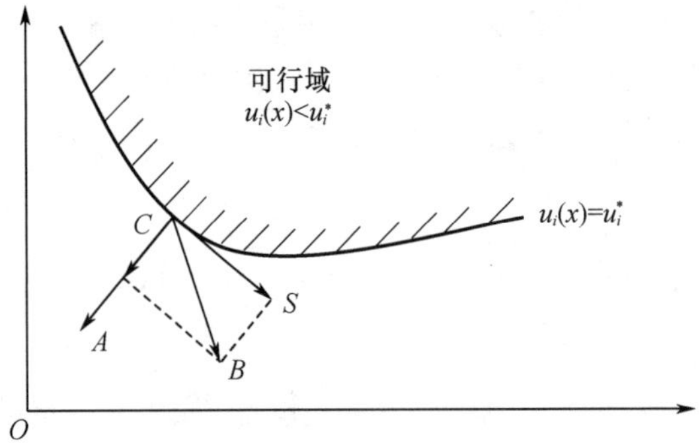

图 3-3　梯度投影方向示意图

$$\beta = (\boldsymbol{A}^{\mathrm{T}}\boldsymbol{A})^{-1}\boldsymbol{A}^{\mathrm{T}}\boldsymbol{B} \tag{3.32}$$

代入到式(3.31),则有

$$\begin{aligned}\boldsymbol{S} &= \boldsymbol{B} - \beta\boldsymbol{A} = \boldsymbol{B} - \boldsymbol{A}(\boldsymbol{A}^{\mathrm{T}}\boldsymbol{A})^{-1}\boldsymbol{A}^{\mathrm{T}}\boldsymbol{B} \\ &= -\nabla W - \frac{-(\nabla u_i)^{\mathrm{T}}\nabla W}{(\nabla u_i)^{\mathrm{T}}\nabla u_i} \cdot \nabla u_i\end{aligned} \tag{3.33}$$

将式(3.27)中 λ 的表达式代入式(3.33)可得

$$\boldsymbol{S} = -\nabla W(\boldsymbol{x}) - \lambda\nabla u_i = -\nabla_{\boldsymbol{x}} L(\boldsymbol{x}) \tag{3.34}$$

于是,证明了拉格朗日函数的负梯度方向,也是梯度投影方向。如果能保证梯度投影方向 $\|\boldsymbol{S}\| = 0$,即 $\boldsymbol{A}$ 与 $\boldsymbol{B}$ 的方向重合(图 3-3),或者说 $\nabla u_i(\boldsymbol{x})$ 与 $\nabla W(\boldsymbol{x})$ 的方向刚好相反,则式(3.28)表示的优化条件,与库恩—塔克条件一致,优化设计过程收敛于正确解。对于多工况、多节点位移约束,根据式(3.23),$\nabla_{\boldsymbol{x}} u$ 综合计算如下:

$$\nabla_{\boldsymbol{x}} u = -\sum_{e=1}^{n_j}\left(\sum_{l=1}^{p}\left(\sum_{i=1}^{m}\left(\frac{u_i^l}{u_i^*}\right)^b \boldsymbol{u}_e^i\right)^{\mathrm{T}} \nabla_{\boldsymbol{x}}\boldsymbol{k}_e\boldsymbol{u}_e^l\right) \tag{3.35}$$

3.4　节点移动步长

由于结构质量和节点位移都是节点坐标的非线性函数,桁架结构形状优化设计是典型的非线性优化问题。在节点移动方向确定以后(见式(3.11)),节点移动步长(即坐标改变量)成为形状优化一个比较重要的控制参数,它类似于一维搜索法中的搜索步长。如果节点移动步长过小,最优设计收敛精确很高。但必然带来求解时间过长,计算花费过大的问题。但是,如果节点移动步长设置较大,则可能导致收敛困难,有时甚至出现设计点在最优解附近来回振荡(Oscillation)的现象,引起优化过程最终无法收敛的问题。求解精度与求解效率通常是矛盾的两个方面,根据实际情况需要做一定的妥协处理。而且在形状优化过程中,单元长度不断发生改变,节点移动步长应该也随之有所调整。

在式(3.9)中,节点 i 的位移改变量 Δu_{ij} 近似表示成节点 j 移动步长 Δx_j 的线性函数,其中的高阶小量已经被忽略。为保证式(3.11)能够成立,即正确判断节点 j 的移动方向,要求总体刚度变化量 $\Delta\boldsymbol{K}$ 相对总体刚度矩阵 $\boldsymbol{K}$,处于一个很小的数量级范围内,例如,$\Delta\boldsymbol{K}$

为 $\boldsymbol{K}$ 的 2% ~5% ,本章取 2% 。一般结构的总体刚度矩阵 $\boldsymbol{K}$ 是带状、稀疏矩阵,可以用矩阵的迹(Trace)近似量化矩阵本身。因此对一般桁架结构,要求

$$|T(\Delta\boldsymbol{K})| \leqslant 0.02 \cdot |T(\boldsymbol{K})| \tag{3.36}$$

将式(3.4a)代入式(3.36)可得

$$\left|T\left(\sum_{e=1}^{n_j}\Delta\boldsymbol{k}_e\right)\right| \leqslant 0.02 \cdot \left|T\left(\sum_{e=1}^{n}\boldsymbol{k}_e\right)\right| \tag{3.37a}$$

或

$$\left|\sum_{e=1}^{n_j}T(\Delta\boldsymbol{k}_e)\right| \leqslant 0.02 \cdot \left|\sum_{e=1}^{n}T(\boldsymbol{k}_e)\right| \tag{3.37b}$$

式(3.37b)在单元层面上可表示为

$$|T(\Delta\boldsymbol{k}_e)| \leqslant 0.02 \cdot |T(\boldsymbol{k}_e)| \tag{3.38}$$

由式(3.4a)可得如下不等式:

$$\left|T\left(\frac{\partial\boldsymbol{k}_e}{\partial x_j}\right)\right| \cdot |\Delta x_j| \leqslant 0.02 \cdot |T(\boldsymbol{k}_e)| \tag{3.39}$$

由 2.4.2 节已经给出桁架单元刚度矩阵对端点坐标一阶导数 $\partial k_e/\partial x_j$ 的表达式。于是按照式(2.67)和式(2.92)则式(3.39)两边各矩阵的迹可分别计算如下:

$$\left|T\left(\frac{\partial\boldsymbol{k}_e}{\partial x_j}\right)\right| = \frac{2E_eA_e}{L_e^2}|(3\alpha^3 - 2\alpha + 3\alpha\beta^2 + 3\alpha\gamma^2)| = \frac{2E_eA_e}{L_e^2}|\alpha| \tag{3.40}$$

$$|T(\boldsymbol{k}_e)| = \frac{2E_eA_e}{L_e}(\alpha^2 + \beta^2 + \gamma^2) = \frac{2E_eA_e}{L_e} \tag{3.41}$$

式中:$\{\alpha, \beta, \gamma\}$ 分别为第 e 个单元相对总体坐标系的方向余弦,见式(2.64)。

由于 $|\alpha| \leqslant 1$,于是有

$$|\Delta x_j| \leqslant 0.02 \cdot \frac{L_e}{|\alpha|} \Rightarrow |\Delta x_j| \leqslant 0.02 \cdot L_e \tag{3.42}$$

式中:L_e 为单元的长度。

考虑到所有与节点 j 相连杆件的长度各不相同,对每个可移动节点,选取

$$|\Delta x_j| = 0.02 \cdot \min\{L_e \mid e = 1,2,\cdots,n_j\} \tag{3.43}$$

则式(3.36)总能够成立。于是,可移动节点的坐标 x_j 迭代设计公式:

$$x_j^{n+1} = x_j^n + |\Delta x_j| \cdot \mathrm{sign}(\Delta x_j) \tag{3.44}$$

式中:n 为迭代循环次数;$\mathrm{sign}(\Delta x_j)$ 由式(3.11)确定。为了加快位移收敛速度,优化开始阶段,如果设计点离约束边界比较远,节点移动步长可以取得稍大一些。例如,节点移动步长可以按下式计算:

$$|\Delta x_j| = \frac{0.02}{mp} \cdot \sum_{l=1}^{p}\sum_{i=1}^{m}\left|\frac{u_{il}}{u_i^*}\right| \cdot \min\{L_e \mid e = 1,2,\cdots,n_j\} \tag{3.45}$$

3.5　桁架结构形状优化算例

本节采用以上介绍的算法,在节点位移约束条件下,对桁架结构的形状进行优化设

计[27]。在这些算例中,单元刚度矩阵的一阶导数按照第2章给出的公式计算。

例3.2 Michell 拱结构

Michell 半圆形拱结构设计通常可由拓扑优化方法得到[28],这种半圆形设计也经常为结构的尺寸优化提供形状设计基础。在位移约束条件下,通过形状优化,同样可以得到这个典型的半圆形设计结果。假设结构为桁架,所有杆件具有相同的横截面面积 $A=10\text{cm}^2$,材料的弹性模量 $E=210\text{GPa}$,密度 $\rho=7800\text{kg/m}^3$。结构初始形状设计和所受外力如图3-4所示,下弦中间节点1的垂直位移是 $v_1=-4.805\text{mm}$。优化设计约束条件要求该节点位移 $|v_1|\leq 1.168\text{mm}$。

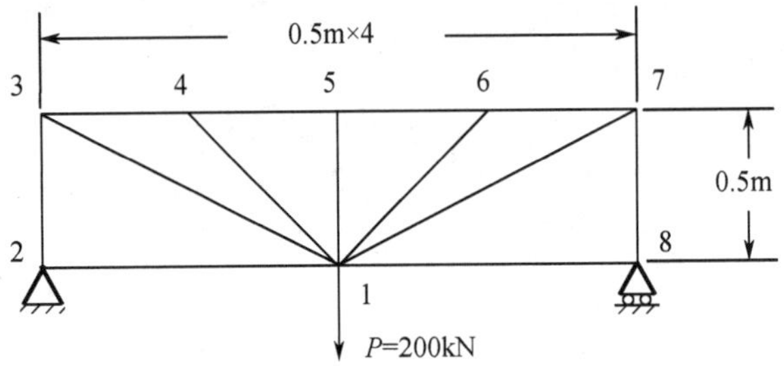

图3-4 Michell 拱初始外形设计

优化过程中,结构对 y 轴的对称性保持不变。因此节点3和节点7可沿水平反向移动,节点4、5、6分别沿垂直同向移动。实际只有5、6、7三个节点的坐标是独立设计变量,需要分别对它们进行灵敏度分析,计算其灵敏度数。每次循环可移动两个独立节点坐标。

图3-5显示了 Michell 桁架结构的形状优化设计结果,其形状非常接近一个半圆形。图3-6分别绘出了节点1的垂直位移和结构质量变化过程。从图3-6可以发现:在优化过程中,节点1的位移(绝对值)单调减小,结构质量先减小,而后再增加。在初始设计阶段,垂直位移减小比较快,结构质量也有明显地下降。这是由于节点7的灵敏度数是正值的缘故,首先移动这个节点所产生的效果。随后,位移减小而质量增加,设计变量的灵敏度数为负值。接近最优点时,结构质量急剧增加,而位移减小很缓慢。这意味着形状优化的效率变得很低,或者说节点的灵敏度数接近于0。在图3-6中,质量曲线上有突然下降的点,这是由于约束条件满足以后,设计点沿拉格朗日函数负梯度移动所致。

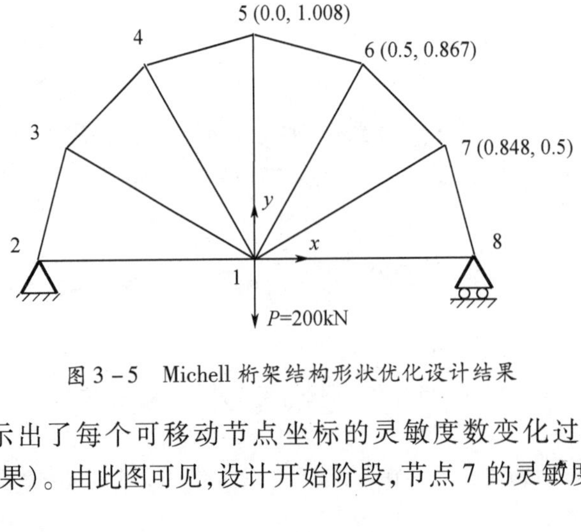

图3-5 Michell 桁架结构形状优化设计结果

图3-7分别示出了每个可移动节点坐标的灵敏度数变化过程(注意这里是按式(3.23)计算的结果)。由此图可见,设计开始阶段,节点7的灵敏度数为正值,其他两

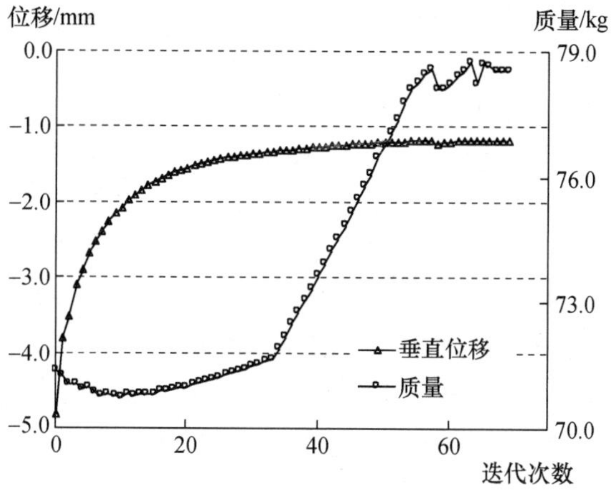

图 3-6　受力点的垂直位移和结构重量变化过程

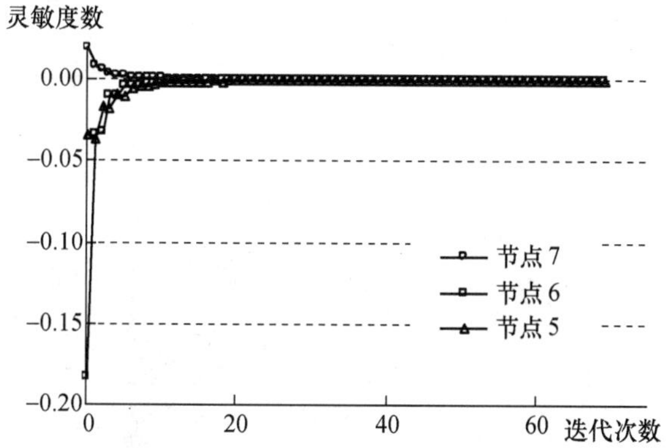

图 3-7　节点灵敏度数的变化过程

个节点的灵敏度数为负值，并且绝对值相对也较大。随着结构形状的改变，各节点移动的效率不断下降，灵敏度数逐渐趋于 0。

表 3-1 比较了在接近最优设计状态时，每个节点的灵敏度数之间相对误差，与拉格朗日函数梯度的范数之间的相互关系。当式(3.28)建议的收敛条件得到满足时，各设计变量的灵敏度数之间的误差小于 5%。此时即可认为优化设计过程已经收敛。如果继续减小拉格朗日函数梯度的范数值，则各变量的灵敏度数之间的误差会变得更小，数值趋于相等。

表 3-1　最优设计状态时，节点灵敏度数与拉格朗日函数梯度的对比

$\|\nabla L(X)\|/(10^{-2})$	$\alpha_{15}/(10^{-5})$	$\alpha_{16}/(10^{-5})$	$\alpha_{17}/(10^{-5})$	相对误差/%
0.99105	-1.16757	-1.18098	-1.20228	3.0
0.47953	-1.17487	-1.18064	-1.19135	1.4
0.16744	-1.17873	-1.18084	-1.18454	0.5

这个典型算例充分展示了结构形状优化设计，对减小位移的影响效果。指定节点的垂直位移从 4.805mm 减小到 1.168mm，下降了 76%。而结构质量却只增加大约 10%，从 71.37kg 增加到 78.58kg。同时，灵敏度计算结果也验证了 3.3 节对收敛准则分析的正确

性。虽然在初始设计点各节点坐标的灵敏度值不同,但在最优设计点,所有设计变量的灵敏度数都是一个负值,并趋于相等。

例3.3 25杆空间桁架结构

图3-8是一个25杆空间桁架结构初始形状设计示意图。结构受两种载荷工况作用,表3-2给出载荷作用节点、方向和数值。结构受外力作用后,要求所有节点的位移均小于8.89mm[29]。结构对称于 xz 和 yz 坐标平面,节点1、2的位置保持固定。优化过程中,结构的对称性保持不变。因此只需考虑节点1、3沿 x、y 和 z 轴三个方向的位移约束条件。假设杆件截面积分成两组,中间和下部杆件截面积为 $A_1=5cm^2$,上部所有与节点1、2相连的杆件截面积为 $A_2=4cm^2$。材料的弹性模量 $E=68.9GPa(10^7psi)$,密度 $\rho=2768kg/m^3$ $(0.1lb_m/in^3)$。选择节点4的3个坐标值和节点8的2个坐标值为设计变量。

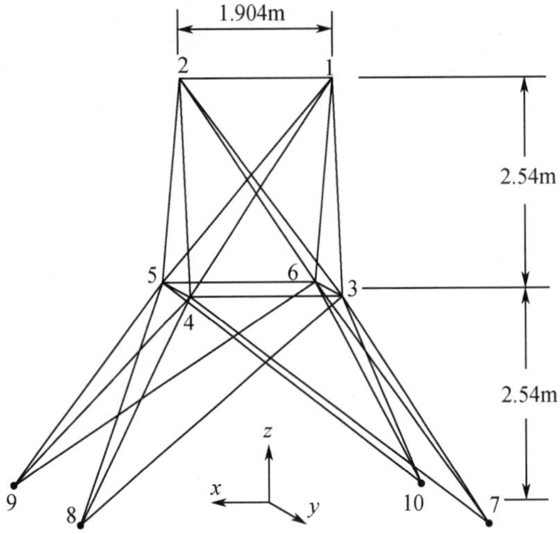

图3-8 25杆空间桁架结构

表3-2 空间桁架结构两种受力工况(N)

工况	节点	作用方向		
		x	y	z
1	1	4448	44482	-22241
	2	0	44482	-22241
	3	2224	0	0
	6	2224	0	0
2	1	0	88964	-22241
	2	0	-88964	-22241

经过优化设计以后,可得结构最优形状设计。表3-3分别列出初始和最优状态时,节点4、8的坐标值以及结构的质量结果。可以发现,在结构质量几乎没有增加的情况下,结构的变形既得到有效控制。

表3-4比较了初始和最优状态时,节点1和3在两种载荷工况下的位移值。最大节点位移从29.59mm下降到8.82mm,下降约2.35倍,而质量只增加了2.0%。由此可以看到,结构形状优化设计效果是非常显著的。

表 3-3　设计变量值(m)和结构质量

设计变量	初始设计	最优设计
x_4	0.952	0.501
y_4	0.952	1.847
z_4	2.54	2.938
x_8	2.54	1.546
y_8	2.54	2.777
结构质量/kg	109.05	111.23

表 3-4　桁架结构顶端节点的位移值(mm)

节点	载荷工况	初始设计			最优设计		
		x	y	z	x	y	z
1	1	1.43	27.82	-1.51	4.63	8.15	-0.48
	2	-0.18	29.59	-1.95	-0.30	8.82	-2.31
3	1	0.06	1.72	-6.27	0.45	3.74	-1.53
	2	5.91	-1.00	-4.59	4.71	0.79	-1.13

例 3.4　圆顶拱桁架结构

如图 3-9 所示，一个圆顶拱结构分别受四种垂直向下的载荷工况作用[29]，表 3-5 列出结构所受四种工况的外力值和作用节点。通过对其进行形状优化设计，使节点 1 的垂直位移在各种载荷工况下均不超过 1cm。假设所有杆件具有相同的横截面积 $A=$

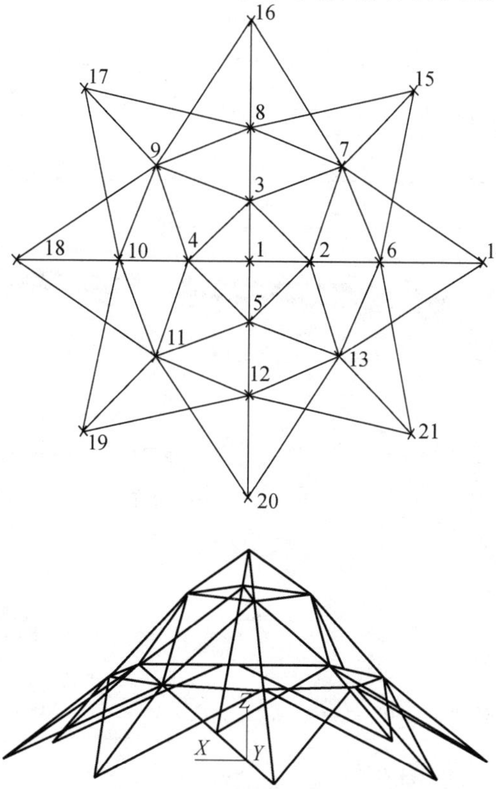

图 3-9　优化设计后，圆顶拱结构的形状

$10cm^2$,结构对称性保持不变。底部各节点(14 ~ 21)保持固定,$x_{14}=15m$,其他节点的坐标根据对称性可以确定。材料的弹性模量 $E=210GPa$,密度 $\rho=7850kg/m^3$。设计变量选取节点1的 z 坐标值以及节点2和6的 x 和 z 坐标值。

表3-5　圆顶拱结构受到四种垂直向下载荷工况作用(N)

工况	数值	作用节点
1	3.0×10^5	1
2	3.0×10^4	1 ~ 13
3	1.5×10^5 1.0×10^5	1 4,5
4	1.5×10^5 7.0×10^4	1 2 ~ 4

在初始和最优设计状态时的典型节点坐标分别列于表3-6。四种载荷工况作用下,节点1的位移优化过程显示在图3-10中。实际上,在所得到的最优设计状态下,所有节点的垂直位移均小于1cm,而结构质量却下降了21.0kg。

表3-6　典型节点坐标和结构质量

节点	初始值/m		最优值/m	
	x	z	x	z
1	0	9.25	0	12.7345
2	5.00	8.22	3.7929	9.9903
6	10.00	5.14	8.4087	5.1209
质量/kg	3481.3		3460.3	

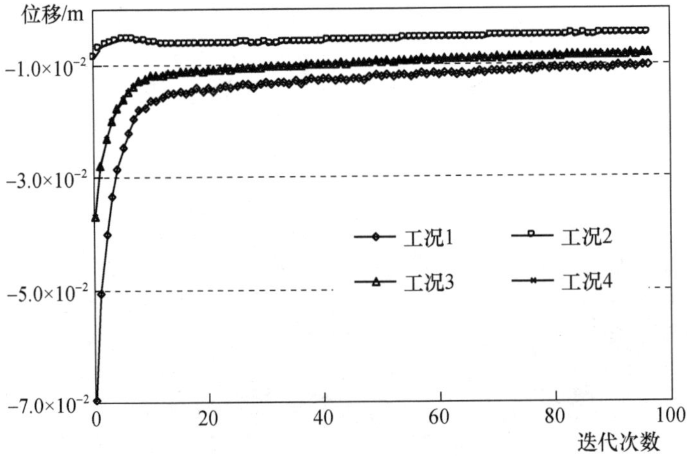

图3-10　四种载荷工况下,节点1的垂直位移变化过程

例3.5　平面简支桥梁结构

下面对一个平面简支桁架桥梁结构进行形状优化设计,初始桥梁外形设计如图3-

11 所示。为了能够准确模拟桥梁真实变形状况，将下弦构件（图中用②表示）用矩形截面梁单元表示，以保证下弦变形更加连续、光滑（即各节点的转角也保持连续）。假设梁截面宽度 $b=8\text{cm}$，高度 $h=5\text{cm}$。其余杆件（图中用①表示）为桁架铰接二力杆单元模型，截面积 $A=5\text{cm}^2$。材料的弹性模量 $E=210\text{GPa}$，密度 $\rho=7800\text{kg/m}^3$。要求集中力 P 作用节点（节点 8）和中间节点（节点 10）的垂直位移，在以下两种载荷工况作用下均小于 10mm（桥梁跨度的 1/1000）。

工况 1：$p=10\text{kN}$ 作用在下弦所有节点上；

工况 2：$P=100\text{kN}$ 作用在节点 8 上。

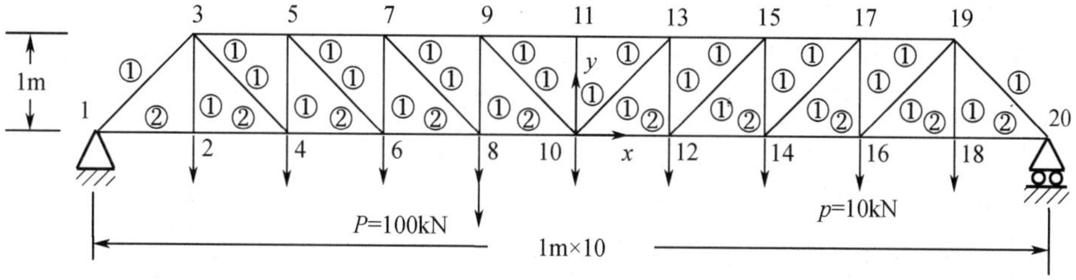

图 3－11　平面简支桥梁初始外形设计

优化设计过程中，要求桥梁结构始终对称于 y 轴。因此，只有 5 个独立的坐标设计变量。假设下弦节点保持不动，上弦节点可以沿垂直方向移动，以便保持中间立杆始终是垂直的。每次循环移动两个独立节点的 y 坐标。结构的最优形状，以及各控制节点的 y 坐标值均显示于图 3－12 中。可见，结构的外形类似于工况 1 的弯矩图。表 3－7 比较了两种载荷工况作用下，节点 8 和节点 10 的垂直位移。

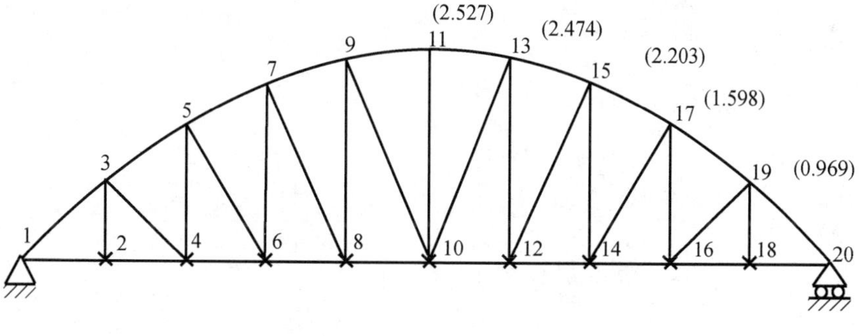

图 3－12　平面简支桥梁最优外形设计

表 3－7　指定节点垂直位移（mm）和结构质量

节点	初始设计		最优设计	
	工况 1	工况 2	工况 1	工况 2
8	18.66	31.54	5.18	10.00
10	20.02	31.43	5.25	7.63
结构质量/kg	433.5		488.7	

3.6 结构形状优化设计的局限性

从3.5节几个数值算例分析可以看到,桁架结构形状优化设计,可以显著地改善结构的变形状况,其优化效果也是非常明显的。此外,桁架结构形状优化,还可以为结构开展尺寸优化提供良好的几何设计基础。但是,我们也必须清楚地认识到:桁架结构形状优化设计只涉及结构的变形约束,并未计及对结构的应力要求。因此,结构形状优化设计不能替代杆件尺寸优化设计,特别是当考虑杆件强度约束条件时,情况更是如此。此外,由于桁架杆单元的刚度矩阵与其截面积成正比,结构位移通常与杆件横截面积存在反比关系。在不考虑结构本身重量作用的情况下,增加截面尺寸一定能减小节点位移。然而,结构形状改变却无法保证一定能减小节点位移。如果预先设定的位移上限太小、不合理,形状优化有可能无解,此时必须借助杆件尺寸优化设计,才能满足对位移的约束条件。下面用一个简单平面二杆桁架结构来说明这个问题。

如图3-13所示,二杆平面桁架在节点3受一个集中力P的作用,两杆件的材料相同。与支承面连接的节点1和节点2可沿纵向独立移动。分别选取h_1和h_2为两个设计参数。假设受力点的垂直位移v_3受到约束$v_3 \leqslant v_3^*$。由结构力学分析,各杆内的轴力分别为

$$\begin{cases} N_1 = \dfrac{-PL_1}{h_1 + h_2} \\ N_2 = \dfrac{PL_2}{h_1 + h_2} \end{cases} \tag{3.46}$$

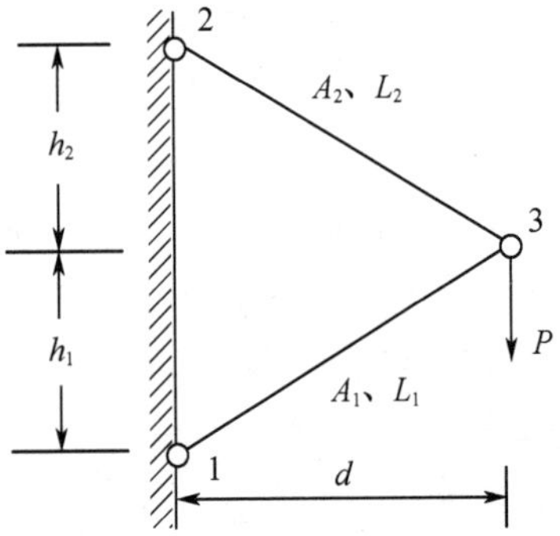

图3-13 二杆平面桁架

在线弹性范围内,受力点垂直向下的位移:

$$v_3 = \frac{N_1^2 L_1}{PA_1 E} + \frac{N_2^2 L_2}{PA_2 E} = \frac{P}{E(h_1 + h_2)^2}\left(\frac{L_1^3}{A_1} + \frac{L_2^3}{A_2}\right) \tag{3.47}$$

式中:$L_1 = \sqrt{d^2 + h_1^2}$,$L_2 = \sqrt{d^2 + h_2^2}$分别是各杆件的长度。

为了确定v_3的极小值,令$\partial v_3/\partial h_1 = 0$,$\partial v_3/\partial h_2 = 0$,即

$$\begin{cases} \dfrac{3}{A_1} L_1 h_1 (h_1 + h_2)^2 - 2(h_1 + h_2)\left(\dfrac{L_1^3}{A_1} + \dfrac{L_2^3}{A_2}\right) = 0 \\ \dfrac{3}{A_2} L_2 h_2 (h_1 + h_2)^2 - 2(h_1 + h_2)\left(\dfrac{L_1^3}{A_1} + \dfrac{L_2^3}{A_2}\right) = 0 \end{cases} \tag{3.48}$$

假设两杆的截面积相等$A_1 = A_2$,可得

$$h_1 = h_2 = \sqrt{2} d \tag{3.49}$$

这一结果表明:在节点3,两个杆件并不相互垂直。进一步计算位移v_3的二阶导数可得

$$\left.\frac{\partial^2 v_3}{\partial h_1^2}\right|_{h_1=h_2=\sqrt{2}d}=\frac{7\sqrt{3}P}{16EA_1 d}>0$$
$$\left.\frac{\partial^2 v_3}{\partial h_1^2}\cdot\frac{\partial^2 v_3}{\partial h_2^2}-\left(\frac{\partial^2 v_3}{\partial h_1\partial h_2}\right)^2\right|_{h_1=h_2=\sqrt{2}d}=\frac{15P^2}{32E^2A_1^2d^2}>0 \tag{3.50}$$

由此可知，Hessian（二阶导数）矩阵在该设计点正定。于是有

$$v_3^{\min}=\frac{2P}{A_1E(2\sqrt{2}d)^2}(\sqrt{3}d)^3=\frac{3\sqrt{3}Pd}{4A_1E} \tag{3.51}$$

如果在形状优化设计时，节点 3 的垂直位移上限值 v_3^*，预先设定的值小于$\frac{3\sqrt{3}Pd}{4A_1E}$，则由式(3.51)可知，该结构的形状优化无解。此时无论怎样改变结构的形状，都无法满足对位移约束的要求。必须同时进行杆件的尺寸优化设计，才能满足位移约束条件。图 3－14绘出节点 3 垂直位移相对 h_1 和 h_2 的变化趋势（$\ln(\ln(v_3))$）（图中假设 $A_1=A_2=E=d=P=1$）。

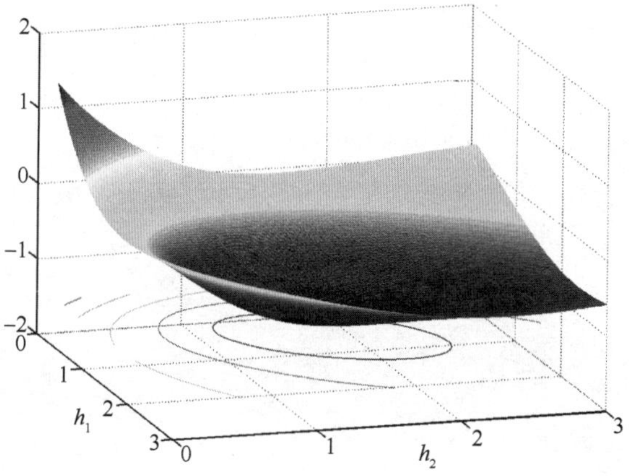

图 3－14　节点 3 的垂直位移

3.7 本章小结

结构受多种载荷工况作用时，为满足对多个节点位移的约束条件，单独进行结构形状优化设计，是一种非常有效的途径。此外，结构形状优化还可以为构件尺寸优化设计提供良好的几何设计基础，使尺寸优化获得事半功倍的效果。但是，本章研究结果指出，形状优化具有一定的局限性，主要是没有考虑结构设计的强度要求。有时仅通过结构形状优化设计，并不能完全满足对结构变形的全部要求，节点的位移不能任意减小。

本章阐述了一种新的形状优化算法，即“渐进节点移动法”。它以结构形状控制节点的坐标为设计变量，对桁架结构进行最小质量设计。通过引入总体灵敏度数，以统一的方式处理单一节点位移约束和多工况、多节点位移约束问题。避免了计算拉格朗日乘子和区分主、被动约束集的困难。根据灵敏度分析计算结果，首先移动效率最高的节点位置，而且节点移动方向和步长也由灵敏度分析确定。优化设计过程中，在逐渐满足所有的位

移约束的同时,结构质量增加最少,因而间接得到结构的最小质量设计。本章采用库恩—塔克优化条件,检验所得结果,从而能够保证优化过程收敛于正确解。此外,还证明了用拉格朗日函数的梯度收敛准则,与库恩—塔克条件是完全一致。本章用 4 个典型数值算例,证明了“渐进节点移动法”是可行和有效的。

一般的结构优化算法,往往要求从初始可行设计点开始,在不违反所有约束的条件下,使结构质量逐渐下降,最终达到最优状态。在多约束情况下,有时很难获得能满足全部约束条件的初始可行设计点。而本章提出的优化方法,可以从一个不可行初始设计开始,这为初始设计点选取提供了很大的便利。优化过程使所有位移约束得到满足,结构形状设计最终达到最优状态。这种优化算法简便、灵活,为开展复杂结构优化设计,起到一定的促进作用。

第 4 章　桁架结构形状与尺寸组合优化设计

在第 3 章中，我们以节点坐标为设计变量，对桁架结构的几何形状进行了优化设计。在满足多载荷工况、多节点位移约束条件下，采用“渐进节点移动”方法，使结构的质量设计达到最小。研究结果表明：对桁架结构单独进行形状优化设计，对提高结构的刚度，减小变形，改善结构内力传递路径都是非常有效的。然而，3.6 节也指出，当结构的材料强度限制条件出现在设计约束之中，或者位移约束的上限设置得很小时，仅凭结构的形状优化可能无法满足对设计约束的要求。必须扩大设计参数的范围，将构（杆）件的截面尺寸也作为设计变量，开展结构的形状与构件的尺寸组合优化设计。

一般情况下，如果桁架结构的拓扑构型在初始设计阶段确定以后，优化工作将集中于结构的形状与尺寸设计，即同时优化结构的节点位置和杆件的截面尺寸（面积），使结构在满足应力、局部稳定性以及节点变形等多种约束条件下，质量设计达到最小。不言而喻，结构的静强度一般是其动响应、疲劳、热强度等设计研究的基础。由第 3 章分析可知，桁架结构形状优化不仅依赖于结构拓扑设计，而且也受到杆件截面尺寸的影响，这在计算设计变量的灵敏度数时（见式（3.13）），可以明显看出。反之，桁架结构的形状设计，又决定着杆件内力的分布，最终将影响各杆件截面尺寸的优化设计结果。桁架结构形状与杆件尺寸之间相互依赖、相互制约的结果表明：结构的形状和尺寸应同时进行优化设计，单独开展结构的形状或构件的尺寸优化设计，都无法达到最优的效果。然而，结构的形状或杆件尺寸通常采用不同性质、不同单位（量纲）的设计参数来描述。将这两种设计参数同时进行优化设计，还需解决设计变量增多，不同类型设计变量的数量级相差很大，优化问题更加复杂化等诸多困难。

目前，对于此类优化问题目前主要存在两种解决途径：

（1）不论变量的性质和单位如何，将所有变量先进行标准化（或者称归一化）处理。然后在同一设计空间内，采用统一的优化算法同时进行优化求解[2]。

（2）将不同类型（尺寸和形状）的变量按其性质进行分离，应用不同的优化算法，在各自构成的子空间内，独立进行优化求解。各自的优化通过迭代协调，反复进行[30]。

已有研究结果表明[25]：由于各种设计变量对结构性能的影响程度不同，第一种优化策略只适应于设计变量比较少的问题。而对于大型复杂的工程结构，如果设计变量较多，采用第二种优化策略比较适合。这样可以降低设计空间的维数，充分利用已有的、适合变量各自不同性质的优化算法，交替地对结构分别进行优化设计[31]。然而这种两步优化方案有可能得到的只是局部最优解，并不是总体最优设计[32]。

由于结构形状和尺寸设计变量的变化范围不同，将它们在同一设计空间内进行求解，有可能出现不收敛的现象。为了解决这一困难，有研究者提出两步优化方案[26]：根据设计变量的性质，应用不同的算法，交替优化设计杆件截面尺寸和节点坐标。优化杆件截面时,暂时固定结构的形状。而设计节点坐标时,假设杆件的截面尺寸保持不变。另外,也可以在优化过程中引入一些中间量,以解决尺寸变量和形状变量耦合问题[31]。如引入杆件内力作为中间变量,因为杆件内力主要依赖于桁架结构的形状,对尺寸变化不是很敏感,这样也能够改善杆件应力的计算精度。

本章将第3章提出的“渐进节点移动法”,推广到桁架结构形状与尺寸组合优化设计问题,同时也展示一些这方面的研究成果[33,34]。按照层次分解优化的策略,根据设计变量的性质和约束条件的特点,将设计空间分成两个子空间。首先利用满应力法(Fully Stressed Design,FSD),确定杆件截面的最小尺寸,以满足对单元应力和局部稳定性约束条件的要求。然后通过射线步调整杆件的截面尺寸,使结构设计满足最严重的位移约束条件。形状优化设计采用“渐进节点移动法”,通过计算节点的灵敏度,确定节点的移动方向,使所有节点的灵敏度数趋于一个负常数。根据第3章提出的优化设计策略,首先移动效率最高的节点位置。利用结构的形状改变,在减小位移的同时,使质量增加最少,并逐渐达到最小设计。优化过程中,对形状和尺寸变量交替进行设计优化,充分综合两类变量之间的耦合关系。通过迭代循环,由初始结构设计逐渐获得优化问题的解。

4.1 优化问题描述

仍然假设桁架结构的拓扑构型设计预先已经确定,并在优化过程中始终保持不变,即没有杆件或节点被删除掉。对于形状与尺寸组合优化问题,设计变量是节点坐标和杆件的截面积,优化目标要使结构的质量设计达到最小,即

$$\min W = \sum_{e=1}^{n} L_e \rho_e A_e \tag{4.1}$$

式中:W 是结构的质量;L_e、ρ_e 和 A_e 分别是第 e 号杆件的长度、材料密度和横截面面积;n 为结构包含杆件单元的总数。

式(4.1)表明:结构质量 W 是杆件截面积 A_e 的线性函数,但却是节点坐标的非线性函数(见式(2.65))。因此,这是一个非线性优化问题。

对结构响应的约束条件分别描述如下。

1. 应力约束

$$\sigma_e^- \leqslant \sigma_e \leqslant \sigma_e^+ \quad (e=1,2,\cdots,n) \tag{4.2}$$

式中:σ_e 为第 e 号杆件单元横截面上的应力;σ_e^+ 为许用拉伸应力;σ_e^- 为许用压缩应力。许用拉、压应力值可以分别设置。

2. 压杆稳定约束

细长杆件受到压力作用时,往往以失稳的形式发生破坏[31]。因此,受压杆件还应考虑局部失稳问题:

$$\sigma_{eb} \leqslant \sigma_e \tag{4.3}$$

式中:σ_{eb}为按照两端铰支计算得到的第 e 号杆件最小临界压应力:

$$\sigma_{eb} = \frac{-\pi^2 E_e I_e}{L_e^2 A_e} = \frac{-K_e E_e A_e}{L_e^2} \tag{4.4}$$

式中：E_e 是材料的弹性模量；I_e 是杆件截面惯性矩；K_e 为由杆件截面确定的常数

$$I_e = \frac{K_e A_e^2}{\pi^2} \tag{4.5}$$

将 2.4.2 节有关杆件惯性矩 I_e 与截面面积 A_e 的关系结果代入式(4.5)，可求得 K_e 的值。例如，对于实心圆形截面杆件 $I_e = A_e^2/4\pi$，则有 $K_e = \pi/4$。对于正方形截面，$I_e = A_e^2/12$，于是有 $K_e = \pi^2/12$。值得注意的是，与压缩许用应力 σ_e^- 不同，由于考虑了压杆稳定性约束，临界应力 σ_{eb} 依赖于杆件的长度和截面积，即杆件的长细比。而杆件长度又与节点位置坐标有关，因此临界应力 σ_{eb} 是结构形状和杆件截面积的函数，不再是一个常数。这使得优化算法变得更加复杂，优化结果受压杆稳定性约束的影响很大。反之，如果在优化过程中不考虑压杆失稳约束，则最终设计结果也只有理论上的意义。

3. 变量的关联性

实际结构设计时，有些设计变量之间存在着某种关联性，如一组杆件截面取同一值：

$$A_d = A_e \tag{4.6a}$$

或结构保持对称性：

$$x_d = f(x_j) = a_d + b_d x_j \tag{4.6b}$$

式中：$x_d(A_d)$ 为非独立的节点坐标(尺寸)变量；$x_j(A_e)$ 为独立坐标(尺寸)变量。

4. 几何约束

在结构设计过程中，由于施工或加工工艺等要求，形状和截面尺寸设计变量的取值范围也要受到一定的限制：

$$\begin{cases} \underline{A}_e \leqslant A_e \leqslant \overline{A}_e & (e = 1, 2, \cdots, n) \\ \underline{x}_j \leqslant x_j \leqslant \overline{x}_j & (j = 1, 2, \cdots, k) \end{cases} \tag{4.7}$$

式中：$\underline{A}_e$ 和 $\overline{A}_e$ 分别为截面积设计的最小、最大值；$\underline{x}_j$ 和 $\overline{x}_j$ 分别为节点 j 坐标的下限和上限；k 为可移动的节点数。

5. 位移约束

为了控制结构的变形，结构上指定节点的位移受到设计限制：

$$u_i \leqslant u_i^* \quad (i = 1, 2, \cdots, m) \tag{4.8}$$

式中：u_i 和 u_i^* 分别代表结构受力后，指定节点的位移值和其相应的约束上限值；m 为受约束节点位移总数。

4.2 优化算法

结构的形状和构件截面尺寸是两类不同性质的设计变量，单位不同，而且数量级也相差很大。相比较而言，形状变化影响结构的内力分布，它对目标和约束函数的影响效果一般较大；而截面尺寸对杆件的内力影响较小，但对应力状况影响显著。两类不同性质的设计变量之间的相互耦合，经常会引起优化算法收敛困难，有时甚至会发散。解决此类问题的方法之一是利用不同优化算法的特点，分别优化设计不同类型的变量；然后通过交替过程,耦合两类变量之间的相互作用[26,30]。

4.2.1 尺寸优化设计

最直接,也是最容易理解的截面尺寸优化设计方法无疑当属满应力法了。满应力法是从工程和材料力学观点出发,提出的杆件截面尺寸的优化准则方法。它的优点是直观,概念清楚,宜为工程技术人员所接收,而且应力重分析次数与设计变量数无直接关系。此外,满应力法不需要计算应力的一阶导数信息,而这通常并不是一件很容易的事。缺点是适应范围有一定局限性,只有静定结构在单一载荷工况作用时,满应力设计才是最小质量设计。对于超静定结构,或多载荷工况作用时,满应力设计并非是质量最小设计[7]。

对于桁架结构而言,满应力设计要求每一个杆件至少在一种载荷工况下,截面上的应力达到材料的许用应力。在每次完成了结构的有限元分析之后,首先对截面进行重新设计。如果结构是静定的,由于结构的内力分布与杆件截面积无关,用满应力法一次既可确定杆件截面的最小尺寸,使所有杆件应力都达到许用值[7]。对每一个杆件,假设其轴向力为 N_e,则最小截面尺寸值为

$$\begin{cases} A_e' = \dfrac{N_e}{\sigma_e^+}(N_e \geqslant 0) \\ A_e' = \dfrac{N_e}{\sigma_e^-}(N_e < 0) \end{cases} \quad (e = 1,2,\cdots,n) \tag{4.9}$$

如果杆件受压,可能会引起局部失稳破坏,截面最小尺寸还应满足下式:

$$A_e' = \frac{N_e}{\sigma_{eb}} = \frac{-N_e L_e^2}{K_e E_e A_e'} \tag{4.10}$$

由此可得

$$A_e' = \frac{L_e}{\sqrt{K_e E_e}}\sqrt{-N_e} \quad (N_e < 0) \tag{4.11}$$

受压杆件截面尺寸下限,按式(4.9)和式(4.11)的最大值选取。保证杆件在外载荷作用下,有足够的强度和稳定性。

应当指出,按式(4.10)、式(4.11)设计的最小截面只适应于静定桁架结构。对于超静定桁架,杆件内力与其自身的相对刚度有关,即与杆件的截面积有关。一次设计并不能使各杆件都达到许用应力值,需要经过反复迭代才能逐渐逼近满应力解。通常,对于一个超静定桁架结构,只能要求每一个杆件至少在一种工况下达到满应力[1,7]。然而,一个超静定结构的满应力解,并非总是最小质量设计。对冗余度较高的结构,用满应力法设计截面,有可能出现在最优解附近来回振荡的现象,因此只能获得近似最优解。一般可以按照前后两次求出的截面积充分接近为依据,停止迭代设计过程。本章按照结构质量前后两次设计的相对变化值,来确定截面设计是否收敛[26,34]。若结构质量在前后两次尺寸优化迭代过程中满足:

$$\left|\frac{W^i - W^{i-1}}{W^i}\right| \leqslant 5\% \tag{4.12}$$

则可以认为截面设计已经收敛。这里必须指出:截面尺寸对结构而言只是局部变量,改变杆件的截面尺寸对结构内力分布影响非常有限。而改变结构的形状,能使整个结构的内力得到重新分布。根据以往的研究经验,过多的截面尺寸优化迭代,或者截面设计收敛误差控制得过小,都对最优解影响非常小。因此,从优化设计效率考虑,以质量变化小于 5% 为宜。

然后,通过射线步均匀调整杆件的截面积,保持各杆件的内力不变,并使最严重的节点位移约束得到满足[7]:

$$A_e = r \cdot A_e' \tag{4.13}$$

式中

$$r = \max\{r_1, r_2, \cdots, r_m\} \tag{4.14a}$$

$$r_i = \begin{cases} \dfrac{u_i}{u_i^*} & \left(\dfrac{u_i}{u_i^*} \geqslant 1\right) \\ 1 & \left(\dfrac{u_i}{u_i^*} < 1\right) \end{cases} \quad (i = 1, 2, \cdots, m) \tag{4.14b}$$

经过射线步之后,杆件的轴力保持不变,尺寸变量无须重新设计。至此,所有的约束条件都已满足,设计点落在最严重的位移约束边界面上(当 $u_i > u_i^*$ 时)。但是,若结构的形状设计未达到最优,由射线步得到的设计结果,也并非是最小结构质量设计。如果结构的形状设计达到最优,而由射线步得到的解一般离最优解就会很近了。

例 4.1　计算图 4-1 中,平面桁架结构各杆件所受的应力和用满应力法一次设计得到的截面最小尺寸。假设初始设计各杆件的截面积相同 $A = 3.9270 \times 10^{-4}\text{m}^2$。材料弹性模量 $E = 200\text{GPa}$,拉、压许用应力 $-\sigma_e^- = \sigma_e^+ = 240\text{MPa}$。

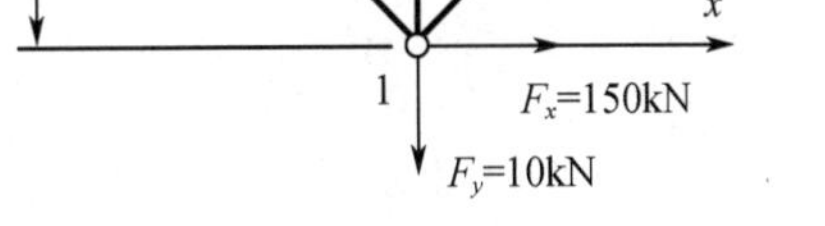

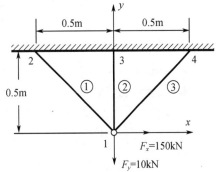

图 4-1　平面桁架结构模型

根据有限元分析,可得各杆件的内力为

$$\begin{Bmatrix} N_1 \\ N_2 \\ N_3 \end{Bmatrix} = \begin{Bmatrix} 109.0 \\ 5.857 \\ -103.1 \end{Bmatrix} \quad (\text{kN})$$

由此得到各杆件中的应力值:

$$\begin{Bmatrix} \sigma_1 \\ \sigma_2 \\ \sigma_3 \end{Bmatrix} = \begin{Bmatrix} 277.6 \\ 14.92 \\ -262.6 \end{Bmatrix} \quad (\text{MPa})$$

可见,1 号和 3 号杆件中的应力超过了许用应力值,并且 3 号杆件受压(必要时还需考虑失稳约束)。经过一次满应力设计,得到杆件的截面最小尺寸:

$$\begin{Bmatrix} A_1 \\ A_2 \\ A_3 \end{Bmatrix} = \begin{Bmatrix} 4.541 \\ 0.244 \\ 4.297 \end{Bmatrix} \times 10^{-4} \quad (\text{m}^2)$$

此时,杆件的截面积各不相同,其内力将重新分布。照此设计,可计算各杆的内力值:

$$\begin{Bmatrix} N_1 \\ N_2 \\ N_3 \end{Bmatrix}^* = \begin{Bmatrix} 112.8 \\ 0.4247 \\ -99.30 \end{Bmatrix} \quad (\mathrm{kN})$$

与初始杆件内力相比,1号杆件的轴力增大了,2号和3号杆件的轴力减小了,并且2号杆件的轴力变化幅度最大。此时,各杆件中的应力值为

$$\begin{Bmatrix} \sigma_1 \\ \sigma_2 \\ \sigma_3 \end{Bmatrix} = \begin{Bmatrix} 248.5 \\ 17.40 \\ -231.1 \end{Bmatrix} \quad (\mathrm{MPa})$$

可见,一次满应力设计并不能使所有杆件都处于满应力状态,还需再次进行满应力设计,以满足对结构强度的要求。

4.2.2 形状优化设计

如第3章所述,桁架结构单纯的形状优化,能显著改善结构的变形状况,使内力得到合理地分布。本章仍采用“渐进节点移动法”,开展结构的形状优化设计。在此直接利用第3章的分析结果。

1. 灵敏度计算

节点 i 的位移相对节点 j 的移动灵敏度数 α_{ij} 按下式计算(见3.2节):

$$\alpha_{ij} = \frac{\Delta u_{ij}}{\Delta W_j} = \frac{-\sum_{e=1}^{n_j}\left(\boldsymbol{u}_e^{i\mathrm{T}} \dfrac{\partial \boldsymbol{k}_e}{\partial x_j}\boldsymbol{u}_e\right)}{\sum_{e=1}^{n_j}\rho_e A_e \dfrac{\partial L_e}{\partial x_j}} \quad (j = 1,2,\cdots,k) \tag{4.15}$$

式中:α_{ij} 也可以认为是节点 j 移动的效率。很明显,节点 j 移动的灵敏度数与其周围单元的截面积 $A_e(e=1,2,\cdots,n_j)$ 有关。

2. 形状优化设计准则

对于单一的节点位移约束,在最优设计状态下,所有节点的灵敏度数必须是一个负的常数(见3.3节),即

$$\alpha_{ij} = \frac{\dfrac{\partial u_i}{\partial x_j}}{\dfrac{\partial W}{\partial x_j}} = \frac{\partial u_i}{\partial W} = -\frac{1}{\lambda} \quad (j=1,2,\cdots,k) \tag{4.16}$$

式中:λ 为拉格朗日乘子。式(4.16)表示在最优形状设计状态,所有节点的移动效率应该相等。从工程设计的观点来看,当拉格朗日函数的梯度满足

$$\| \nabla_{\boldsymbol{x}} L(\boldsymbol{x}) \| \leqslant 5\% \tag{4.17}$$

时,可以认为形状优化设计已经收敛。式中,$\boldsymbol{x}$ 代表由所有可移动节点坐标构成的列向量。

4.3　渐进优化设计步骤

从以上分析中可知,采用变量分离的方法,可对结构的形状和尺寸变量分别进行了优化设计。利用满应力法优化设计杆件的截面尺寸,能够保证静定桁架结构在单一工况下质量最小。采用“渐进节点移动法”优化设计结构的形状,在减小位移的同时,质量下降最大,或增加最少。以上两种方法相互结合,能保证形状和尺寸组合优化在满足给定约束条件下,间接使结构质量达到最小,且优化过程的稳定性也比较好[33,34]。

一般来说,一次优化循环无法获得问题的最优解。必须通过循环迭代,交替设计结构的形状和尺寸,耦合两类变量之间的相互作用和相互依赖关系,才能使结构设计逐渐趋于问题的最优解。在结构分析过程中,通过有限元法计算杆件应力和指定节点的位移,同时也能得到每个单元的位移列向量 $\boldsymbol{u}_e$。由于一般有限元分析程序都能执行多工况载荷计算,因此由虚单位力引起的单元虚位移列向量 $\boldsymbol{u}_e^i$ 也能同时得到。根据这些计算结果,按式(4.15)很容易计算节点移动的灵敏度数。

桁架结构形状与尺寸组合优化执行过程主要步骤概括如下:

步骤 1:用有限元法分析、计算单元应力和节点位移。

步骤 2:用满应力法设计各杆件截面的最小尺寸 A_e'。

步骤 3:再次用有限元法计算指定节点位移和虚单位力引起的位移;用射线步均匀调整各杆件截面尺寸,将设计点移到最严重位移约束边界上。

步骤 4:计算所有可移动节点的灵敏度数。如果节点灵敏度系数满足优化收敛准则,则终止优化过程;否则,按式(3.11)和式(3.43),确定节点移动方向和移动步长。

步骤 5:选择最小(最负)的灵敏度数为基准值,移动所有灵敏度数在基准值 10% 以内对应的节点,按式(3.44)修改节点坐标,然后重复步骤 1 ~ 4。

4.4　组合优化算例

本节用四个典型桁架结构的形状与尺寸组合优化算例,来证明 4.3 节所提出的优化算法的可行性和有效性,设计目标使结构的质量达到最小。假设在所有算例中,杆件的截面形状为圆截面,初始截面设计均相同。杆件的材料相同,弹性模量 $E = 210\text{GPa}$,密度 $\rho = 7800\text{kg/m}^3$。假设压缩许用应力与拉伸许用应力值相同:$-\sigma_e^- = \sigma_e^+ = 240\text{MPa}$。

例 4.2　二杆平面桁架结构

如图 4 - 2 所示,二杆平面桁架结构受一垂直向下的载荷作用 $P = 10\text{kN}$。要求外力 P 到支承面的距离保持不变,受力节点 2 的垂直位移受到限制,$|v_2| \leqslant 1.57\text{mm}$。优化设计结构的形状和杆件尺寸,使其质量达到最小。

分别以支撑节点 1 和节点 3 的 y 坐标为结构形状设计变量,以两杆的截面积为尺寸设计变量,初始设计值示于图 4 - 2 中。为了考察压杆失稳约束对优化设计结果的影响,分别考虑两种约束情况。

(1) 不考虑压杆失稳约束:由于不计压杆失稳约束条件,应力约束的上、下限都是常数,不受杆件长度的影响。由初始设计开始,经过优化迭代过程,二杆平面桁架结构最优

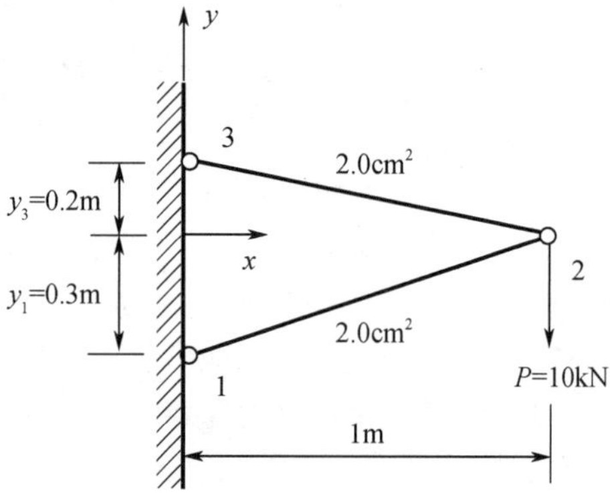

图 4 – 2　二杆平面桁架结构

设计结果如图 4 – 3 所示。结构上下两部分基本对称(由于是数值计算,略有一点误差),二杆在节点 2 构成 90°角。在最优设计点,位移约束是主动约束,杆件未达到满应力状态,结构最小质量达到 0.948kg。由图 4 – 3 可知,垂直向下的载荷,将沿着两个相互正交的方向传到支撑面上。很明显,这两个方向是向下作用的外力 P 传递的最佳路径。这个形状设计与拓扑优化结果完全相同[28]。本章的附录给出了该算例的理论分析过程,最优设计结果与理论设计结果完全一致。应该注意的是:由于这里未考虑压杆失稳约束,所得的优化结果可能在实际中无法直接利用。

(2) 考虑压杆失稳约束:在包括杆件受压失稳约束条件的情况下,从初始设计开始,经过优化循环迭代过程,两杆桁架结构的最优解收敛于如图 4 – 4 所示的设计。这个结果与图 4 – 3 的最优结果相差较大,上、下两部分也不对称。二杆在节点 2 也不垂直,各杆的内力值不再相同。结构最小质量设计达到 2.700kg,是未考虑受压失稳约束情况的 2.85 倍。此时,位移约束成为被动约束,受拉杆处于拉伸许用应力状态,而受压杆处于临界受压失稳状态。受拉杆件的截面积与未考虑失稳约束的截面积相差不大,而受压杆的截面积是前者状况的 6 倍还多,而且长度也显著减小了。图 4 – 5 绘出了两种约束情况下,优化过程中结构质量的变化曲线。在整个设计过程中,结构质量基本都在下降,说明形状优

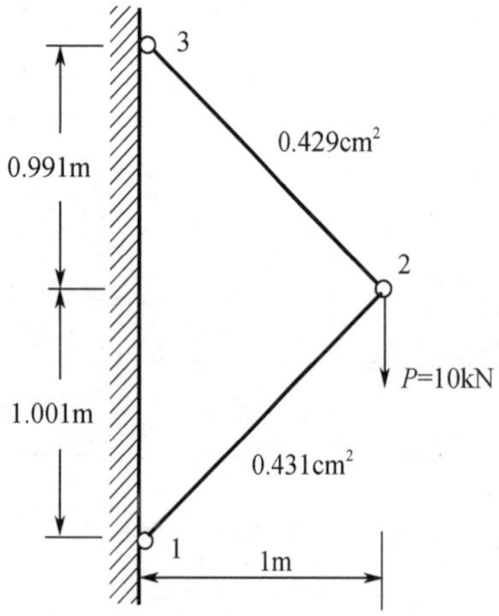

图 4 – 3　不考虑压杆失稳约束的优化设计

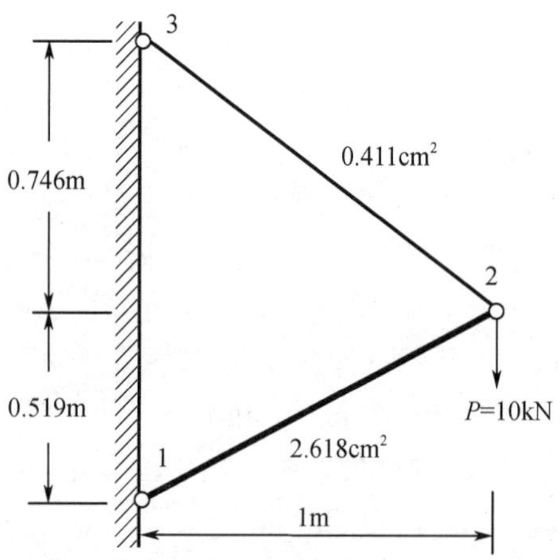

图 4 – 4　考虑压杆失稳约束的优化设计

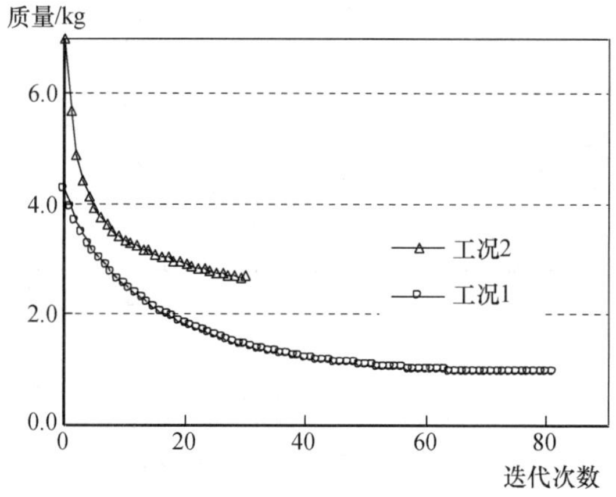

图 4－5　两种约束状况下结构质量的变化过程

化设计对降低结构的质量效果很大。因为在初始设计时，由于结构形状未达到最优设计，满足所有约束的可行设计，其质量会很大。经过对结构的形状进行优化设计，其可行解的质量会迅速下降。表 4－1 列出了最优设计时，可移动节点坐标的灵敏度数。两种优化设计状态所得的灵敏度数都基本相同，说明结构形状已达到最优设计点。此算例结果表明，压杆失稳约束对结构优化设计结果影响很大，结构优化设计必须充分给予考虑。

表 4－1　最优设计可移动节点灵敏度数的比较

节点坐标	未考虑失稳约束	考虑失稳约束
y_1	-3.496×10^{-3}	-2.425×10^{-3}
y_3	-3.650×10^{-3}	-2.388×10^{-3}
相对误差/%	4.4	1.5

例 4.3　Michell 拱结构

第 3 章对 Michell 桁架拱结构单独进行过形状优化设计，当时假设所有杆件的截面积均相同，且始终保持不变。在满足节点位移约束条件下，得到结构的最优形状设计为半圆形。此外，当不考虑压杆失稳约束条件时，Michell 半圆形桁架拱结构的理论最小质量，可以由分析计算得到。如图 4－6 所示桁架结构拓扑构型设计，若其跨中节点 1 受一集中力作用，其最小质量由下式计算[28]：

$$W = \frac{2 \times 6}{\sigma^{+}} LP\rho \tan\left(\frac{\pi}{2 \times 6}\right)$$

式中：L 为半跨的长度，在本算例中 $L = 1\text{m}$。

假设所有杆件单元的初始截面积均为 $A = 5\text{cm}^2$，则结构质量是 35.69kg。与 3.5 节形状优化相同，假设节点 3 和节点 7 可沿水平方向移动；节点 4、5、6 分别沿垂直方向移动。受力节点的垂直位移约束要求 $|v_1| \leqslant 3.8\text{mm}$。优化设计过程中，结构形状与杆件尺寸对称性始终保持不变。因此独立的形状设计变量只有 5、6、7 三个节点的坐标；而单元截面积也存在着关联性，独立的尺寸设计变量只有 7 个，如表 4－2 所列。

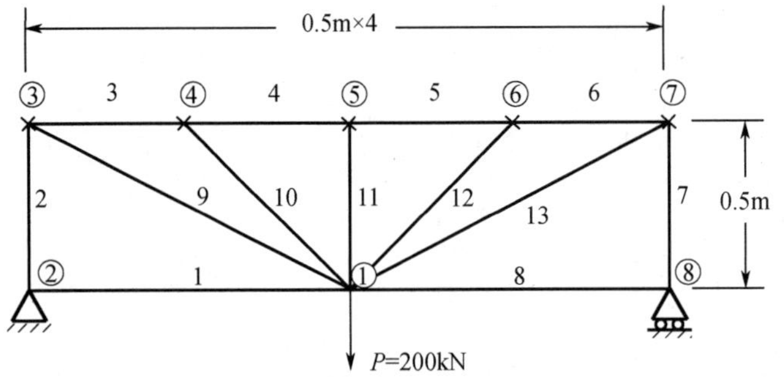

图 4-6　Michell 拱外形的初始设计

表 4-2　Michell 拱结构的节点坐标(m)和单元截面积(cm^2)

设计变量	初始值	灵敏度数 α_{1j}	理论解	灵敏度数 α_{1j}	优化解	灵敏度数 α_{1j}
y_5	0.5	-1.9536×10^{-3}	1.000	-1.7582×10^{-4}	1.000	-1.8272×10^{-4}
y_6	0.5	-1.0485×10^{-2}	0.866	-1.7582×10^{-4}	0.867	-1.6536×10^{-4}
x_7	1.0	1.1225×10^{-3}	0.866	-1.7582×10^{-4}	0.864	-1.8766×10^{-4}
A_1,A_8	5.0		1.11646		1.132	
A_2,A_7	5.0		4.31365		4.318	
A_3,A_6	5.0		4.31365		4.315	
A_4,A_5	5.0		4.31365		4.311	
A_9,A_{13}	5.0		2.23291		2.201	
A_{10},A_{12}	5.0		2.23291		2.262	
A_{11}	5.0		2.23291		2.209	
结构质量/kg	35.69		20.90		20.90	

图 4-7 是 Michell 桁架拱结构的优化设计结果,这也是一个半圆形拱结构,所有单元均处于满应力状态。表 4-2 分别列出了节点坐标和杆件截面积初始设计值、理论分析优化结果和数值优化结果。两种方法所得节点坐标和杆件截面积优化结果基本一致。图 4-7 中,下弦杆的截面积 A_1,A_8 是斜撑杆件截面积 $A_{9\sim13}$ 的 1/2,大约是上弦杆件截面积 $A_{2\sim7}$ 的 1/4。图 4-8 是结构质量设计变化过程。开始阶段,形状优化对降低结构质量的

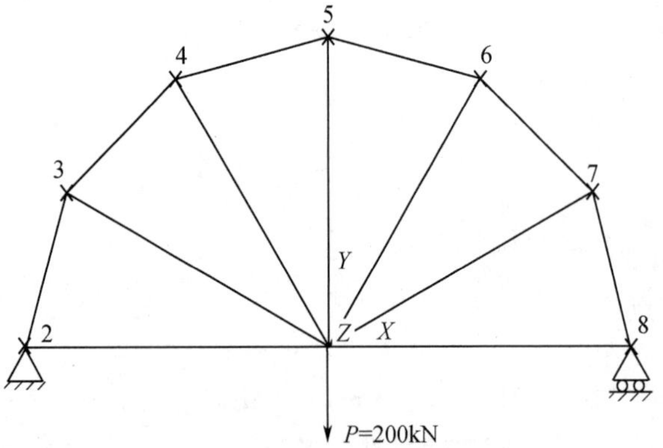

图 4-7　Michell 拱结构最优形状设计

效率很高,其值急剧下降。而当接近最优点时,结构质量下降非常缓慢。如果允许结构最小质量有 3% 的误差,即最小质量假设为 21.53kg,则经过 20 次循环迭代即可收敛。其设计结果列于表 4－3,外形设计如图 4－9 所示。与图 4－7 优化结果比较可见,此时所得结构形状与尺寸设计与最优结果相差较大,各杆件的截面积变化也无规律可寻。可见,如果采用目标函数的相对误差控制优化设计过程,而不是按照灵敏度分析结果判断优化设计是否收敛,其设计结果有时并不可靠。

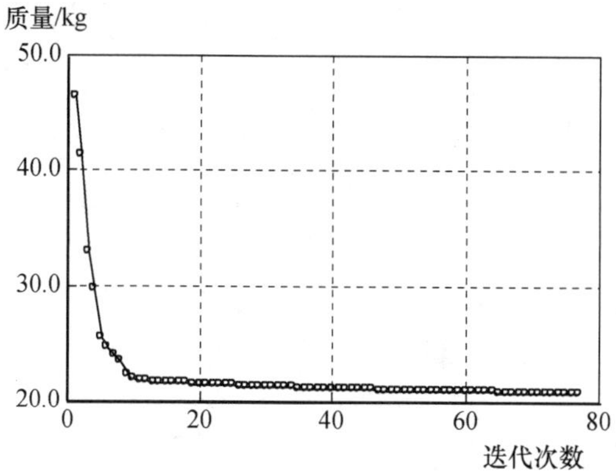

图 4－8　Michll 桁架拱结构质量优化过程

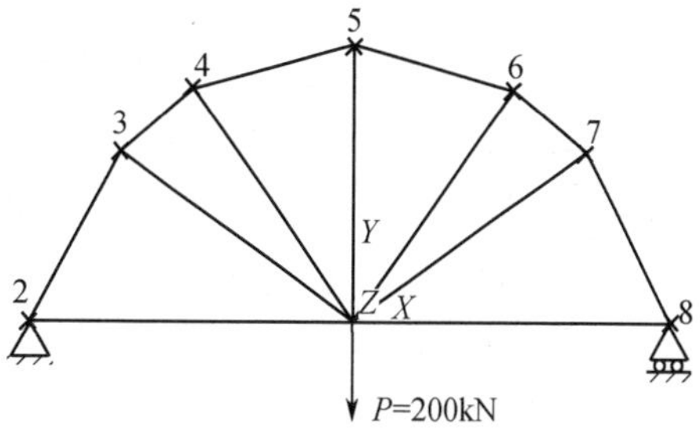

图 4－9　结构质量有 3% 误差时,Michell 拱结构设计结果

表 4－3　结构质量有 3% 误差时,Michell 拱的节点坐标(m)和单元面积(cm^2)

设计变量	设计结果	灵敏度数 $\alpha_{1j}(10^{-4})$
y_5	0.8056	－3.5688
y_6	0.6736	－3.5135
x_7	0.7205	－3.6387
A_1,A_8	2.330	
A_2 A_7	4.774	
A_3,A_6	4.969	
A_4,A_5	5.350	
A_9,A_{13}	1.917	
A_{10},A_{12}	2.128	
A_{11}	2.731	
结构质量/kg	21.52	

例 4.4　39 杆三角形塔架结构

假设空间三角形塔架结构的拓扑构型如图 4－10 所示[35]。该塔架共有 39 根杆和 15 个节点,截面是正三角形。要求底部和顶部节点位置保持固定不变,而中间节点都可以移动。坐标系原点取在底部三角形的形心处,塔架的底部节点 1、2、3 和顶部节点 13、14、15 的坐标值分别列于表 4－4 中。优化设计过程中,保持结构的对称性不变。因此,实际只有 6 个独立的节点坐标,即 y_4、z_4、y_7、z_7、y_{10}和 z_{10}可以改变。全部杆件的截面积分成 5 组,共有 5 个独立的截面尺寸设计变量。表 4－5 第二列给

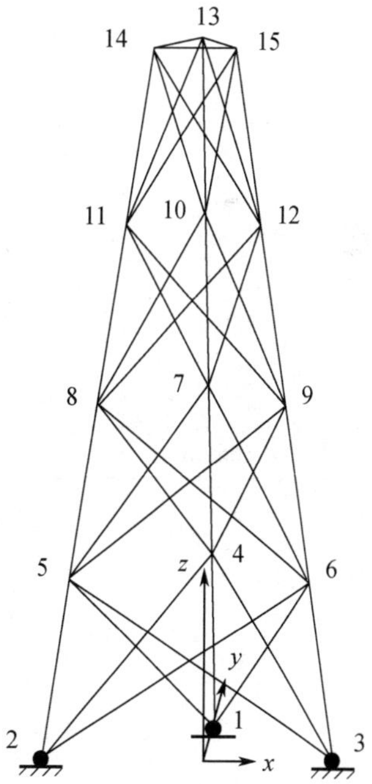

图 4－10　39 杆三角形塔架的外形设计

出了所有设计变量的初始值,最后一列给出了各尺寸变量所代表杆件的截面积。外载荷作用在顶部节点上,由三个沿 y 方向的水平力组成,每个节点水平力 $P=10\text{kN}$。节点13沿 y 方向的位移要求不超过4mm。优化时考虑压杆失稳约束条件。

表4-4　三角形塔架底部和顶部固定节点坐标值(m)

底部				顶部			
节点	x	y	z	节点	x	y	z
1	0.0	1.0	0.0	13	0.0	0.28	4.0
2	$-\sqrt{3}/2$	-0.5	0.0	14	$-0.42/\sqrt{3}$	-0.14	4.0
3	$\sqrt{3}/2$	-0.5	0.0	15	$0.42/\sqrt{3}$	-0.14	4.0

表4-5第三列给出了各变量的优化设计结果。在初始结构形状设计时,满足所有约束条件的尺寸可行设计,所得结构质量的为254.36kg。经过形状与尺寸组合优化设计,结构质量下降了20%,最终为203.18kg。图4-11显示了优化迭代过程中,结构质量的下降情况。可见形状和单元尺寸组合优化设计效果还是比较明显。本算例中,由于节点的初始设计比较接近最优位置,只经过12次迭代,结构质量即达到最小值。

表4-5　39杆三角形塔架优化结果:节点坐标(m)和杆件截面积(cm^2)

设计变量	初始设计	优化结果	相关联项
y_4	0.8	0.805	x_5,y_5,x_6,y_6
z_4	1.0	1.186	z_5,z_6
y_7	0.6	0.654	x_8,y_8,x_9,y_9
z_7	2.0	2.204	z_8,z_9
y_{10}	0.4	0.466	$x_{11},y_{11},x_{12},y_{12}$
z_{10}	3.0	3.092	z_{11},z_{12}
A_1	8.0	11.01	1-4,2-5,3-6
A_2	8.0	8.63	4-7,5-8,6-9
A_3	8.0	6.69	7-10,8-11,9-12
A_4	8.0	4.11	10-13,11-14,12-15
A_5	8.0	4.37	其余单元
结构质量/kg	306.78	203.18	

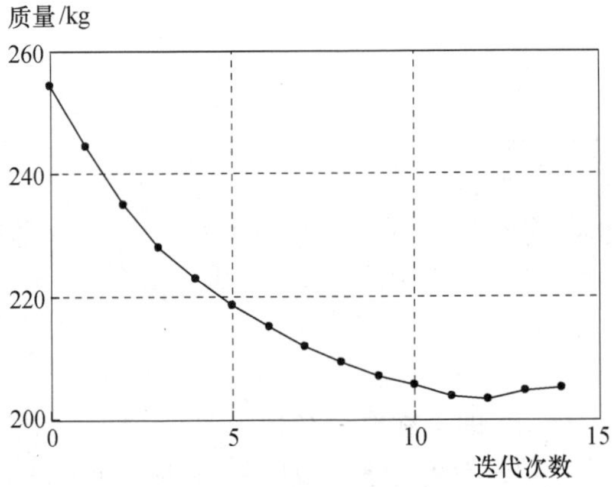

图4-11　39杆三角形塔架质量优化过程

例4.5 简支桁架桥结构

考察简支桁架桥在外载荷作用下的形状与尺寸组合优化问题：

（1）不考虑压杆失稳约束；

（2）考虑压杆失稳约束。

桁架桥的初始外形设计如图4-12所示，图中数字代表杆件号。结构对称于 y 轴，并在设计中保持不变。假设所有杆件的初始截面积均为 $8cm^2$，截面下限为 $0.5cm^2$。垂直向下的外力 $P=10kN$ 作用在下弦的每个节点上。要求桁架桥梁跨中节点垂直方向的变形小于1cm（即跨度的1/1000）。假设下弦所有节点固定不动，上弦节点只可以沿纵向移动。由于结构的对称性，使得设计变量的数目减少近1/2。

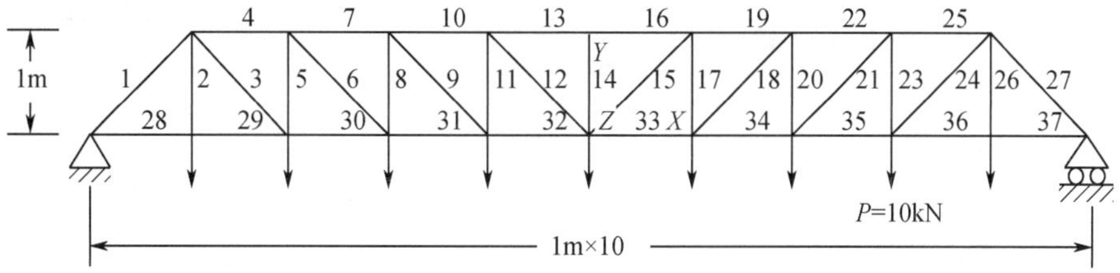

图4-12 简支桁架桥的初始外形设计

在以上两组约束情况下，结构的质量变化过程如图4-13所示，优化设计结果如表4-6所列。在最优设计状态，杆件截面尺寸均按满应力或截面下限设计，桥梁跨中节点的变形约束未起作用（即被动约束）。考虑杆件失稳约束时的桁架桥外形优化设计如图4-14所示，不考虑失稳约束的外形优化设计大致与图4-14类似。

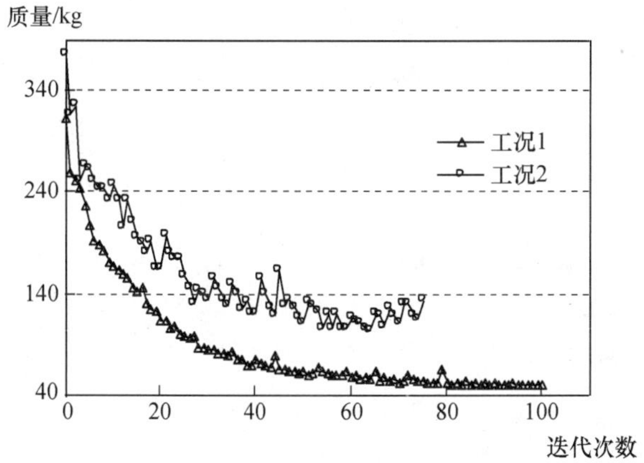

图4-13 桁架桥结构重量变化过程

当不考虑局部稳定约束时，结构质量逐步减小，最终降到50.7kg。而当考虑局部失稳约束时，结构质量振荡减小到105.2kg，是前者优化的2.07倍。仔细观察表4-6优化结果不难发现，结构质量增大主要是由于上弦杆截面积成倍增大所致，而竖直杆件的截面积，在两种情况下几乎未发生变化。由于上弦杆受压，杆件的临界失稳应力受其长度变化（即结构形状变化）影响很大，因此杆件失稳约束导致上弦杆件截面积有较大的增加。

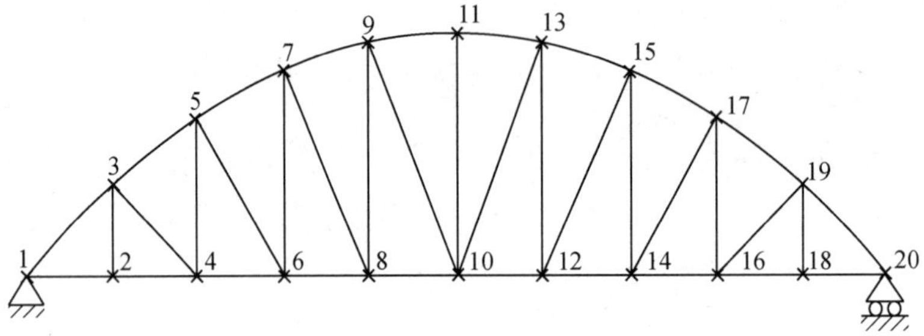

图 4－14 简支桁架桥的最优外形设计

表 4－6 两种约束情况下,简支桁架桥形状与尺寸组合优化设计结果

未考虑杆件失稳约束				考虑杆件失稳约束			
节点	坐标/m	单元号	截面积/cm^2	节点	坐标/m	单元号	截面积/cm^2
3,19	1.862	1,27	2.128	3,19	1.021	1,27	8.831
5,17	3.059	2,26	0.500	5,17	1.718	2,26	0.500
7,15	4.036	3,24	0.500	7,15	2.269	3,24	0.500
9,13	4.727	4,25	1.700	9,13	2.669	4,25	7.154
11	4.937	5,23	0.500	11	2.734	5,23	0.500
		6,21	0.500			6,21	1.153
		7,22	1.515			7,22	6.461
		8,20	0.500			8,20	0.500
		9,18	0.500			9,18	3.481
		10,19	1.286			10,19	5.835
		11,17	0.523			11,17	0.541
		12,15	0.500			12,15	0.500
		13,16	1.078			13,16	5.282
		14	0.500			14	0.500
		28,37	1.007			28,37	1.837
		29,36	1.007			29,36	1.837
		30,35	1.090			30,35	1.940
		31,34	1.084			31,34	1.928
		32,33	1.058			32,33	1.874
结构质量/kg		50.7		结构质量/kg		105.2	

附录 平面二杆桁架受力分析

在图 4－2 所示平面二杆桁架结构中,结构受应力和节点位移约束条件,杆件截面积和支撑点的位置需要通过优化设计确定。由式(3－46)可知,各杆件的轴向力分别为

$$N_{12} = \frac{-PL_{12}}{y_1 + y_2}, \quad N_{23} = \frac{PL_{23}}{y_1 + y_2} \tag{4.A1}$$

式中：$y_i(i=1,2)$为支撑点位置；L_{12}为杆 1－2 的长度；L_{23}为杆 2－3 的长度：

$$L_{12}=\sqrt{1^2+y_1^2},\quad L_{23}=\sqrt{1^2+y_2^2} \tag{4. A2}$$

这是一个静定结构，杆件内力不受其截面积的影响。先分别计算单元的最小截面积，由于不考虑杆 1－2 的失稳约束，则有

$$A'_{12}=\frac{N_{12}}{\sigma_e^-}=\frac{PL_{12}}{\sigma_e^-(y_1+y_2)} \tag{4. A3}$$

$$A'_{23}=\frac{N_{23}}{\sigma_e^+}=\frac{PL_{23}}{\sigma_e^+(y_1+y_2)} \tag{4. A4}$$

由式(3－47)可得节点 2 的垂直位移：

$$v_2=\frac{P}{E(y_1+y_2)^2}\left(\frac{L_{12}^3}{A'_{12}}+\frac{L_{23}^3}{A'_{23}}\right)=\frac{\sigma_e^+}{E(y_1+y_2)}(2+y_1^2+y_2^2) \tag{4. A5}$$

将以上位移表达式分别对 y_1 和 y_2 求一阶偏导数，并令结果等于 0：

$$\begin{cases}\dfrac{\partial v_2}{\partial y_1}=\dfrac{P}{\sigma_e^+(y_1+y_2)^2}[2y_1(y_1+y_2)-(2+y_1^2+y_2^2)]=0\\ \dfrac{\partial v_2}{\partial y_2}=\dfrac{P}{\sigma_e^+(y_1+y_2)^2}[2y_2(y_1+y_2)-(2+y_1^2+y_2^2)]=0\end{cases} \tag{4. A6}$$

于是有以下结果：

$$y_1=y_2=1 \tag{4. A7}$$

这时，二杆桁架结构的最优形状设计如图 4－3 所示。将材料性能代入式(4. A5)，可得节点 2 的垂直位移：

$$v_2=\frac{240\times10^6\times4}{210\times10^9\times2}=2.286\times10^{-3}\quad(\mathrm{m})$$

此时，位移约束未满足，计算射线步比例因子：

$$r=\frac{2.286}{1.57}=1.456$$

于是，杆件截面积最优设计值为

$$A_{12}=\frac{rPL_{12}}{\sigma_e^+(y_1+y_2)}=rA'_{12}=0.429\times10^{-4}(\mathrm{m}^2)=A_{23}$$

结构最小质量为

$$W_{\min}=\rho(A_{12}L_{12}+A_{23}L_{23})=0.946\ (\mathrm{kg})$$

这些结果与算例 4. 2 数值优化结果几乎完全一致，这说明本章提出的优化算法是可靠的，所得的优化结果是可以信赖的。

本 章 小 结

桁架结构是实际工程中一类非常重要的结构类型，桁架结构的形状和杆件截面尺寸(面积)优化设计一直受到人们的重视。当以结构质量最小为设计优化的目标时，由于杆

件的内力分布是由结构的形状决定的,如果桁架结构的形状设计不是最优,则其尺寸优化的结果受结构形状设计的影响很大,优化设计的效益未必显著。只有开展形状与尺寸同时优化设计,才能保证在满足结构强度和刚度约束条件下,结构质量真正达到最小,而且优化设计结果才更具有实际意义。

本章提出了一种混合优化算法,采用两步优化策略,对桁架结构的形状和尺寸分别进行优化设计,使结构质量设计达到最小。设计约束条件包括单元应力、压杆失稳和节点位移等基本强度和刚度条件。通过设计变量空间分离技术,将杆件的截面积首先按满应力法计算最小尺寸,通过射线步调整截面以满足位移约束条件。而结构的形状优化设计仍采用第 3 章提出的“渐进节点移动法”。交替优化两类不同性质的设计变量,耦合它们之间的相互作用关系。数值算例证实这种方法是非常有效和可靠的。

然而应该指出,由于在结构的形状优化过程中,每次只有少数几个节点被移动或被重新设计。因此整个优化过程需要多次循环迭代,设计结果才能收敛到最优解。这也是变量分离方法所固有的缺点,即该方法的效率较低,优化收敛过程会比较缓慢。对于大型复杂结构的优化设计,优化过程可能会很费时间。如果设计人员能根据以往的经验,使初始形状设计比较靠近最优点,则优化过程能很快收敛。

第 5 章　结构边界支承位置优化设计

通常情况下，一个结构需要有足够的约束，以便消除其可能的刚体位移。边界支承的作用就是用来固定结构，并防止其产生过度的弹性变形。如果一个结构系统没有与基础连接的支承，就不能发挥其应有的功能和作用，无法实现设计者的目的。因此可以认为结构与其边界支承（或约束）一起，构成一个完整的结构系统。支承是结构完整性不可或缺的一部分，因此对支承的设计有必要认真加以研究和分析。以往在开展结构的拓扑、形状或尺寸优化设计时，结构的支承形式、刚度和位置设计都是固定不变的。即优化设计的是结构本身，而非结构与基础的连接关系，即结构的边界支承状况不变。在工程结构设计时，支承设计也是一个非常重要的环节，改变支承设计的形式（简支或固支）、支承刚度或支承位置对结构的内力传递路径影响很大，同样也影响结构的变形。近年来，有关支承位置优化设计，已成为结构优化设计非常活跃的一个研究领域[36,37]。开展支承位置，或者称为边界约束位置优化设计，可以减小结构的变形、内力，提高其固有频率或临界失稳载荷等[38]。

与结构的拓扑、形状或尺寸优化设计一样，支承位置优化设计也有其非常实际的意义和应用前景，尤其是在交通运输、机械加工、印制电路板、船舶和飞行器结构设计领域。然而，以减小结构受力变形为目标的支承位置优化设计，仍然还有许多问题有待研究和解决，如结构响应对于支承位置的一阶导数计算问题。在支承位置优化设计过程中，由于结构的变形对支承位置而言是高度非线性的，而且最大应力、变形通常并不总是出现在某个固定节点上，时常会变换位置，甚至还可能改变方向（符号）。结构最大变形对支承位置而言，甚至是一个非连续函数，这使得许多成熟的优化算法，都无法直接应用，运行起来会遇到一些困难。因此，这方面的研究成果相还对比较少。

另外，如果减小结构质量并非设计者所考虑的主要目的，采用最小质量优化设计节省下来的材料，若不足以弥补零部件生产、加工所需的额外费用，那么，从生产成本和经济效益角度来看，这样的设计可能是得不偿失，对结构设计者的吸引力不强。开展结构支承位置优化设计，或者称为"支承拓扑优化设计"[36]，同样也可以减小结构的变形和应力，提高结构的强度和刚度，最终也能达到减小结构质量、提高材料利用率的目的。

在支承位置优化算法中，结构上的节点位移对支承位置变化的一阶导数（灵敏度）分析与计算是一项非常重要的设计环节。基于变分原理，或者有限元分析技术，快速、准确地计算节点位移对支承位置改变的一阶导数，是优化设计成功的关键和基本保障。根据灵敏度得到的信息移动支承的位置，可使优化过程持续、高效地运行。因此，设计变量灵敏度分析一直是结构优化领域重点研究的课题，受到人们的普遍重视[27]。过去，结构变形对支承位置的灵敏度计算采用有限差分近似技术来完成[36]。由于这项技术并不需要太多的力学分析知识和缜密的逻辑推导过程，适应性强，计算简便灵活，因此曾被广泛使用。但是有限差分技术除了计算花费比较大以外,计算精度与差分步长也有很大关系。由于截断误差和舍入误差等的存在,差分步长并非取得越小越好,而合适的步长又是难以预先确定的[1,2]。

与有限差分技术相比,用数学方法推导结构响应的灵敏度计算公式,需要结构力学分析方面的一些基本知识。通过微分或变分技术,建立设计变量灵敏度计算公式或变分方程[24,39],可以得到精确的结构响应灵敏度计算公式和结果。而许多优化算法都需要计算目标函数和约束函数对设计变量的一阶导数,有时甚至包括二阶导数。因此有必要先研究、开发高效、准确的结构响应(变形或内力)相对支承位置的灵敏度计算公式。但是,这方面的研究成果目前还非常有限。

本章首先推导梁、薄板结构节点变形相对点支承位置的一阶导数计算公式[40]。采用离散分析方法,先构造结构的有限元分析模型。根据有限元法中利用单元形状函数插值的基本概念,可以准确地建立梁、板结构变形对支承位置灵敏度计算公式。这里所说的点支承(简支或铰支),实际只考虑了其横向约束功能,忽略其扭转约束的影响能力。支承可以是弹性的,也可以是刚性的,即支承点处的横向位移为0。由于结构响应分析通常采用有限元方法完成,因此本章灵敏度推导过程也是建立在有限元方法基础之上的,并与响应的数值分析相一致。然后,将第3章介绍的“渐进节点移动法”,拓展到支承位置优化设计问题,以结构的最大位移最小化为设计目标,优化梁、薄板结构支承的位置。优化循环过程中,始终保持结构的有限元网格划分不变,即无须重新构造结构的有限元模型,并假设支承作用在有限元模型节点上。根据支承的灵敏度信息,确定最有效的支承移动方案,并沿单元边缘移动一个单元长度,最终可以使结构最大位移不断减小,逐渐逼近最优解。

由于在优化过程中采用了固定网格策略,而最优支承位置并不总在有限元的节点上,这对支承位置优化结果的精度提出了极大地挑战。为了处理上述困难,通常采用在最优点附近细分网格的方法,逐渐解决优化解的精度问题[36]。虽然已有许多有限元网格自动划分方法和程序[21],但优化效率低,最优解的精度依然很有限。本章利用支承在有限元节点上的灵敏度计算结果,通过插值技术来处理,使得最优解不依赖于有限元网格的划分。该方法简单、可靠,优化精度高,有广泛的应用前景。

5.1 优化问题描述

一般情况下,支承主要用来适当地固定结构,并将外载荷传递到基础上。已有研究结果表明,支承除了能为结构提供一定的局部附加刚度,改变结构的刚度分布以外,还能改善了结构的内力传递路径,降低结构的内力水平。对于支承位置优化问题,将可移动支承的位置坐标作为设计变量。在指定的范围内变化位置设计,使结构最大变形降到最小值。此外,有些支承之间还存在一定的关联性,使整个结构系统保持对称等。因此,支承位置优化问题可表示为

$$\min \max\{|\delta_i|,\quad i=1,2,\cdots,m\} \tag{5.1}$$

$$\text{s. t.}\quad \begin{cases} \underline{s}_j \leqslant s_j \leqslant \bar{s}_j \quad (j=1,2,\cdots,n) \\ s_d = f(s_j) \end{cases} \tag{5.2}$$

式中：$|\delta_i|$为节点 i 变形位移的绝对值；m 为需要考察的结构上节点位移的总数；s_j 为设计变量，代表第 j 个独立支承的位置坐标；s_d 为从属（Dependent）支承的坐标；$\bar{s}_j$ 和$\underline{s}_j$ 分别为第 j 个简支承位置坐标变化所允许的上、下限。

以上的优化列式是一个典型的极小－极大值问题（Min－max Problem）。由于设计目标函数式（5.1）中出现“最大”和“绝对值”的概念，在优化过程中，产生最大变形的节点位置预先无法确定。因此，在式（5.1）中，需要考察结构上多个点的变形，即 m 应取一个较大的数，从中得到最大的节点位移。由于最大变形的节点位置并不代表结构上同一节点，从而引起目标函数的一阶导数不再具有连续性，经常会有突变现象出现，现有的收敛准则无法直接使用。

5.2　节点位移相对支承位置的灵敏度分析

5.2.1　一般情况

首先推导一般结构的节点（广义）位移，相对支承位置移动的灵敏度计算公式。结构受外力作用以后，系统有限元模型的平衡方程为

$$\boldsymbol{K}\boldsymbol{u}=\boldsymbol{P} \tag{5.3}$$

式中：$\boldsymbol{K}$ 是系统的总体刚度矩阵，它由单元刚度矩阵装配而成，同时已考虑了支承的弹性刚度和位移约束情况；$\boldsymbol{u}$ 是未知的节点变形列阵；$\boldsymbol{P}$ 是外加载荷列阵。

优化过程中，依然假定外载荷与支承位置变化无关，即外载荷作用点、方向和大小保持不变。众所周知，支承移动将改变结构的边界约束条件，使系统的刚度重新分布，从而改变了结构的变形。式（5.3）两边同时对支承位置 s 求一阶导数可得

$$\frac{\mathrm{d}\boldsymbol{K}}{\mathrm{d}s}\boldsymbol{u}+\boldsymbol{K}\frac{\mathrm{d}\boldsymbol{u}}{\mathrm{d}s}=0 \tag{5.4}$$

经过简单整理，式（5.4）可写成

$$\frac{\mathrm{d}\boldsymbol{u}}{\mathrm{d}s}=-\boldsymbol{K}^{-1}\frac{\mathrm{d}\boldsymbol{K}}{\mathrm{d}s}\boldsymbol{u} \tag{5.5}$$

在式（5.5）两边同时左乘一个虚单位载荷列阵 $\boldsymbol{F}^{i\mathrm{T}}$。其中，对应于节点 i 的位移项等于单位 1，其他项都等于 0。于是，节点 i 的（广义）位移的一阶导数 $\mathrm{d}\delta_i/\mathrm{d}s$ 可表示为

$$\frac{\mathrm{d}\delta_i}{\mathrm{d}s}=-(\boldsymbol{F}^i)^{\mathrm{T}}\boldsymbol{K}^{-1}\frac{\mathrm{d}\boldsymbol{K}}{\mathrm{d}s}\boldsymbol{u}=-(\boldsymbol{u}^i)^{\mathrm{T}}\frac{\mathrm{d}\boldsymbol{K}}{\mathrm{d}s}\boldsymbol{u} \tag{5.6}$$

式中：$\boldsymbol{u}^i$ 为由虚单位载荷 $\boldsymbol{F}^i$ 引起的节点变形列阵，这只要将 $\boldsymbol{F}^i$ 代入方程（5.3）并求解既可得到。

从式（5.6）可知，如果能获得总体刚度矩阵对支承位置 s 的一阶导数，则节点 i 位移的一阶导数就很容易计算获得。若能分析得到 $\mathrm{d}\boldsymbol{K}/\mathrm{d}s$，则式（5.6）就是节点位移一阶导数的解析表达式；反之，若 $\mathrm{d}\boldsymbol{K}/\mathrm{d}s$ 只能通过有限差分的方式得到，则式（5.6）称为半解析（Semi－analytic）表达式。如何分析、计算总体刚度矩阵对支承位置 s 的一阶导数，是支承位置优化设计的关键。下面考察点支承移动对两类基本结构变形的影响。

5.2.2 梁单元的弹性支承

考察发生弯曲变形的均匀截面细长梁单元,其长度为 L,不考虑其截面剪切变形的影响。有一个线弹性支承,横向作用在梁单元内部,如图 5-1 所示。这里仅考虑支承的横向刚度,不考虑其扭转刚度和质量,即假设支承是点(铰)支承。支承的横向线性刚度系数为 k,在单元坐标系中的坐标值是 a。根据有限元基本理论,支承点的横向位移 $v(a)$,可用梁单元节点自由度,即横向位移和转角近似表示:

$$v(a)=\boldsymbol{N}\cdot\boldsymbol{u}_e=[N_1\quad N_2\quad N_3\quad N_4]_{(a)}\begin{Bmatrix}v_1\\ \theta_1\\ v_2\\ \theta_2\end{Bmatrix}\tag{5.7}$$

式中:N_{1-4} 为梁单元的形状函数,该形函数与单元自由度相适应;$\boldsymbol{u}_e$ 为由外载荷引起的,包含有支承的梁单元节点位移列阵。

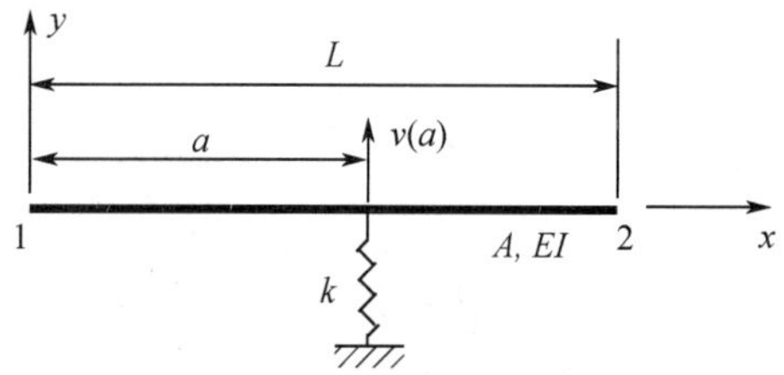

图 5-1 梁单元附加一个弹性支承

于是,弹性支承内的应变能,可表示成梁单元节点位移的二次函数形式:

$$U=\frac{1}{2}kv^2(a)=\frac{k}{2}\boldsymbol{u}_e^{\mathrm{T}}\boldsymbol{N}^{\mathrm{T}}\boldsymbol{N}\boldsymbol{u}_e$$

$$=\frac{k}{2}[v_1\quad \theta_1\quad v_2\quad \theta_2]\begin{bmatrix}N_1^2 & N_1N_2 & N_1N_3 & N_1N_4\\ & N_2^2 & N_2N_3 & N_2N_4\\ \text{对} & & N_3^2 & N_3N_4\\ & \text{称} & & N_4^2\end{bmatrix}_{(a)}\begin{Bmatrix}v_1\\ \theta_1\\ v_2\\ \theta_2\end{Bmatrix}\tag{5.8}$$

与单元应变能公式相比较,式(5.8)中间的矩阵相当于一个单元的刚度矩阵。因此,对于一个位于梁单元内部的弹性支承,定义其等效刚度矩阵为

$$\boldsymbol{K}_s=k\begin{bmatrix}N_1^2 & N_1N_2 & N_1N_3 & N_1N_4\\ & N_2^2 & N_2N_3 & N_2N_4\\ \text{对} & & N_3^2 & N_3N_4\\ & \text{称} & & N_4^2\end{bmatrix}_{(a)}\tag{5.9}$$

注意:由于考虑的支承是线性的,其等效刚度矩阵 $\boldsymbol{K}_s$ 与支承的刚度系数 k 成正比,但却是

支承点坐标 a 的非线性函数。

考虑一个最简单的情形,若一个弹性支承位于单元的节点 1 上,即 $a=0$,根据形状函数在节点上的性质,即可得到其等效的刚度矩阵:

$$\boldsymbol{K}_s\big|_{a=0}=\begin{bmatrix}k&0&0&0\\0&0&0&0\\0&0&0&0\\0&0&0&0\end{bmatrix}\tag{5.10}$$

式(5.10)表示一个弹性支承的刚度矩阵就是在相应的自由度上直接增加其刚度系数值 k,这也正是通常有限元方法对弹性支承的处理策略。

由于系统总体刚度矩阵 $\boldsymbol{K}$ 是结构本身的刚度矩阵与支承的等效刚度矩阵 $\boldsymbol{K}_s$ 之和,而支承移动只改变其等效刚度矩阵 $\boldsymbol{K}_s$,并不改变结构本身的刚度。于是由式(5.6),节点 i 的变形对弹性支承位置的一阶导数计算可简化为

$$\frac{\mathrm{d}\delta_i}{\mathrm{d}a}=-(\boldsymbol{u}_e^i)^{\mathrm{T}}\frac{\mathrm{d}\boldsymbol{K}_s}{\mathrm{d}a}\boldsymbol{u}_e\tag{5.11}$$

式中:$\boldsymbol{u}_e^i$ 为由虚单位载荷 $\boldsymbol{F}^i$ 引起的含有支承的梁单元节点位移列阵;$\boldsymbol{u}_e$ 为该梁单元由外载荷引起的节点位移列阵。

若采用 Hermite 函数作为弯曲梁单元的形状函数,见式(2.21)相应表达式,并假设支承只作用在梁单元两端(左端或右端)的某一个节点上。利用形函数在单元节点的特殊取值:

$$N_1\big|_{a=0}=\left.\frac{\mathrm{d}N_2}{\mathrm{d}x}\right|_{a=0}=N_3\big|_{a=L}=\left.\frac{\mathrm{d}N_4}{\mathrm{d}x}\right|_{a=L}=1\tag{5.12a}$$

$$\left.\frac{\mathrm{d}N_1}{\mathrm{d}x}\right|_{a=0}=N_2\Big|_{a=0}=\left.\frac{\mathrm{d}N_3}{\mathrm{d}x}\right|_{a=L}=N_4\big|_{a=L}=0\tag{5.12b}$$

$$N_1\big|_{a=L}=N_2\big|_{a=L}=N_3\big|_{a=0}=N_4\big|_{a=0}=0\tag{5.12c}$$

则弹性支承等效刚度矩阵的一阶导数分别计算可得

$$\left.\frac{\mathrm{d}\boldsymbol{K}_s}{\mathrm{d}a}\right|_{a=0}=k\begin{bmatrix}2N_1'N_1&N_1'N_2+N_1N_2'&N_1'N_3+N_1N_3'&N_1'N_4+N_1N_4'\\&2N_2'N_2&N_2'N_3+N_2N_3'&N_2'N_4+N_2N_4'\\\text{对}&&2N_3'N_3&N_3'N_4+N_3N_4'\\&\text{称}&&2N_4'N_4\end{bmatrix}_{(0)}$$

$$=\begin{bmatrix}0&k&0&0\\k&0&0&0\\0&0&0&0\\0&0&0&0\end{bmatrix}\tag{5.13a}$$

或

$$\left.\frac{\mathrm{d}\boldsymbol{K}_s}{\mathrm{d}a}\right|_{a=L}=\begin{bmatrix}0&0&0&0\\0&0&0&0\\0&0&0&k\\0&0&k&0\end{bmatrix} \tag{5.13b}$$

将式(5.13a)、式(5.13b)分别代入式(5.11),则节点 i 的位移对支承位置的灵敏度公式分别为

$$\left.\frac{\mathrm{d}\delta_i}{\mathrm{d}a}\right|_{a=0}=-k(v_1^i\cdot\theta_1+\theta_1^i\cdot v_1) \tag{5.14a}$$

或

$$\left.\frac{\mathrm{d}\delta_i}{\mathrm{d}a}\right|_{a=L}=-k\ (v_2^i\cdot\theta_2+\theta_2^i\cdot v_2) \tag{5.14b}$$

式中:ν_1 和 θ_1 分别为由外载荷引起的梁单元左端节点处的横向位移和转角;ν_2 和 θ_2 为梁单元在右端节点处的位移和转角;上标 i 代表由虚单位力 $\boldsymbol{F}^i$ 引起的相应项。式(5.14a)、式(5.14b)的共同特点是右端各项只与支承所在节点的变形有关。不受其它节点变形的影响。

根据有限元的基本理论可知:相邻两个梁单元的节点自由度必须具有连续性,即在公共节点上,位移和转角应该保持相等。如图5-2所示,节点 j 对于左边单元来说是2节点;但对于右边单元来说却是1节点。实际是结构上同一个节点,只是观察的单元不同而已。因此,由式(5.14)计算得到的节点 i 位移的一阶导数是一致的,仅仅是由于支承所在梁单元的端点不同。为了表达简单起见,可以取消式(5.14)中表示单元端点的下标(1或2),公式中所需要的节点位移和转角,实际正是支承点处的相应值,与周围其他节点的变形无关,这为节点位移导数的计算提供了很大的便利。相反,若位移的一阶导数公式包含有周围节点的变形量,那么灵敏度计算就不再是唯一的,受单元网格划分的影响很大,这样的结果也是完全不对的。

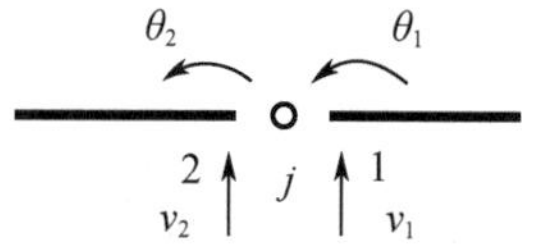

图5-2　同一节点连接两个梁单元

根据欧拉-伯努利梁变形理论,梁的横向位移和转角之间有如下关系式:

$$\theta=v'=\frac{\mathrm{d}v}{\mathrm{d}x} \tag{5.15}$$

于是,节点 i 的位移相对弹性支承位置的灵敏度公式可写成

$$\frac{\mathrm{d}\delta_i}{\mathrm{d}s}=-\begin{bmatrix}v^i(s) & v^{i\prime}(s)\end{bmatrix}\begin{bmatrix}0&k\\k&0\end{bmatrix}\begin{Bmatrix}v(s)\\v'(s)\end{Bmatrix} \tag{5.16}$$

式中:$v(s)$ 和 $v'(s)$ 分别为由外载荷引起的支承点处梁的横向位移和其一阶导数;$v^i(s)$ 和 $v^{i\prime}(s)$ 为由作用在节点 i 上的虚单位载荷引起的对应量。

式(5.14)或式(5.16)表示:节点 i 的位移灵敏度值与支承刚度成正比。引入支承反力:

$$R=-kv(s) \tag{5.17}$$

于是,节点位移的灵敏度计算公式简化成为

$$\frac{\mathrm{d}\delta_i}{\mathrm{d}s} = R^i v'(s) + R v^{i\prime}(s) \tag{5.18}$$

式中:R 和 R^i 分别是由外载荷 $\boldsymbol{P}$ 和虚单位力 $\boldsymbol{F}^i$ 引起的支承反力。

由式(5.16)或式(5.18)可知,如果用有限元数值方法分别得到了结构的实际位移和单位虚位移,就不难计算支承位置移动的灵敏度值。更进一步研究发现,虽然以上位移灵敏度式(5.18)是在有限元模型基础上推导得到的,如果能用其他方法,如理论分析方法,计算得到结构在支承点的位移和转角,以上公式也同样适用。值得注意的是,式(5.18)中 δ_i 既可以代表节点 i 的横向位移,也可以代表节点 i 的转角,只是虚单位载荷作相应的改变即可。

若弹性支承的刚度无限增加,弹性支承将变成刚性点支承。此时,支承点的横向位移必将减小为0,但支承反力却是一个确定的有限值。因此,式(5.18)仍可以用来计算节点 i 的位移相对刚性点支承移动的灵敏度值。

一旦得到了在一个单元的两端,结构上节点 i 的位移及其对支承位置的一阶导数,根据数值插值的定义,可以再次利用 Hermite 插值技术,估算支承位于单元内某一点 a 处时,节点 i 的位移:

$$\delta_i\big|_{(a)} = [N_1 \quad N_2 \quad N_3 \quad N_4]_{(a)} \cdot \begin{Bmatrix} \delta_i(0) \\ \dfrac{\mathrm{d}\delta_i(0)}{\mathrm{d}a} \\ \delta_i(L) \\ \dfrac{\mathrm{d}\delta_i(L)}{\mathrm{d}a} \end{Bmatrix} \tag{5.19}$$

利用以上公式计算节点 i 的位移,无须对结构再进行有限元划分和求解,因此计算效率更高。实际工程设计中,一个支承的最优位置并非总在有限元模型节点上,最优支承位置有可能位于某个单元内部。在这种情形下,可以用式(5.19)估计最优支承位置。5.5节的第一个算例将详细论述该方法的应用。

例 5.1 计算图 5-3 中悬臂梁受集中力 P 后,自由端 B 处垂直位移和转角相对中间支承位置 s 的一阶导数。

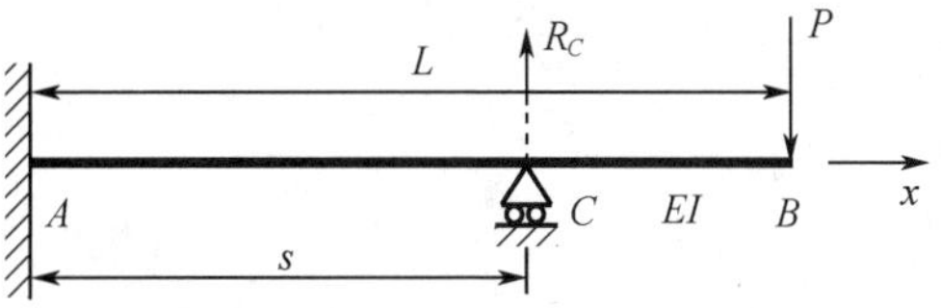

图 5-3 悬臂梁自由端受一集中力作用,中间附加一个刚性铰支承

假设支承的反力为 R_C,根据支承点处变形协调条件,由《材料力学》工程梁基本知识,可得支承的反力:

$$R_C = \frac{3}{2}P\left(\frac{L}{s} - 1\right) + P = \frac{3PL}{2s} - \frac{P}{2}$$

于是,悬臂梁自由端的垂直位移为

$$\delta_B = -\frac{PL^3}{3EI} + \frac{R_C s^2}{2EI}\left(L - s + \frac{2s}{3}\right) = -\frac{PL^3}{3EI} + \frac{Ps}{4EI}(3L - s)\left(L - \frac{s}{3}\right)$$

由上式可知:当 $s=0$ 时,$\delta_B = -PL^3/3EI$;当 $s=L$ 时,$\delta_B=0$,与预料的结果是一致的。再求自由端的转角:

$$\theta_B = -\frac{PL^2}{2EI} + \frac{R_C s^2}{2EI} = -\frac{PL^2}{2EI} + \frac{Ps}{4EI}(3L - s)$$

以上两式分别对 s 微分,可得自由端的位移和转角相对支承位置的一阶导数:

$$\frac{\mathrm{d}\delta_B}{\mathrm{d}s} = \frac{\mathrm{d}}{\mathrm{d}s}\left[\frac{Ps}{4EI}(3L - s)\left(L - \frac{s}{3}\right)\right] = \frac{P}{4EI}(3L^2 - 4sL + s^2)$$

$$\frac{\mathrm{d}\theta_B}{\mathrm{d}s} = \frac{\mathrm{d}}{\mathrm{d}s}\left[\frac{P}{4EI}(3Ls - s^2)\right] = \frac{P}{4EI}(3L - 2s)$$

以上是按照《材料力学》工程梁理论分析获得的自由端变形,对支承位置的一阶导数。下面用本节推导的公式,计算悬臂梁自由端位移和转角的一阶导数。在集中力 P 作用下,支承点处悬臂梁的转角为

$$\theta_C = \frac{Rs^2}{2EI} - \frac{s[P(L-s) + PL]}{2EI} = \frac{Ps}{4EI}(s - L)$$

若在自由端 B 处施加一个虚单位力(向上),则悬臂梁在支承点处的反力和转角分别是

$$R_C^i = \frac{1}{2} - \frac{3L}{2s}, \quad \theta_C^i = \frac{s}{4EI}(L - s)$$

根据导数公式(5.18),自由端位移相对支承位置的一阶导数为

$$\begin{aligned}\frac{\mathrm{d}\delta_B}{\mathrm{d}s} &= \frac{Ps}{4EI}(s - L)\left(\frac{1}{2} - \frac{3L}{2s}\right) + \frac{s}{4EI}(L - s)\left(\frac{3PL}{2s} - \frac{P}{2}\right)\\ &= \frac{P}{4EI}(3L^2 - 4sL + s^2)\end{aligned}$$

若在自由端 B 处施加一个虚单位力矩(逆时针),悬臂梁在支承点处的转角和受到的支反力分别是

$$\theta_C^i = \frac{s}{4EI}, \quad R_C^i = -\frac{3}{2s}$$

则自由端转角相对支承位置的一阶导数为

$$\frac{\mathrm{d}\theta_B}{\mathrm{d}s} = \frac{Ps}{4EI}(s - L)\left(-\frac{3}{2s}\right) + \frac{s}{4EI}\left(\frac{3PL}{2s} - \frac{P}{2}\right) = \frac{P}{4EI}(3L - 2s)$$

以上所得结果与《材料力学》理论分析表达式完全一致,这充分证明了利用有限元离散策略,得到的有关梁结构位移的一阶导数推导过程,是完全正确和可靠的。

5.2.3 梁单元内一点的位移灵敏度计算

式(5.16)或式(5.18)只能计算有限元模型节点上的位移灵敏度。有时还可能需要计算单元内某一点的位移灵敏度,如计算梁结构上最大位移的灵敏度。此时,最大位移不一定刚好就在单元的节点上,很可能在单元的内部出现。因此需要首先确定最大位移所

在的点，然后才能计算最大位移的灵敏度。

在一个梁单元内部，最大位移所在点的转角一定是等于 0。利用这一特殊关系，当获得了结构模型的节点位移响应以后，观察单元节点转角符号的改变，就可以确定最大位移所在的单元。假设梁单元上还受均布载荷 q 的作用，如图 5-4 所示，其内部一点 $x=a$ 的横向位移可以简单表示成

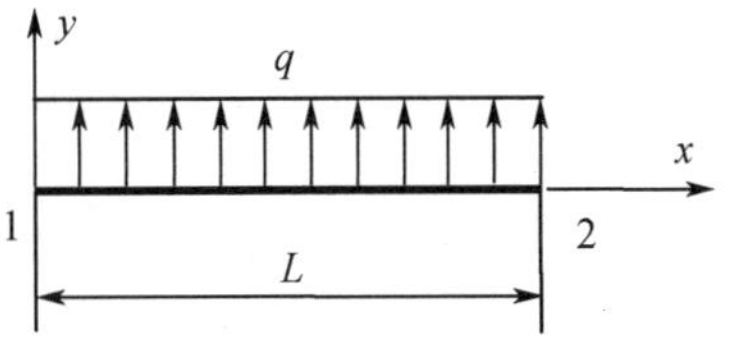

图 5-4　受均布载荷作用的梁单元

$$v(a)=\boldsymbol{N}(a)\cdot\boldsymbol{u}_e+\frac{qa^2(a-L)^2}{24EI} \tag{5.20}$$

式中：$\boldsymbol{u}_e$ 为已知的单元节点位移，后一项是固支梁的位移表达式。

由于梁单元形状函数是 x 的三次幂函数，可知以上表达式同时满足边界位移和内部分布载荷条件。式(5.20)求一阶导，并令其(转角)等于 0：

$$\left[\frac{6a^2}{L^3}-\frac{6a}{L^2}\quad \frac{3a^2}{L^2}-\frac{4a}{L}+1\quad -\frac{6a^2}{L^3}+\frac{6a}{L^2}\quad \frac{3a^2}{L^2}-\frac{2a}{L}\right]\cdot\boldsymbol{u}_e+\frac{qa(a-L)^2+qa^2(a-L)}{12EI}=0 \tag{5.21}$$

求解以上方程即可确定最大位移点的坐标值 a^*。代入式(5.20)可以计算最大位移值。

若将虚单位载荷作用在单元内部最大位移所在的点上，即可计算最大位移的灵敏度。但是有限元模型的外载荷只能作用在节点上，因此还需要将虚单位载荷等效到该单元的节点上。由式(2.21)可得等效的单元虚节点载荷：

$$\{f\}_e^i=\boldsymbol{N}_{(a^*)}^{\mathrm{T}}=\left[1-\frac{3(a^*)^2}{L^2}+\frac{2(a^*)^3}{L^3}\quad a^*-\frac{2(a^*)^2}{L}+\frac{(a^*)^3}{L^2}\quad \frac{3(a^*)^2}{L^2}-\frac{2(a^*)^3}{L^3}\quad -\frac{(a^*)^2}{L}+\frac{(a^*)^3}{L^2}\right]^{\mathrm{T}} \tag{5.22}$$

求解该虚节点载荷引起的支承反力和支承点的转角，利用式(5.18)，即可计算最大位移对支承位置的灵敏度。

5.3　板单元的弹性支承

与梁结构一样，当薄板结构受到面外载荷作用时，其内力以弯矩为主，且主要承受弯曲变形。因此可将 5.2 节推导梁的位移一阶导数计算公式，推广至薄板结构[40]。如图 5-5 所示为一个矩形薄板单元，其内部附加一个弹性支承。忽略其横向剪切变形的影响，即为 Kirchhoff 弯曲板单元。类似地，由 2.2.2 节可知，在支承点(a,b)处，薄板沿 z 轴的横向位移，可以用板单元节点位移和转角表示：

$$w(a,b)=\boldsymbol{N}_{(a,b)}\boldsymbol{u}_e \tag{5.23}$$

式中：形状函数矩阵 $\boldsymbol{N}_{(a,b)}$ 以及单元的节点位移列阵 $\boldsymbol{u}_e$，已经在 2.2.2 节给出。

类似于 5.2 节梁单元，弹性支承内的应变能仍可表示成板单元节点位移的二次函数

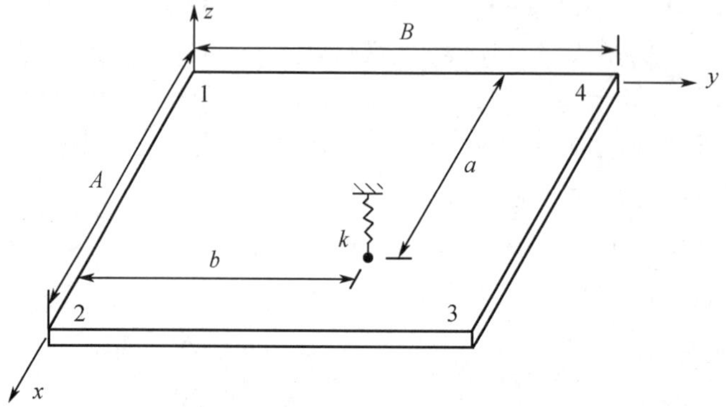

图5-5 薄板单元中附加一个弹性支承

形式:

$$U=\frac{1}{2}kw^{2}(a,b)=\frac{1}{2}\boldsymbol{u}_{e}^{\mathrm{T}}\boldsymbol{N}^{\mathrm{T}}\boldsymbol{N}\boldsymbol{u}_{e}=\frac{1}{2}\boldsymbol{u}_{e}^{\mathrm{T}}\boldsymbol{K}_{s}\boldsymbol{u}_{e} \tag{5.24}$$

式中:$\boldsymbol{K}_s$ 为弹性支承的等效刚度矩阵,且

$$\boldsymbol{K}_{s}=k\begin{bmatrix} N_{1}^{2} & N_{1}N_{x1} & N_{1}N_{y1} & \cdots & N_{1}N_{x4} & N_{1}N_{y4}\\ & N_{x1}^{2} & N_{x1}N_{y1} & \cdots & N_{x1}N_{x4} & N_{x1}N_{y4}\\ & & N_{y1}^{2} & \cdots & N_{y1}N_{x4} & N_{y1}N_{y4}\\ \text{对} & & & \ddots & & \vdots\\ & \text{称} & & & & N_{y4}^{2} \end{bmatrix}_{12\times 12} \tag{5.25}$$

同样,根据薄板结构总刚度矩阵构成状况,由式(5.6)可得节点 i 的位移一阶导数计算公式:

$$\frac{\partial\delta_{i}}{\partial a}=-(\boldsymbol{u}_{e}^{i})^{\mathrm{T}}\frac{\partial\boldsymbol{K}_{s}}{\partial a}\boldsymbol{u}_{e} \tag{5.26}$$

$$\frac{\partial\delta_{i}}{\partial b}=-(\boldsymbol{u}_{e}^{i})^{\mathrm{T}}\frac{\partial\boldsymbol{K}_{s}}{\partial b}\boldsymbol{u}_{e} \tag{5.27}$$

考虑四边形弯曲薄板单元的位移形状函数,见式(2.45)。根据有限元理论,该单元的形状函数有如下基本特性:在顶点1($a=b=0$)处,有

$$N_{1}=\frac{\partial N_{x1}}{\partial y}=-\frac{\partial N_{y1}}{\partial x}=1 \tag{5.28}$$

$$N_{x1}=N_{y1}=\frac{\partial N_{1}}{\partial x}=\frac{\partial N_{1}}{\partial y}=\frac{\partial N_{x1}}{\partial x}=\frac{\partial N_{y1}}{\partial y}=0 \tag{5.29}$$

其他形状函数及其一阶导数都等于0。假设弹性支承作用于矩形单元节点1处,如图5-5所示,经过简单推导,节点 i 的位移一阶导数计算公式为

$$\left.\frac{\partial\delta_{i}}{\partial a}\right|_{\substack{a=0\\ b=0}}=k(w_{1}^{i}\theta_{y1}+\theta_{y1}^{i}w_{1}) \tag{5.30a}$$

$$\left.\frac{\partial\delta_i}{\partial b}\right|_{\substack{a=0\\b=0}} = -k(w_1^i\theta_{x1} + \theta_{x1}^i w_1) \tag{5.30b}$$

式中：w_1、θ_{x1}、θ_{y1} 分别是由外载荷引起的板单元在节点 1 处的横向位移和绕 x、y 轴的转角；w_1^i、θ_{x1}^i、θ_{y1}^i 为由虚单位力 $\boldsymbol{F}^i$ 引起的节点 1 处的相应变形项。

按照同样的推导过程，利用矩形薄板单元形状函数 N_i、N_{xi}、N_{yi}（$i=1\sim4$）及其一阶导数，在单元节点处的性质，可以得到弹性支承作用在板单元其他节点处，节点 i 的位移一阶导数计算公式（有兴趣的读者可以自行推导）。由于相邻薄板单元之间，在公共节点上的自由度应保持连续协调（虽然在相邻单元公共边上，位移 w 的法向转角存在不连续性，见 2.2.2 节的分析结果），所得结果与式（5.30）的形式完全一致，只有下标略有一点差别。因此在式（5.30）中，可以将表示单元节点的下标 1 删除。而公式中所需的节点位移和转角，其实正是支承点处的变形值。

根据 Kirchhoff 板弯曲理论，横向位移和转角存在如下关系：

$$\theta_x = \frac{\partial w}{\partial y} = w_{,y}, \quad \theta_y = -\frac{\partial w}{\partial x} = -w_{,x} \tag{5.31}$$

于是，薄板上节点 i 的位移相对支承位置的灵敏度公式为：

$$\frac{\partial\delta_i}{\partial a} = -k(w^i w_{,x} + w_{,x}^i w)\big|_{(a,b)} \tag{5.32a}$$

$$\frac{\partial\delta_i}{\partial b} = -k(w^i w_{,y} + w_{,y}^i w)\big|_{(a,b)} \tag{5.32b}$$

式中：$w_{,x}$ 和 $w_{,y}$ 分别是由外载荷引起的、在支承点 (a,b) 处横向位移 $w(x,y)$ 对 x 和 y 坐标的一阶偏导数；$w_{,x}^i$ 和 $w_{,y}^i$ 是由作用在节点 i 处的虚单位力引起的相应项。

进一步引入支承的反力：

$$R = -kw(a,b) \tag{5.33}$$

将式（5.33）代入式（5.32），可得节点 i 的位移相对支承位置的灵敏度计算公式：

$$\frac{\partial\delta_i}{\partial a} = -R^i\theta_y - R\theta_y^i \tag{5.34a}$$

$$\frac{\partial\delta_i}{\partial b} = R^i\theta_x + R\theta_x^i \tag{5.34b}$$

并且，如果弹性支承变为刚性支承，则式（5.34）仍然适用。

以上灵敏度推导过程中，假设支承沿着单元的边缘移动，并与 x 或 y 轴平行。如果单元的边缘不平行于坐标轴，或者支承沿着薄板内某个指定方向移动，则可以利用节点位移的梯度来计算其一阶方向导数：

$$\frac{\mathrm{d}\delta_i}{\mathrm{d}s} = \mathrm{grad}(\delta_i)\cdot\mathrm{d}\boldsymbol{s} = \frac{\partial\delta_i}{\partial a}\alpha + \frac{\partial\delta_i}{\partial b}\beta \tag{5.35}$$

式中：$\{\alpha,\beta\}$ 是沿支承移动指定方向 $\boldsymbol{s}$ 对 x 和 y 坐标轴的方向余弦。

同样，也可以利用矩形薄板单元的形状函数，即式（2.45），将铰支承分别作用在某一个单元的四个节点处，计算薄板上节点 i 的位移及其对支承位置的一阶导数值。应有数值插值技术,估算当支承位于该单元内某一点(a,b)处时,节点i的位移值。类似于式(5.19),考虑到形状函数的性质式(5.28)和式(5.29),可得

$$\delta_i\big|_{(a,b)} = [N_1 \quad N_{x1} \quad -N_{y1} \quad \cdots \quad N_4 \quad N_{x4} \quad -N_{y4}]_{\substack{1\times 12\\(a,b)}} \cdot \left[\delta_{i1} \quad \frac{\partial\delta_{i1}}{\partial y} \quad \frac{\partial\delta_{i1}}{\partial x} \quad \cdots \quad \delta_{i4} \quad \frac{\partial\delta_{i4}}{\partial y} \quad \frac{\partial\delta_{i4}}{\partial x}\right]^{\mathrm{T}}_{12\times 1} \tag{5.36}$$

由式(5.36),无须再重新划分单元网格并求解方程式(5.3),可以快速、准确地获得支承位置在该单元内改变时,薄板结构上节点i的位移值。利用式(5.36)时,应注意形函数前的负号和一阶导数的排列顺序。

正是由于有了节点变形的插值公式(5.19)和公式(5.36),在梁、板结构的支承位置优化设计时,可将单元划得稍微大一些,不必将网格划得太密。因为再密的网格,也不能保证最优支承点刚好就在某个节点上。

5.4 支承位置优化算法

至此,我们已经分别得到了梁、板结构上节点位移相对支承移动的灵敏度计算公式。应用这些一阶导数灵敏度信息,可以对梁、板结构附加支承位置进行优化设计,从而有效控制结构的变形。将第3章为桁架形状优化设计开发的“渐进节点移动法”,扩展到点支承位置优化设计问题。只不过这里移动的不是结构形状控制节点的位置,而是支承的位置,故也可称为“渐进移动法”。支承移动过程中,既不改变支承自身的刚度,也不改变结构的设计,即不改变整个结构系统的质量。优化目标是使结构上的最大变形达到最小。这里,优化算法由两步构成。第一步,根据位置设计变量的灵敏度计算结果,分析、确定效率最高的支承移动方案。移动该效率最高的支承到相邻的节点上,使结构最大的节点位移得到有效减小。每次优化循环,假设支承沿着单元的边缘移动一个单元长度,移动方向根据灵敏度分析结果确定。第二步,一旦最大变形随着支承位置移动而出现振荡现象,就可利用前节提到的插值技术,来估计支承在单元内部的最优位置。因为在这种情况下,当支承位于单元之内时,最大位移值有可能达到最小。

如果支承位置移动较小,则按照一阶泰勒级数展开公式,节点i的位移改变量可以用支承位置改变量的一阶线性函数近似表示:

$$\Delta\delta_i \approx \frac{\partial\delta_i}{\partial s_j} \cdot \Delta s_j \tag{5.37}$$

为了使指定节点的位移$\delta_i(>0)$减小,而要求原来结构支承位置设计变化尽可能小,需要寻找灵敏度绝对值最大的可移动支承:

$$\mathrm{Max}\left\{\left|\frac{\partial\delta_i}{\partial s_j}\right|, \quad j=1,2,\cdots,n\right\} \tag{5.38}$$

支承位置移动方向即可由下式确定:

$$\mathrm{sign}(\Delta s_j) = -\mathrm{sign}\left(\frac{\partial\delta_i}{\partial s_j}\right) \tag{5.39}$$

式中:Δs_j为支承位置移动步长。

为了能够执行支承位置优化设计,首先用有限元法分别计算结构在外载荷和虚单位

力作用下的变形。利用支承点处,结构的位移(或支承反力)和转角,直接计算节点位移灵敏度值。为了减少优化过程中有限元分析次数,当支承数量较多时,一次循环可以移动多个效率较高的支承,以便减少有限元分析次数,提高支承位置优化设计的效率。

5.5　支承位置优化算例

本节用三个数值算例来验证本章推导的梁、板结构上,节点位移灵敏度计算公式的正确性,以及支承位置优化算法的可靠性。尽管这三个算例中结构与受力情况都比较简单,但还是能够充分显示支承位置优化的效果。这些研究对实际复杂结构支承位置优化设计有一定的启发意义。

例 5.2　对称简支梁

图 5-6 示出一个均匀简支梁模型,长度 $L=2\text{m}$。假设横截面为正方形,边长 $h=0.1\text{m}$。梁被均匀划分成 10 个单元。弹性模量 $E=210\text{GPa}$,材料密度 $\rho=7800\text{kg/m}^3$。梁跨中作用有一个集中载荷 $P_c=200\text{kN}$,同时在梁的两端分别有两个集中载荷 $P_e=100\text{kN}$ 作用。此外,还需考虑梁自身的重量,重力加速度 $g=-9.81\text{m/s}^2$。通过支承位置优化设计,使梁结构的最大位移值达到最小,变形更加均匀。为了保证支承位置对称分布,选择两个支承之间的距离 X 为设计变量。

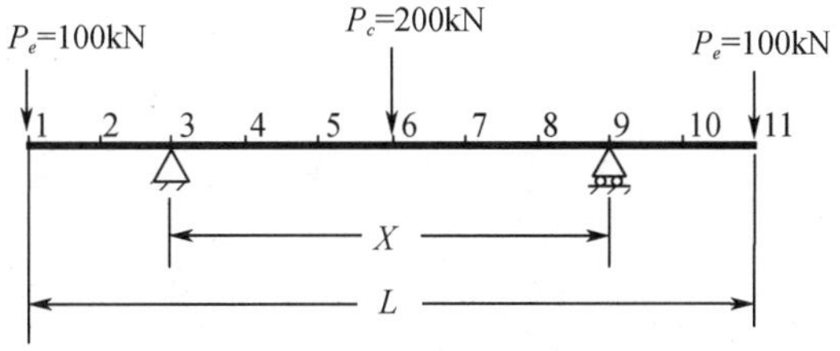

图 5-6　简支梁及其有限元模型

对于这样一个简单结构,首先可以预测,最大变形位置只可能出现在梁的端点或中点。因此,只对这两个特殊点的位移进行控制,分别施加虚单位力载荷。为了考察最大位移与支承位置的关系,展示优化算法的可靠性,优化过程将分别从两个不同的初始点 $X/L=1.0$ 和 $X/L=0.0$ 开始。

首先考虑刚性点支承的情形。图 5-7 是支承位于几个不同位置时,梁变形示意图。可见,当支承安放在跨中($X/L=0.0$)或两端($X/L=1.0$)时,梁的变形最大。当然,梁内

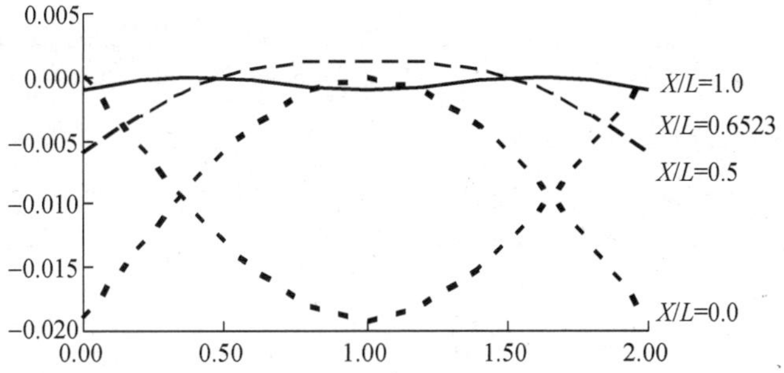

图 5-7　不同支承位置时,梁变形示意图

的弯矩也最大。而当支承在梁的跨度中间时($X/L=0.5$),梁的变形仍然不均匀。图5-8显示了梁的端点和跨中节点垂直位移,随点支承移动的变化过程。显然,当支承作用在梁的端点时,梁跨中的位移最大;而当支承作用在梁的跨中时,梁端点的位移最大。最大位移出现的节点不固定,随着支承位置移动而改变。表5-1分别列出了梁跨中和端点的位移值、绝对值最大位移以及对支承位置的灵敏度值。在计算节点位移对支承位置的灵敏度时,施加的虚单位力与坐标轴 y 方向一致。此外,由于考虑了结构自身的重量,导致梁的跨中与端点的最大变形并不完全相等。

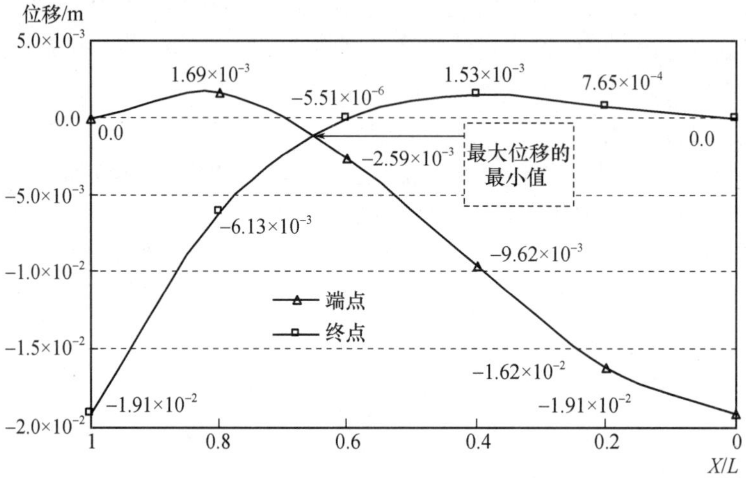

图5-8 梁结构最大位移的优化过程

表5-1 不同支承位置时,梁的位移(m)和对支承位置 X 的灵敏度值

支承位置		梁的变形 $\delta(\times10^{-3})$			支承位置灵敏度($\times10^{-3}$)	
节点	X/L	端点	跨中	最大 $\lvert\delta\rvert$	端点	跨中
11,1	1.0	0.0	-19.139	19.139	-28.718	-86.082*
10,2	0.8	1.690	-6.130	6.130	9.146	-45.924*
9,3	0.6	-2.588	-0.006	2.588	30.953*	-17.233
8,4	0.4	-9.621	1.528	9.621	36.700*	-0.013
7,5	0.2	-16.197	0.765	16.197	26.384*	5.733
6	0.0	-19.103	0.0	19.103		
*(绝对值)最大位移的灵敏度值						

当左端支承从节点2移到节点3(同时,右端支承从节点10移到节点9)时,即 X/L 从0.8变到0.6时,结构的最大位移值改变其位置,从梁的跨中变到其端点。同时,最大位移灵敏度值也改变符号。有了在这两个节点上的位移及其一阶导数灵敏度值,由以下相等性条件,不难推测最大位移发生转换时支承所在点 a^*:

$$\delta_1(a^*)=\delta_6(a^*) \tag{5.40}$$

通过在单元内应用Hermite插值技术,可以得到以下方程:

$$[N_1 \quad N_2 \quad N_3 \quad N_4]_{(a^*)}\begin{Bmatrix} \delta_1|_9 \\ \left.\dfrac{d\delta_1}{da}\right|_9 \\ \delta_1|_{10} \\ \left.\dfrac{d\delta_1}{da}\right|_{10} \end{Bmatrix} = [N_1 \quad N_2 \quad N_3 \quad N_4]_{(a^*)}\begin{Bmatrix} \delta_6|_9 \\ \left.\dfrac{d\delta_6}{da}\right|_9 \\ \delta_6|_{10} \\ \left.\dfrac{d\delta_6}{da}\right|_{10} \end{Bmatrix} \tag{5.41}$$

式中：$\delta_1|_9$ 和$d\delta_1/da|_9$ 分别为右（左）端支承在节点 9(3)时，梁的左端节点 1 的横向位移及其对支承位置的一阶导数；$\delta_6|_9$ 和$d\delta_6/da|_9$ 分别为右（左）端支承在节点 9(3)时，梁跨中节点 6 的横向位移及其对支承位置的一阶导数，其余项依此类推。

由于 N_{1-4}都是三次多项式，以上是一个关于 a^* 的三次方程，由卡尔达诺（Cardano）公式，可以得其实数解 $a^* = 0.0523$。最终得出最优支承位置为 $X/L = 0.6 + a^* = 0.6523$。此时，梁的变形如图 5-6 中实线所示，最大的位移值达到了最小 -1.072mm，仅为支承作用在梁端点时，最大位移值的 5.6%，如图 5-8 所示。由此可以看到，优化设计梁的支承位置，能使其最大变形有显著下降。本章的附录将从《材料力学》工程梁弯曲变形理论入手，给出分析计算结果。

进一步研究发现：这个最优支承位置也适应于弹性支承设计的情况。虽然支承的刚度值可能不同，但由于外载荷的大小（401.53kN）和分布规律不变，支承反力和梁自身的弯曲变形都是完全相同的。因此，梁的节点位移对支承位置的灵敏度值也是相同的。表 5-2列出了具有不同刚度系数值的弹性支承优化结果。在最优位置设计点，比较梁的最大变形位移的最小值不难发现，各数值之间的差异实际是由于弹性支承变形所引起的，梁自身的变形是一致的，正如图 5-7 中的实线所示。

表 5-2　不同支承刚度时，梁最大位移的最小值

支承刚度	最大位移的绝对值/mm	支承的变形/mm
$100EI/L^3$ (21.875MN/m)	10.249	9.178
$200EI/L3$ (43.750MN/m)	5.661	4.589
刚性（∞）	1.072	0

例 5.3　平面刚架结构

图 5-9 示出一个平面刚（框）架结构，左端与基础铰接，同时受四个集中载荷的作用，作用点和大小如图所示，并考虑其自身重量。无附加横向支承时，在刚架自由端产生最大位移 $\delta_{max} = -211.63$mm（向下）。如果在下弦附加两个刚性点支承，可以减小结构的变形。若要求两个支承的间隔始终保持 1m，则坐标 a 是唯一的设计参数。

将所有构件按截面积分成两组。假设斜杆的横截面为实心圆，直径 $D = 20$mm。其他构件的横截面为圆环形，外径 $D_o = 80$mm，内径 $D_i = 60$mm。弹性模量 $E = 210$GPa，材料密度 $\rho = 7800\text{kg/m}^3$。优化过程分别从两个初始设计点 $a = 0$ 和 $a = 9$m 开始。由于最大变形发生的节点无法预先确定，因此上弦所有节点的变形都将受到控制。

图 5-10 绘出刚架结构的最大位移（<0）以及相应的灵敏度值变化过程。可以看出：当 $a = 0 \sim 6$m 时，支承灵敏度全部为正值。增大支承坐标值，可以使最大位移绝对值

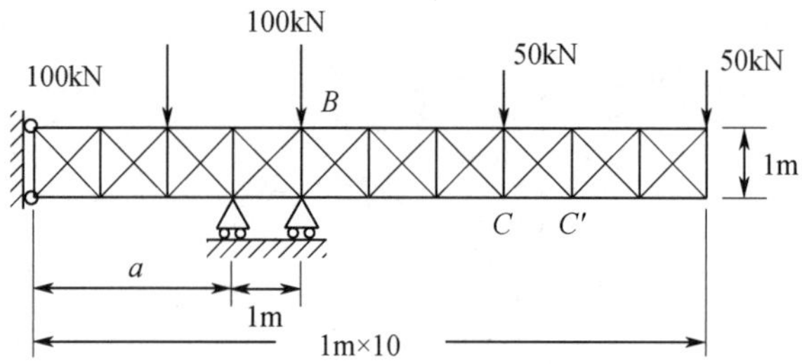

图5-9 平面刚架结构及其外载荷

减小。当 $a=7\mathrm{m}$ 时,即支承作用在刚架的 C 和 C' 两个节点时(图5-9),灵敏度开始改变符号。负的灵敏度值表示继续增加坐标,将使最大位移绝对值增大。此时,最大变形位移出现在节点 B,向下的最大位移达到最小值 $\delta_{max}=-5.37\mathrm{mm}$,仅为无附加支承时最大变形的2.54%。图5-11比较了刚架结构初始变形和有最优支承设计时,结构的变形情况。显而易见,当支承位于最优位置时,整个刚架结构变形比较均匀。由此可见,支承位置优化设计的效果非常显著。

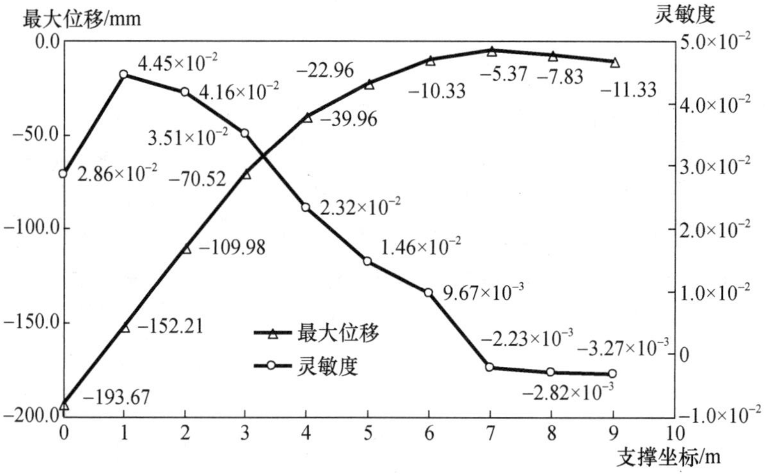

图5-10 刚架最大变形及其相应灵敏度变化过程

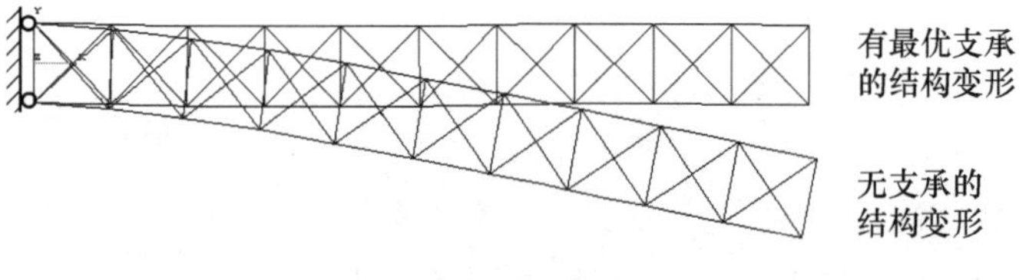

图5-11 平面刚架结构优化前后变形比较

例5.4 点支承矩形板

假设有一个厚度为1cm的均匀矩形薄板,受到面外横向均布载荷 $p=2\mathrm{kN/m^2}$ 的作用。在板中心点 c 处,还同时承受一个集中力 $P=2\mathrm{kN}$ 的作用,如图5-12(a)所示。沿矩形板的对角线,用四个对称分布的弹性点支承,约束薄板的刚体位移。所有支承的刚度都相同,均为1MN/m。将板划分成10×10规则的四边形单元,图5-11(b)给出了薄板的面内尺寸和有限元网格。假设材料弹性模量 $E=73.1\mathrm{GPa}$,泊松比 $\nu=0.3$。通过优化设计矩形板的支承位置,使其最大变形达到最小值。

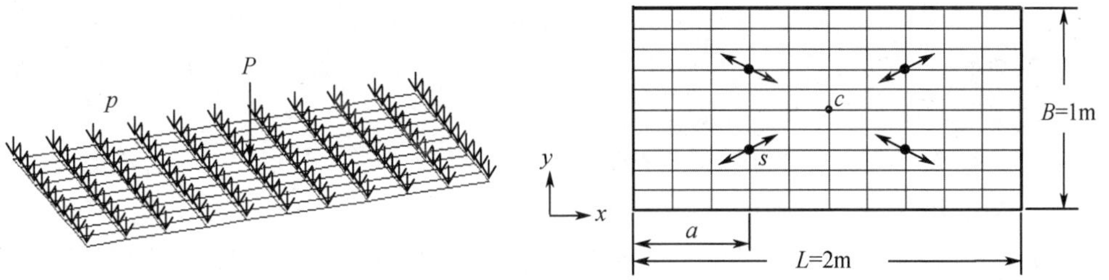

图 5 - 12　矩形薄板

(a) 承受的外力;(b) 四个点支承的位置。

由于支承是对称分布的,因此独立的位置设计变量实际只有一个,如图 5 - 12(b)所示。矩形板的最大位移相对支承位置的变化过程示于图 5 - 13 中。括号里的数字代表最大位移的灵敏度值。通过计算可知:当支承作用在板的四个端点,即 $a/L = 0$ 时,最大位移出现在长边的中点处,其值为 0.1276m。当支承从 $a/L = 0.2$ 移到 $a/L = 0.3$ 时,最大变形的灵敏度值改变符号,从 0.105 变为 -0.101。由此可知支承最优位置在这一跨距之内,即最优位置在相应单元内部。运用两点插值技术可以得到最优支承位置在 $a/L = 0.2791$ 处。此时最大变形出现在板的中心处,仅为 4.332mm,是初始值的 3.4%。通过优化设计支承位置,使薄板的变形更加均匀。

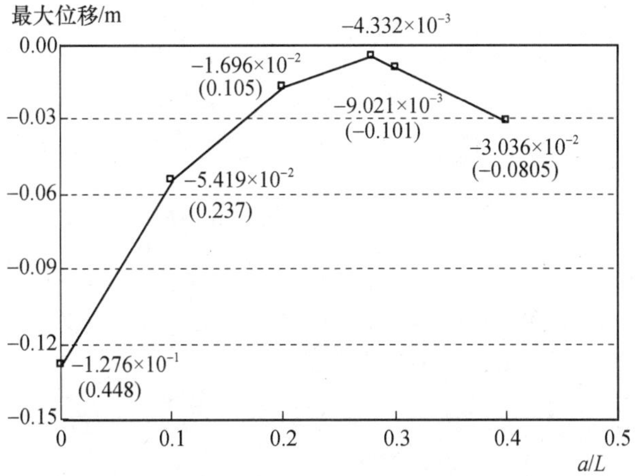

图 5 - 13　矩形板的最大变形相对支承位置的变化过程

5.6　支承扭转刚度对位置灵敏度的影响

以上几节讨论梁、板结构支承(承)位置优化设计问题时,将支承简化为一个线性弹簧。即只考虑支承的横向刚度对结构变形的影响,忽略了其扭转刚度的作用。先后分析得到的梁、板结构的节点位移对支承位置的灵敏度计算公式,均不包含其扭转刚度系数。实际工程结构设计时,支承结构的形式很复杂,约束作用不仅有沿横向的,也有扭转方向的。如果支承的扭转刚性相对于梁、板的刚度较大,其扭转刚性对结构变形的作用就不能忽略不计;否则,支承设计得到的结构内力传递路径和性能会很不准确,支承位置优化设计结果的可靠性也会降低。本节简单研究均匀细长梁(欧拉-伯努利梁)的节点位移,相对一般性弹性支承位置的一阶导数计算问题。我们将同时考虑支承的横向刚度和扭转刚度,以便能够精确计算支承位置的灵敏度值[41,42]。

梁结构受到外载荷 $\boldsymbol{P}$ 作用后,根据有限元理论,节点力与节点位移(结构的自由度)之间首先需满足结构平衡方程式(5.3)。

假设有一个弹性支承作用在梁单元的内部,如图5-14所示。按照式(5.7),在支承点处的横向位移 v_s 和转角 θ_s 可以用单元的节点位移和转角(单元自由度)表示:

$$v_s = \boldsymbol{N}(a)\boldsymbol{u}_e,\quad \theta_s = \frac{\partial v_s}{\partial x} = \boldsymbol{N}'(a)\boldsymbol{u}_e \tag{5.42}$$

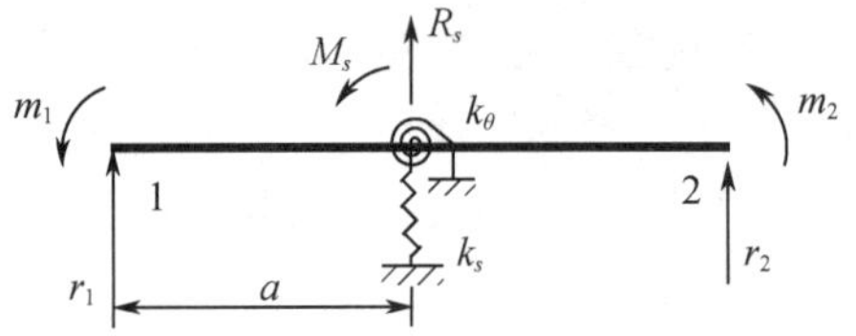

图5-14 梁单元中间附加一个弹性支承

附加弹性支承的横向约束作用效果可用一个刚度系数为 k_s 的线弹簧表示,扭转约束效果可用一个刚度系数为 k_θ 的螺旋弹簧表示,如图5-14所示。假设由支承产生的支反力和支反力矩与其相应的变形成线性关系,分别计算如下:

$$R_s = -k_s v_s = -k_s\boldsymbol{N}(a)\boldsymbol{u}_e,\quad M_s = -k_\theta\theta_s = -k_\theta\boldsymbol{N}'(a)\boldsymbol{u}_e \tag{5.43}$$

将单元内的支承反力 R_s 和力矩 M_s,变换到单元两端等效的节点力列阵 $\boldsymbol{f}_e = [r_1\quad m_1\quad r_2\quad m_2]^{\mathrm{T}}$,如图5-14所示,则有

$$\boldsymbol{f}_e = \boldsymbol{N}^{\mathrm{T}}(a)R_s + \boldsymbol{N}'^{\mathrm{T}}(a)M_s \tag{5.44}$$

若在原结构上去掉附加的弹性支承,代之以支承的反力,则对原结构的效果应该是一致的。为了计算原结构的变形,则需在原结构的平衡方程中,加入支反力的作用项。由式(5.43)和式(5.44),方程式(5.3)将改写为

$$\boldsymbol{K}\boldsymbol{u} = \boldsymbol{P} + \boldsymbol{f}_e = \boldsymbol{P} - k_s\boldsymbol{N}^{\mathrm{T}}(a)v_s - k_\theta\boldsymbol{N}'^{\mathrm{T}}(a)\theta_s \tag{5.45}$$

现在结构总的节点位移中,增加了两个未知的节点位移 v_s 和 θ_s。由于结构的有限元网格未改变,支承点并无实际的网格节点,因此这两个节点位移只有虚拟性质的。则总的位移列阵为

$$\boldsymbol{U} = \begin{Bmatrix} \boldsymbol{u} \\ v_s \\ \theta_s \end{Bmatrix} \tag{5.46}$$

将方程式(5.45)右边含未知位移的项全部移到等号左边,右边只剩下已知的外载荷 $\boldsymbol{P}$。结合方程式(5.43),可以构造结构的广义刚度矩阵 $\hat{\boldsymbol{K}}(a)$。先将 $\boldsymbol{N}(a)$ 扩阶到与结构的自由度数相同,但仍用 $\boldsymbol{N}(a)$ 表示(其实就是在无关的节点自由度位置加零)。则系统

的平衡方程可扩展为

$$\hat{\boldsymbol{K}}(a)\boldsymbol{U}=\begin{bmatrix}\boldsymbol{K} & k_s\boldsymbol{N}^{\mathrm{T}}(a) & k_\theta\boldsymbol{N}'^{\mathrm{T}}(a)\\ k_s\boldsymbol{N}(a) & -k_s & 0\\ k_\theta\boldsymbol{N}'(a) & 0 & -k_\theta\end{bmatrix}\begin{Bmatrix}\boldsymbol{u}\\ v_s\\ \theta_s\end{Bmatrix}=\begin{Bmatrix}\boldsymbol{P}\\ 0\\ 0\end{Bmatrix} \tag{5.47}$$

于是结构的广义刚度矩阵$\hat{\boldsymbol{K}}(a)$对支承位置 a 的一阶导数可以计算得到：

$$\frac{\mathrm{d}\,\hat{\boldsymbol{K}}(a)}{\mathrm{d}a}=\begin{bmatrix}0 & k_s\boldsymbol{N}'^{\mathrm{T}}(a) & k_\theta\boldsymbol{N}''^{\mathrm{T}}(a)\\ k_s\boldsymbol{N}'(a) & 0 & 0\\ k_\theta\boldsymbol{N}''(a) & 0 & 0\end{bmatrix} \tag{5.48}$$

式中：原结构的刚度矩阵 $\boldsymbol{K}$、支承的刚度系数 k_s 和 k_θ 都与支承位置改变无关，因此其一阶导数均为 0。

将式(5.48)代入到式(5.6)中，可以得到节点 i 的(广义)位移 δ_i 对支承位置的一阶导数计算公式：

$$\begin{aligned}\frac{\mathrm{d}\delta_i}{\mathrm{d}s}&=-(\boldsymbol{U}^i)^{\mathrm{T}}\frac{\mathrm{d}\,\hat{\boldsymbol{K}}(a)}{\mathrm{d}a}\boldsymbol{U}\\ &=-k_s(\boldsymbol{u}^i)^{\mathrm{T}}\boldsymbol{N}'^{\mathrm{T}}(a)v_s-k_\theta(\boldsymbol{u}^i)^{\mathrm{T}}\boldsymbol{N}''^{\mathrm{T}}(a)\theta_s-k_sv_s^i\boldsymbol{N}'(a)\boldsymbol{u}-k_\theta\theta_s^i\boldsymbol{N}''(a)\boldsymbol{u}\\ &=-(k_s\theta_s^iv_s+k_\theta\boldsymbol{\kappa}_s^i\theta_s+k_sv_s^i\theta_s+k_\theta\theta_s^i\boldsymbol{\kappa}_s)\\ &=R_s\theta_s^i+M_s\boldsymbol{\kappa}_s^i+R_s^i\theta_s+M_s^i\boldsymbol{\kappa}_s\end{aligned} \tag{5.49}$$

式中：$\boldsymbol{\kappa}_s$ 为支承点处的曲率：

$$\boldsymbol{\kappa}_s=\frac{\mathrm{d}^2v_s}{\mathrm{d}x^2}=\boldsymbol{N}''(a)\boldsymbol{u} \tag{5.50}$$

式(5.49)中有上标 i 的项，代表由作用在节点 i 上的虚单位载荷 $\boldsymbol{F}^i$ 引起的、在支承点处的相应位移或支反力项。可以看到，由式(5.49)给出的支承灵敏度计算公式，也是只与支承所在点的变形有关。

如果不考虑支承的扭转刚度，即 $k_\theta=M_s=0$，则式(5.49)退化为式(5.14)或式(5.18)。说明两种方法得到的铰(点)支承灵敏度计算公式是一致的。

将支承安放在结构有限元网格的节点处，经过有限元分析计算，可以得到支承点处的位移 v_s 和转角 θ_s。但是一般的梁单元，见 2.1.2 节分析结果，并不提供节点的曲率值 $\boldsymbol{\kappa}$，需要由相邻单元的位移和转角近似计算得到。关于节点曲率值的计算，详见第 13 章。

附录　简支梁最优支承位置分析

对于图 5-6 所示的均匀简支梁，截面抗弯刚度 EI 是常数，最优支承位置可以采用工程梁弯曲变形理论推导得出。由于结构和支承设计具有对称性，因此只需考察其右半部分。由对称性分析可知，梁跨中截面 C 的转角为 0，其简化分析模型如图 5-A1 所示。假设点支承到梁中点的距离为 a。梁的截面积为 $0.01\mathrm{m}^2$，考虑到结构自身重量，点支承的反

力 P_r 和跨中截面上的弯矩 M_c 可以首先计算得到:

$$P_r = 200 + 7800 \times 9.81 \times 10^{-5} \quad (\text{kN})$$

$$M_c = P_r a - 100 - \frac{1}{2} \times 0.78 \times 0.981 \quad (\text{kN} \cdot \text{m})$$

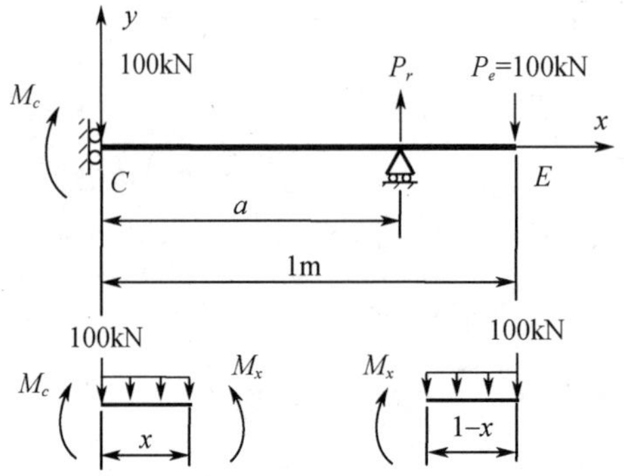

图 5-A1 简支梁右半部分受力及分离体模型

根据《材料力学》工程梁弯曲变形的基本理论,首先计算坐标为 x 的截面上的弯矩:

$$M_x = \begin{cases} M_c - 100x - \dfrac{x^2}{2} \times 0.78 \times 0.981 (\text{kN} \cdot \text{m}) & (0 \leqslant x \leqslant a) \\ -100(1-x) - \dfrac{(1-x)^2}{2} \times 0.78 \times 0.981 (\text{kN} \cdot \text{m}) & (a \leqslant x \leqslant 1) \end{cases}$$

由梁的挠曲线微分方程可得

$$EIy''(x) = M_x = \begin{cases} M_c - 100x - \dfrac{x^2}{2} \times 0.78 \times 0.981 & (0 \leqslant x \leqslant a) \\ -100(1-x) - \dfrac{(1-x)^2}{2} \times 0.78 \times 0.981 & (a \leqslant x \leqslant 1) \end{cases}$$

则有

$$EIy'(x) = \begin{cases} \int (M_c - 100x - 0.38259x^2) \mathrm{d}x + C_1 & (0 \leqslant x \leqslant a) \\ \int [-100(1-x) - 0.38259(1-x)^2] \mathrm{d}x + C_2 & (a \leqslant x \leqslant 1) \end{cases}$$

$$= \begin{cases} M_c x - 50x^2 - 0.12753x^3 + C_1 & (0 \leqslant x \leqslant a) \\ 50(1-x)^2 + 0.12753(1-x)^3 + C_2 & (a \leqslant x \leqslant 1) \end{cases}$$

由图 5-A1 中模型左端边界条件可知 $C_1 = 0$。由支承点的转角的连续性条件可得

$$C_2 = M_c a - 50a^2 - 0.12753a^3 - 50(1-a)^2 - 0.12753(1-a)^3$$

再次积分可得

$$EIy(x) = \begin{cases} \int (M_c x - 50x^2 - 0.12753x^3) \mathrm{d}x + D_1 & (0 \leqslant x \leqslant a) \\ \int [50(1-x)^2 + 0.12753(1-x)^3 + C_2] \mathrm{d}x + D_2 & (a \leqslant x \leqslant 1) \end{cases}$$

$$= \begin{cases} \dfrac{M_c}{2}x^2 - \dfrac{50}{3}x^3 - \dfrac{0.12753}{4}x^4 + D_1 & (0 \leqslant x \leqslant a) \\ -\dfrac{50}{3}(1-x)^3 - \dfrac{0.12753}{4}(1-x)^4 + C_2 x + D_2 & (a \leqslant x \leqslant 1) \end{cases}$$

由支承点横向位移为 0,于是可得

$$D_1 = \frac{50}{3}a^3 + \frac{0.12753}{4}a^4 - \frac{M_c}{2}a^2$$

$$D_2 = \frac{50}{3}(1-a)^3 + \frac{0.12753}{4}(1-a)^4 - C_2 a$$

在最优支承设计时,梁中点的位移 $y(0)$ 应等于其端点的位移 $y(1)$。据此,可以构建关于 a 的如下方程:

$$\frac{50}{3}a^3 + \frac{0.12753}{4}a^4 - \frac{M_c}{2}a^2 = \frac{50}{3}(1-a)^3 + \frac{0.12753}{4}(1-a)^4 + C_2(1-a)$$

求解以上方程可得 $a = 0.652353$。据此可得梁中点的垂直位移:

$$y(0) = \frac{D_1}{EI} = -1.0718\text{mm}$$

此结果与算例 5.2 基于有限元方法优化设计结果完全一致,说明其支承位置优化过程是精确和可靠的。

由位移的表达式,还可以获得梁中点和端点的位移,对支承位置 a 的灵敏度值。各转角的表达式为

$$EI\frac{\partial y(x)}{\partial a} = \begin{cases} \dfrac{\partial D_1}{\partial a} = 50a^2 + 0.12753a^3 - M_c a - \dfrac{\partial M_c}{\partial a}\dfrac{a^2}{2} & (x=0) \\ \dfrac{\partial C_2}{\partial a} + \dfrac{\partial D_2}{\partial a} = \dfrac{\partial C_2}{\partial a}(1-a) - 50(1-a)^2 - 0.12753(1-a)^3 - C_2 & (x=1) \end{cases}$$

表 5-A1 列出了各点位移及其灵敏度值计算结果,其值与表 5-1 几乎完全一致。这也同样证明了梁上节点位移灵敏度式(5.14)的正确性,虽然这个灵敏度公式是采用离散的方法推导获得的。

表 5-A1　不同支承位置时,梁的位移(m)和对支承位置的灵敏度值

支承位置	梁的变形 $\delta(\times 10^{-3})$		支承位置灵敏度($\times 10^{-3}$)	
a	端点($x=1$)	跨中($x=0$)	端点	跨中
1.0	0.0	-19.139	-28.717	-86.079
0.8	1.690	-6.130	9.145	-45.922
0.6	-2.588	0.0055	30.952	-17.232
0.4	-9.620	1.528	36.699	-0.0128
0.2	-16.196	0.765	26.382	5.732
0.0	-19.102	0	0	0

图 5-A2 绘出了在支承最优设计情形下,梁的右半部分截面弯矩图。可以看到,在支承点处,截面上的弯矩值最大,超过梁中点截面上的弯矩值。这种情况说明,按照刚度最大(变形最小)原则优化结构的支承位置设计,未必是强度最优的设计。虽然两者的最优点估计会很接近,但一般不会重合。如果按照强度最优准则设计结构的支承位置,则应按照使其最大弯矩达到最小的原则设计支承位置,详见第 6 章。

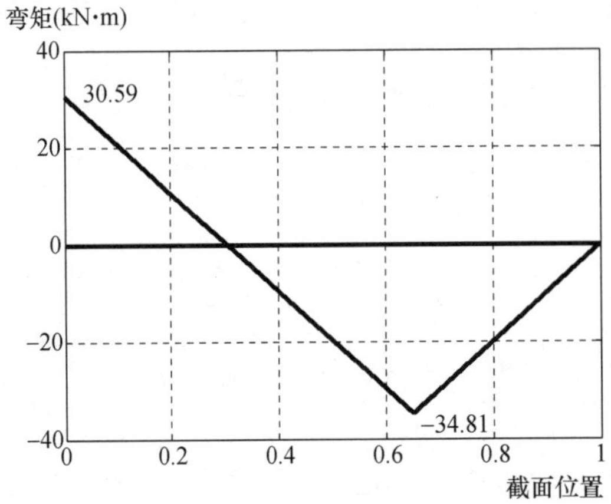

图5-A2　简支梁右半部分弯矩图

本章小结

在工程结构设计过程中,对结构边界支承(承)的设计有着至关重要的作用。支承的一般作用是固定结构,防止其产生刚体位移或过度的变形,并将结构所受的外力传递到基础或周围结构上。此外,可以利用对支承的优化设计,改善结构的力学性能,如改变结构内力的传递方式和路径,减小结构的弹性变形、应力,提高其固有频率或改变某阶振型形式等。要开展结构边界支承优化设计,就需要准确、迅速地计算结构响应对支承设计参数的灵敏度值,开发高效的优化算法。

本章根据有限元分析的基本理论,采用离散分析方法,首先推导了梁、板结构变形相对弹性和刚性点(铰)支承位置的一阶灵敏度计算公式。随后,又推导了同时具有横向和扭转刚度的一般性弹性支承位置的灵敏度计算公式。本章在灵敏度分析基础上,成功地将第3章开发的"渐进节点移动法"扩展到点支承位置优化问题,设计目标使结构最大变形达到最小。每次优化循环时,只移动效率最高的支承位置。如果最优支承位置不在有限元网格的节点上,则利用支承在有限元节点上的灵敏度计算结果,通过插值技术,估算支承位于有限单元内部时的最优位置。

本章用三个数值算例,验证了所推导的节点位移灵敏度计算公式的正确性,以及优化算法的可行性,并分别设计了梁、刚架和薄板结构的最优支承位置。优化结果表明:支承位置优化设计可以极大地改善结构的力学性能,使结构的整体刚性显著提高。不用增加材料,不用改变原结构的设计,只需改变边界支承位置,就能使结构变形得到明显减小。

第 6 章　刚架结构弯矩优化设计

实际工程中的结构，如建筑、桥梁、船舶等，一般都是刚（框）架结构。其节点通常按照刚性连接处理，内部构件按照工程梁的变形模式来进行受力分析和计算。构件除了承受轴向力以外，还要承受弯矩、扭矩和剪力等的共同作用，而且弯矩是结构刚度和强度设计主要考虑的内力。与梁构件受力情况相对应，在结构的节点上，不但位移要保持连续，而且转角（或斜率）也要保持连续。因此，对于一个平面刚架结构，每个节点应有 3 个自由度，而空间刚架结构每个节点要有 6 个自由度。刚架模型的自由度要多于同样形式桁架模型的自由度，这为刚架结构的优化设计增加了一定的难度。

对刚架结构进行优化设计，首先应该降低构件上的内力或应力。这对提高结构的强度和刚度，减小结构整体质量都有很大的帮助。前几章主要对桁架结构和刚架结构的刚度进行了优化分析，通过优化设计结构的形状，或者优化设计结构边界的支承（支撑）位置，都能够显著改善结构的内力传递性能，减小其变形。根据以往的研究成果，也可以对刚架结构的内力特别是弯矩进行优化设计。如在建筑结构工程设计中，钢筋混凝土梁的截面尺寸和配筋设计，主要由截面上弯矩的大小决定。降低构件内的最大弯矩，对减小梁的截面尺寸和配筋率都有非常大的作用。而通过优化设计刚架结构的形状或边界支承位置，都能够显著降低结构内的最大弯矩。这对减小截面上的最大正应力，提高结构的强度和刚度，减小结构的总体质量和成本都有很大益处。而正如第 5 章图 5 - A2 所显示的那样，最大强度优化设计与最大刚度优化设计有时并不完全一致[36]，需要分别进行分析和设计。因此本章开展平面刚架结构内部弯矩的优化设计研究。

本章依照设计变量灵敏度分析的基本方法，首先详细分析梁构件内的弯矩，对结构形状控制节点位置坐标，和铰（点）支承位置坐标的一阶导数计算公式。与节点位移不同，弯矩是构件内部的一个局部性响应量。在一个构件上不同的截面处，其值是不相同的。此外，若结构上的一个节点连接多（≥3）个构件，连续性条件要求不同的构件在该节点处位移均相同。但各构件在该点的弯矩只需满足平衡条件，其值可以完全不同。例如，平面上节点 j 连接 n_j 个杆件，则可以写出节点力和力矩的平衡方程：

$$\sum_{i=1}^{n_j} f_{ij,k} + F_{j,k} = 0, \quad \sum_{i=1}^{n_j} m_{ij} + M_j = 0$$

式中：f_{ij} 和 m_{ij} 分别为构件 i 对节点 j 施加的力（轴力和剪力）和弯矩分量，根据作用力和反作用力相等的原则，它们也是构件 i 在节点 j 处所受的轴力、剪力和弯矩；F_j 和 M_j 分别为节点 j 受到的外力和力矩；k 代表沿 x 或 y 方向。

因此，弯矩对设计变量的导数，与构件以及构件上的截面位置密切相关。为了获得构件内的弯矩对设计变量的一阶导数灵敏度信息，首先必须推导梁单元各节点的全部位移（单元自由度）的一阶导数。这项工作可以采用虚单位力法来完成。根据梁内的弯矩与单元自由度的关系,再进一步推导弯矩对结构形状控制节点位置或铰支承位置的一阶导数表达式,即设计变量的灵敏度公式。本章采用伴随法,通过引入伴随载荷和伴随变量(Adjoint Variables)[1,43],可以非常方便地推导出弯矩的灵敏度计算公式。随后,应用前几章广泛使用,且行之有效的广义"渐进节点移动法",分别对平面刚架结构的形状和支承位置进行优化设计[44,45]。根据弯矩的灵敏度信息,确定设计变量的搜索方向和搜索步长,最终可以使结构内的最大弯矩逐渐降到最小,结构的强度达到最大。

经过形状优化设计后,刚架结构将趋近于桁架结构,外力主要以轴力的形式传递,而由构件所传递的弯矩得以极大地减少。实际上,一个成功的工程结构设计,就应该避免其承受比较大的弯矩。在最大弯矩下降的同时,虽然某些构件的轴力会有所增大,但由于弯矩下降非常显著,各构件内的正应力值仍然会有较大的下降。而且截面上的正应力分布会比较均匀,这对于材料的充分利用非常有益。

6.1 优化问题描述

实际工程结构大多数都是刚架结构,弯矩是构件最主要的传力方式。根据《材料力学》基本理论,在构件的横截面上,由弯矩引起的正应力通常是线性变化的,如图6-1所示。在截面的外表层,弯矩引起的正应力值最大;而在截面的中性轴附近,弯矩引起的正应力值最小,正应力分布并不均匀。构件的变形和强度设计,也主要由其所受的最大弯矩决定的。因此,弯矩是工程设计人员主要考虑的内力,降低弯矩对减小构件截面上的正应力,减小截面尺寸及至构件质量都有很大的促进作用。

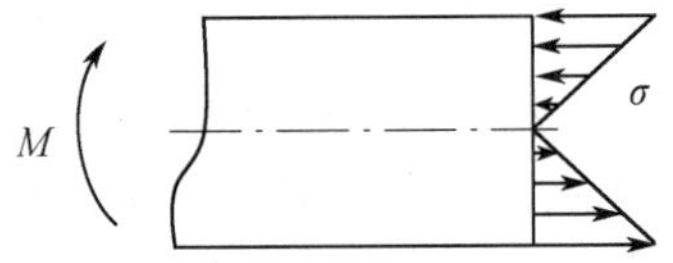

图6-1 由弯矩引起的正应力在截面上的分布状况

结构受力后将产生变形和内力,根据有限元法分析,可以得到用节点位移表示的结构平衡方程:

$$\boldsymbol{K}\boldsymbol{u} = \boldsymbol{P} \tag{6.1}$$

式中:$\boldsymbol{K}$ 为系统的总体刚度矩阵,由单元刚度矩阵直接装配而成;$\boldsymbol{u}$ 为未知的节点位移列阵;$\boldsymbol{P}$ 为外加载荷列阵,并仍然假设与设计变量无关。

在多工况载荷作用下,通过对结构的形状,或者结构的支承位置进行优化设计,使刚架结构内最大的弯矩降低到最小,即

$$\min \max_{l=1}^{L_{cn}} \quad \{ |M_e^l|, \quad e = 1,2,\cdots,n \} \tag{6.2}$$

$$\text{s. t.} \begin{cases} \underline{x}_j \leqslant x_j \leqslant \overline{x}_j \quad (j = 1,2,\cdots,k) \\ x_d = f(x_j) \end{cases} \tag{6.3}$$

式中:$|M_e^l|$ 为第 e 号梁单元中,由载荷工况 l 引起的绝对值最大的弯矩;L_{cn} 为总载荷工况数;x_j 为刚架结构形状控制节点坐标,或者支承位置坐标;$\overline{x}_j$ 和 $\underline{x}_j$ 为坐标变化的上、下限;n 为结构所含的构件数;k 为独立的位置坐标数。

式(6.3)的第二式表示坐标变量之间存在关联性,如保持结构或支承位置设计的对称性等。优化目标是使结构内最大的弯矩达到最小。最大弯矩值不仅与单元有关,而且

与弯矩所在的截面位置也有关系。即最大弯矩值出现的位置事先无法指定,必须经过力学分析才能确定,而且在优化过程中还会不断发生变化。每次设计循环前,首先要寻找最大弯矩的位置。

6.2　灵敏度分析方法简介

本节我们简单介绍结构静力响应(位移、弯矩或应力)一阶导数计算的两种主要分析方法[1,43]。在结构受到外力作用以后,其平衡状态由方程式(6.1)确定。假设结构的刚度矩阵 $\boldsymbol{K}$ 和外力 $\boldsymbol{P}$ 都是设计变量 v 的函数。关于位移、弯矩或应力的约束函数 g 可表示为

$$g = g(v, \boldsymbol{u}), \quad \boldsymbol{u} = \boldsymbol{u}(v) \tag{6.4}$$

即约束函数 g 不仅显含设计变量 v,而且还包含结构的状态变量 $\boldsymbol{u}$。方程式(6.1)和式(6.4)的两边分别同时对变量 v 求导:

$$\boldsymbol{K}\frac{\mathrm{d}\boldsymbol{u}}{\mathrm{d}v} = \frac{\partial \boldsymbol{P}}{\partial v} - \frac{\partial \boldsymbol{K}}{\partial v}\boldsymbol{u} \equiv \boldsymbol{R}_v \tag{6.5}$$

$$\frac{\mathrm{d}g}{\mathrm{d}v} = \frac{\partial g}{\partial v} + \left(\frac{\partial g}{\partial \boldsymbol{u}}\right)^{\mathrm{T}}\frac{\mathrm{d}\boldsymbol{u}}{\mathrm{d}v} \tag{6.6}$$

式中:$\boldsymbol{R}_v$ 为伪(虚)载荷列阵(Pseudo Load Vector)。

式(6.6)中右边的第一项代表了约束函数对设计变量的显性依赖性,而第二项代表了对设计变量的隐性依赖性。

1. 直接(微分)法

直接法(Direct Differentiation Method)也称为设计空间法(Design Space Method)。它首先计算虚载荷 R_v,然后由方程式(6.5)求解 $\mathrm{d}\boldsymbol{u}/\mathrm{d}v$,最后代入式(6.6)得到约束函数 g 对变量 v 的一阶导数值。有多少个设计变量,就有多少个虚载荷 $\boldsymbol{R}_v$。因此,方程式(6.5)就需要求解多少次。如果设计变量很多,用直接法计算约束函数的一阶导数效率会很低。

2. 伴随(变量)法

与直接法相对应,伴随法(Adjoint Variable Method)又称为状态空间法(State Space Method)。该方法首先定义一个伴随变量列阵 $\boldsymbol{\lambda}$,使其满足以下方程:

$$\boldsymbol{K}\boldsymbol{\lambda} = \frac{\partial g}{\partial \boldsymbol{u}} \tag{6.7}$$

式中:$\boldsymbol{u}$ 为节点位移列阵,即状态变量;$\partial g/\partial \boldsymbol{u}$ 为哑(虚)载荷列阵(Dummy Load Vector)。式(6.7)两边同时转置,由于刚度矩阵 $\boldsymbol{K}$ 是对称矩阵,于是可得

$$\left(\frac{\partial g}{\partial \boldsymbol{u}}\right)^{\mathrm{T}} = \boldsymbol{\lambda}^{\mathrm{T}}\boldsymbol{K} \tag{6.8}$$

将式(6.8)代入式(6.6),并由方程式(6.5)可得

$$\frac{\mathrm{d}g}{\mathrm{d}v} = \frac{\partial g}{\partial v} + \boldsymbol{\lambda}^{\mathrm{T}}\boldsymbol{K}\frac{\mathrm{d}\boldsymbol{u}}{\mathrm{d}v} = \frac{\partial g}{\partial v} + \boldsymbol{\lambda}^{\mathrm{T}}\boldsymbol{R}_v \tag{6.9}$$

伴随法对一个约束函数 g,只需求解方程式(6.7)一次,无须对每个设计变量求解方

程式(6.5)。因此,对每一个约束函数,需要分别定义各自相应的伴随变量。如果约束函数的数量比设计变量的数量少(通常会是这种情况),用伴随法求解灵敏度比直接法效率要高。在多工况载荷情况下,更能显现出伴随法的计算效率。

假如 g 是结构某个节点的指定位移分量,则 $\partial g/\partial \boldsymbol{u}$ 正是对应于该位移的虚单位力列阵。求解方程式(6.7)就可以得到由该虚单位力引起的(虚)位移,$\boldsymbol{\lambda}=\boldsymbol{u}^i$。因此,虚单位力法实际上是伴随法的一种特殊情况。例如在第3章中,用虚单位力法求节点 i 的位移导数 $\partial u_i/\partial x_j$ 见式(3.6),实际上就是方程式(6.9)的一个具体表达形式。只是此时的节点位移 u_i 并不显含设计变量 v,因此 $\partial g/\partial v=0$。

6.3 弯矩的灵敏度分析

我们先在单元的局部坐标系 $O\,\overline{xy}$ 中,考虑一个长为 L 的均匀截面细长梁单元,如图6-2所示。根据有限元法的基本知识,在单元内坐标为 a 的截面处,其横向位移,可用梁单元的自由度,即梁两端节点的横向位移和转角表示为

$$\bar{v}(a)=\boldsymbol{N}\cdot\bar{\boldsymbol{u}}_e=[N_1\quad N_2\quad N_3\quad N_4]_{(a)}\begin{Bmatrix}\bar{v}_1\\ \bar{\theta}_1\\ \bar{v}_2\\ \bar{\theta}_2\end{Bmatrix}\tag{6.10}$$

式中:$\boldsymbol{N}$ 为形状函数矩阵,见式(2.21);$\bar{\boldsymbol{u}}_e$ 为梁单元在局部坐标系中的节点位移列阵(不含轴向位移),与总体坐标系中的节点位移 $\boldsymbol{u}_e$ 有如下变换关系,即

$$\bar{\boldsymbol{u}}_e=\boldsymbol{T}_b\boldsymbol{u}_e\tag{6.11}$$

式中:$\boldsymbol{T}_b$ 为4×6阶的坐标变换矩阵,已由式(2.70)给出。

根据梁的小变形理论,单元内坐标为 a 处截面上的弯矩与位移有如下关系:

$$M_e(a)=EI\frac{\mathrm{d}^2\bar{v}}{\mathrm{d}a^2}=EI\boldsymbol{B}\boldsymbol{T}_b\boldsymbol{u}_e\tag{6.12}$$

式中:EI 为梁截面的抗弯刚度,对于均匀截面梁,EI 是一个常数。

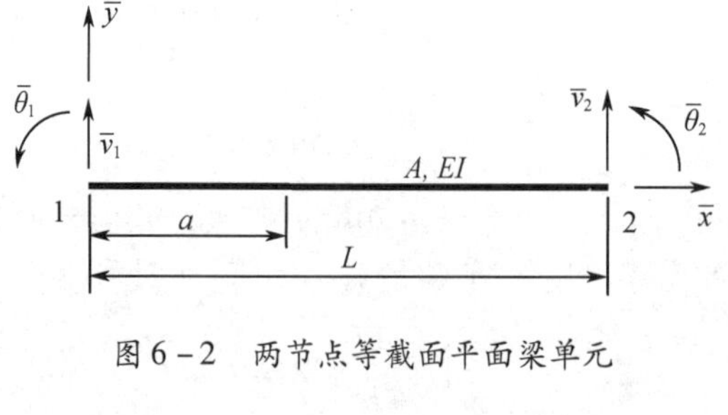

图6-2 两节点等截面平面梁单元

式(6.12)将梁单元内 a 处的弯矩与单元的节点位移联系在一起,其中

$$\boldsymbol{B}=\frac{\mathrm{d}^2\boldsymbol{N}}{\mathrm{d}a^2}=\left[\frac{\mathrm{d}^2N_1}{\mathrm{d}a^2}\quad\frac{\mathrm{d}^2N_2}{\mathrm{d}a^2}\quad\frac{\mathrm{d}^2N_3}{\mathrm{d}a^2}\quad\frac{\mathrm{d}^2N_4}{\mathrm{d}a^2}\right]\tag{6.13}$$

称为曲率行阵(向量),仅与梁单元的长度有关。则弯矩对设计变量 x_j 的一阶导数公式为

$$\frac{\partial M_e}{\partial x_j}=EI\left(\frac{\partial \boldsymbol{B}}{\partial x_j}\boldsymbol{T}_b\boldsymbol{u}_e+\boldsymbol{B}\frac{\partial \boldsymbol{T}_b}{\partial x_j}\boldsymbol{u}_e+\boldsymbol{B}\boldsymbol{T}_b\frac{\partial \boldsymbol{u}_e}{\partial x_j}\right) \tag{6.14}$$

式(6.14)中,有关变换矩阵 $\boldsymbol{T}_b$ 和单元节点位移列阵 $\boldsymbol{u}_e$ 一阶导数的一般性计算问题,在前几章都已经分析过,这里不再重复。只要能够得到曲率行阵 $\boldsymbol{B}$ 对设计变量的一阶导数,则弯矩的一阶导数就不难计算得到。若弯矩是约束函数 g,对比式(6.14)和式(6.6)可以发现,式(6.14)右端的前两项正是式(6.6)中的 $\partial g/\partial v$,而 $EI\boldsymbol{B}\boldsymbol{T}_b$ 正是$(\partial g/\partial \boldsymbol{u})^{\mathrm{T}}$。

6.3.1　对支承位置坐标的一阶导数

如果设计变量 x_j 代表支承的位置坐标,而移动支承位置不会改变构件的长度和方向。因此曲率矩阵 $\boldsymbol{B}$ 和坐标变换矩阵 $\boldsymbol{T}_b$ 均与该设计变量无关。式(6.14)中,仅有第三项存在,需要准确、高效计算得到。下面我们先分析曲率矩阵 $\boldsymbol{B}$ 的计算以及最大弯矩的确定问题[44]。将梁单元的纯弯曲形函数表达式(2.21)代入到曲率矩阵的表达式(6.13)中,可得

$$\boldsymbol{B}(a)=\frac{\mathrm{d}^2\boldsymbol{N}}{\mathrm{d}a^2}=\left[\frac{12a}{L^3}-\frac{6}{L^2}\quad \frac{6a}{L^2}-\frac{4}{L}\quad -\frac{12a}{L^3}+\frac{6}{L^2}\quad \frac{6a}{L^2}-\frac{2}{L}\right] \tag{6.15}$$

由式(6.12)和式(6.15)可知:截面上的弯矩 $M_e(a)$ 是 a 的一次函数,在梁单元内呈线性变化规律。其实,由式(6.12)计算得到的弯矩,是由集中外载荷(力和力矩)作用在结构的节点上而引起的,并未考虑构件上(即梁单元内)有连续分布的外载荷作用情况。在此种情形下,最大弯矩只能出现在构件两端中的某一端,不会出现在单元的内部。如果在一个构件上还有分布的外力作用,根据静力(虚功)等效的原则,在用有限元法对结构进行受力分析过程时,分布外力将用等效的集中节点力来代替。但此时,该构件内最大弯矩就不一定总是在梁单元的某一端了,有可能出现在单元的内部,还需要计算弯矩的一阶导数(剪力)等于 0 的截面位置。据此,最大弯矩的确定需要在端点和剪力等于 0 的截面处进行比较和选择。

在单元的左端点 1 处,即图 6-2 中 $a=0$,由式(6.15)可得

$$\boldsymbol{B}_1=\frac{1}{L^2}[-6\quad -4L\quad 6\quad -2L] \tag{6.16}$$

将式(6.16)代入式(6.12)中,可得单元左端截面上的弯矩 M_1。注意,该弯矩的符号是根据《材料力学》理论,由梁的变形情况定义的,与有限元分析中按坐标方向定义的符号刚好相反[见式(2.73)的第二行]。在单元的右端点 2 处,$a=L$,由式(6.15)可得

$$\boldsymbol{B}_2=\frac{1}{L^2}[6\quad 2L\quad -6\quad 4L] \tag{6.17}$$

同样,将式(6.17)代入式(6.12)可得右端截面上的弯矩 M_2。该弯矩的符号与有限元方法定义的符号相同(见式(2.73)的第四行)。于是,若构件上无连续分布的外载荷,梁单元任一端的弯矩值,既可按照式(6.12),由节点位移计算得到。进一步可得单元内某一截面上的剪力计算公式:

$$Q_e=\frac{\mathrm{d}M_e}{\mathrm{d}a}=EI\frac{\mathrm{d}\boldsymbol{B}}{\mathrm{d}a}\boldsymbol{T}_b\boldsymbol{u}_e=\frac{EI}{L^2}\left[\frac{12}{L}\quad 6\quad -\frac{12}{L}\quad 6\right]\boldsymbol{T}_b\boldsymbol{u}_e \tag{6.18}$$

可见单元内剪力是一个常数。然而,若梁单元上有均匀分布的集度为 q 的外载荷作用,在有限元分析时,则应将其等效为单元的节点力列阵(按坐标方向定义)[7]:

$$\begin{Bmatrix} \bar{Q}_1 \\ \bar{M}_1 \\ \bar{Q}_2 \\ \bar{M}_2 \end{Bmatrix} = \begin{Bmatrix} qL/2 \\ qL^2/12 \\ qL/2 \\ -qL^2/12 \end{Bmatrix} \tag{6.19}$$

此时,梁单元两端的实际弯矩和剪力应按下式计算:

$$\begin{cases} M_1 = \bar{M}_1 + EI\boldsymbol{B}_1\boldsymbol{T}_b\boldsymbol{u}_e \\ M_2 = -\bar{M}_2 + EI\boldsymbol{B}_2\boldsymbol{T}_b\boldsymbol{u}_e \end{cases} \tag{6.20a}$$

$$\begin{cases} Q_1 = Q_e - \bar{Q}_1 \\ Q_2 = Q_e + \bar{Q}_2 \end{cases} \tag{6.20b}$$

注意:式(6.20)仍是按照《材料力学》规定,定义梁端点弯矩的符号,如图6-3所示。即不论是对梁单元的左端(M_1),还是对其右端(M_2),由位移计算得到的弯矩,都应加上 $qL^2/12$ 这一项。而对于剪力,左端应减去 $qL/2$,右端应加上 $qL/2$。如果端点弯矩符号按照单元局部坐标系 z 轴定义,以沿 z 轴正方向为正,则在式(6.20(a))中,左端弯矩 M_1 应取反号,右端弯矩 M_2 符号保持不变。而在式(6.20(b))中,左端剪力 Q_1 符号保持不变,右端剪力 Q_2 应取反号。

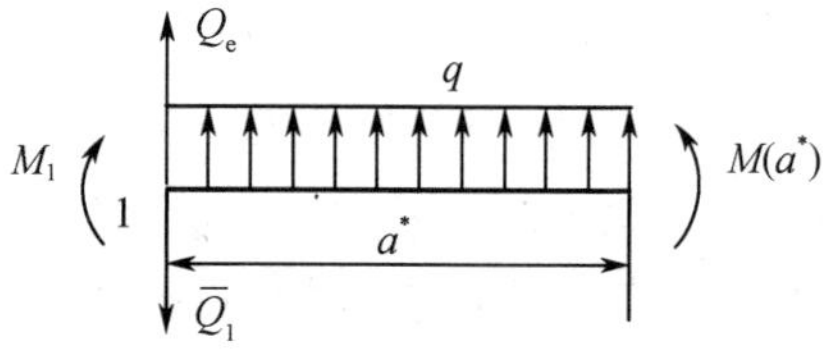

图6-3 有均布载荷梁单元内力计算模型

由于梁单元上有均布载荷 q 的作用,最大弯矩有可能出现在单元的内部。为了确定其所在截面位置,由梁单元左段(图6-3)横向力的平衡条件:

$$Q_e - \bar{Q}_1 + qa^* = 0 \tag{6.21}$$

将式(6.18)代入式(6.21),可得剪力等于0处截面的坐标:

$$a^* = L/2 - \frac{EI}{qL^2}\left[\frac{12}{L} \quad 6 \quad -\frac{12}{L} \quad 6\right]\boldsymbol{T}_b\boldsymbol{u}_e \tag{6.22}$$

由此可得剪力等于0处的弯矩计算表达式:

$$M(a^*) = \frac{qL^2}{12} + EI\boldsymbol{B}_1\boldsymbol{T}_b\boldsymbol{u}_e - \frac{q}{2}(a^*)^2 \tag{6.23}$$

应该注意:结构所受外载荷(包括分布载荷)一般不受支承位置移动的影响,即此时外载荷与设计变量无关。由第5章分析知道,结构的变形与支承位置有密切关系,即单元节点的位移导数列阵 $\partial\boldsymbol{u}_e/\partial x_j$ 不会为0。该值的快速计算将在6.3.3节讨论。

6.3.2 对节点位置坐标的一阶导数

如果对平面刚架结构的形状进行优化设计,则设计变量 x_j 代表其形状控制节点的坐标值。节点移动可改变构件的长度及其方向,因此设计变量与坐标变换矩阵 $\boldsymbol{T}_b$ 以及曲率行阵 $\boldsymbol{B}$[式(6.13)]都有密切的关系。用式(6.14)计算弯矩的一阶导数时,其中的三项都将存在,需要分别进行计算。由于已经假设外载荷 $\boldsymbol{P}$ 与设计变量无关,而分布载荷的分布长度和方向,都有可能随结构形状控制节点坐标的变化而改变,因此这里将不考虑构件上有分布载荷存在的情形。根据 6.3.1 节的分析,此时最大弯矩只可能出现在单元的端点截面上。坐标变换矩阵 $\boldsymbol{T}_b$ 对设计变量 x_j 的一阶导数已在第 2 章讨论过,见式(2.102)。现在先计算曲率矩阵 $\boldsymbol{B}$ 对节点坐标 x_j 的一阶导数[45]。若最大弯矩在梁单元的左端,式(6.16)两端对 x_j 求导可得

$$\frac{\partial \boldsymbol{B}_1}{\partial x_j}=\delta_{ej}\cos\varphi\left[\frac{12}{L^3}\quad \frac{4}{L^2}\quad -\frac{12}{L^3}\quad \frac{2}{L^2}\right] \tag{6.24}$$

式中:φ 为构件与总体坐标 x 轴的夹角,如图 2-6 所示;δ_{ej}是用来表示节点坐标 x_j 与正在计算弯矩 M_e 的第 e 号单元之间关系的系数,根据式(2.87)和式(2.88)可知

$$\delta_{ej}=\begin{cases}0, & \text{若坐标 } x_j \text{ 与单元 } e \text{ 无关}\\ -1, & \text{若坐标 } x_j \text{ 代表单元 } e \text{ 的始端坐标 } x_1\\ 1, & \text{若坐标 } x_j \text{ 代表单元 } e \text{ 的末端坐标 } x_2\end{cases} \tag{6.25}$$

若最大弯矩在单元右端,由式(6.17)可得

$$\frac{\partial \boldsymbol{B}_2}{\partial x_j}=\delta_{ej}\cos\varphi\left[-\frac{12}{L^3}\quad -\frac{2}{L^2}\quad \frac{12}{L^3}\quad -\frac{4}{L^2}\right] \tag{6.26}$$

6.3.3　对单元节点位移的一阶导数计算

在用式(6.14)计算单元内某一截面上弯矩的一阶导数时,公式右端的第三项需要计算一个梁单元的所有自由度对节点坐标 x_j 的一阶导数。显然,可以采用在第 3 章中提到的虚单位力法,分别施加相应的虚单位载荷(力或力矩),即可得到每一个节点位移分量,对支承位置或节点坐标 x_j 的一阶导数,见式(3.6)。然后经过排序,即可得到 $\partial \boldsymbol{u}_e/\partial x_j$。

在确定了最大弯矩和其所在的单元以后,在该单元两端的每个自由度上,按照各自由度的性质,分别对结构施加相应的虚单位载荷,即需要施加 6 组虚单位载荷。按照单元自由度的排列顺序,见图 6-2 所示,将它们构成一个虚单位载荷矩阵:

$$\boldsymbol{F}_e^i=[\boldsymbol{f}_{u_1}^i\quad \boldsymbol{f}_{v_1}^i\quad \boldsymbol{f}_{\theta_1}^i\quad \boldsymbol{f}_{u_2}^i\quad \boldsymbol{f}_{v_2}^i\quad \boldsymbol{f}_{\theta_2}^i]_e \tag{6.27}$$

由结构平衡方程式(6.1),可以得到有 6 列的结构虚位移矩阵 $\boldsymbol{U}_e^i$:

$$\boldsymbol{K}\boldsymbol{U}_e^i=\boldsymbol{F}_e^i \tag{6.28}$$

于是由式(6.5),可以确定单元 e 的全部自由度 $\boldsymbol{u}_e=[u_1\quad v_1\quad \theta_1\quad u_2\quad v_2\quad \theta_2]^{\mathrm{T}}$ 对节点坐标的一阶导数:

$$\frac{\partial \boldsymbol{u}_e}{\partial x_j}=-(\boldsymbol{F}_e^i)^{\mathrm{T}}\boldsymbol{K}^{-1}\frac{\partial \boldsymbol{K}}{\partial x_j}\boldsymbol{u}=-(\boldsymbol{U}_e^i)^{\mathrm{T}}\frac{\partial \boldsymbol{K}}{\partial x_j}\boldsymbol{u} \tag{6.29}$$

但是在确定结构的虚位移 $\boldsymbol{U}_e^i$ 时,需要对结构施加 6 组虚单位载荷 $\boldsymbol{F}_e^i$。虽然一般的有限元分析软件可以对这 6 组虚单位载荷工况同时进行求解,但为了提高有限元方程求

解效率,简化虚载荷施加步骤,最好能将这6组虚单位载荷,综合构成为一组虚载荷列阵(Dummy Load Vector)。令

$$\boldsymbol{f}_e^i = \boldsymbol{F}_e^i \boldsymbol{T}_b^{\mathrm{T}} \boldsymbol{B}^{\mathrm{T}} \tag{6.30}$$

由矩阵乘法运算规律可知,$\boldsymbol{f}_e^i$ 是一个列阵,称为单元 e 的虚载荷列阵。只是 $\boldsymbol{f}_e^i$ 对应于该单元每个自由度的虚力(或力矩)不再是单位1,与该单元的坐标变换矩阵 $\boldsymbol{T}_b$ 和曲率行阵 $\boldsymbol{B}$ 有关。虽然 $\boldsymbol{f}_e^i$ 是一个作用在结构上虚载荷,但它只施加在与单元 e 有关的节点上,与单元 e 无关的其他自由度上的载荷分量仍然是0。求解有限元位移方程:

$$\boldsymbol{K}\boldsymbol{u}_e^i = \boldsymbol{f}_e^i \tag{6.31}$$

由式(6.30)和方程式(6.28),可以发现:

$$(\boldsymbol{u}_e^i)^{\mathrm{T}} = (\boldsymbol{K}^{-1}\boldsymbol{F}_e^i \boldsymbol{T}_b^{\mathrm{T}} \boldsymbol{B}^{\mathrm{T}})^{\mathrm{T}} = (\boldsymbol{U}_e^i \boldsymbol{T}_b^{\mathrm{T}} \boldsymbol{B}^{\mathrm{T}})^{\mathrm{T}} = \boldsymbol{B}\boldsymbol{T}_b(\boldsymbol{U}_e^i)^{\mathrm{T}} \tag{6.32}$$

将式(6.29)和式(6.32)代入式(6.14)可得

$$\frac{\partial M_e}{\partial x_j} = EI\left(\frac{\partial \boldsymbol{B}}{\partial x_j}\boldsymbol{T}_b \boldsymbol{u}_e + \boldsymbol{B}\frac{\partial \boldsymbol{T}_b}{\partial x_j}\boldsymbol{u}_e - (\boldsymbol{u}_e^i)^{\mathrm{T}}\frac{\partial \boldsymbol{K}}{\partial x_j}\boldsymbol{u}\right) \tag{6.33}$$

式中:$\boldsymbol{u}$ 以及 $\boldsymbol{u}_e$ 由方程式(6.1)确定。

类似于节点位移一阶导数计算,式(6.33)第三项也只在节点 j 周围单元层面上计算,并将计算结果相加即可。

如果设计变量 x_j 代表梁结构的支承位置,则根据第5章的分析结果,由式(5.11)和式(5.14)的结果,可进一步简化式(6.33):

$$\begin{aligned}\frac{\partial M_e}{\partial x_j} &= EI\left(-(\boldsymbol{u}_e^i)^{\mathrm{T}}\frac{\partial \boldsymbol{K}}{\partial x_j}\boldsymbol{u}\right) = -EIk(v^i\theta + v\theta^i) \\ &= EI(R^i\theta + R\theta^i)\end{aligned} \tag{6.34}$$

式中:k 为支承的刚度系数;R 和 R^i 分别为由外载荷 $\boldsymbol{P}$ 和虚载荷 $\boldsymbol{f}_e^i$ 引起的支承反力;v 和 v^i 分别为支承处相应的横向位移;θ 和 θ^i 分别为支承处梁截面相应的转角。

与节点位移对支承位置的灵敏度计算公式(5.18)比较可以发现,式(6.34)仅仅多了一个梁截面抗弯刚度 EI 系数项。不过这里的 R^i 和 θ^i 不再是由单位虚载荷引起的支承反力和转角,因此不能从式(5.18)直接得到式(6.34)。

若要计算单元 e 内最大弯矩 $M(a^*)$ 的灵敏度,由于分布载荷不受支承移动的影响,将式(6.15)代入式(6.30)获得单元 e 的虚载荷列阵,进而可计算以及虚支承反力和转角,则以上灵敏度公式同样适用。

由灵敏度分析理论知道,以上弯矩导数的计算公式属于伴随(变量)法。在计算设计变量的灵敏度时,需要先求解伴随状态方程,即方程式(6.31)。其中 $\boldsymbol{f}_e^i$ 是伴随载荷,$\boldsymbol{u}_e^i$ 是伴随位移。值得欣慰的是,伴随载荷 $\boldsymbol{f}_e^i$ 与设计变量无关,这可以从 $\boldsymbol{f}_e^i$ 的定义得到充分证明。即不论设计变量有多少,只需施加一组虚载荷,并只计算一组相应的虚位移。

例6.1 一个均匀简支梁受集中力 P 和分布力 q 的同时作用,如图6-4所示。结构与支承设计均要求左右对称。假设梁的横截面为正方形,边长 $h=0.1\text{m}$。材料的弹性模量 $E=210\text{GPa}$。将简支梁划分成10个等长度的单元($L_e=0.2\text{m}$)。计算最大弯矩对支承位置坐标 X 的一阶导数。

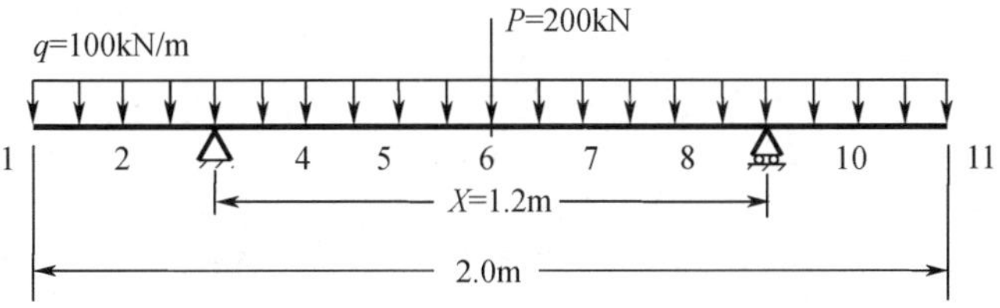

图 6－4　均匀简支梁尺寸及受力情况

在当前支承状况下，结构受力弯曲图如图 6－5 所示。最大弯矩出现在梁的中间（节点 6）截面上。最大弯矩值为 70kN · m。支承点截面上的弯矩值只有 －8kN · m。

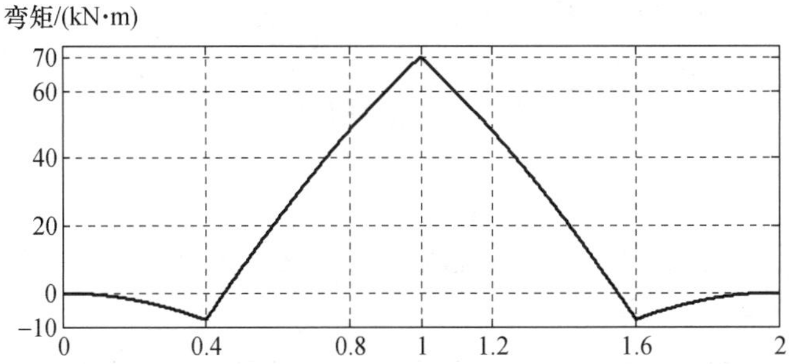

图 6－5　梁受力弯矩图

根据有限元分析计算，当前载荷作用下，支承点的反力和转角分别列于表 6－1 中。

表 6－1　简支梁支承节点处的反力和转角

载荷状况	外载荷		虚载荷 1		虚载荷 2	
支承节点	左边	右边	左边	右边	左边	右边
转角	－0.011657	0.011657	-2.857×10^{-7}	2.857×10^{-7}	-2.857×10^{-7}	2.857×10^{-7}
反力/kN	200	200	0	0	0	0

（1）从左侧单元（5－6）考查弯矩的一阶导数计算情况。为了计算单元位移列阵的一阶导数，需要在 5 和 6 两个节点上分别施加虚单位载荷，构成如下虚单位载荷矩阵：

$$F_e^i=\begin{bmatrix}1&0&0&0\\0&1&0&0\\0&0&1&0\\0&0&0&1\end{bmatrix}$$

可以看到，这是一个单位矩阵。由于最大弯矩出现在该单元的右端节点上，则该单元的虚载荷列阵为

$$f_e^i=F_e^iT_b^{\mathrm{T}}B_2^{\mathrm{T}}=[150\quad 10\quad -150\quad 20]^{\mathrm{T}}$$

虚载荷作用状况如图 6－6 所示。这是一组自平衡力系，由于支承作用是静定的，故支承反力是零（相反，如果分别施加虚单位载荷，每次还必须计算支反力）。由虚载荷引起支承点的转角列于表 6－1 中。由此可计算最大弯矩对支承位置的一阶导数：

$$\frac{\mathrm{d}M_6}{\mathrm{d}X}=\frac{210}{12}\times10^{-2}[200\times2.857-200\times(-2.857)]\approx200(\mathrm{kN})$$

由灵敏度分析可知，增加支承之间的距离 X 值，将使中点处的最大弯矩增大；减小支

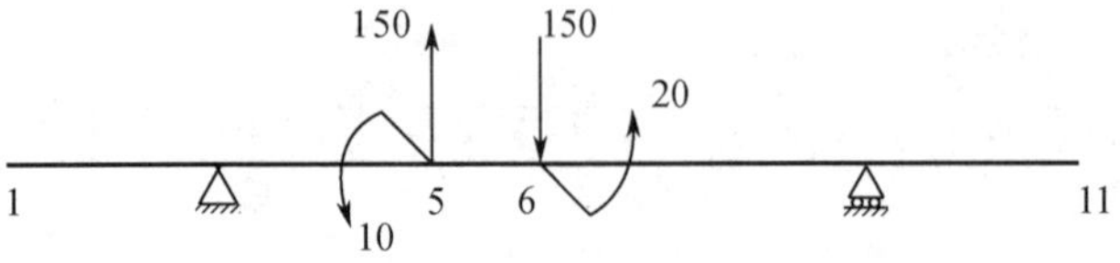

图 6-6　均匀简支梁受虚载荷状况 1 的作用

承之间的距离,中点处的最大弯矩将减小。这无疑是完全正确的。

(2) 若从集中力右侧单元(6-7)考虑,则需在 6、7 两个节点上分别施加虚单位载荷矩阵 $\boldsymbol{F}_e^i$。由于最大弯矩出现在该单元的左端节点上,则该单元的虚载荷列阵为

$$\boldsymbol{f}_e^i = \boldsymbol{F}_e^i \boldsymbol{T}_b^{\mathrm{T}} \boldsymbol{B}_1^{\mathrm{T}} = [\,-150 \quad -20 \quad 150 \quad -10\,]^{\mathrm{T}}$$

虚载荷作用状况如图 6-7 所示。这也是一组自平衡力系,支反力仍是零。由虚载荷引起支承点的转角列也于表 6-1 中。同样可计算最大弯矩对支承位置的一阶导数:

$$\frac{\mathrm{d}M_6}{\mathrm{d}X} = 200\ (\mathrm{kN})$$

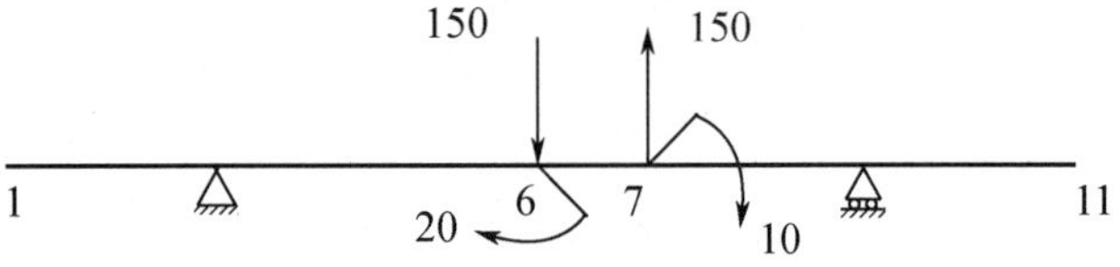

图 6-7　均匀简支梁受虚载荷状况 2 的作用

按照《材料力学》的分析方法,很容易证明以上结果的正确性,见本章附录 1。

6.4　优化设计步骤

在获得了弯矩的灵敏度计算公式后,可以将灵敏度分析结果应用于刚架结构的支承位置优化设计或刚架结构形状优化设计,优化设计目标是使刚架结构内最大的弯矩达到最小值,以提高结构的强度。同时也可增加结构的刚度,减小结构的变形。由于支承位置移动并不改变结构的质量,因此可直接利用第 5 章提出的优化算法,使结构内的最大弯矩逐渐减小。在优化结构形状控制节点的位置时,若对结构的质量进行约束,仍可采用第 3 章提出的以节点移动效率为基础的"渐进节点移动法",完成对刚架结构的形状进行优化设计。若不考虑结构质量的变化,则采用最速下降法优化结构的形状。在某一设计点,设计变量循环迭代公式为

$$\boldsymbol{X}^{(n+1)} = \boldsymbol{X}^{(n)} + \alpha^{(n)} \boldsymbol{S}^{(n)} \tag{6.35}$$

式中:n 为循环迭代次数;α 为搜索步长;S 为搜索方向,即最大弯矩的负梯度方向:

$$\boldsymbol{S}^{(n)} = -\nabla M_{\max}^{(n)} \tag{6.36}$$

如何确定搜索步长 α,也是优化设计一项很重要的工作。如果沿 $\boldsymbol{S}$ 方向进行一维搜索,使目标函数取极小值。由于最大弯矩通常是设计变量的非连续函数,并在优化过程中不断变换其所在的位置,在一次设计迭代中使某一点的弯矩降到最小,有可能使别处的弯矩增加很多,无法达到优化设计的目的。因此,仍采用渐进的方法,通过循环迭代逐渐减

小结构内的最大弯矩。对于结构的支承位置，由于支承总是连接在有限元网格的节点上，因此搜索步长 α 取一个单元的长度。对于结构的节点坐标，搜索步长 α 按下式确定[45]。由式(6.35)和式(6.36)，按照弯矩的一阶泰勒展开式可得

$$M_{\max}^{(n+1)} \approx M_{\max}^{(n)} + (\nabla M_{\max}^{(n)})^{\mathrm{T}} \cdot \Delta \boldsymbol{X}^{(n)} = M_{\max}^{(n)} - \alpha \left| \nabla M_{\max}^{(n)} \right|^2 \tag{6.37}$$

近似取 α 值：

$$\alpha = \frac{\mu M_{\max}^{(n)}}{\left| \nabla M_{\max}^{(n)} \right|^2} \tag{6.38}$$

式中：μ 为最大弯矩一次循环设计的下降率，一般取 0.05 ~ 0.1。刚架结构弯矩优化主要步骤概括如下[44,45]：

步骤 1：用有限元法分析、计算刚架结构在多种工况载荷作用下的节点位移、每个单元两端的弯矩和剪力；

步骤 2：确定最大弯矩所在的单元和位置；

步骤 3：在最大弯矩所在的单元两端节点上施加伴随载荷 $\boldsymbol{f}_e^i$，再次运行有限元程序计算伴随位移 $\boldsymbol{u}_e^i$；

步骤 4：计算最大弯矩对所有设计变量的一阶灵敏度值 $\nabla M_{\max}$，确定坐标变量的搜索方向 $\boldsymbol{S}$ 和移动步长 α；

步骤 5：更新支承位置坐标或结构形状控制节点的坐标；

步骤 6：重复步骤 1 ~ 5，直至最大弯矩不再下降。

6.5　平面刚架结构弯矩优化算例

例 6.2　均匀简支梁支承位置优化设计

图 6-8 示出一个均匀简支梁，长度 $L = 2\text{m}$。假设梁的横截面为正方形，边长 $h = 0.1\text{m}$。材料的弹性模量 $E = 210\text{GPa}$。梁的中点受集中力 $P_c = 200\text{kN}$、两端各受集中力 $P_e = 100\text{kN}$ 的作用。此外，同时还受均匀分布力 $q = 100\text{kN/m}$ 的作用。将梁划分成 20 个等长度的单元。优化设计支承的位置使梁所受的最大弯矩达到最小。

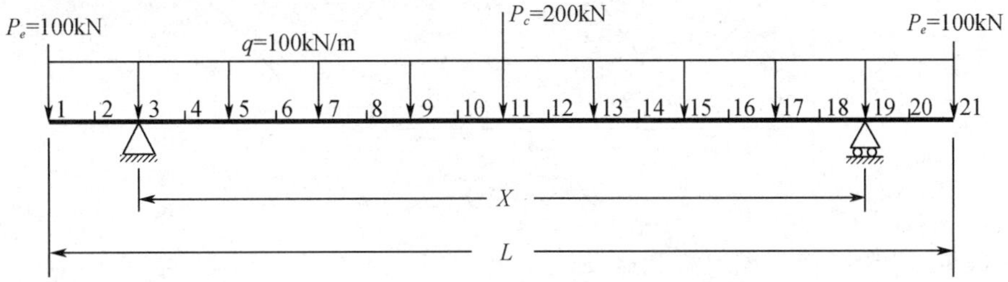

图 6-8　均匀简支梁受力以及有限元网格

对于此简支梁结构，可以预测最大弯矩只可能出现在梁的跨中或支承点处。支承位置优化过程将分别从 $X/L = 0.0$ 和 $X/L = 1.0$ 两点开始。最大弯矩的优化过程如图 6-9 所示。最大弯矩由 150kN·m 降到48kN·m。随后，支承位置设计在 $X/L = 0.6$ 和 $X/L = 0.7$ 之间来回摆动，这表明最优支承位置应该在这两个位置之间的某个点。

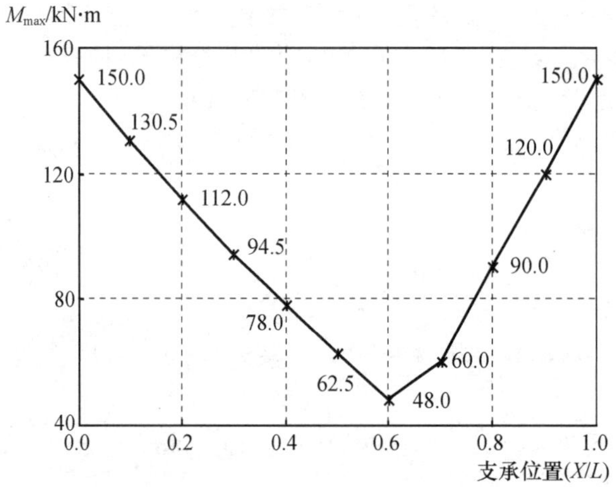

图 6 - 9　简支梁最大弯矩优化过程

由分析可知,梁跨中截面弯矩的一阶导数为 300kN·m。由图 6 - 9 可估算支承点(可动点)处弯矩的变化率近似为

$$r \approx (-48 + 62.5)/0.1 = 145(\text{kN}\cdot\text{m})$$

据此,根据一阶泰勒公式,可以近似估算最优支承在单元内的位置 a:

$$-(-48 + 145a) = 60 + 300(a - 0.1)$$

由此可得 $a = 0.04$。最终可得最优解为 $X/L = 0.64$。且最大弯矩下降到 42.48kN·m,仅为初始值的 28.3% 。

图 6 - 10 绘出了简支梁最终所受弯矩图。此时,跨中和支承点处的弯矩几乎相等。理论分析表明[44],当 $X/L = 0.6411$ 时,最大弯矩降到 42.33kN·m,见本章附录 2。可见理论分析与数值优化结果基本一致,这说明本章提出的优化算法是可靠的。

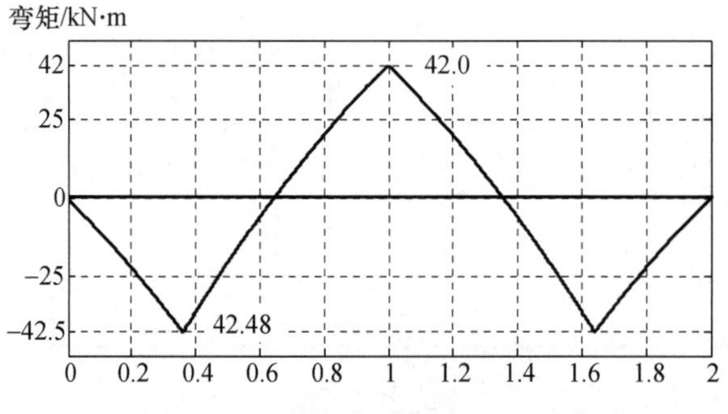

图 6 - 10　优化后,简支梁受力弯矩图

例 6.3　刚架结构支承位置优化设计

图 6 - 11 所示为一个刚架结构分别受两种载荷工况作用:

(1) 上弦受均布载荷 $q = 30\text{kN/m}$;

(2) 上弦有四个节点上受集中载荷(图中用虚线表示第二种载荷工况)。

假设所有构件按截面尺寸分成两组,斜杆(细线)的横截面为圆形,直径 $D = 20\text{mm}$。其他构件的横截面为圆环形,外径 $D_o = 80\text{mm}$,内径 $D_i = 60\text{mm}$。材料的弹性模量 $E = 210\text{GPa}$。无附加横向支承时,刚架内的最大弯矩 $M_{max} = 8.68\text{kN}\cdot\text{m}$。如果在下弦节点上附加两个弹性系数均为 $k=5\times10^3$kN/m 横向支承，借以减小结构内的最大弯矩。要求：

(1) 两个支承的间隔保持 1m；

(2) 两个支承的间隔不受限制。

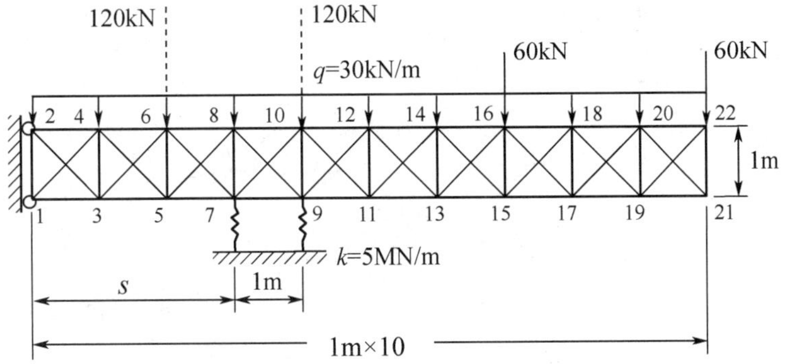

图 6－11 刚架结构及其所受载荷

(1) 如果两个支承的间隔距离保持一定，坐标 s 是唯一的设计参数，初始设计点为 $s=0$。优化过程中，构件内最大弯矩出现的单元和位置都在变化，最大弯矩值及其灵敏度值分别列于表 6－2 中。可以看到：虽然最大弯矩出现的位置不同，但它在坐标 s 从 0 到 6m（弹性支承连接到下弦节点 13 和 15 上）的变化过程中，一直都在下降，随后最大弯矩开始增加。最大弯矩灵敏度分析结果表明，优化设计过程最终在 $s=6$m 和 7m 两点之间出现振荡。因此可知 $s=6$m 是支承的最优位置，最大弯矩下降到 3.98kN·m，降幅达 54.1%。

表 6－2 优化设计过程中，刚架结构最大弯矩及其对支承位置的灵敏度值

支承位置坐标 s	0	1	2	3	4	5	6	7
最大弯矩/kN·m	－8.08	6.63	6.23	5.70	5.13	4.54	3.98	－4.54
灵敏度	6.50	－4.36	－5.87	－6.40	－6.12	－5.37	－4.45	－5.72
载荷工况	2	1	1	1	1	1	1	2
单元（端点号）	3－4	6－8	8－10	10－12	12－14	14－16	16－18	3－4
最大弯矩位置	4	6	8	10	12	14	16	4

(2) 如果两个支承的间隔距离不受限制，此时两个支承将独立移动，因此有两个支承坐标设计变量。为了充分认识支承优化过程，掌握支承优化的效果，初始设计将分别从刚架结构的两端开始：① $s_1=1$m 和 $s_2=2$m；② $s_1=9$m 和 $s_2=10$m。构件上的最大弯矩变化过程如图 6－12 所示。虽然初始设计点不同，但支承最优位置完全相同。最大弯矩都下降到 3.90kN·m，比两个支承间距保持 1m 的设计情况还要低一些。最终的支承位置设计如图 6－13 所示。

从以上的优化结果可以看到，支承位置优化设计对降低结构内的弯矩有很大的效果。无须增加材料使用量，也能提高结构的强度。另外，根据第 5 章的分析，附加弹性支承同时也能减小刚架的变形，提高结构的刚度。

例 6.4 Michell 结构形状优化设计

第 3 章和第 4 章曾经对 Michell 结构进行过优化设计，那时的构件采用二力桁架杆单

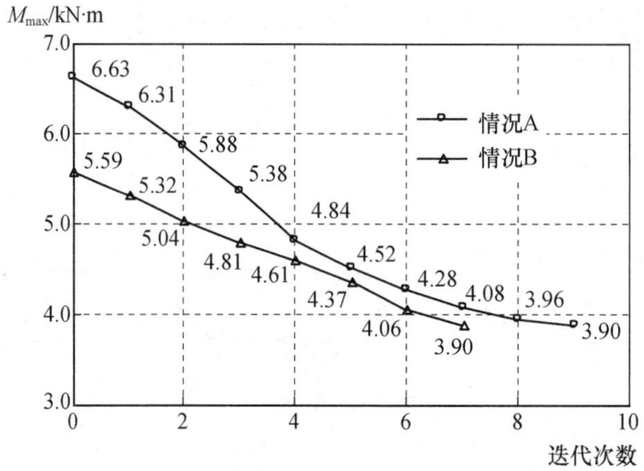

图 6-12 刚架内最大弯矩变化过程

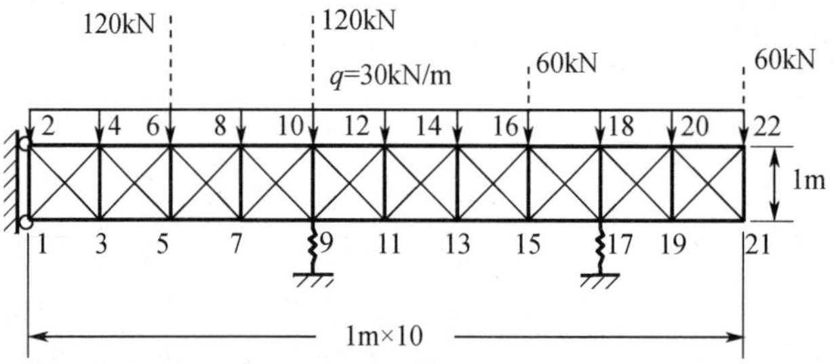

图 6-13 刚架结构及其最优支承位置设计

元。结构承受外力时,各杆件内只有轴向力,没有剪力和弯矩作用。现在将 Michell 拱结构按刚架结构设计,各构件受力模式按梁模型计算,如图 6-14 所示。假设所有构件截面形状都相同,为圆环形,外径 $D_o=80$mm,内径 $D_i=76$mm,材料的弹性模量 $E=210$GPa。假设节点 3~7 可分别沿水平和垂直方向移动,要求结构的对称性保持不变。因此实际只有 5 个独立节点坐标:y_5、x_6、y_6、x_7 和 y_7 需要优化设计。

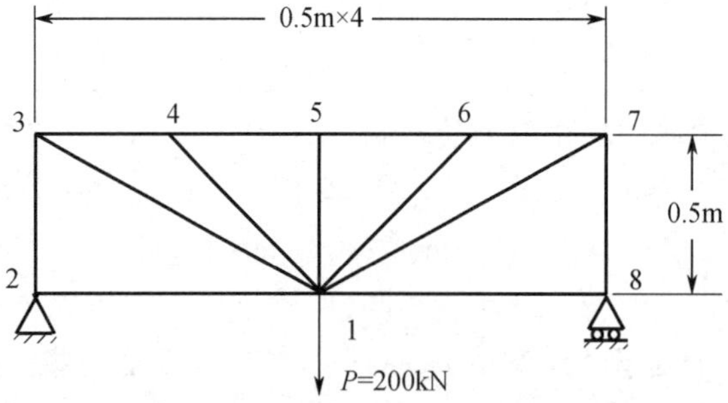

图 6-14 Michell 结构外形的初始设计

在初始设计点,最大弯矩出现在单元 3-4 的节点 4 端,达到 4299.7N·m。由于结构的对称性,最大弯矩也出现在单元 6-7 的节点 6 端。为了计算最大弯矩的一阶导数,此时在节点 3 和 4 上必须施加一个伴随虚载荷列阵 $\boldsymbol{f}_e^i=[0\quad 24\quad 4\quad 0\quad -24\quad 8]^{\mathrm{T}}$。与支承情形相同,这也是一个自平衡力系。表 6-3 比较了用式(6.33)计算的最大弯矩的一阶导数,和采用有限差分法近似得到的最大弯矩一阶导数的计算结果[45]。从数值结果不难看出,6.3 节理论分析推导的弯矩灵敏度公式是准确、可靠的。应用弯矩灵敏度公式计算只需要增加一次结构有限元分析;而用向前有限差分法需要增加 5 次结构有限元分析,可见其效率是非常低的。

表 6-3　初始设计时,最大弯矩对各设计变量的灵敏度计算结果比较

节点	分析结果		向前有限差分结果			
			1% 步长		1‰ 步长	
	x 轴	y 轴	x 轴	y 轴	x 轴	y 轴
5		10608.1		10491.2		10592.0
6 和 4	3846.6	-44871.0	3819.2	-44114.8	3852.0	-44788.0
7 和 3	603.8	23986.5	591.6	24275.2	606.0	24012.0

图 6-15 是 Michell 拱结构最优形状设计结果,这个最优形状设计与第 3 章和第 4 章桁架结构的优化结果很相似,但却不完全相同。因为那时的目标函数是最小结构质量,对杆件的内力没有控制。此时设计目标是最大弯矩到达最小,对结构质量却未控制。最优设计状态下,最大弯矩下降到 807.0N·m,比优化前下降了 81.2%。由此可见优化结构的形状能极大地改善结构内力的传递形式,使外力主要以轴力的形式传递,截面应力分布更加均匀。表 6-4 列出了最优形状设计时,各控制节点的坐标值。

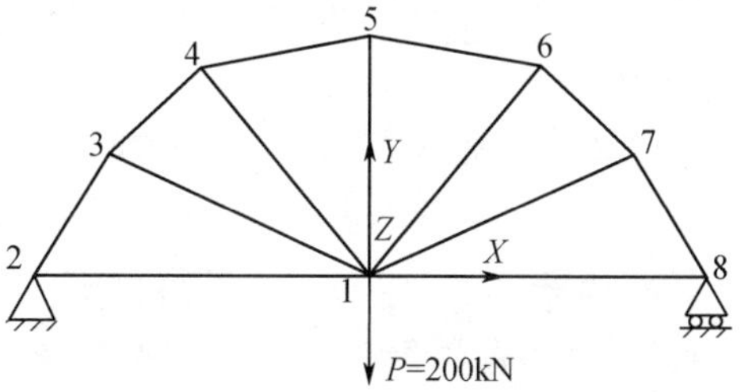

图 6-15　Michell 结构最优形状设计

表 6-4　Michell 结构最优形状设计时各节点坐标值(m)

节点	3	4	5	6	7
x 坐标	-0.7925	-0.5314	0.0	0.5314	0.7925
y 坐标	0.3703	0.6071	0.6959	0.6071	0.3703

表 6-5 比较了形状优化前后,各构件内的轴力、两端的弯矩以及最大正应力情况。数值结果表明:结构形状优化后,各构件内的弯矩均有显著下降。此外可以看到,形状优化设计后,外力主要以轴力的形式传到基础上,即刚架结构趋近于桁架结构。在弯矩下降的同时,有些构件的轴力会有大幅增加。表 6-5 中应力计算结果表明:除了构件 1-5 以外,其他构件内的最大正应力普遍都有所下降,甚至杆件 1-3 和 1-7 的最大正应力下降超过 66.6%。虽然构件 1-5 的轴力由 -9.324kN 增加到 50.61kN,由结构力学分析可知,构件 1-5 在优化前后都只受轴力作用,不受弯矩和剪力作用。因此,它在优化前后都是按柱(Column)设计,不是按梁(Beam)设计。即便如此,其轴力也由压力变成拉力,这对提高结构的稳定性也是很有益的。

表 6－5　Michell 结构优化设计前后,各构件轴力、两端弯矩和最大正应力结果比较

单元	初始设计				优化设计			
	轴力/N	弯矩/(N·m)		最大正应力/Pa	轴力/N	弯矩/(N·m)		最大正应力/Pa
		端点 1	端点 2			端点 1	端点 2	
1–2	1.257×10^{4}	-3.094×10^{3}	2.373×10^{3}	3.492×10^{8}	5.468×10^{4}	-8.070×10^{2}	1.569×10^{2}	1.960×10^{8}
2–3	-9.453×10^{4}	2.373×10^{3}	-3.912×10^{3}	-4.411×10^{8}	-1.131×10^{5}	1.569×10^{2}	4.593×10^{2}	-2.789×10^{8}
3–4	-1.661×10^{5}	-3.710×10^{3}	4.300×10^{3}	-7.886×10^{8}	-1.225×10^{5}	8.062×10^{2}	-5.014×10^{2}	-3.343×10^{8}
4–5	-1.912×10^{5}	2.361×10^{3}	3.025×10^{1}	-6.370×10^{8}	-1.417×10^{5}	-2.716×10^{2}	7.932×10^{2}	-3.721×10^{8}
5–6	-1.912×10^{5}	3.025×10^{1}	2.361×10^{3}	-6.370×10^{8}	-1.417×10^{5}	7.932×10^{2}	-2.716×10^{2}	-3.721×10^{8}
6–7	-1.661×10^{5}	4.300×10^{3}	-3.710×10^{3}	-7.886×10^{8}	-1.225×10^{5}	-5.014×10^{2}	8.062×10^{2}	-3.343×10^{8}
7–8	-9.453×10^{4}	-3.912×10^{3}	2.373×10^{3}	-4.411×10^{8}	-1.131×10^{5}	4.593×10^{2}	1.569×10^{2}	-2.789×10^{8}
8–1	1.257×10^{4}	2.373×10^{3}	-3.094×10^{3}	3.492×10^{8}	5.468×10^{4}	1.569×10^{2}	-8.070×10^{2}	1.956×10^{8}
1–3	1.725×10^{5}	-1.535×10^{3}	2.016×10^{2}	5.124×10^{8}	4.319×10^{4}	-7.910×10^{2}	3.469×10^{2}	1.708×10^{8}
1–4	3.234×10^{4}	2.476×10^{2}	-1.939×10^{3}	2.687×10^{8}	7.125×10^{4}	-5.781×10^{2}	2.298×10^{2}	2.058×10^{8}
1–5	-9.324×10^{3}	0	0	-1.902×10^{7}	5.061×10^{4}	0	0	1.033×10^{8}
1–6	3.234×10^{4}	-2.476×10^{2}	1.939×10^{3}	2.687×10^{8}	7.125×10^{4}	5.781×10^{2}	-2.298×10^{2}	2.058×10^{8}
1–7	1.725×10^{5}	1.535×10^{3}	-2.016×10^{2}	5.124×10^{8}	4.319×10^{4}	7.910×10^{2}	-3.469×10^{2}	1.708×10^{8}

例 6.5　简支桥梁形状优化设计

一个简支桥梁结构初始形状设计如图 6－16 所示,下弦各节点上均受外力 $P=100\text{kN}$ 作用,结构内的最大弯矩为 147.64kN · m。所有构件按截面积分成三组。上弦杆横截面是圆环形,外径 $D_o=180\text{mm}$,内径 $D_i=170\text{mm}$。下弦杆横截面是矩形,宽 100mm,高 150mm。中间的直杆横截面是圆形,直径 50mm,材料的弹性模量 $E=210\text{GPa}$。优化过程中,结构的对称性保持不变,下弦节点保持不动,上弦节点可沿垂直方向移动。由此可知,独立的节点坐标变量只有 3 个:y_7、y_9 和 y_{11}。

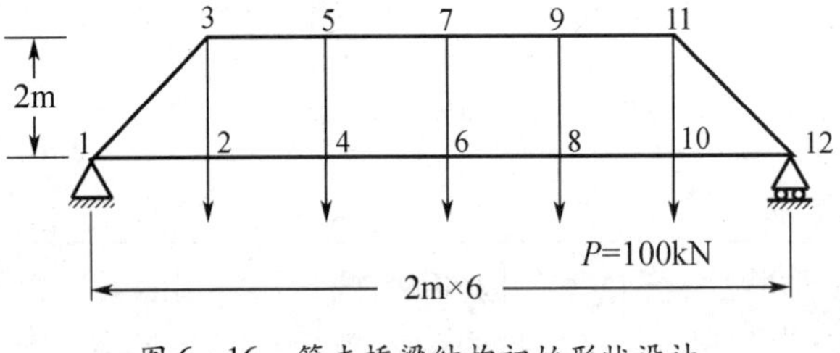

图 6－16　简支桥梁结构初始形状设计

按照 6.4 节列出的优化步骤,可得简支桥梁结构最优形状设计结果,如图 6－17 所示。上弦构件呈现成拱形,与实际桥梁结构形状设计基本一致。结构内的最大弯矩下降到 4.35kN · m,下降率达 97.1%。表 6－6 给出了桥梁结构上弦节点的 y 坐标值。图 6－18 绘出了形状优化过程中最大弯矩的变化情况。开始阶段,最大弯矩下降非常明显,形状优化的效率非常高。接近最优设计点时,弯矩下降缓慢,形状优化的效率有所降低。

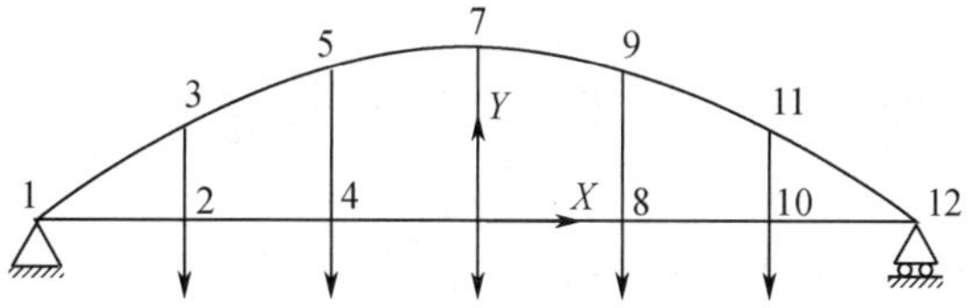

图 6－17　简支桥梁结构最优形状设计

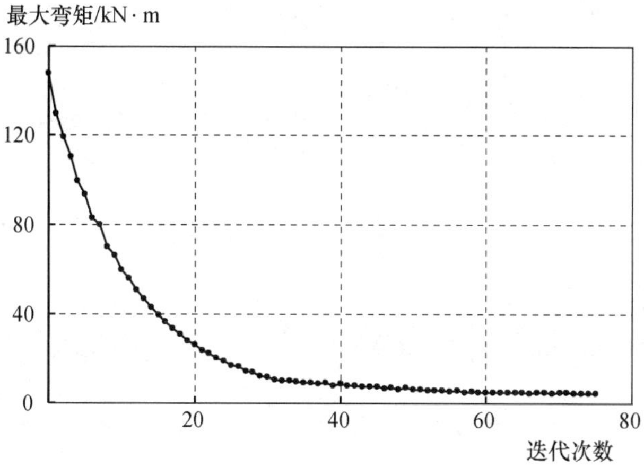

图 6－18　最大弯矩优化设计过程

表 6－6　简支桥梁结构形状设计上弦节点 y 坐标值比较(m)

节点	3	5	7	9	11
初始设计值	2.0	2.0	2.0	2.0	2.0
最优设计值	1.3272	2.1252	2.3934	2.1252	1.3272

附录 1　均匀简支梁跨中弯矩对支承位置坐标的一阶导数分析

对于图 6－4 所示的均匀简支梁，截面抗弯刚度 EI 为常数，弯矩对支承位置的灵敏度可以采用工程梁弯曲变形理论推导得出。由于结构和支承设计具有对称性，因此只需考察其右半部分。由对称性分析可知，梁跨中截面的转角为 0，其简化分析模型见图 6－A1 所示。假设点支承到梁中点的距离为 x。支承点的反力 P_r 和跨中截面上的弯矩 M_c 可以首先计算如下：

$$P_r = 200\text{kN}$$

$$M_c = P_r x - \frac{1}{2} \times 100 = 200x - 50(\text{kN} \cdot \text{m})$$

$$\frac{\text{d}M_c}{\text{d}X} = 2 \times \frac{\text{d}M_c}{\text{d}(2x)} = 200(\text{kN})$$

考虑到支承的对称性，每次 X 的变化要同时移动两个支承的坐标，因此上式要乘以 2。

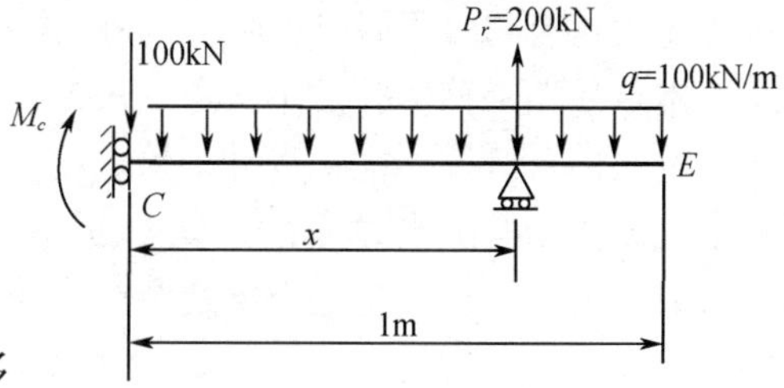

图 6－A1　简支梁右半部分受力图

附录2　均匀简支梁支承位置优化设计分析

从图6-8所示的均匀简支梁右半部分来分析最优支承的位置。最大弯矩只可能出现在梁的跨中或支承点处,在支承点处截面上的弯矩:

$$M_s = -P_e\frac{L-X}{2}-\frac{1}{2}q\left(\frac{L-X}{2}\right)^2 = -50(L-X)-12.5(L-X)^2$$

$$= -100\left(1-\frac{X}{L}\right)-50\left(1-\frac{X}{L}\right)^2 \tag{6.A1}$$

而在梁的跨中截面上的弯矩:

$$M_c = R\frac{X}{2}-P_e\frac{L}{2}-\frac{1}{2}q\left(\frac{L}{2}\right)^2 = 150X-150 = 300\frac{X}{L}-150 \tag{6.A2}$$

式中:R为右端的支承反力。

当支承位于最优位置时,支承点的弯矩与跨中的弯矩数值相等,但符号相反:

$$300\frac{X}{L}-150 = 100\left(1-\frac{X}{L}\right)+50\left(1-\frac{X}{L}\right)^2 \tag{6.A3}$$

于是可得

$$\frac{X}{L}=0.6411 \tag{6.A4}$$

支承点处截面上的弯矩:

$$M_s = -42.33\text{kN}\cdot\text{m}$$

可见,数值优化结果与分析结果基本一致,证明了数值优化结果的准确性。

本章小结

本章采用伴随法,详细推导了主要经受弯曲变形的刚架结构内的弯矩,相对于结构支承位置,或形状控制节点坐标的一阶导数计算公式。通过引入一个综合的虚载荷——伴随载荷,可以很便捷地计算结构内部,承力构件上任意一个截面上的弯矩灵敏度值。运用前几章行之有效的广义"渐进节点移动法"优化算法,本章对刚架结构支承位置或刚架的形状分别进行了优化设计,设计目标使结构内的最大弯矩达到最小。从优化结果来看,形状优化设计后,刚架结构趋近于桁架结构,外力主要以轴力的形式传递,而且构件内的最大正应力也有明显下降,这对于提高结构的强度非常有益。

本章用四个算例验证了弯矩灵敏度计算公式的正确性,以及广义"渐进节点移动法"优化算法的可行性。优化设计结果表明:通过刚架结构的形状或支承位置优化设计,可以极大地改善结构的内力分布及形式,提高结构的强度和刚度等力学性能。在实际工程中,一个成功的结构设计总是应该避免其承受较大的弯曲。

第7章　结构动力优化设计

工程结构或设备，如桥梁结构、飞行器、机械设备等，在运输和服役期间，要经受风浪、地震、冲击，以及电磁和热等各种载荷的作用。这些由外界输入的载荷或激励，大部分都是随时间变化的。所引起结构的响应输出也将是随时间而变化的，即结构的响应是动态的。它们实质上都是外力和内力的交互作用的结果。

工程设计的任务，是依据项目所具备的条件，拟定一个可能实现的系统，以供实际应用。如果结构的性能不符合要求，或未达到最佳状态，那就要修改设计、重新分析、设计出新的、符合要求的结构。这个过程要反复进行，一直到满意为止，这就是工程上所需解决的优化设计问题。

而结构强度设计，如飞机、船舶等航行器的强度设计，已经从过去的结构静强度设计、疲劳强度设计思想发展到现在的结构动力学强度设计概念。所谓结构动力设计，是指按照对结构动力学特性指标的要求，对结构进行设计，以满足对振动频率、振动响应以及振动稳定性的要求，如避免发生共振、降低振动及噪声水平、保证在稳定边界内正常工作等。目前，结构动力设计的概念正逐渐被人们所接受，各种动力设计技术已逐渐发展起来，并应用到结构设计的工程实践中。然而也应该看到，结构动力学优化设计是优化学科研究得比较少的一个分支，也是目前亟待加强的研究领域[20]。

一般所谓的结构动力设计，原则上包括三方面的内容：① 在给定频率控制或响应控制设计要求下，对结构的拓扑构型或布局进行设计优选；② 在确定结构布局或构型后，对有关的结构设计参数进行设计优选；③ 在基本结构设计确定后，如有必要，还应进行附加集中质量、附加刚度及附加阻尼的优化设计，或附加其它机构的振动控制措施等。但是，目前结构动力学优化设计的研究和应用水平，尚不能提供上述各方面的设计方法。大多数的研究都集中在第二方面的研究内容上，即针对已给定的结构构型和布局的基础上，按照结构动力学分析和优化设计的方法，对有关的设计参数进行设计优化，或者基于已按其他方面要求确定的基本结构设计参数，对结构进行动力学优化设计。而上述第三方面内容的分析和研究，已纳入到结构振动控制研究的范畴内，现已取得了一些突破性进展。

显然，对于确定的结构布局形式，无论是进行结构的频率控制设计或是进行在给定载荷下的响应控制设计，或者两者的联合控制设计，都属于结构动力学中的逆问题。对工程实际中复杂结构的振动逆问题，只能借助于有关的近似方法。目前最有效的方法，就是数学中得到了很大发展的最优化方法，它构成了结构动力学优化设计的基础，成为结构动力学优化设计的一个有效手段[20]。

本章基于优化设计的基本理论和方法，简单介绍一些结构动力优化设计的基础概念，并详细分析、推导结构的模态参数（如固有振动频率、振型、模态阻尼率）和频响函数的一阶导数计算策略和公式。众所周知,结构模态参数的灵敏度分析,特别是固有频率的灵敏度分析和计算,在结构系统的动力学设计、系统识别、模型修正和损伤检测过程中都显得尤为重要。因此,本章研究内容的重点将放在单一(Simple)频率以及重合(Repeated)频率的一阶导数分析与计算上。因为在结构动力学优化设计过程中,经常伴随有固有频率的重合与分离现象[15,24]。开展重频一阶方向导数分析,将为今后开展相关方面的研究,特别是结构优化设计工作,做必要的知识和方法准备。

7.1 结构动力优化中的约束

目前的结构动力学优化设计,大部分研究局限于连续设计变量的参数优化设计,且优化的目标函数一般使结构的质量最小。对于航空、航天结构,这种要求是非常合理的,因为航空、航天结构的飞行操控性能与其自身质量都有很大的关系。对于一般的杆系桁架结构,其设计变量多局限于杆件的横截面面积。在最小目标优化过程中,构件质量是其截面积的线性函数,结构质量是横截面积的单调递增函数。如果初始设计可以满足所有的设计约束条件,优化算法将使设计点沿着结构的质量下降的方向(目标函数负梯度方向)进行搜索,从而使设计变量的值在总体上有向小的方向移动的趋势。因此,在大多数结构动力学优化问题,尺寸设计变量的上限约束可以不必过多考虑[16,20]。

以下主要讨论桁架杆系结构动力参数设计的几个规律性问题。假设结构所有节点上不含非结构集中质量,即假设所有构件的质量都将随着尺寸(截面积)设计参数变化而变化,没有独立于设计参数构件存在,位移边界条件都是理想约束,否则以下结论并不成立。设计变量能连续变化取值,且不考虑其上限,各种静、动力特性,响应约束指的是其绝对值[16,46]。

1. 固有频率不变性

性质1:假设桁架结构由 q 个杆件组成,具有 N 个自由度,杆件的截面面积修改前后分别为 A_e 和 $\overline{A}_e$ $(e=1,2,\cdots,q)$。若桁架结构做均匀截面修改设计(Uniformly Modified),即对所有的杆件,若截面积相对变化量是一个常数:

$$\alpha=\frac{A_e'-A_e}{A_e}=\text{Const}\quad(e=1,2,\cdots,q)\tag{7.1}$$

则修改后结构的各阶固有频率均保持不变。

证明:设修改后第 e 号杆件的截面积为

$$\overline{A}_e=A_e+\alpha A_e=A_e(1+\alpha)\quad(e=1,2,\cdots,q)\tag{7.2}$$

由于桁架杆单元的刚度和质量矩阵分别与截面积成正比,见第2章中的式(2.13)和式(2.16)。于是修改后结构的总体刚度 $\overline{\boldsymbol{K}}$ 和质量矩阵 $\overline{\boldsymbol{M}}$ 分别是

$$\overline{\boldsymbol{K}}=\sum_{e=1}^{q}\overline{\boldsymbol{k}}_e=\sum_{e=1}^{q}(1+\alpha)\boldsymbol{k}_e=(1+\alpha)\sum_{e=1}^{q}\boldsymbol{k}_e=(1+\alpha)\boldsymbol{K}\tag{7.3}$$

$$\overline{\boldsymbol{M}}=\sum_{e=1}^{q}\overline{\boldsymbol{m}}_e=\sum_{e=1}^{q}(1+\alpha)\boldsymbol{m}_e=(1+\alpha)\boldsymbol{M}\tag{7.4}$$

式中:$\boldsymbol{K}$ 和 $\boldsymbol{M}$ 分别表示结构修改前的总体刚度和质量矩阵;$\boldsymbol{k}_e$ 和 $\boldsymbol{m}_e$ 分别是单元的刚度和质量矩阵。

由于再无其他构件存在,因此修改后结构的频率特征方程为

$$\det|\overline{K}-\overline{\lambda}\,\overline{M}|=(1+\alpha)\det|K-\lambda M|=0 \tag{7.5}$$

于是可知:结构修改后的特征值$\overline{\lambda}$,与原结构的特征值 λ(即固有频率 $\lambda=\omega^2$)相等。

上述结论的证明虽然很简单,理解和推导也不复杂。但对于分析桁架杆系结构动力学优化中的各种设计约束,尤其是判断哪些约束条件是决定优化问题解存在与否的关键性约束,哪些约束只要通过截面均匀修改即可得到满足,提供了最基本的理论依据。此外,还可以得到以下两个重要的推论:

推论 1:如果桁架杆系结构的截面积可以连续变化,则在仅考虑频率约束的优化问题中,若目标函数是结构质量达到最小,那么,如果没有截面变量下限约束条件,即使所有固有频率约束得到了满足,则问题依然无解。

因为在上述优化问题中,在使频率约束全部满足以后,我们至少可以再做一次均匀截面修改设计,让所有的杆件截面$\overline{A}_e$ 趋于 0,即 $\alpha\to-1$ 时,则结构的总质量也将趋于 0,而其固有频率保持不变,仍满足频率约束条件。由此可知,在优化设计过程中,除频率约束外,还应考虑其他的约束条件。例如,设计变量下限约束或静强度性能约束等,防止出现质量为 0 的不合理设计。

推论 2:给定频率以及设计变量上、下限和其他响应约束条件,目标函数是质量达到最小。如果某个频率约束对于最优设计已成为主动约束,那么最优设计状态至少还应有一个非频率约束条件也应成为主动约束。

优化问题的约束条件,一般从形式上分为等式和不等式两类。而从所起的作用上来看,可分为主动(有效)和被动(无效)约束两类。在最优设计点,约束状态达到可行区域边界上,即约束函数达到临界值的约束称为主动约束。因此,所有等式约束都是主动约束。当不等式约束处于等式状态时,也是主动约束;如果设计点在不等式约束区域内部,即在可行域内部,那就是被动约束;否则,若设计点在不等式约束外部,约束条件未满足,则设计点是不可行的。推论 2 指出,当某个频率达到临界值时,我们至少还可以进行一次均匀截面修改,以便能够减小杆系结构的横截面积和质量。在成为主动约束的频率约束条件不破坏的前提下,至少还应有一个不等式形式的其他非频率约束,达到其可行区域的边界上,成为主动约束。

以上两个推论在工程结构动力学优化设计中具有一些指导意义,对检验优化设计问题的解是否真正收敛,优化结果是否可靠有一定的帮助作用。

2. 均匀修改对应力变化的影响

性质 2:桁架杆系结构做均匀截面修改前后,若外载荷保持不变,则所有杆件内力也将保持不变,而节点的动态位移、杆件的动态应力按同一比例反向改变。

证明:无阻尼结构动力学方程为

$$M\ddot{y}+Ky=f(t) \tag{7.6}$$

对式(7.6)两边同时进行傅里叶变换,则有

$$(K-\omega^2M)Y_{(\omega)}=F_{(\omega)} \tag{7.7}$$

$$Y_{(\omega)}=(K-\omega^2M)^{-1}F_{(\omega)} \tag{7.8}$$

式中:$\boldsymbol{Y}_{(\omega)}$和$\boldsymbol{F}_{(\omega)}$分别是结构位移响应和外载荷的傅里叶变换列阵。

结构按照式(7.1)做均匀截面修改,得

$$(\overline{\boldsymbol{K}}-\omega^2\overline{\boldsymbol{M}})\overline{\boldsymbol{Y}}_{(\omega)}=\boldsymbol{F}_{(\omega)} \tag{7.9a}$$

即

$$(1+\alpha)(\boldsymbol{K}-\omega^2\boldsymbol{M})\overline{\boldsymbol{Y}}_{(\omega)}=\boldsymbol{F}_{(\omega)} \tag{7.9b}$$

与式(7.7)比较可得

$$\overline{\boldsymbol{Y}}_{(\omega)}=(\boldsymbol{K}-\omega^2\boldsymbol{M})^{-1}\boldsymbol{F}/(1+\alpha)=\boldsymbol{Y}_{(\omega)}/(1+\alpha) \tag{7.10}$$

可见结构做均匀修改后,各节点(或自由度)的动态位移(幅值)减少到原来的$1/(1+\alpha)$倍。而刚度和质量矩阵较均匀修改前增加了$(1+\alpha)$倍,故弹性力和惯性力不变,各杆件的内力保持不变。但由于杆的横截面积发生变化,动态应力(幅值)也随之改变,即

$$\overline{\sigma}_e=F_e/\overline{A}_e=F_e/[A_e(1+\alpha)]=\sigma_e/(1+\alpha) \tag{7.11}$$

式中:F_e是第e号杆的轴力(幅值)。

上述推导是基于无阻尼情况,对于比例阻尼情况,上述结论同样成立[46]。虽然上述结论的证明很简单,但对于分析杆系结构动力学优化问题的各种约束性质,判断哪些是决定优化设计问题是否有解的关键性约束,提供了一定的理论依据。

3. 关键性约束

性质3:具有连续设计变量的桁架杆系结构动力优化时,决定最优解是否存在的关键性约束是固有频率约束。

对于具有连续设计变量的桁架结构动力学优化问题,约束可以是应力、位移、频响函数、固有频率、振型节点以及几何约束等,或是它们中的某种组合。优化设计的目标函数通常是结构的质量最小。一般情况下,决定其解存在的关键性约束则是固有频率约束,其他约束只对目标函数值有影响,而与最优解存在与否无关。这里,以具有动应力约束、设计变量下限约束以及固有频率约束的杆系结构最小质量优化设计问题为例,来证明这一论点的正确性。其他各种组合约束的动力优化问题,相应的结论证明基本相似,这里不再重复。

证明:结构最小质量的优化问题是否有解,取决于其约束可行域的性质。如果约束的可行域是空集,则优化问题无解;反之,当其可行域是连续且封闭时,优化问题的解一定存在。设计变量下限约束可行域不会是空集,且是一个凸集。如果在某个设计点,所有杆件的动应力约束都得到满足,该设计点一定在系统动应力约束条件的可行域之内;反之,假如设计点不在可行域内,即某个(些)杆件的动应力约束未得到满足。那么至少可以按照式(7.1),对结构做一次均匀截面修改,降低所有杆件内的应力值,使未被满足的动应力约束全部得到满足,将设计点移到动应力约束的可行域之内或边界上。故若设计变量连续且上限约束不考虑时,总可以通过均匀截面修改,使动应力约束得到满足;反之,若设计变量连续且上限受到约束,则以上推论未必成立。

桁架结构做均匀截面修改时,由于外载荷不变,即设计变量与外载荷无关,不管结构是静定或是超静定的,内力都不会发生改变,而动应力则与均匀修改成反比例变化。因此,适

当地做均匀截面修改,一定可使动应力约束条件全部得到满足,使设计点移到可行域之内,即应力约束可行域不会是空集。当设计变量的上限足够大并给定时,这一可行域显然变为闭域。所以,在给定动应力约束与设计变量下限时,桁架最小质量优化问题的解一定存在。

另外,结构的特征值问题可以写为

$$\det|\boldsymbol{K}-\lambda_i\boldsymbol{M}|=0 \quad (i=1,2,\cdots,m) \tag{7.12}$$

式(7.12)可以展开成含 q 个(截面)设计变量,关于 λ 的 m 次代数方程。若方程有解,则一定有无穷多组解。因为按照式(7.1)做均匀截面修改,不会改变系统的固有频率,而在这些众多的解中,至少存在一组解,它能同时满足设计变量的下限约束与动应力约束,所以,只要频率约束有可行域,设计变量的下限和应力约束的可行域一定非空。由此可以得出结论:桁架结构动力学优化问题的关键约束是固有频率约束。

7.2　结构动力约束可行域研究

7.1 节初步探讨了结构动力学优化设计解的存在性问题,可知它与问题的设计约束条件紧密相关。对于目标函数为最小结构质量这类优化设计,当整个问题的约束可行域是空集,即各个约束的可行域的交集为空时,该优化问题必然无解;若约束可行域是连续闭域,则一定有解。若约束可行域无界,则可能不存在最优解。显而易见,约束可行域研究对优化解的存在与否至关重要,下面对动力设计中一些约束的可行域性质,做一些初步的介绍和探讨[7,46]。

1. 凸集、凸函数和凸规划

凸集的定义:设 D 是 n 维欧几里得空间 E^n 的一个点集,若对任意的两个点 $X^{(1)}\in D$,$X^{(2)}\in D$,都有

$$X=\alpha X^{(1)}+(1-\alpha)X^{(2)}\in D \quad (0<\alpha<1) \tag{7.13}$$

则称 D 为凸集。

由凸集定义可知,若 D 是满足不等式约束 $g(X)\leqslant 0$ 的点集,$X^{(1)}$ 和 $X^{(2)}$ 是凸集合中任意两点,则以 $X^{(1)}$ 和 $X^{(2)}$ 为端点的线段上的点全部属于 D,即整个线段都包含在此集合之中。应该指出:如果 $\alpha>1$ 或 $\alpha<0$,X 点在这两点连线以外,即该线段的延长线上,该点可以不在此集合之中。图 7-1 中,图 7-1(a)是凸集,图 7-1(b)是非凸集,因为由 $X^{(1)}$ 和 $X^{(2)}$ 连成的直线段上,并不是每一点都在原集合中。

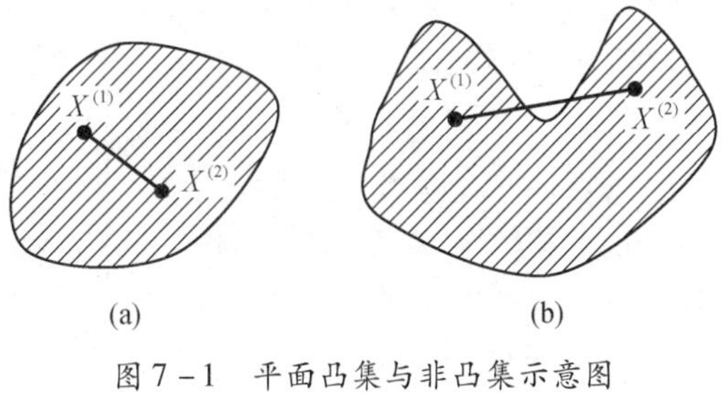

图 7-1　平面凸集与非凸集示意图

(a) 凸集;(b) 非凸集。

凸函数的定义:设 $f(X)$ 是定义在非空凸集 D 上的实函数,如果对于 D 中的任意两点 $X^{(1)}\in D$,$X^{(2)}\in D$ 恒有

$$f[\alpha X^{(1)}+(1-\alpha)X^{(2)}]\leqslant\alpha f(X^{(1)})+(1-\alpha)f(X^{(2)})\quad(0\leqslant\alpha\leqslant1)\tag{7.14}$$

则称$f(X)$为凸集D上的凸函数。如果把式(7.14)中的等号去掉,写成

$$f[\alpha X^{(1)}+(1-\alpha)X^{(2)}]<\alpha f(X^{(1)})+(1-\alpha)f(X^{(2)})\tag{7.15}$$

则称$f(X)$为一个严格凸性函数。由凸函数的定义可知,线性函数是凸函数。

若优化问题是

$$\begin{cases}\min & f(X)\\ \text{s.t.} & g_j(X)\leqslant0\quad j=1,2,\cdots,m\end{cases}\tag{7.16}$$

其中目标函数$f(X)$和约束函数$g_j(X)$都是凸函数,由$g_j(X)$所定义的可行域是一个凸集时,称这类极小化问题是凸规划问题。凸规划有许多优良的特性,如其局部最优解,也是全局(域)最优解。而当目标函数和约束函数都是线性函数时,即线性优化问题也是凸规划[7]。

对于一个结构优化问题,要判断可行域是否为凸集,并不是一件容易的事,需要复杂的分析才能确定。如果能证明可行域确是凸集,那么判断目标函数和约束函数是否是凸函数,可以用其二阶导数矩阵,或称海森(Hessian)矩阵是否为半正定来判断,这似乎并不十分困难。然而,由于结构的位移、应力、频率等一般都是设计变量复杂的隐函数,二阶导数计算非常困难,因此要判断目标函数和约束函数是否为凸函数还颇不容易。实际的结构优化问题,有的是凸规划问题,有唯一的极小点;有的不是凸规划问题,可能有多个局部极小点。对于一个比较复杂的结构优化问题,既然很难判断它是不是凸规划问题。一种比较实际的办法是从几个不同的初始设计点进行搜索,分别得到相应的优化结果。如果优化问题具有唯一的极小点,其结果必然都收敛于同一个最优设计点。如果不止一个极小点,计算结果可能收敛于不同的局部极小点,可取其中最小的一点为优化问题的解。当然,这一设计点也未必就是全局极小点。但计算经验表明,它与全局极小点的目标函数的差值一般不会太大,从实用角度看,这样的求解方式还是可以的。

2. 固有频率约束的可行域

一个结构的固有频由以下方程确定:

$$\det[\boldsymbol{K}-\lambda_i\boldsymbol{M}]=0\quad(\lambda_i=\omega_i^2)\tag{7.17}$$

假设在设计空间D中有两个点a和b,其对应的固有频率$\{\lambda\}_a$和$\{\lambda\}_b$为满足设计要求的解集。显然,固有频率$\{\{\lambda\}_x\mid x=\alpha a+(1-\alpha)b\}$不可能全部落在线段$\alpha\{\lambda\}_a+(1-\alpha)\{\lambda\}_b$的同一侧(大于或小于)。由此可知:固有频率约束的可行域是非凸集[46]。当然,包含有固有频率约束的优化问题,也是一个非凸的数学规划问题。

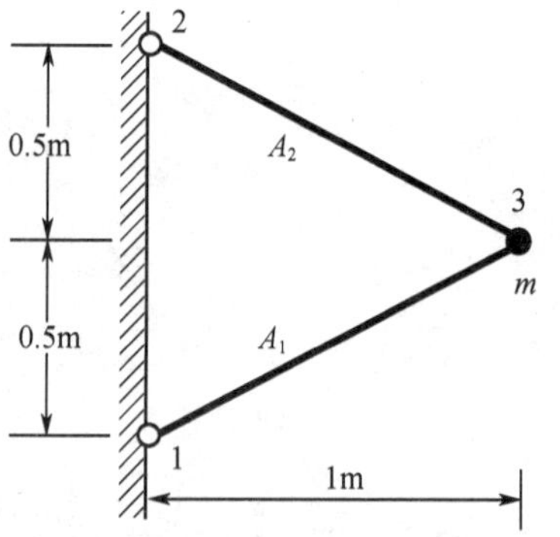

图7-2 二杆平面桁架结构

例7.1 如图7-2所示二杆平面桁架结构,假设材料的弹性模量$E=200\text{GPa}$,密度$\rho=7800\text{kg/m}^3$。节点3附加的集中质量$m=10\text{kg}$。各设计状态杆件的截面积以及桁架结构的固有频率计算结果如表7-1所列。

表 7-1　二杆平面桁架杆件截面积及结构固有频率值

设计状态		a	b	c	0.5a+0.5b
杆件截面积/cm^2	A_1	1.0	0.5	0.75	0.75
	A_2	0.5	1.0	0.75	0.75
固有频率/Hz	λ_1	105.7	105.7	114.1	105.7
	λ_2	232.3	232.3	228.3	232.3

若将设计状态(c)看成是设计状态(a)和设计状态(b)的一种组合。表 7-1 结果显示,设计状态(c)的固有频率集合$\{\lambda\}_c$并未全部落在线段$0.5\{\lambda\}_a+0.5\{\lambda\}_b$的同一侧。设计状态($c$)的第一阶固有频率大于($a$)和($b$)状态第一阶频率的组合,而第二阶频率小于它们第二阶频率的组合,由此可以判断:二杆平面桁架结构的固有频率约束的可行域是非凸集。

7.3　模态参数的灵敏度分析

开展结构动力学优化设计的一项重要工作,是进行结构的动力学分析与灵敏度计算。动力学分析一般采用数值方法,如有限元方法或瑞利-利兹法,需要构建实际结构的数值模型(非数学模型)、动态特性分析和响应计算等几个步骤。动力学灵敏度分析,就是定量计算结构的振动特性或动态响应,因其设计参数的改变而变化的程度。通过灵敏度分析来确定修改哪些结构设计参数,以实现结构模型的有效更新和设计目标的改变,从而指导优化设计的实施。通常结构的动力学灵敏度分析主要是特征灵敏度分析与计算,即结构动力学特性参数(频率、振型和模态阻尼率)对结构物理参数的变化率。

振动结构模态参数的灵敏度(一阶导数)分析与计算,是结构动力重分析、模型修正和优化设计的基础。其作用在振动理论中非常重要,也是构造结构优化算法和优化准则的一项关键技术。缺乏灵敏度信息的修改和优化设计是一种随机的、盲目的行为,而且工作量巨大、优化效率很低。结构的固有频率灵敏度分析,在动力学优化设计过程中起着非常关键的作用。结构的模态参数灵敏度分析,如固有频率、振型等,可以相对总体刚度矩阵或质量矩阵中的某一项元素,这样所得到的计算公式比较简单,对结构模型的修正工作有一定的参考价值。而模态参数相对结构的物理设计参数,如单元尺寸、节点坐标、集中质量的惯性、支承刚度或位置等的灵敏度分析,其计算结果可直接应用于实际工程设计中,指导结构的优化设计。

7.3.1　固有频率灵敏度分析

通常,无阻尼离散结构固有振动频率ω_i与相应的振型$\boldsymbol{\phi}_i$满足如下特征方程:

$$(\boldsymbol{K}-\omega_i^2\boldsymbol{M})\boldsymbol{\phi}_i=0\quad(i=1,2,\cdots,N)\tag{7.18}$$

假设结构的总体刚度矩阵$\boldsymbol{K}$和质量矩阵$\boldsymbol{M}$都是实对称矩阵,已施加了边界位移约束条件,并且一阶可导。N代表结构的自由度数。对于一个线性结构,N也是结构的固有频率和振型的总数。设所有固有频率都是实数,并已按从小到大的顺序排列:

$$0\leqslant\omega_1\leqslant\omega_2\leqslant\cdots\leqslant\omega_N\tag{7.19}$$

且所有振型 $\boldsymbol{\phi}_i$,已对质量矩阵 M 正交标准归一化:

$$\begin{cases}\boldsymbol{\phi}_i^{\mathrm{T}}\boldsymbol{M}\boldsymbol{\phi}_j=\delta_{ij} \\ \boldsymbol{\phi}_i^{\mathrm{T}}\boldsymbol{K}\boldsymbol{\phi}_j=\omega_i^2\delta_{ij}\end{cases}\quad (i,\ j=1,2,\cdots,N) \tag{7.20}$$

式中: δ_{ij}为 Kronecker Delta 函数,即

$$\begin{cases}\delta_{ij}=1 & (i=j) \\ \delta_{ij}=0 & (i\neq j)\end{cases} \tag{7.21}$$

下面推导固有频率的一阶导数表达式。将式(7.18)两边对设计参数 x 求一阶导[1,7]:

$$(\boldsymbol{K}-\omega_i^2\boldsymbol{M})\frac{\partial\boldsymbol{\phi}_i}{\partial x}+\left(\frac{\partial\boldsymbol{K}}{\partial x}-\omega_i^2\frac{\partial\boldsymbol{M}}{\partial x}-\frac{\partial\omega_i^2}{\partial x}\boldsymbol{M}\right)\boldsymbol{\phi}_i=0 \tag{7.22}$$

式(7.22)既包括固有频率的一阶导,又包括振型的一阶导,应消去其中的一个。式(7.22)两边左乘以 $\boldsymbol{\phi}_i^{\mathrm{T}}$,由于存在方程式(7.18),考虑到刚度和质量矩阵的对称性,相乘后等号左边第一项等于 0。于是可得

$$\frac{\partial\omega_i^2}{\partial x}=\frac{\boldsymbol{\phi}_i^{\mathrm{T}}\left(\dfrac{\partial\boldsymbol{K}}{\partial x}-\omega_i^2\dfrac{\partial\boldsymbol{M}}{\partial x}\right)\boldsymbol{\phi}_i}{\boldsymbol{\phi}_i^{\mathrm{T}}\boldsymbol{M}\boldsymbol{\phi}_i}\quad (i=1,2,\cdots,N) \tag{7.23}$$

由于振型 $\boldsymbol{\phi}_i$ 已对质量矩阵 $\boldsymbol{M}$ 标准正交归一化,式(7.23)的分母为 1,可简写为

$$\frac{\partial\omega_i^2}{\partial x}=\boldsymbol{\phi}_i^{\mathrm{T}}\left(\frac{\partial\boldsymbol{K}}{\partial x}-\omega_i^2\frac{\partial\boldsymbol{M}}{\partial x}\right)\boldsymbol{\phi}_i\quad (i=1,2,\cdots,N) \tag{7.24a}$$

或

$$\frac{\partial\omega_i}{\partial x}=\frac{1}{2\omega_i}\boldsymbol{\phi}_i^{\mathrm{T}}\left(\frac{\partial\boldsymbol{K}}{\partial x}-\omega_i^2\frac{\partial\boldsymbol{M}}{\partial x}\right)\boldsymbol{\phi}_i\quad (i=1,2,\cdots,N) \tag{7.24b}$$

式(7.24)将固有频率的一阶导数,用结构的刚度和质量矩阵的一阶导数表示,即用结构的物理特性的一阶导数表示其模态特性的一阶导数。由式(7.24)可知:若第 i 阶固有频率 ω_i 是单频,则其一阶导数计算只需要该阶的模态参数值,与其他阶的模态参数值无关。此外,多数情况下,一个设计变量 x 只影响系统中少数几个相关的单元,不会使所有的单元都发生改变。于是可将方程式(7.24a)进一步化简到单元层面上进行计算:

$$\frac{\partial\omega_i^2}{\partial x}=\sum_{e=1}^{n_j}\boldsymbol{\phi}_{ei}^{\mathrm{T}}\left(\frac{\partial\boldsymbol{k}_e}{\partial x}-\omega_i^2\frac{\partial\boldsymbol{m}_e}{\partial x}\right)\boldsymbol{\phi}_{ei}\quad (i=1,2,\cdots,N) \tag{7.25}$$

式中:$\boldsymbol{\phi}_{ei}$为第 e 号单元的第 i 阶振型,或者说是结构第 i 阶振型在第 e 号单元上的分量。

实际上,$\boldsymbol{\phi}_{ei}$只含有 $\boldsymbol{\phi}_i$ 中的相关单元自由度对应的少数几项,因此应用式(7.25)计算时,通常矩阵的维数可大为降低。n_j 代表与设计变量 x 有关的单元数。其他与变量 x 无关的单元将不在式(7.25)出现。因此,相对于式(7.24),式(7.25)的计算量要少得多。由式(7.25)不难理解:某阶固有频率的一阶导数仅是相关几个单元计算结果之和。

在以上推导过程中,我们利用了刚度矩阵 $\boldsymbol{K}$ 和质量矩阵 $\boldsymbol{M}$ 可导性条件,这些已在第 2 章分析过。另外,我们还假设结构的特征对(ω_i, $\boldsymbol{\phi}_i$)是唯一确定的。于是由式(7.24)

或式(7.25)计算的频率导数才是唯一的,与设计变量 x 变化方向无关[24]。

7.3.2　固有振型灵敏度分析

通常情况下,计算与单频相应的固有振型一阶导数的一种简单方法是 Fox 和 Kapoor 提出的振型叠加法[47,48],即利用固有振型在 N 维空间上的完备性,将固有振型的一阶导数在 N 维空间上展开,表示成所有振型的线性组合[14]。假设第 i 阶振型的一阶导数可表示成

$$\frac{\partial \boldsymbol{\phi}_i}{\partial x} = \boldsymbol{\Phi} \cdot \boldsymbol{c}_i = \sum_{j=1}^{N} c_{ij} \boldsymbol{\phi}_j \tag{7.26}$$

式中:$\boldsymbol{\Phi}$ 为完备的振型矩阵;$\boldsymbol{c}_i$ 是 N 维未知的系数列阵;c_{ij}为 $\boldsymbol{c}_i$ 中第 j 项的值。

将式(7.26)代入方程式(7.22)中,两边再同时左乘 $\boldsymbol{\phi}_j^{\mathrm{T}}(j \neq i)$,可得

$$\boldsymbol{\phi}_j^{\mathrm{T}}(\boldsymbol{K} - \omega_i^2 \boldsymbol{M}) \boldsymbol{\Phi} \boldsymbol{c}_i + \boldsymbol{\phi}_j^{\mathrm{T}} \left(\frac{\partial \boldsymbol{K}}{\partial x} - \omega_i^2 \frac{\partial \boldsymbol{M}}{\partial x} - \frac{\partial \omega_i^2}{\partial x} \boldsymbol{M} \right) \boldsymbol{\phi}_i = 0 \tag{7.27}$$

考虑到固有振型的正交性条件,即方程式(7.20),于是可得

$$c_{ij} = \frac{-\boldsymbol{\phi}_j^{\mathrm{T}} \left(\frac{\partial \boldsymbol{K}}{\partial x} - \omega_i^2 \frac{\partial \boldsymbol{M}}{\partial x} \right) \boldsymbol{\phi}_i}{\omega_j^2 - \omega_i^2} \quad (j = 1, 2, \cdots, N; \quad j \neq i) \tag{7.28a}$$

再对模态质量归一化方程[式(7.20)第一个方程]两边同时进行微分,可得

$$2\boldsymbol{\phi}_i^{\mathrm{T}} \boldsymbol{M} \frac{\partial \boldsymbol{\phi}_i}{\partial x} + \boldsymbol{\phi}_i^{\mathrm{T}} \frac{\partial \boldsymbol{M}}{\partial x} \boldsymbol{\phi}_i = 0 \tag{7.29}$$

将式(7.26)代入式(7.29),进一步可得

$$c_{ii} = -\frac{1}{2} \boldsymbol{\phi}_i^{\mathrm{T}} \frac{\partial \boldsymbol{M}}{\partial x} \boldsymbol{\phi}_i \tag{7.30a}$$

于是,系数列阵 $\boldsymbol{c}_i$ 中的所有项均已确定。与式(7.25)相应,式(7.28a)和式(7.30a)也可在单元层面上进行计算:

$$c_{ij} = \frac{-\sum_{e=1}^{n_j} \boldsymbol{\phi}_{ej}^{\mathrm{T}} \left(\frac{\partial \boldsymbol{k}_e}{\partial x} - \omega_i^2 \frac{\partial \boldsymbol{m}_e}{\partial x} \right) \boldsymbol{\phi}_{ei}}{\omega_j^2 - \omega_i^2} \quad (j = 1, 2, \cdots, N; \quad j \neq i) \tag{7.28b}$$

$$c_{ii} = -\frac{1}{2} \sum_{e=1}^{n_j} \boldsymbol{\phi}_{ei} \frac{\partial \boldsymbol{m}_e}{\partial x} \boldsymbol{\phi}_{ei} \tag{7.30b}$$

从式(7.26)和式(7.28b)右端不难发现,欲获得第 i 阶振型 $\boldsymbol{\phi}_i$ 的一阶导数,需要计算结构所有的频率和振型。除了简单结构以外,以上计算公式对于复杂多自由度系统几乎无法做到。因此,这种算法对实际复杂结构很难适用。为了解决这个矛盾,一般只在不完备(Incomplete)的模态空间中,采用叠加法计算振型的导数。一种简单而有效的方法是将振型 $\boldsymbol{\phi}_i$ 的一阶导数,投影到由结构的前几阶振型和一个附加“振型”(如 Ritz 基函数或“静模态”)构成的空间上,以此代替完备的模态空间[24,49]。

以上是精确计算固有振型一阶导数的间接方法,下面简单介绍一种直接计算固有振型一阶导数的方法。让我们再来考察方程式(7.22),这是一个关于第 i 阶固有频率与相

应振型一阶导数的方程组。若已经获得了结构的第 i 阶固有频率的一阶导数,似乎还可以通过求解方程式(7.22)来计算第 i 阶振型的一阶导数了[48]。但是由于动刚度矩阵($\boldsymbol{K}-\omega_i^2\boldsymbol{M}$)目前是一个奇异矩阵,($\boldsymbol{K}-\omega_i^2\boldsymbol{M}$)不能求逆矩阵。因此无法利用方程式(7.22),直接计算第 i 阶振型的一阶导数,必须对方程式(7.22)的系数矩阵进行适当地处理,消除其奇异性。

注意到方程式(7.29)也是一个关于第 i 阶振型的一阶导数的线性方程,并与方程式(7.22)组相互独立[48]。因此可将它作为一个补充方程,替换方程式(7.22)中的某一行(方程),以便消除原方程系数矩阵的奇异性。然后求解方程,可直接得到第 i 阶振型的一阶导数。这种方法无须计算结构所有的振型,只利用现有的模态分析结果,因此对大型复杂结构还是比较适合的,虽然要求解一个 N 阶线性方程组。

用方程式(7.29)替换方程组式(7.22)中的哪一个方程,可以有多种方式。如欲求第 i 阶振型的一阶导数,就换第 i 行;或者按照方程式(7.29)中绝对值最大的系数位置,选择要替换的行。具体计算过程参见例7.2。

7.3.3 模态阻尼率灵敏度分析

在计算振动结构的时域响应时,结构的阻尼必须有所考虑。模态阻尼率也是一个非常重要的振动特性参数,它代表了各阶主振动衰减的快慢程度。因此,有时也需要知道设计参数对模态阻尼率的影响程度。当系统的阻尼矩阵 $\boldsymbol{C}$ 满足条件 $\boldsymbol{CM}^{-1}\boldsymbol{K}=\boldsymbol{KM}^{-1}\boldsymbol{C}$ 时[50],系统阻尼称为经典阻尼,可借助于(实)模态变换为对角矩阵。第 i 阶模态阻尼率 ζ_i 可按下式计算:

$$\zeta_i=\frac{\boldsymbol{\phi}_i^{\mathrm{T}}\boldsymbol{C}\boldsymbol{\phi}_i}{2\omega_i} \tag{7.31}$$

于是,模态阻尼率的一阶导数可表示为

$$\frac{\partial\zeta_i}{\partial x}=\frac{1}{2\omega_i}\left(2\boldsymbol{\phi}_i^{\mathrm{T}}\boldsymbol{C}\frac{\partial\boldsymbol{\phi}_i}{\partial x}+\boldsymbol{\phi}_i^{\mathrm{T}}\frac{\partial C}{\partial x}\boldsymbol{\phi}_i\right)-\frac{\boldsymbol{\phi}_i^{\mathrm{T}}\boldsymbol{C}\boldsymbol{\phi}_i}{2\omega_i^2}\frac{\partial\omega_i}{\partial x} \tag{7.32}$$

由式(7.32)可知,要计算系统第 i 阶模态阻尼率的一阶导数,需要先获得系统第 i 阶固有频率和振型的一阶导数。而振型的一阶导数要在完备的 N 维模态空间内进行投影,需要先得到系统的所有振型。然而,考虑到阻尼矩阵满足对振型的正交性条件(即 $\boldsymbol{\phi}_j^{\mathrm{T}}\boldsymbol{C}\boldsymbol{\phi}_i=0,\ j\neq i$),这使得问题计算的难度大为降低。因为振型的一阶导数 $\partial\boldsymbol{\phi}_i/\partial x$ 其实只需计算其中的一项 $c_{ii}\boldsymbol{\phi}_i$,而其他项对模态阻尼率的一阶导数计算不起作用。于是,计算模态阻尼率的一阶导数可以利用当前的模态参数,比较容易地得到。

由式(7.30a)和式(7.31),式(7.32)可进一步简化为

$$\frac{\partial\zeta_i}{\partial x}=\frac{1}{2\omega_i}\boldsymbol{\phi}_i^{\mathrm{T}}\frac{\partial\boldsymbol{C}}{\partial x}\boldsymbol{\phi}_i-\zeta_i\boldsymbol{\phi}_i^{\mathrm{T}}\frac{\partial\boldsymbol{M}}{\partial x}\boldsymbol{\phi}_i-\frac{\zeta_i}{2\omega_i^2}\frac{\partial\omega_i^2}{\partial x} \tag{7.33}$$

另外,可以借助于复模态参数灵敏度的分析结果,无须计算振型的导数,直接获得模态阻尼率的一阶导数,具体计算过程见7.7节。

7.4 频响函数灵敏度分析

频响函数也是振动系统的一个固有特性,其重要性在工程中甚至超过了系统的固有

频率。频响函数表示系统受单位简谐激励时，其稳态振动响应的幅值和相位，随外激振频率的变化关系[50]。频响函数所包含的信息，比模态参数（频率和振型）更能真实地反映结构的实际振动状况。因此，对频响函数矩阵进行灵敏度分析，能在一定的激励频率范围内更加全面地反映系统的动态响应特性。对于一个无阻尼 N 自由度离散结构，在零初始条件下，结构对应于单位简谐激励的位移响应，满足如下运动方程：

$$\boldsymbol{M}\ddot{\boldsymbol{y}} + \boldsymbol{K}\boldsymbol{y} = \boldsymbol{I}\mathrm{e}^{\mathrm{j}\Omega t} \tag{7.34}$$

式中：$\boldsymbol{I}$ 为单位矩阵；$\mathrm{j}=\sqrt{-1}$；Ω 为外激振频率，假设不与结构的固有频率重合。

根据动力学理论，结构的稳态响应也是同频率的简谐函数，且振幅与外激振频率 Ω 有关：

$$\boldsymbol{y} = \boldsymbol{H}(\Omega)\mathrm{e}^{\mathrm{j}\Omega t} \tag{7.35}$$

式中：$\boldsymbol{H}(\Omega)$ 为结构的频响函数矩阵。其第 r 行、第 s 列交点上的元素 $H_{rs}(\Omega)$ 的物理意义表示，在第 s 个自由度上作用频率是 Ω 的单位幅值简谐激励（输入）时，在第 r 个自由度所引起的（稳态）位移响应（输出）的幅值。

将式（7.35）代入式（7.34）可得

$$(\boldsymbol{K} - \Omega^2\boldsymbol{M})\boldsymbol{H}(\Omega) = \boldsymbol{I} \tag{7.36}$$

于是可得频响函数矩阵 $\boldsymbol{H}(\Omega)$ 的表达式：

$$\boldsymbol{H}(\Omega) = (\boldsymbol{K} - \Omega^2\boldsymbol{M})^{-1} = \frac{\mathrm{adj}(\boldsymbol{K} - \Omega^2\boldsymbol{M})}{|\boldsymbol{K} - \Omega^2\boldsymbol{M}|} \tag{7.37}$$

由式（7.37）可以看出，当外激励频率 Ω 接近或等于系统的任何一个固有频率 ω_i 时，式（7.37）分母趋近于 0，系统的响应振幅将会无限地增大，引起共振。

计算频响结构的函数矩阵 $\boldsymbol{H}(\Omega)$，可以采用直接求解方程式（7.36）的方法得到。虽然这种方法能够得到精确的频响函数值，但是当系统很复杂，需要计算的激振频率 Ω 很多时，每次分解动刚度矩阵（$\boldsymbol{K} - \Omega^2\boldsymbol{M}$）也是一项非常耗时的工作[51]。因此，只有当计算少数几个频率响应点的值时，才采用方程式（7.36）直接求解计算。

将式（7.36）两边同时对设计参数 x 求一阶导：

$$(\boldsymbol{K} - \Omega^2\boldsymbol{M})\frac{\partial \boldsymbol{H}(\Omega)}{\partial x} = -\left(\frac{\partial \boldsymbol{K}}{\partial x} - \Omega^2\frac{\partial \boldsymbol{M}}{\partial x}\right)\boldsymbol{H}(\Omega) \tag{7.38}$$

则频响函数矩阵的一阶导数为

$$\frac{\partial \boldsymbol{H}(\Omega)}{\partial x} = -(\boldsymbol{K} - \Omega^2\boldsymbol{M})^{-1}\left(\frac{\partial \boldsymbol{K}}{\partial x} - \Omega^2\frac{\partial \boldsymbol{M}}{\partial x}\right)(\boldsymbol{K} - \Omega^2\boldsymbol{M})^{-1} \tag{7.39}$$

以上求解频响函数矩阵一阶导数的方法称为直接法。对于每一个激振频率 Ω，直接法需要计算系统动态刚度矩阵的逆矩阵。对于大型复杂结构，求系统总体动刚度矩阵的逆矩阵并不是一件容易的工作。

对于无阻尼离散结构的频响函数矩阵，也可以由模态叠加法推导得出[50]：

$$\boldsymbol{H}(\Omega) = \sum_{i=1}^{N}\frac{\boldsymbol{\phi}_i\boldsymbol{\phi}_i^{\mathrm{T}}}{\omega_i^2 - \Omega^2} \tag{7.40}$$

其实,工程中更关心的是频响函数矩阵中的单个元素,而非频响函数矩阵整体。若结构在第 s 个自由度上受单位简谐外力激励作用,而在第 r 个自由度测量位移响应,则频响函数矩阵的第 r 行、第 s 列的元素 $H_{rs}(\Omega)$ 是

$$H_{rs}(\Omega) = \sum_{i=1}^{N} \frac{\phi_{ri}\phi_{si}}{\omega_i^2 - \Omega^2} \tag{7.41}$$

式中:ϕ_{ri} 和 ϕ_{si} 分别为第 i 阶振型 $\boldsymbol{\phi}_i$ 的第 r 个和第 s 个分量。

频响函数对设计参数 x 的一阶导数:

$$\frac{\partial H_{rs}(\Omega)}{\partial x} = \sum_{i=1}^{N}\left[\frac{\dfrac{\partial \phi_{ri}}{\partial x}\phi_{si} + \phi_{ri}\dfrac{\partial \phi_{si}}{\partial x}}{\omega_i^2 - \Omega^2} - \frac{\dfrac{\partial \omega_i^2}{\partial x}\phi_{ri}\phi_{si}}{(\omega_i^2 - \Omega^2)^2}\right] \tag{7.42}$$

式中,固有频率和振型的一阶导数在 7.3.1 节和 7.3.2 节已经得到,因此频响函数的灵敏度即可获得。但是要计算频响函数的灵敏度,必须首先获得所有频率和振型的一阶导数,对于大型复杂结构,这同样也不是一件容易做到的事。

例 7.2 如图 7-3 所示为一个平面刚(框)架结构,各构件横截面为圆环形,内、外半径分别是 10mm 和 15mm。弹性模量 $E = 200\text{GPa}$,材料密度 $\rho = 7800\text{kg/m}^3$。节点 1 附有一个集中质量块 $m = 5\text{kg}$。按照以上推导的公式,分别计算:

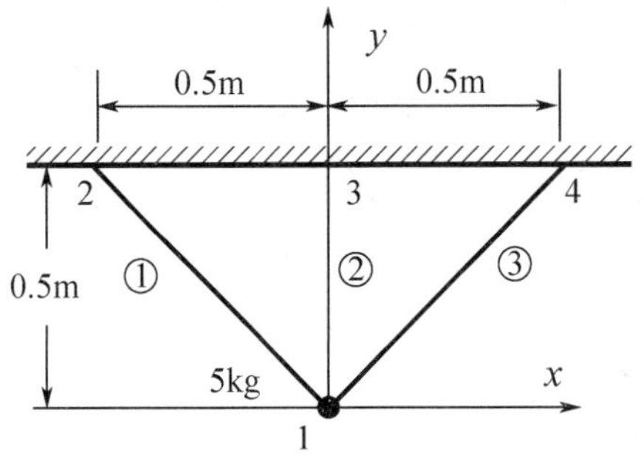

图 7-3 平面刚架结构模型

(1) 第一阶固有频率和振型,相对节点 4 的 x 坐标的一阶导数 $\mathrm{d}\omega_1/\mathrm{d}x_4$ 和 $\mathrm{d}\boldsymbol{\phi}_1/\mathrm{d}x_4$。

(2) 当激振频率 $\Omega = 2000\text{rad/s}$ 和 4000rad/s 时,频响函数 H_{11}(激励和响应均沿节点 1 的 x 方向)对节点 4 的 x 坐标的一阶导数 $\mathrm{d}H_{11}(\Omega)/\mathrm{d}x_4$。

由分析可知,结构的总体自由度只有 3 个:

$$\boldsymbol{U} = [u_1 \quad v_1 \quad \theta_1]^{\mathrm{T}}$$

其他的位移已全部被约束掉。有限元分析可得结构的总体刚度和质量矩阵分别是

$$\boldsymbol{K} = \begin{bmatrix} 1119.0\times10^5 & 0 & -261447.9 \\ 0 & 2683.7\times10^5 & 0 \\ -261447.9 & 0 & 123247.7 \end{bmatrix}, \quad \boldsymbol{M} = \begin{bmatrix} 7.0953 & 0 & -0.1536 \\ 0 & 7.0370 & 0 \\ -0.1536 & 0 & 0.02427 \end{bmatrix}$$

由方程式(7.18)可得结构的固有频率和振型矩阵:

$$\omega_1 = 2223.6\text{rad/s}, \quad \omega_2 = 4321.0\text{rad/s}, \quad \omega_3 = 6175.5\text{rad/s}$$

$$\boldsymbol{\Phi}=[\boldsymbol{\phi}_1\quad \boldsymbol{\phi}_2\quad \boldsymbol{\phi}_3]=\begin{bmatrix}-0.03976 & 0.4021 & 0\\ 0 & 0 & 0.3770\\ 6.1357 & 3.1756 & 0\end{bmatrix}$$

第 2 章已经给出了 3 号单元的刚度和质量矩阵对 x_4 的一阶导数，这其实就等于结构总体刚度和质量矩阵对 x_4 的一阶导数：

$$\frac{\mathrm{d}\boldsymbol{K}}{\mathrm{d}x_4}=10^5\times\begin{bmatrix}549.9 & -552.1 & 1.624\\ -552.1 & -1667.2 & -0.5415\\ 1.624 & -0.5415 & -0.3610\end{bmatrix}$$

$$\frac{\mathrm{d}\boldsymbol{M}}{\mathrm{d}x_4}=10^{-1}\times\begin{bmatrix}6.807 & -0.4126 & -0.5673\\ -0.4126 & 8.457 & 1.702\\ -0.5673 & 1.702 & 0.3094\end{bmatrix}$$

于是按照式(7.24b)，可得第一阶固有频率的一阶导数值：

$$\frac{\mathrm{d}\omega_1}{\mathrm{d}x_4}=\frac{1}{2\omega_1}\frac{\mathrm{d}\omega_1^2}{\mathrm{d}x_4}=-1630.9\quad(\mathrm{rad/s/m})$$

为了求第一阶振型的一阶导数，将方程式(7.29)替代方程式(7.22)中的某个方程。例如，可以按照行向量 $\boldsymbol{\phi}_1^{\mathrm{T}}\boldsymbol{M}$ 中绝对值最大项的位置(1)，确定方程式(7.22)中要替代的行(1)，这样可以保证方程的系数矩阵主对角线上有较大的值。于是可构造如下的一组关于 $\mathrm{d}\boldsymbol{\phi}_1/\mathrm{d}x_4$ 的方程：

$$\begin{bmatrix}-1.224 & 0 & 0.1550\\ 0 & 0.2336\times10^9 & 0\\ 0.4978\mathrm{E}6 & 0 & 0.3226\times10^4\end{bmatrix}\left\{\frac{\mathrm{d}\boldsymbol{\phi}_1}{\mathrm{d}x_4}\right\}=\begin{Bmatrix}-0.5968\\ 0.3308\times10^7\\ 0.5324\times10^5\end{Bmatrix}$$

以上方程的系数矩阵不再具有对称性，但却是满秩的。求解可得

$$\frac{\mathrm{d}\boldsymbol{\phi}_1}{\mathrm{d}x_4}=[0.1255\quad 0.01416\quad -2.8584]^{\mathrm{T}}$$

另外，按照式(7.26)，将其投影到结构完备的振型空间上。按照式(7.28)和式(7.29)计算系数列阵：

$$\boldsymbol{c}_1=[-0.5968\quad -0.2530\quad 0.03757]^{\mathrm{T}}$$

则按照式(7.26)计算第一阶固有振型的一阶导数可得

$$\frac{\mathrm{d}\boldsymbol{\phi}_1}{\mathrm{d}x_4}=\boldsymbol{\Phi}\cdot\boldsymbol{c}_1=[0.1255\quad 0.01416\quad -2.8584]^{\mathrm{T}}$$

可见，用振型叠加法与直接求解计算所得结果是完全一致的。按照以上同样步骤，可以得到其他各阶的固有频率和振型，对节点 4 的 x 坐标的一阶导数。再由式(7.37)或式(7.41)计算可得在指定激振频率下的频响函数值：

$$H_{11}(2000)=1.2697\times10^{-8},\quad H_{11}(4000)=6.0395\times10^{-8}$$

由式(7.39)或式(7.42)，可计算频响函数的一阶导数：

$$\frac{\mathrm{d}H_{11}(2000)}{\mathrm{d}x_4}=-2.0424\times10^{-9},\quad \frac{\mathrm{d}H_{11}(4000)}{\mathrm{d}x_4}=-9.2657\times10^{-8}$$

可见,若节点4向右移动,可使结构的第一阶固有频率有所下降。同时,也能使结构的频响函数 H_{11} 在指定的两个激振频率下幅值下降。

7.5 重频的灵敏度分析

7.3.1节、7.3.2节在固有频率和振型一阶导数推导过程中,曾假设结构的所有固有频率没有重合现象发生,即系统的固有频率 ω_i 是单一频率,对应的振型 $\boldsymbol{\phi}_i$ 也是唯一确定的。如果结构由于对称而含有重合的固有频率,例如最简单的二重频率,则与之相应的独立振型一般情况下(非退化系统)有两个,即一个固有频率对应于两个独立的振型。那么,与该频率相应的振型就存在一定的不确定性。使用式(7.24)计算频率的一阶导数时,其值也将不再是唯一的,会随振型的选取而变化。而且当系统的设计参数发生改变时,原来的重频也有可能分离成不同的值,各自成为单频。

7.5.1 重频灵敏度"方向"导数的定义

在通常的数学意义下,重频的导数值与变量变化的方向有关,即重频的一阶导数值并不是唯一的。或者说重频的 Fréchet 导数不存在,因而只能计算其方向导数[39]。重频的不可导性可以从它与单频的差异中看出:重频对应的振型虽然与其他振型独立且加权正交,但仍具有不确定性。例如,一个 N 自由度系统有一个 m 阶的重频,假如系统是非亏损的,即 m 阶的重频一定有 m 个独立,且相互正交的振型与之相对应[50,52]:

$$\omega_i = \omega_{i+1} = \cdots = \omega_{i+m-1}, \quad \boldsymbol{\phi}_i,\ \boldsymbol{\phi}_{i+1}, \cdots, \boldsymbol{\phi}_{i+m-1} \tag{7.43}$$

$$\begin{cases} \boldsymbol{\phi}_j^{\mathrm{T}} \boldsymbol{K} \boldsymbol{\phi}_j = \omega_i^2 & (j = i, i+1, \cdots, i+m-1) \\ \boldsymbol{\phi}_k^{\mathrm{T}} \boldsymbol{K} \boldsymbol{\phi}_j = 0 & (j \neq k, j, k = i, i+1, \cdots, i+m-1) \end{cases} \tag{7.44}$$

这 m 个独立、正交的振型,在系统 N 维振型(模态)空间中,可以张成一个 m 维的子空间。这个子空间内的任何一个振型(或者称 m 维向量),都可以用这 m 个振型 $[\boldsymbol{\phi}_i, \boldsymbol{\phi}_{i+1}, \cdots, \boldsymbol{\phi}_{i+m-1}]$ 的线性组合来表示。而且都是重频相应的振型,仍然满足系统的振动特征方程式(7.18)。此外,重频不可导性也可以从系统的动刚度矩阵 $(\boldsymbol{K} - \omega^2 \boldsymbol{M})$ 秩的变化得出[53]。一般情况下,如果 ω 不是系统的固有频率 ω_i 时,$(\boldsymbol{K} - \omega^2 \boldsymbol{M})$ 的秩是 N。当 ω 等于单一固有频率 ω_i 时,系统动刚度矩阵是奇异的,其秩只缺少1;而对于 m 阶重频 ω_j,其动刚度矩阵的秩减少 m。通常情况下,一阶泰勒展开公式对重频的近似计算也不再适应。

本节采用微分方法,对重合频率的一阶方向导数计算问题进行详细分析和推导[54]。而有关采用摄动方法,分析重频的灵敏度也有深入研究[55],这里不再重复。为了简化重频灵敏度分析的推导过程,这里仅考察一个二重频率。但是本节所提出的方法,完全可以推广到多重频率的灵敏度分析与计算过程中。

假设一个振动系统具有一个二重频率和两个相应的振型:

$$\begin{cases} \omega_r = \omega_1 = \omega_2 \\ \boldsymbol{\phi}_1, \quad \boldsymbol{\phi}_2 \end{cases} \tag{7.45}$$

为了不失一般性,这里对振型 $\boldsymbol{\phi}_1$ 和 $\boldsymbol{\phi}_2$ 的选取没有什么特殊要求,只要满足对质量

矩阵 $\boldsymbol{M}$ 正交标准归一化既可[即方程式(7.20)]。于是 $\boldsymbol{\phi}_1$ 和 $\boldsymbol{\phi}_2$ 在系统的 N 维振型空间中,将张成一个二维特征(振型)子空间。在这个子空间内的任意一个振型(向量)$\widetilde{\boldsymbol{\phi}}$,都将是重频 ω_r 所对应的振型[54],即

$$\widetilde{\boldsymbol{\phi}} = c_1\boldsymbol{\phi}_1 + c_2\boldsymbol{\phi}_2 = [\boldsymbol{\phi}_1 \quad \boldsymbol{\phi}_2]\begin{Bmatrix} c_1 \\ c_2 \end{Bmatrix} \tag{7.46}$$

$$(\boldsymbol{K} - \omega_r^2\boldsymbol{M})\widetilde{\boldsymbol{\phi}} = c_1(\boldsymbol{K} - \omega_r^2\boldsymbol{M})\boldsymbol{\phi}_1 + c_2(\boldsymbol{K} - \omega_r^2\boldsymbol{M})\boldsymbol{\phi}_2 = 0 \tag{7.47}$$

振型 $\widetilde{\boldsymbol{\phi}}$ 的归一化要求:

$$\widetilde{\boldsymbol{\phi}}^{\mathrm{T}}\boldsymbol{M}\widetilde{\boldsymbol{\phi}} = 1 \Rightarrow c_1^2 + c_2^2 = 1 \tag{7.48}$$

式中:c_1 和 c_2 为两个任意的实常数。虽然 c_1 和 c_2 确切的值暂时还无法确定,但方程式(7.48)表明,点 $C(c_1,c_2)$ 将落在一个半径为 1 的单位圆上,如图 7-4 所示。一旦 c_1 与 c_2 之间的比值 c_1/c_2 确定了,则由式(7.48)和式(7.46),即可确定一个特定的振型 $\widetilde{\boldsymbol{\phi}}$。由于 c_1 与 c_2 尚无法确定,或者说图 7-4 中 $\boldsymbol{OC}$ 的方向未定,因此 $\widetilde{\boldsymbol{\phi}}$ 在由 $\boldsymbol{\phi}_1$ 和 $\boldsymbol{\phi}_2$ 张成的特征(振型)子空间的“方向”尚未确定。实际上,式(7.46)和式(7.48)仅定义了振型 $\widetilde{\boldsymbol{\phi}}$ 的模(大小)。将 $\widetilde{\boldsymbol{\phi}}$ 代入式(7.22),然后方程两边左乘 $\widetilde{\boldsymbol{\phi}}^{\mathrm{T}}$,可得

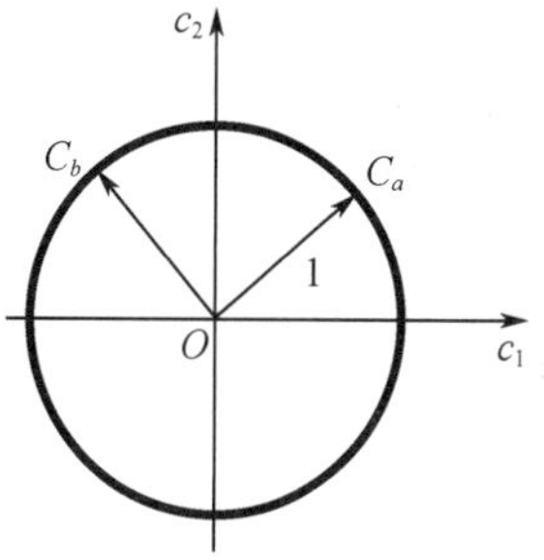

图 7-4　特征子空间“方向”导数矩阵的特征向量

$$\frac{\partial\omega_r^2}{\partial x} = \widetilde{\boldsymbol{\phi}}^{\mathrm{T}}\left(\frac{\partial\boldsymbol{K}}{\partial x} - \omega_r^2\frac{\partial\boldsymbol{M}}{\partial x}\right)\widetilde{\boldsymbol{\phi}} \tag{7.49}$$

将 $\widetilde{\boldsymbol{\phi}}$ 的表达式(7.46)代入式(7.49),于是可得

$$\frac{\partial\omega_r^2}{\partial x} = \boldsymbol{C}^{\mathrm{T}}\boldsymbol{G}\boldsymbol{C} = c_1^2g_{11} + c_2^2g_{22} + 2c_1c_2g_{12} \tag{7.50}$$

式中:

$$\boldsymbol{C} = \begin{Bmatrix} c_1 \\ c_2 \end{Bmatrix}, \quad \boldsymbol{G} = \begin{bmatrix} g_{11} & g_{12} \\ g_{21} & g_{22} \end{bmatrix}, \quad g_{12} = g_{21} \tag{7.51a}$$

$$g_{mn} = \boldsymbol{\phi}_m^{\mathrm{T}}\left(\frac{\partial\boldsymbol{K}}{\partial x} - \omega_r^2\frac{\partial\boldsymbol{M}}{\partial x}\right)\boldsymbol{\phi}_n \quad (m,n=1,\ 2) \tag{7.51b}$$

在式(7.51)中,已经假设 $\partial\boldsymbol{K}/\partial x$ 和 $\partial\boldsymbol{M}/\partial x$ 都是对称矩阵。不难发现:用式(7.50)计算重频 ω_r 的一阶导数不仅与设计参数 x 有关,见式(7.51),而且还与振型 $\widetilde{\boldsymbol{\phi}}$ 的选取有关,即与 c_1 和 c_2 的取值有关。或者更确切地说,该导数与 $\widetilde{\boldsymbol{\phi}}$ 在由 $\boldsymbol{\phi}_1$ 和 $\boldsymbol{\phi}_2$ 张成的二维子空间内的“方向”有关。因此,用式(7.50)计算 $\partial\omega_r^2/\partial x$ 得到的值并不是唯一的,其 Fréchet 一阶导数不存在,只能计算重频 ω_r 相对某个特定“方向”振型的一阶导数。

首先我们可以确定:由于已假设结构的刚度和质量矩阵是一阶可导的,由式(7.50)计算所得的 $\partial\omega_r^2/\partial x$ 结果是一个有限值。为了区别于定义在设计变量空间上的方向导数,并强调计算结果对振型"方向"选择的依赖性,将由式(7.50)计算得到的重频一阶导数,定义为由 $\boldsymbol{\phi}_1$ 和 $\boldsymbol{\phi}_2$ 张成的**特征子空间一阶"方向"导数**(Eigenspace Directional Derivative)。由式(7.51)计算得到的 g_{11} 和 g_{22} 分别定义为对应于 $\boldsymbol{\phi}_1$ 和 $\boldsymbol{\phi}_2$ 的**基本特征子空间一阶"方向"导数**;$g_{12}=g_{21}$ 为**特征子空间一阶混合"方向"导数**。矩阵 $\boldsymbol{G}$ 定义为**特征子空间一阶"方向"导数矩阵**。不失一般性,这里不要求 $\boldsymbol{G}$ 为对角矩阵,即 $\boldsymbol{G}$ 的非对角线上的元素 g_{12} 和 g_{21} 可以不等于 0。这是因为虽然 $\boldsymbol{\phi}_1$ 和 $\boldsymbol{\phi}_2$ 对结构的质量和刚度矩阵具有正交性,但并不能保证它们对质量和刚度的一阶导数矩阵一定也是正交的。而选择能使 $\boldsymbol{G}$ 成为对角阵的一对特殊振型 $\boldsymbol{\phi}_1$ 和 $\boldsymbol{\phi}_2$,对于一个复杂结构来说,并不是一件容易做到的事。

由于 $\partial\omega_r^2/\partial x$ 的计算结果对 c_1 和 c_2 取值的依赖性,调整 c_1 和 c_2 可以使 $\partial\omega_r^2/\partial x$ 达到极值(或驻值)。为了求这个特征子空间内的"方向"导数,在约束方程式(7.48)条件下的极值,需要构造拉格朗日函数:

$$
\begin{aligned}
L(c_1,c_2,\lambda) &= \frac{\partial\omega_r^2}{\partial x}+\lambda(1-c_1^2-c_2^2) \\
&= \begin{Bmatrix} c_1 \\ c_2 \end{Bmatrix}^{\mathrm{T}} \begin{bmatrix} g_{11} & g_{12} \\ g_{21} & g_{22} \end{bmatrix} \begin{Bmatrix} c_1 \\ c_2 \end{Bmatrix} + \lambda(1-c_1^2-c_2^2)
\end{aligned} \tag{7.52}
$$

式中:λ 为拉格朗日乘子(未知)。

将式(7.52)分别对参数 c_1 和 c_2 求一阶导数,并令结果等于 0。于是可得

$$
\begin{cases}
\dfrac{\partial L}{\partial c_1} = 2g_{11}c_1+2g_{12}c_2-2\lambda c_1=0 \\
\dfrac{\partial L}{\partial c_2} = 2g_{22}c_2+2g_{12}c_1-2\lambda c_2=0
\end{cases} \tag{7.53}
$$

以上两个方程简写成

$$
\begin{bmatrix} g_{11} & g_{12} \\ g_{21} & g_{22} \end{bmatrix} \begin{Bmatrix} c_1 \\ c_2 \end{Bmatrix} = \lambda \begin{Bmatrix} c_1 \\ c_2 \end{Bmatrix} \tag{7.54a}
$$

即

$$
\boldsymbol{GC}=\lambda\boldsymbol{C} \tag{7.54b}
$$

显然,这是一个标准的代数特征值问题,c_1 和 c_2 不能全部为 0。即求导数 $\partial\omega_r^2/\partial x$ 关于 c_1 和 c_2 的极值问题转换成求方程式(7.54b)的特征向量问题。定义矩阵 $\boldsymbol{G}$ 的特征值和特征向量对分别为

$$
\left(g_a,\boldsymbol{C}_a=\begin{Bmatrix} c_1 \\ c_2 \end{Bmatrix}_a\right),\quad \left(g_b,\boldsymbol{C}_b=\begin{Bmatrix} c_1 \\ c_2 \end{Bmatrix}_b\right) \tag{7.55}
$$

将以上两个特征值按由小到大的顺序排列,对应的特征向量满足下列关系:

$$
g_a \leqslant g_b,\quad \boldsymbol{C}_a^{\mathrm{T}}\cdot\boldsymbol{C}_b=0 \tag{7.56}
$$

对于一个简单二维矩阵 G，其两个特征值可按下式计算：

$$g_{a,b}=\frac{1}{2}\left((g_{11}+g_{22})\mp\sqrt{(g_{11}-g_{22})^2+4g_{12}}\right)\tag{7.57}$$

从方程式(7.54)可以看出：矩阵 $\boldsymbol{G}$ 的特征值正好是式(7.52)中的拉格朗日乘子 $\boldsymbol{\lambda}$。方程式(7.56)的第二式表明：特征向量 $\boldsymbol{C}_a$ 和 $\boldsymbol{C}_b$ 是相互正交的，即 $\boldsymbol{OC}_a$ 与 $\boldsymbol{OC}_b$ 垂直，其相互关系如图 7-4 所示。于是，由式(7.50)计算得到的重频对设计参数 x 的**特征子空间一阶"方向"导数**的驻值分别是

$$\left.\frac{\partial\omega_r^2}{\partial x}\right|_{s_1}=\boldsymbol{C}_a^{\mathrm{T}}\boldsymbol{G}\boldsymbol{C}_a=g_a\tag{7.58a}$$

和

$$\left.\frac{\partial\omega_r^2}{\partial x}\right|_{s_2}=\boldsymbol{C}_b^{\mathrm{T}}\boldsymbol{G}\boldsymbol{C}_b=g_b\tag{7.58b}$$

再将各特征向量 $\boldsymbol{C}_a$ 和 $\boldsymbol{C}_b$ 分别代回到式(7.46)中，即可在由 $\boldsymbol{\phi}_1$ 和 $\boldsymbol{\phi}_2$ 张成的二维特征子空间内，确定能使 $\partial\omega_r^2/\partial x$ 取驻(极)值所对应的特定振型：

$$\begin{cases}\tilde{\boldsymbol{\phi}}_a=c_{1a}\boldsymbol{\phi}_1+c_{2a}\boldsymbol{\phi}_2\\ \tilde{\boldsymbol{\phi}}_b=c_{1b}\boldsymbol{\phi}_1+c_{2b}\boldsymbol{\phi}_2\end{cases}\tag{7.59}$$

很明显，由式(7.59)得到的振型 $\tilde{\boldsymbol{\phi}}_a$ 和 $\tilde{\boldsymbol{\phi}}_b$ 与设计参数 x 与密切关系。

至此，我们通过求解一个标准的特征值问题，得到了二阶重频 ω_r 在特征子空间内一阶"方向"导数的两个驻值 g_a 和 g_b(下面还将证明它们也是极值)。另外，已有的研究表明[56,57]，这两个特征值也是重频 ω_r 在变量空间的一阶方向导数，即重频的一阶灵敏度值。但是，在使用式(7.54)或式(7.58)计算重频的一阶灵敏度时，人们不禁要问一个最基本的问题：由式(7.54)计算得到的特征值 g_a 和 g_b，以及由式(7.59)计算所得相应的特定振型 $\tilde{\boldsymbol{\phi}}_a$ 和 $\tilde{\boldsymbol{\phi}}_b$ 时，是否与开始所选择的两个基本振型 $\boldsymbol{\phi}_1$ 和 $\boldsymbol{\phi}_2$ 有关呢？它们的值是否仅依赖于变量 x 呢？毕竟矩阵 $\boldsymbol{G}$ 的构成不仅与质量和刚度矩阵一阶导数有关，而且与基本振型 $\boldsymbol{\phi}_1$ 和 $\boldsymbol{\phi}_2$ 选取也有很大的关系。如果计算结果确实与 $\boldsymbol{\phi}_1$ 和 $\boldsymbol{\phi}_2$ 的选择有关，那么这样所得的结果将会有无数多个。如此所得"方向"导数的驻(极)值，或重频的灵敏度值，也就毫无任何理论和实际意义。

7.5.2　重频的灵敏度特性分析

下面证明重频一阶灵敏度分析和计算的一些重要特性。为表达清楚起见，假设一个结构的二重频率 ω_r，是由两个频率 $\omega_1(x)$ 和 $\omega_2(x)$，在设计点 $x=x_c$ 重合而成，即

$$\begin{cases}\omega_r=\omega_1(x_c)=\omega_2(x_c)\\ (\omega_1,\boldsymbol{\phi}_1),\quad(\omega_2,\boldsymbol{\phi}_2)\end{cases}\tag{7.60}$$

特性 1：$\tilde{\boldsymbol{\phi}}_a$ 和 $\tilde{\boldsymbol{\phi}}_b$ 对质量矩阵 $\boldsymbol{M}$ 和刚度矩阵 $\boldsymbol{K}$ 加权正交。

由 7.5.1 节推导可知，$\tilde{\boldsymbol{\phi}}_a$ 和 $\tilde{\boldsymbol{\phi}}_b$ 分别是一个二重频率在**特征子空间内的一阶"方向"导数** $\partial\omega_r^2/\partial x$，取驻值时所对应的两个特殊振型，由式(7.59)可得

$$\widetilde{\boldsymbol{\phi}}_a^{\mathrm{T}}\boldsymbol{M}\widetilde{\boldsymbol{\phi}}_b = (c_{1a}\boldsymbol{\phi}_1^{\mathrm{T}} + c_{2a}\boldsymbol{\phi}_2^{\mathrm{T}})\boldsymbol{M}(c_{1b}\boldsymbol{\phi}_1 + c_{2b}\boldsymbol{\phi}_2)$$
$$= (c_{1a}\cdot c_{1b} + c_{2a}\cdot c_{2b}) = \boldsymbol{C}_a^{\mathrm{T}}\cdot\boldsymbol{C}_b = 0 \tag{7.61}$$

由方程式(7.48)可知:$\widetilde{\boldsymbol{\phi}}_a$ 和 $\widetilde{\boldsymbol{\phi}}_b$ 已经分别对质量矩阵正交标准归一化,于是,有

$$\widetilde{\boldsymbol{\phi}}_a^{\mathrm{T}}\boldsymbol{K}\widetilde{\boldsymbol{\phi}}_a = (c_{1a}\boldsymbol{\phi}_1^{\mathrm{T}} + c_{2a}\boldsymbol{\phi}_2^{\mathrm{T}})\boldsymbol{K}(c_{1a}\boldsymbol{\phi}_1 + c_{2a}\boldsymbol{\phi}_2)$$
$$= (c_{1a}^2 + c_{2a}^2)\omega_r^2 = \omega_r^2 = \widetilde{\boldsymbol{\phi}}_b\boldsymbol{K}\widetilde{\boldsymbol{\phi}}_b \tag{7.62}$$

特性2:驻值 g_a、g_b 与基本振型 $\boldsymbol{\phi}_1$ 和 $\boldsymbol{\phi}_2$ 的选择无关。

为了证明此性质,在系统的模态空间中,另选一对基本振型 $\overline{\boldsymbol{\phi}}_1$ 和 $\overline{\boldsymbol{\phi}}_2$。由振动基本理论可知:这两个振型也可以由 $\boldsymbol{\phi}_1$ 和 $\boldsymbol{\phi}_2$ 的线性组合得到,即

$$\overline{\boldsymbol{\phi}}_1 = [\boldsymbol{\phi}_1 \quad \boldsymbol{\phi}_2]\begin{Bmatrix}\beta_1\\ \beta_2\end{Bmatrix}_1,\quad \overline{\boldsymbol{\phi}}_2 = [\boldsymbol{\phi}_1 \quad \boldsymbol{\phi}_2]\begin{Bmatrix}\beta_1\\ \beta_2\end{Bmatrix}_2 \tag{7.63}$$

由 $\overline{\boldsymbol{\phi}}_1$ 和 $\overline{\boldsymbol{\phi}}_2$ 对质量矩阵 $\boldsymbol{M}$ 正交归一化可得

$$\begin{cases}\overline{\boldsymbol{\phi}}_1^{\mathrm{T}}\boldsymbol{M}\overline{\boldsymbol{\phi}}_2 = 0 \Rightarrow \overline{\boldsymbol{\beta}}_1^{\mathrm{T}}\cdot\overline{\boldsymbol{\beta}}_2 = 0\\ \overline{\boldsymbol{\phi}}_m^{\mathrm{T}}\boldsymbol{M}\overline{\boldsymbol{\phi}}_m = 1 \Rightarrow \overline{\boldsymbol{\beta}}_m^{\mathrm{T}}\cdot\overline{\boldsymbol{\beta}}_m = 1 \quad (m=1,\ 2)\end{cases} \tag{7.64}$$

式中

$$\overline{\boldsymbol{\beta}}_1 = \begin{Bmatrix}\beta_1\\ \beta_2\end{Bmatrix}_1,\quad \overline{\boldsymbol{\beta}}_2 = \begin{Bmatrix}\beta_1\\ \beta_2\end{Bmatrix}_2 \tag{7.65}$$

由式(7.46)可知,由 $\overline{\boldsymbol{\phi}}_1$ 和 $\overline{\boldsymbol{\phi}}_2$ 的线性组合构成的任一振型 $\widetilde{\boldsymbol{\phi}}$ 可表示为

$$\widetilde{\boldsymbol{\phi}} = \bar{c}_1\overline{\boldsymbol{\phi}}_1 + \bar{c}_2\overline{\boldsymbol{\phi}}_2 = [\overline{\boldsymbol{\phi}}_1 \quad \overline{\boldsymbol{\phi}}_2]\begin{Bmatrix}\bar{c}_1\\ \bar{c}_2\end{Bmatrix} = [\boldsymbol{\phi}_1 \quad \boldsymbol{\phi}_2]\cdot[\overline{\beta}_1 \quad \overline{\beta}_2]\cdot\overline{\boldsymbol{C}} \tag{7.66}$$

按照式(7.50),与 $\widetilde{\boldsymbol{\phi}}$ 相应的**特征子空间一阶"方向"导数**为

$$\frac{\partial\omega_r^2}{\partial x} = \overline{\boldsymbol{C}}^{\mathrm{T}}\boldsymbol{H}\,\overline{\boldsymbol{C}} \tag{7.67}$$

式中:**特征子空间一阶"方向"导数矩阵** $\boldsymbol{H}$ 仍可按式(7.51)构造,且与 $\boldsymbol{G}$ 存在如下关系,即

$$\boldsymbol{H} = \begin{bmatrix}h_{11} & h_{12}\\ h_{21} & h_{22}\end{bmatrix} = [\overline{\boldsymbol{\phi}}_1 \quad \overline{\boldsymbol{\phi}}_2]^{\mathrm{T}}\left(\frac{\partial\boldsymbol{K}}{\partial x} - \omega_r^2\frac{\partial\boldsymbol{M}}{\partial x}\right)[\overline{\boldsymbol{\phi}}_1 \quad \overline{\boldsymbol{\phi}}_2]$$
$$= [\overline{\boldsymbol{\beta}}_1 \quad \overline{\boldsymbol{\beta}}_2]^{\mathrm{T}}\boldsymbol{G}[\overline{\boldsymbol{\beta}}_1 \quad \overline{\boldsymbol{\beta}}_2] \tag{7.68}$$

由式(7.64)可知,矩阵 $\boldsymbol{H}$ 刚好是矩阵 $\boldsymbol{G}$ 的一个正交变换。于是根据代数矩阵理论,$\boldsymbol{H}$ 和 $\boldsymbol{G}$ 具有相同的特征值和迹(Trace)[52]:

$$h_a = g_a,\quad h_b = g_b \tag{7.69}$$

$$\mathrm{Tr}(\boldsymbol{H}) = h_{11} + h_{22} = \mathrm{Tr}(\boldsymbol{G}) = g_{11} + g_{22} = \mathrm{Const.} \tag{7.70}$$

式中：h_a 和 h_b 分别为矩阵 $\boldsymbol{H}$ 的特征值，并按照由小到大的顺序排列。

由式(7.69)表明：对于一个二阶重频 ω_r 所对应的任意一对基本振型 $\boldsymbol{\phi}_1$ 和 $\boldsymbol{\phi}_2$，只要它们满足对质量矩阵 $\boldsymbol{M}$ 正交归一化条件，按照式(7.51)所构成的**特征子空间“方向”导数矩阵 $\boldsymbol{G}$**，将具有相同的特征值。式(7.70)表示**基本特征子空间一阶“方向”导数**之和为一常数。

以上结果证明了计算矩阵 $\boldsymbol{G}$ 的特征值 g_a 和 g_b 与振型选择无关这一重要性质。通过系统的刚度和质量一阶导数矩阵，特征值 g_a 和 g_b 仅依赖于设计变量 x，其结果应是唯一的。于是 g_a 和 g_b 对设计变量改变具有实际意义，它们实际上分别是重频沿设计变量 $-x$ 和 $+x$ 方向的一阶导数值[53]。

另外，根据矩阵论理论，一个矩阵的迹等于其所有特征值之和[52,58]：

$$\mathrm{Tr}(\boldsymbol{G}) = g_a + g_b = \mathrm{Const.} \tag{7.71}$$

由此可知：重频对设计变量 x 的方向导数之和是一个常数。

特性 3：$\widetilde{\boldsymbol{\phi}}_a$、$\widetilde{\boldsymbol{\phi}}_b$ 与 $\boldsymbol{\phi}_1$ 和 $\boldsymbol{\phi}_2$ 选择无关，且特征空间一阶混合“方向”导数 g_{ab} 等于 0。

$\widetilde{\boldsymbol{\phi}}_a$ 和 $\widetilde{\boldsymbol{\phi}}_b$ 是 $\partial\omega_r^2/\partial x$ 取驻值对应的两个特定振型，由特性 2 的分析过程可知

$$\boldsymbol{H}\overline{\boldsymbol{C}}_a = h_a\overline{\boldsymbol{C}}_a,\quad \boldsymbol{H}\overline{\boldsymbol{C}}_b = h_b\overline{\boldsymbol{C}}_b \tag{7.72}$$

由于矩阵 $\boldsymbol{H}$ 是矩阵 $\boldsymbol{G}$ 的正交变换，矩阵 $\boldsymbol{H}$ 与 $\boldsymbol{G}$ 的特征向量有如下关系[52]：

$$[\overline{\boldsymbol{C}}_a \quad \overline{\boldsymbol{C}}_b]_{\boldsymbol{H}} = [\overline{\boldsymbol{\beta}}_1 \quad \overline{\boldsymbol{\beta}}_2]^{\mathrm{T}}\cdot[\boldsymbol{C}_a \quad \boldsymbol{C}_b]_{\boldsymbol{G}} \tag{7.73}$$

将式(7.73)代回到式(7.59)，可以确定对应于各驻值的振型：

$$\begin{aligned}
[\widetilde{\boldsymbol{\phi}}_a \quad \widetilde{\boldsymbol{\phi}}_b]_{\boldsymbol{H}} &= [\overline{\boldsymbol{\phi}}_1 \quad \overline{\boldsymbol{\phi}}_2]\cdot[\overline{\boldsymbol{C}}_a \quad \overline{\boldsymbol{C}}_b]_{\boldsymbol{H}} \\
&= [\boldsymbol{\phi}_1 \quad \boldsymbol{\phi}_2]\cdot[\overline{\boldsymbol{\beta}}_1 \quad \overline{\boldsymbol{\beta}}_2]\cdot[\overline{\boldsymbol{\beta}}_1 \quad \overline{\boldsymbol{\beta}}_2]^{\mathrm{T}}\cdot[\boldsymbol{C}_a \quad \boldsymbol{C}_b]_{\boldsymbol{G}} \\
&= [\boldsymbol{\phi}_1 \quad \boldsymbol{\phi}_2]\cdot[\boldsymbol{C}_a \quad \boldsymbol{C}_b]_{\boldsymbol{G}} = [\widetilde{\boldsymbol{\phi}}_a \quad \widetilde{\boldsymbol{\phi}}_b]_{\boldsymbol{G}}
\end{aligned} \tag{7.74}$$

式(7.74)表明，由 $\overline{\boldsymbol{\phi}}_1$ 和 $\overline{\boldsymbol{\phi}}_2$ 得到的 $\widetilde{\boldsymbol{\phi}}_a$ 和 $\widetilde{\boldsymbol{\phi}}_b$，与选择 $\boldsymbol{\phi}_1$ 和 $\boldsymbol{\phi}_2$ 得到的 $\widetilde{\boldsymbol{\phi}}_a$ 和 $\widetilde{\boldsymbol{\phi}}_b$ 完全相同。于是可知，$\widetilde{\boldsymbol{\phi}}_a$ 和 $\widetilde{\boldsymbol{\phi}}_b$ 是唯一与 g_a 和 g_b 相应的，与基本振型选取无关的两个特殊振型。进一步还可得到

$$\begin{aligned}
g_{ab} &= \widetilde{\boldsymbol{\phi}}_a^{\mathrm{T}}\left(\frac{\partial\boldsymbol{K}}{\partial x} - \omega_r^2\frac{\partial\boldsymbol{M}}{\partial x}\right)\widetilde{\boldsymbol{\phi}}_b \\
&= \boldsymbol{C}_a^{\mathrm{T}}[\boldsymbol{\phi}_1 \quad \boldsymbol{\phi}_2]^{\mathrm{T}}\left(\frac{\partial\boldsymbol{K}}{\partial x} - \omega_r^2\frac{\partial\boldsymbol{M}}{\partial x}\right)[\boldsymbol{\phi}_1 \quad \boldsymbol{\phi}_2]\boldsymbol{C}_b \\
&= \boldsymbol{C}_a^{\mathrm{T}}\cdot\boldsymbol{G}\cdot\boldsymbol{C}_b = 0
\end{aligned} \tag{7.75}$$

式(7.75)表明，如果选择 $\widetilde{\boldsymbol{\phi}}_a$ 和 $\widetilde{\boldsymbol{\phi}}_b$ 作为基振型，则所构成的 $\boldsymbol{G}$ 是一个对角矩阵。此时矩阵 $\boldsymbol{G}$ 的特征值，正是其对角线上的元素。这是一对非常特殊的基本振型，无须求解特征值方程式(7.54)，即可得到二阶重频 ω_r 在变量空间的一阶方向导数。

从以上分析结果还可知：在结构振型空间中，至少可以找到这样的一对正交基本振型

$\tilde{\boldsymbol{\phi}}_a$ 和 $\tilde{\boldsymbol{\phi}}_b$。其**基本特征子空间一阶“方向”导数**($g_{11}$ 和 g_{22})正是重频的灵敏度。换句话说,采用 $\tilde{\boldsymbol{\phi}}_a$ 和 $\tilde{\boldsymbol{\phi}}_b$ 作为基振型,重频一阶灵敏度的计算,如同单频一样简单。分别按照单频灵敏度计算公式,即可得到重频的灵敏度值。当然,$\tilde{\boldsymbol{\phi}}_a$ 和 $\tilde{\boldsymbol{\phi}}_b$ 的选取与设计参数 x 有直接的关系,不同的设计参数对应于不同的 $\tilde{\boldsymbol{\phi}}_a$ 与 $\tilde{\boldsymbol{\phi}}_b$。因此,定义 $\tilde{\boldsymbol{\phi}}_a$ 和 $\tilde{\boldsymbol{\phi}}_b$ 分别为重频 ω_r,相对于某个特定设计参数 x 的**主振型**(Primary Modes)。而且特性3表明,这对主振型是唯一的。$\tilde{\boldsymbol{\phi}}_a$ 与 $\tilde{\boldsymbol{\phi}}_b$ 这对**主振型**对重频振型的求导也非常有用,可以利用它们计算与重频相应的振型的一阶导数[48]。如果设计参数很多,确定每一个设计参数对应的**主振型** $\tilde{\boldsymbol{\phi}}_a$ 和 $\tilde{\boldsymbol{\phi}}_b$ 并不容易,最科学和最有效的方法是按照式(7.59)计算获得。

特性4:特征空间一阶“方向”导数 $\partial\omega_r^2/\partial x$ 的值有界,且有 $\partial\omega_r^2/\partial x\,|_{\min}=g_a$,$\partial\omega_r^2/\partial x\,|_{\max}=g_b$。

根据式(7.58)的推导过程可知:g_a 和 g_b 是**重频特征空间一阶“方向”导数** $\partial\omega_r^2/\partial x$ 的驻值。另外,由于已经假设质量和刚度矩阵均可导,其导数都是有限值,因此由式(7.51)计算得到的 $g_{mn}(m,n=1,2)$ 也是有限值,由式(7.50)可得

$$\left|\frac{\partial\omega_r^2}{\partial x}\right| \leqslant |c_1^2 g_{11}| + |c_2^2 g_{22}| + 2|c_1 c_2 g_{12}| \leqslant |g_{11}| + |g_{22}| + 2|g_{12}| < +\infty \tag{7.76}$$

由于 $\partial\omega_r^2/\partial x$ 的值有界,且有驻值,于是可以得出结论:

$$\left.\frac{\partial\omega_r^2}{\partial x}\right|_{\min} = g_a,\quad \left.\frac{\partial\omega_r^2}{\partial x}\right|_{\max} = g_b \tag{7.77}$$

式(7.77)表明:重频灵敏度是**特征子空间一阶“方向”导数**的极值。图7-5显示了重频的**特征子空间一阶“方向”导数** $\partial\omega_r^2/\partial x$ 随 $\tilde{\boldsymbol{\phi}}$ 的变化情况:

$$\tilde{\boldsymbol{\phi}} = c_1\boldsymbol{\phi}_b + c_2\boldsymbol{\phi}_a = \boldsymbol{\phi}_b\cos\theta + \boldsymbol{\phi}_a\sin\theta \tag{7.78}$$

特性5:如果 $g_a=g_b$,则 $\omega_1(x)$ 和 $\omega_2(x)$ 在重合点 x_c 有相同的一阶变化率。

$g_a=g_b$ 意味着重频 ω_r 的两个“方向”导数(灵敏度)相等。由特性4可知:$\partial\omega_r^2/\partial x$ 对任意的振型 $\tilde{\boldsymbol{\phi}}$ 都具有唯一的值,即

$$\left.\frac{\partial\omega_r^2}{\partial x}\right|_{x_c} = \text{Const.} \tag{7.79}$$

于是,在线性近似范围内,发生重合的两个频率 $\omega_1(x_c)$ 和 $\omega_2(x_c)$ 对设计参数 x 的改变,具有相同的变化率。

值得注意的是:此时矩阵 $\boldsymbol{G}$ 也具有重特征值,并且**主振型** $\tilde{\boldsymbol{\phi}}_a$ 和 $\tilde{\boldsymbol{\phi}}_b$ 无法唯一地确定。这是因为 $\boldsymbol{C}_a$ 和 $\boldsymbol{C}_b$ 的任意线性组合,仍是矩阵 $\boldsymbol{G}$ 的特征矢量。实际上,此时任意一对正交归一化振型 $\boldsymbol{\phi}_1$ 和 $\boldsymbol{\phi}_2$,都是重频 $\omega(x)$ 的**主振型**。在这种特殊情况下,设计参数的改变对结构两个频率 ω_1 和 ω_2 有相同的影响效果。任选一个(或一对)振型,重频灵敏度值计

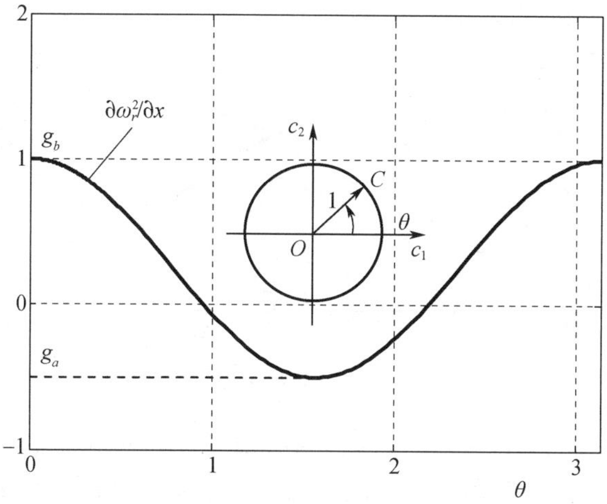

图7-5　特征方向导数变化情况($g_a=-0.5, g_b=1$)

算如同单一频率一样简单。

特性6:如果 $g_a \neq g_b$,且 $g_a \cdot g_b \geqslant 0$,则 $\omega_1(x)$ 和 $\omega_2(x)$ 在重合点 x_c 有相同的变化趋势,它们的频率阶次随参数改变而交换次序。

由特性4可知,由于 $g_a \neq g_b$,此时**特征子空间"方向"导数**值 $\partial\omega_r^2/\partial x$ 依赖于振型 $\tilde{\boldsymbol{\phi}}$ 的选取。但是,由于 $g_a \cdot g_b \geqslant 0$,其符号对任意振型保持不变,即

$$\mathrm{sign}\left(\left.\frac{\partial\omega_r^2}{\partial x}\right|_{x_c}\right)=\mathrm{Const.} \tag{7.80}$$

此时,重频的灵敏度值分别为

$$\left.\frac{\partial\omega_1^2}{\partial x}\right|_{x_c}=g_a,\quad \left.\frac{\partial\omega_2^2}{\partial x}\right|_{x_c}=g_b \tag{7.81}$$

由此可知:$\omega_1(x)$ 和 $\omega_2(x)$ 随设计参数 x 的改变将同时增加或同时减小。然而,根据振动基本理论,频率的阶次应按其值的大小顺序排列,因此 $\omega_1(x)$ 和 $\omega_2(x)$ 将交换各自的排列顺序,如图7-6中的点 x_c。

特性7:如果 $g_a \neq g_b$,且 $g_a \cdot g_b < 0$,则 $\omega_1(x)$ 和 $\omega_2(x)$ 在重合点 x_c 处有相反的变化趋势。并且,$\omega_1(x)$ 相对 x 的变化将达到极大值。

从以上推导可知,此时重频的灵敏度分别为

$$\left.\frac{\partial\omega_1^2}{\partial x}\right|_{x_c}=g_a,\quad \left.\frac{\partial\omega_2^2}{\partial x}\right|_{x_c}=g_b \tag{7.82}$$

$g_a \cdot g_b < 0$ 意味着 $\omega_1(x)$ 和 $\omega_2(x)$ 的灵敏度值,在重合点 x_c 处有相反的符号。于是,$\omega_1(x)$ 和 $\omega_2(x)$ 随着设计参数 x 改变以相反的趋势变化,即一个频率增加,而另一个减小,如图7-6中的点 x_c'。在振动基本理论分析中,总是假定 $\omega_1 \leqslant \omega_2$。于是,对于设计参数 x 的变化,$\omega_1(x)$ 达到极大值的充分条件是 $g_a \cdot g_b < 0$。

在以固有频率为目标或约束函数的结构动力优化设计过程中,经常会遇到原来并不相同的固有频率发生重合,或原来的重频发生分离的现象出现。当设计遇到重频时,对每

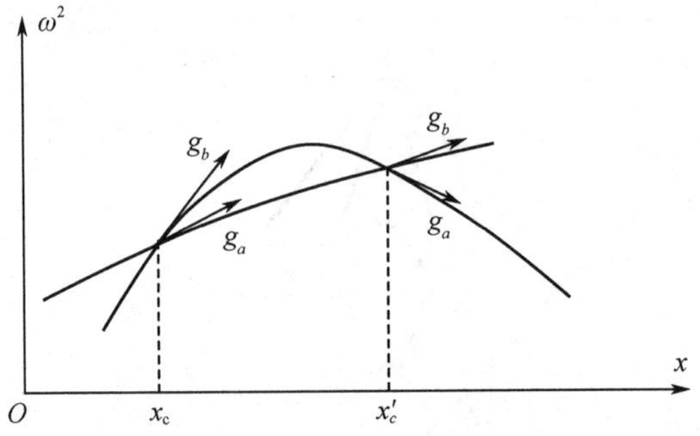

图 7-6　频率阶次随设计参数改变而交换次序的过程

一个变量,都会得到两个或两个以上的方向导数值。如果设计变量的方向导数值有相同的符号,那么按照特性6,这个设计变量的调整方向不难被确定。若设计变量的方向导数值有不同的符号,按照特性7,此时就无法确定这个设计变量的调整方向。这时可以采用暂时保持该变量的策略,先调整其他的设计变量,直到所有设计变量的方向导数值都有相反的符号,至此,该阶固有频率既已达到了极值。该方法将在以后的结构动力学优化设计过程中被广泛使用。

7.6　重频灵敏度计算简例

以上我们对重频灵敏度值及其特性做了详细的分析。下面用两个简单结构来证明以上所得结论的正确性。

例 7.3　四杆空间桁架结构

如图 7-7 所示,由四根长度相同的杆件,构成一个空间桁架结构,顶端支承一个集中质量块 m。假设整个结构形状,分别对称于 xz 平面和 yz 平面,所有杆件的材料和截面积均相同。节点1可沿纵向移动,以改变结构的固有振动频率。此时,杆件与地面的夹角 α,是结构唯一的形状设计参数。为简化计算,分析时暂时不考虑杆的质量。则总体刚度和质量矩阵分别为

$$\boldsymbol{K}=\frac{2EA}{D}\begin{bmatrix}\cos^3\alpha & 0 & 0\\ 0 & \cos^3\alpha & 0\\ 0 & 0 & 2\sin^2\alpha\cos\alpha\end{bmatrix},\quad \boldsymbol{M}=\begin{bmatrix}m & 0 & 0\\ 0 & m & 0\\ 0 & 0 & m\end{bmatrix}$$

式中:A 为杆的横截面积;E 为材料的弹性模量;D 为端点1到固定点的水平距离,如图 7-7 所示。

由动力分析可得结构沿坐标轴方向的三个固有频率分别为

$$\omega_x^2=\omega_y^2=\frac{2AE\cos^3\alpha}{Dm}$$

$$\omega_z^2=\frac{4AE\sin^2\alpha\cos\alpha}{Dm}$$

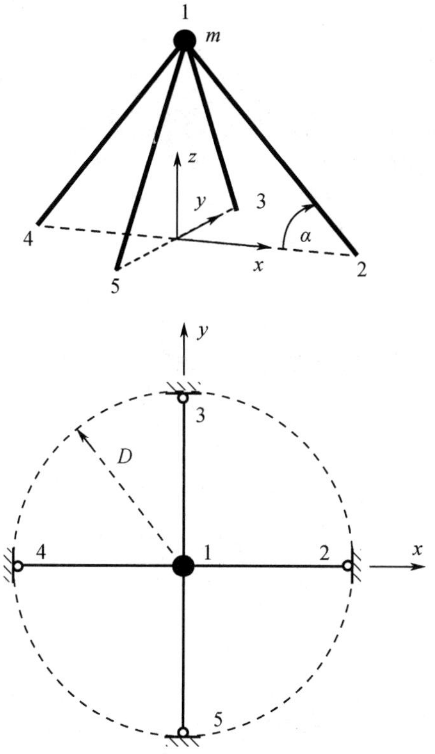

图7-7　四杆空间桁架结构

图7-8绘出了ω_x^2、ω_y^2、ω_z^2相对α的变化情况$0<\alpha<\pi/2$(假设$A=E=D=m=1$)。在α整个变化过程中,由于结构在xy平面内的对称性,故始终有$\omega_x^2=\omega_y^2$。而当$\alpha_c=\arcsin(1/\sqrt{3})$,结构的三个固有频率重合,成为一个三阶重合频率:

$$\omega_x^2=\omega_y^2=\omega_z^2=\frac{4\sqrt{2}AE}{3\sqrt{3}Dm}$$

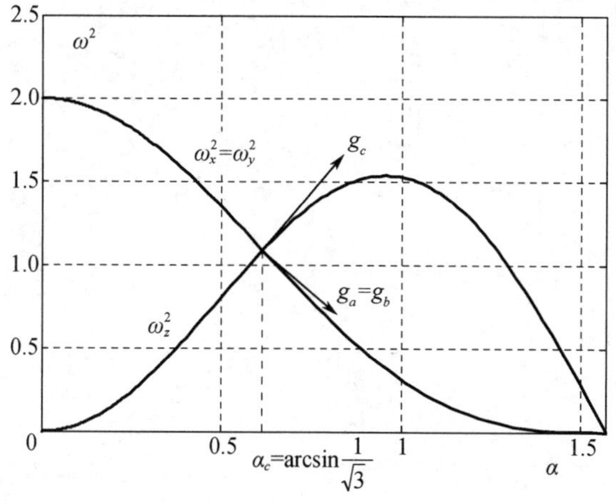

图7-8　四杆空间桁架结构频率变化过程

在重合点 α_c 处，频率的一阶导数分别为

$$\left.\frac{\mathrm{d}\omega_x^2}{\mathrm{d}\alpha}\right|_{\alpha_c}=\left.\frac{\mathrm{d}\omega_y^2}{\mathrm{d}\alpha}\right|_{\alpha_c}=\frac{-4AE}{\sqrt{3}Dm},\quad \left.\frac{\mathrm{d}\omega_z^2}{\mathrm{d}\alpha}\right|_{\alpha_c}=\frac{4AE}{\sqrt{3}Dm}$$

以上是按照结构动力分析频率的表达式，得到了重频的一阶导数值。下面将通过灵敏度分析过程，得到以上相同的结果。为了说明问题，选下面三个特定振型（不是最简单的振型）作为基振型：

$$\boldsymbol{\phi}_1=\frac{1}{\sqrt{m}}\begin{Bmatrix}\frac{1}{\sqrt{3}}\\ \frac{1}{\sqrt{3}}\\ \frac{1}{\sqrt{3}}\end{Bmatrix},\quad \boldsymbol{\phi}_2=\frac{1}{\sqrt{m}}\begin{Bmatrix}\frac{1}{\sqrt{3}}\\ \frac{1}{2}-\frac{1}{2\sqrt{3}}\\ -\frac{1}{2}-\frac{1}{2\sqrt{3}}\end{Bmatrix},\quad \boldsymbol{\phi}_3=\frac{1}{\sqrt{m}}\begin{Bmatrix}\frac{1}{\sqrt{3}}\\ -\frac{1}{2}-\frac{1}{2\sqrt{3}}\\ \frac{1}{2}-\frac{1}{2\sqrt{3}}\end{Bmatrix}$$

结构总体刚度矩阵和质量矩阵的一阶导数分别为

$$\left.\frac{\mathrm{d}\boldsymbol{K}}{\mathrm{d}\alpha}\right|_{\alpha_c}=\frac{2EA}{D}\begin{bmatrix}-\frac{2}{\sqrt{3}} & 0 & 0\\ 0 & -\frac{2}{\sqrt{3}} & 0\\ 0 & 0 & \frac{2}{\sqrt{3}}\end{bmatrix},\quad \frac{\mathrm{d}\boldsymbol{M}}{\mathrm{d}\alpha}=[0]_{3\times 3}$$

于是，由式(7.51)可以构造**特征子空间一阶“方向”导数矩阵**：

$$\boldsymbol{G}=\frac{2AE}{Dm}\cdot\frac{2}{3\sqrt{3}}\begin{bmatrix}-1 & -(\sqrt{3}+1) & \sqrt{3}-1\\ -(\sqrt{3}+1) & \sqrt{3}-1 & -1\\ \sqrt{3}-1 & -1 & -(\sqrt{3}+1)\end{bmatrix}$$

$\boldsymbol{G}$ 是一个满阵，$\boldsymbol{G}$ 的特征值分别是

$$g_a=g_b=-\frac{4AE}{\sqrt{3}Dm},\quad g_c=\frac{4AE}{\sqrt{3}Dm}$$

分别计算 $\boldsymbol{G}$ 的特征向量可得

$$\boldsymbol{C}_a=\begin{Bmatrix}\frac{1}{\sqrt{3}}\\ \frac{1}{\sqrt{3}}\\ \frac{1}{\sqrt{3}}\end{Bmatrix},\quad \boldsymbol{C}_b=\begin{Bmatrix}\frac{1}{\sqrt{3}}\\ \frac{1}{2}-\frac{1}{2\sqrt{3}}\\ -\frac{1}{2}-\frac{1}{2\sqrt{3}}\end{Bmatrix},\quad \boldsymbol{C}_c=\begin{Bmatrix}\frac{1}{\sqrt{3}}\\ -\frac{1}{2}-\frac{1}{2\sqrt{3}}\\ \frac{1}{2}-\frac{1}{2\sqrt{3}}\end{Bmatrix}$$

至此，证明了如下关系的存在：

$$\left.\frac{\mathrm{d}\omega_x^2}{\mathrm{d}\alpha}\right|_{\alpha_c}=g_a,\quad \left.\frac{\mathrm{d}\omega_y^2}{\mathrm{d}\alpha}\right|_{\alpha_c}=g_b,\quad \left.\frac{\mathrm{d}\omega_z^2}{\mathrm{d}\alpha}\right|_{\alpha_c}=g_c$$

因为 $g_a=g_b$，由重频灵敏度特性 5 可知：$\omega_x^2(x_c)$ 和 $\omega_y^2(x_c)$ 对设计参数 α 的变化完全相同，如图 7-8 所示。这个结论是显而易见的，这与结构对称于 xy 平面，沿 x 轴和 y 轴的固有频率始终相等的事实是一致的。

因为 $g_a \cdot g_c < 0$,根据重频灵敏度特性 7 可知

$$\omega_1^2(x)\big|_{\max} = \frac{4\sqrt{2}AE}{3\sqrt{3}mD}$$

图 7 – 8 明确表示了这就是结构的第一阶固有频率的最大值。由式(7.59),三个**主振型**分别计算得到

$$\tilde{\boldsymbol{\phi}}_a = \frac{1}{\sqrt{m}}\begin{Bmatrix}1\\0\\0\end{Bmatrix},\quad \tilde{\boldsymbol{\phi}}_b = \frac{1}{\sqrt{m}}\begin{Bmatrix}0\\1\\0\end{Bmatrix},\quad \tilde{\boldsymbol{\phi}}_c = \frac{1}{\sqrt{m}}\begin{Bmatrix}0\\0\\1\end{Bmatrix}$$

不难看出,这三个**主振型**分别沿着 x、y 和 z 轴。如果刚开始就取这三个振型为基振型,直接采用单一频率一阶导数公式(7.24a)计算重频的灵敏度值,也能得到完全相同的结果。另外还必须指出:由于 $\boldsymbol{G}$ 具有一个二重特征值 $g_a = g_b$,$\boldsymbol{C}_a$ 和 $\boldsymbol{C}_b$ 的任意线性组合仍是 $\boldsymbol{G}$ 的特征向量。因此,$\tilde{\boldsymbol{\phi}}_a$ 和 $\tilde{\boldsymbol{\phi}}_b$ 并不能唯一确定。事实上,xy 平面内的任何一对正交标准振型,都是与设计参数 α 相关的两个**主振型** $\tilde{\boldsymbol{\phi}}_a$ 和 $\tilde{\boldsymbol{\phi}}_b$。

本算例中的重频是一个三重频率,虽然 7.5 节是以二阶重频为例,分析了重频灵敏度计算的特性,但对多重频率,重频灵敏度分析结果也同样适用。

例 7.4　平面弹簧 – 质量系统

一个平面弹簧 – 质量振动系统如图 7 – 9 所示[59]。该结构的固有频率和振型,受各弹簧刚度系数的影响很大。由拉格朗日方程,得到系统的总体刚度和质量矩阵分别是

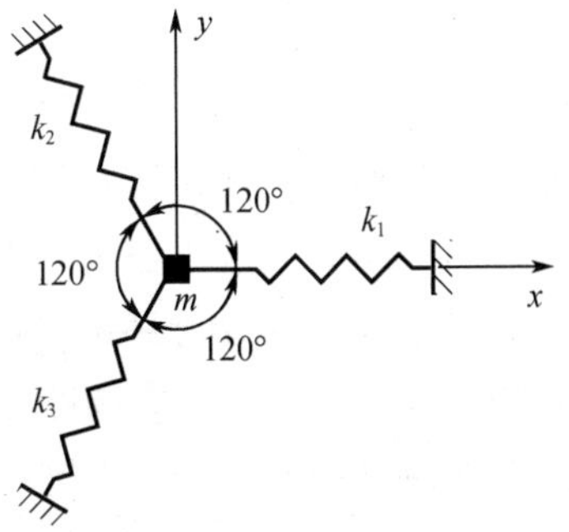

图 7 – 9　平面弹簧 – 质量振动系统

$$\boldsymbol{K} = \begin{bmatrix} k_1 + \frac{1}{4}(k_2 + k_3), & \frac{\sqrt{3}}{4}(k_3 - k_2) \\ \frac{\sqrt{3}}{4}(k_3 - k_2), & \frac{3}{4}(k_3 + k_2) \end{bmatrix},\quad \boldsymbol{M} = \begin{bmatrix} m & 0 \\ 0 & m \end{bmatrix}$$

据此,可计算该系统的二阶固有频率:

$$\omega_{1,2}^2 = \frac{1}{2m}\left[(k_1 + k_2 + k_3) \mp \sqrt{(k_1 + k_2 + k_3)^2 - 3(k_1k_2 + k_2k_3 + k_1k_3)}\right]$$

假设 $k_1 = k_2 = k_3 = k$,系统的两个固有频率会出现重合,成为一个二重频率:

$$\overline{\omega}_1^2 = \overline{\omega}_2^2 = \frac{3k}{2m},\quad \boldsymbol{\Phi} = \frac{1}{\sqrt{m}}\begin{bmatrix} 1 & 0 \\ 0 & 1 \end{bmatrix}$$

以上所选的振型 $\boldsymbol{\phi}_1$ 和 $\boldsymbol{\phi}_2$ 只是两个特殊的振型,分别沿着图中的坐标轴方向。以下考虑弹簧刚度发生微小变化的三种可能情形。

(1) $k_1 = k + \delta k_1$,$k_2 = k_3 = k$,并假设 $\delta k_1 > 0$,则有

$$\omega_1^2 = \frac{3k}{2m},\quad \boldsymbol{\phi}_1 = \frac{1}{\sqrt{m}}\begin{Bmatrix}0\\1\end{Bmatrix};\quad \omega_2^2 = \frac{3k + 2\delta k_1}{2m},\quad \boldsymbol{\phi}_2 = \frac{1}{\sqrt{m}}\begin{Bmatrix}1\\0\end{Bmatrix}$$

(2) $k_1=k_2=k, k_3=k+\delta k_3$,并假设 $\delta k_3>0$,则有

$$\omega_1^2=\frac{3k}{2m},\quad \boldsymbol{\phi}_1=\frac{1}{\sqrt{m}}\begin{Bmatrix}\frac{\sqrt{3}}{2}\\ -\frac{1}{2}\end{Bmatrix};\quad \omega_2^2=\frac{3k+2\delta k_3}{2m},\quad \boldsymbol{\phi}_2=\frac{1}{\sqrt{m}}\begin{Bmatrix}\frac{1}{2}\\ \frac{\sqrt{3}}{2}\end{Bmatrix}$$

(3) $k_1=k+\delta k_1, k_2=k, k_3=k-\delta k_1$,并假设 $\delta k_1>0$,则有

$$\omega_1^2=\frac{3k-\sqrt{3}\delta k_1}{2m},\quad \boldsymbol{\phi}_1=\frac{1}{\sqrt{m}}\begin{Bmatrix}\frac{\sqrt{6}-\sqrt{2}}{4}\\ \frac{\sqrt{6}+\sqrt{2}}{4}\end{Bmatrix}$$

$$\omega_2^2=\frac{3k+\sqrt{3}\delta k_1}{2m},\quad \boldsymbol{\phi}_2=\frac{1}{\sqrt{m}}\begin{Bmatrix}\frac{\sqrt{6}+\sqrt{2}}{4}\\ -\frac{\sqrt{6}-\sqrt{2}}{4}\end{Bmatrix}$$

可见,原本两个重合的固有频率,由于结构参数的改变而不再重合。弹簧刚度系数的微小变化可使固有频率(的平方)产生同数量级的微小变化,但却引起重频振型发生急剧改变。虽然结构振型的变化依赖于弹簧刚度的改变,但其改变量都与弹簧刚度改变量 δk_1(或 δk_3)无关,即振型改变不再具有连续性[43]。这种性质对单频一般是不存在的,即与单频相应的振型变化具有连续性。以下通过重频的灵敏度分析与计算,同样可以得到扰动系统的频率和振型。

(1) 当 $k_1 \Rightarrow k+\delta k_1$,其他弹簧刚度保持不变:

$$\frac{\partial \boldsymbol{K}}{\partial k_1}=\begin{bmatrix}1 & 0\\ 0 & 0\end{bmatrix},\quad \frac{\partial \boldsymbol{M}}{\partial k_1}=[0]$$

仍选取沿坐标轴方向的两个基振型进行分析:

$$\boldsymbol{\phi}_1=\frac{1}{\sqrt{m}}\begin{Bmatrix}1\\ 0\end{Bmatrix},\qquad \boldsymbol{\phi}_2=\frac{1}{\sqrt{m}}\begin{Bmatrix}0\\ 1\end{Bmatrix}$$

由此构成**特征子空间一阶“方向”导数矩阵**:

$$\boldsymbol{G}=\frac{1}{m}\begin{bmatrix}1 & 0\\ 0 & 0\end{bmatrix}$$

很明显,$\boldsymbol{G}$ 的特征值和特征向量分别是

$$g_a=0,\quad \boldsymbol{C}_a=\begin{Bmatrix}0\\ 1\end{Bmatrix};\quad g_b=\frac{1}{m},\quad \boldsymbol{C}_b=\begin{Bmatrix}1\\ 0\end{Bmatrix}$$

扰动系统的固有频率计算如下:

$$\omega_1^2=\overline{\omega}_1^2+\frac{\partial \omega_1^2}{\partial k_1}\cdot \delta k_1=\overline{\omega}_1^2+g_a\cdot\delta k_1=\frac{3k}{2m}$$

$$\omega_2^2=\overline{\omega}_2^2+\frac{\partial \omega_2^2}{\partial k_1}\cdot \delta k_1=\overline{\omega}_2^2+g_b\cdot\delta k_1=\frac{3k+2\delta k_1}{2m}$$

分别计算系统的**主振型**可得

$$\tilde{\boldsymbol{\phi}}_a = \frac{1}{\sqrt{m}}\begin{Bmatrix}0\\1\end{Bmatrix},\quad \tilde{\boldsymbol{\phi}}_b = \frac{1}{\sqrt{m}}\begin{Bmatrix}1\\0\end{Bmatrix}$$

由于只有弹簧 k_1 的刚度增加，沿 x 轴方向振动的固有频率将大于沿 y 轴方向振动的固有频率。两个**主振型** $\tilde{\boldsymbol{\phi}}_a$ 和 $\tilde{\boldsymbol{\phi}}_b$ 仍然沿着坐标轴的方向，也充分证明了这个结论。

(2) 当 $k_3 \Rightarrow k+\delta k_3$，而其他弹簧刚度保持不变：

$$\frac{\partial \boldsymbol{K}}{\partial k_3} = \begin{bmatrix}\frac{1}{4} & \frac{\sqrt{3}}{4}\\ \frac{\sqrt{3}}{4} & \frac{3}{4}\end{bmatrix},\quad \frac{\partial \boldsymbol{M}}{\partial k_3} = [0]$$

由同样的基振型构造的**特征子空间一阶“方向”导数矩阵**为

$$\boldsymbol{G} = \frac{1}{m}\begin{bmatrix}\frac{1}{4} & \frac{\sqrt{3}}{4}\\ \frac{\sqrt{3}}{4} & \frac{3}{4}\end{bmatrix}$$

$\boldsymbol{G}$ 的两个特征对分别是

$$g_a = 0,\quad \boldsymbol{C}_a = \begin{Bmatrix}\frac{\sqrt{3}}{2}\\ -\frac{1}{2}\end{Bmatrix};\quad g_b = \frac{1}{m},\quad \boldsymbol{C}_b = \begin{Bmatrix}\frac{1}{2}\\ \frac{\sqrt{3}}{2}\end{Bmatrix}$$

由于结构具有旋转对称性的特点(120°)，因此对 k_3 的特征值(方向导数) g_a 和 g_b 与对 k_1 的特征值完全一致。同样可以推测，对 k_2 的特征值也应是相同的。扰动系统的固有频率计算如下：

$$\omega_1^2 = \bar{\omega}_1^2 + \frac{\partial \omega_1^2}{\partial k_3}\cdot \delta k_3 = \bar{\omega}_1^2 + g_a \cdot \delta k_3 = \frac{3k}{2m}$$

$$\omega_2^2 = \bar{\omega}_2^2 + \frac{\partial \omega_2^2}{\partial k_3}\cdot \delta k_3 = \bar{\omega}_2^2 + g_b \cdot \delta k_3 = \frac{3k+2\delta k_3}{2m}$$

分别计算系统的主振型可得

$$\tilde{\boldsymbol{\phi}}_a = c_{1a}\boldsymbol{\phi}_1 + c_{2a}\boldsymbol{\phi}_2 = \frac{1}{\sqrt{m}}\begin{Bmatrix}\frac{\sqrt{3}}{2}\\ -\frac{1}{2}\end{Bmatrix};\quad \tilde{\boldsymbol{\phi}}_b = c_{1b}\boldsymbol{\phi}_1 + c_{2b}\boldsymbol{\phi}_2 = \frac{1}{\sqrt{m}}\begin{Bmatrix}\frac{1}{2}\\ \frac{\sqrt{3}}{2}\end{Bmatrix}$$

由于只有弹簧 k_3 的刚度增加，沿该弹簧方向振动的固有频率也将增加。$\tilde{\boldsymbol{\phi}}_b$ 与 x 轴夹角是 60°，正好沿着弹簧 k_3 的方向。而 $\tilde{\boldsymbol{\phi}}_a$ 与 x 轴夹角是 150°，正好与弹簧 k_3 的方向垂直，因而该固有频率不受弹簧 k_3 刚度变化的影响。这个结果与扰动系统动力分析完全一致。应该注意：如果弹簧刚度的增量是负值，即弹簧刚度系数减小，则必须转换振型的阶次。

(3) 由于两个弹簧的刚度同时改变，即 $k_1 \Rightarrow k+\delta k_1$，$k_3 \Rightarrow k-\delta k_1$，弹簧刚度改变将沿着方向 $\boldsymbol{s} = (1,\ \ 0,\ \ -1)\delta k_1$。下面用两种方法解决这个问题。

(3-1) 首先，我们在设计变量空间计算刚度和质量矩阵的方向导数：

$$\frac{\mathrm{d}\boldsymbol{K}}{\mathrm{d}\boldsymbol{s}}=\frac{\partial \boldsymbol{K}}{\partial k_1}-\frac{\partial \boldsymbol{K}}{\partial k_3}=\begin{bmatrix}1 & 0\\ 0 & 0\end{bmatrix}-\begin{bmatrix}\frac{1}{4} & \frac{\sqrt{3}}{4}\\ \frac{\sqrt{3}}{4} & \frac{3}{4}\end{bmatrix}=\begin{bmatrix}\frac{3}{4} & -\frac{\sqrt{3}}{4}\\ -\frac{\sqrt{3}}{4} & -\frac{3}{4}\end{bmatrix}$$

$$\frac{\mathrm{d}\boldsymbol{M}}{\mathrm{d}\boldsymbol{s}}=[0]$$

选择同样的基振型,则可构造**特征子空间“方向”导数矩阵**:

$$\boldsymbol{G}=\frac{1}{m}\begin{bmatrix}\frac{3}{4} & -\frac{\sqrt{3}}{4}\\ -\frac{\sqrt{3}}{4} & -\frac{3}{4}\end{bmatrix}$$

$\boldsymbol{G}$ 的特征值和特征向量分别计算可得

$$g_a=-\frac{\sqrt{3}}{2m},\quad \boldsymbol{C}_a=\begin{Bmatrix}\frac{1}{\sqrt{6}+\sqrt{2}}\\ \frac{1}{\sqrt{6}-\sqrt{2}}\end{Bmatrix};\quad g_b=\frac{\sqrt{3}}{2m},\quad \boldsymbol{C}_b=\begin{Bmatrix}\frac{1}{\sqrt{6}-\sqrt{2}}\\ \frac{-1}{\sqrt{6}+\sqrt{2}}\end{Bmatrix}$$

于是,沿指定方向 $\boldsymbol{s}$ 的灵敏度分别是 g_a 和 g_b。扰动系统的固有频率计算如下:

$$\omega_1^2=\overline{\omega}_1^2+\frac{\mathrm{d}\omega_1^2}{\mathrm{d}\boldsymbol{s}}\cdot\delta k_1=\overline{\omega}_1^2+g_a\cdot\delta k_1=\frac{3k-\sqrt{3}\delta k_1}{2m}$$

$$\omega_2^2=\overline{\omega}_2^2+\frac{\mathrm{d}\omega_2^2}{\mathrm{d}\boldsymbol{s}}\cdot\delta k_1=\overline{\omega}_2^2+g_b\cdot\delta k_1=\frac{3k+\sqrt{3}\delta k_1}{2m}$$

由于 $g_a\cdot g_b<0$,可知沿指定弹簧刚度改变方向 $\boldsymbol{s}$,系统的第一阶固有频率达到极大值:

$$\omega_1^2\big|_{\max}=\frac{3k}{2m}$$

(3-2) 其次,对于这种特殊形式的参数变化方向,我们从**主振型**出发,也能得到相同的结果。由以上分析可得,对应于刚度 $k_1\Rightarrow k+\delta k_1$ 时的**主振型**:

$$\widetilde{\boldsymbol{\Phi}}_1=[\widetilde{\boldsymbol{\phi}}_a\quad \widetilde{\boldsymbol{\phi}}_b]_1=\frac{1}{\sqrt{m}}\begin{bmatrix}0 & 1\\ 1 & 0\end{bmatrix}$$

对应于刚度变化 $k_3\Rightarrow k-\delta k_1$,将(2)中的**主振型**改变顺序:

$$\widetilde{\boldsymbol{\Phi}}_3=[\widetilde{\boldsymbol{\phi}}_a\quad \widetilde{\boldsymbol{\phi}}_b]_3=\frac{1}{\sqrt{m}}\begin{bmatrix}\frac{1}{2} & \frac{\sqrt{3}}{2}\\ \frac{\sqrt{3}}{2} & -\frac{1}{2}\end{bmatrix}$$

可见,对于不同的弹簧刚度系数变化情形,相应的**主振型**并不重合。因此,对于多变量情况,扰动系统的频率不能再用一阶泰勒展开式近似计算。即采用下式计算扰动系统的固有频率的变化是完全不正确的[43,60]:

$$\Delta\omega^2\neq\frac{\partial\omega^2}{\partial k_1}\cdot\delta k_1+\frac{\partial\omega^2}{\partial k_3}\cdot\delta k_3$$

我们先来构造扰动系统的**主振型**。由于两个弹簧刚度改变量相同，于是可以很容易地得到扰动系统的一对正交振型：

$$\boldsymbol{\Phi} = \tilde{\boldsymbol{\Phi}}_1 + \tilde{\boldsymbol{\Phi}}_3 = \frac{1}{\sqrt{m}}\begin{bmatrix} \dfrac{1}{2} & \dfrac{2+\sqrt{3}}{2} \\ \dfrac{2+\sqrt{3}}{2} & -\dfrac{1}{2} \end{bmatrix}$$

由于原来的两组振型对质量矩阵正交，因此以上所得振型对质量矩阵也是正交的，但并未按质量达到归一化要求。调整矩阵 $\boldsymbol{\Phi}$，得到扰动系统的正交归一化模态：

$$\tilde{\boldsymbol{\Phi}} = [\tilde{\boldsymbol{\phi}}_a \quad \tilde{\boldsymbol{\phi}}_b] = \frac{\sqrt{2}}{\sqrt{3}+1}\boldsymbol{\Phi} = \frac{1}{\sqrt{m}}\begin{bmatrix} \dfrac{\sqrt{6}-\sqrt{2}}{4} & \dfrac{\sqrt{6}+\sqrt{2}}{4} \\ \dfrac{\sqrt{6}+\sqrt{2}}{4} & -\dfrac{\sqrt{6}-\sqrt{2}}{4} \end{bmatrix}$$

于是，按照式(7.44)，可得扰动系统的固有频率：

$$\mathrm{diag}(\omega_1^2, \omega_2^2) = \tilde{\boldsymbol{\Phi}}^{\mathrm{T}}\boldsymbol{K}\tilde{\boldsymbol{\Phi}} = \begin{bmatrix} \dfrac{3k-\sqrt{3}\delta k_1}{2m} & 0 \\ 0 & \dfrac{3k+\sqrt{3}\delta k_1}{2m} \end{bmatrix}$$

可见，灵敏度分析结果与结构动力分析结果完全一致。

7.7　黏性阻尼下模态参数灵敏度分析

以上我们在分析结构的模态参数和动力特性灵敏度计算问题时，虽然也考虑了模态阻尼率的灵敏度，但对结构的阻尼特性研究仍显不够充分。实际结构总是存在各种形式的阻尼，如黏性阻尼或结构阻尼等。黏性(或称线性)阻尼模型是最常用的、最简单的阻尼模型。以下以线性黏性阻尼模型，分析结构的模态参数的灵敏度计算问题[1,20]。

对于一个 N 自由度结构，其自由振动微分方程为

$$\boldsymbol{M}\ddot{\boldsymbol{x}} + \boldsymbol{C}\dot{\boldsymbol{x}} + \boldsymbol{K}\boldsymbol{x} = 0 \tag{7.83}$$

式中：$\boldsymbol{C}$ 为 $N\times N$ 阶阻尼矩阵。

一般情况下，若阻尼是非经典阻尼，阻尼矩阵无法在实模态空间内解耦，需要利用复模态理论来处理。假设振动的特征解具有如下形式：

$$\boldsymbol{x}(t) = \boldsymbol{\phi}\mathrm{e}^{\lambda t} \tag{7.84}$$

代入式(7.83)，得到振动特征方程：

$$[\lambda^2\boldsymbol{M} + \lambda\boldsymbol{C} + \boldsymbol{K}]\boldsymbol{\phi} = 0 \tag{7.85}$$

式(7.85)有非零解的充分必要条件是

$$\det[\lambda^2\boldsymbol{M} + \lambda\boldsymbol{C} + \boldsymbol{K}] = 0 \tag{7.86}$$

这是一个关于 λ 的 $2N$ 次代数方程。因此式(7.85)称为“二次特征值”问题。在复数域内，共有 $2N$ 个特征值 $\lambda_i(i=1,2,\cdots,2N)$ 和相对应的 $2N$ 个 N 维复特征向量 $\boldsymbol{\phi}_i$。由于质

量矩阵 $\boldsymbol{M}$、刚度矩阵 $\boldsymbol{K}$、阻尼矩阵 $\boldsymbol{C}$ 都是实对称矩阵,而且阻尼矩阵具有正定性,因此 λ_i 都是复数,而且一定具有负的实部,并共轭成对地出现[47]。与复特征值 λ_i 对应的特征向量也都是共轭复数形式。现将其中一半(虚部为正)的复特征值表示为

$$\lambda_i = \lambda_{i+1}^* = \sigma_i + \mathrm{j}\beta_i = -\zeta_i\omega_i + \mathrm{j}\sqrt{1-\zeta_i^2}\omega_i \quad (i=1,\ 3,\ \cdots,\ 2N-1) \tag{7.87}$$

式中:σ_i 和 β_i 分别为特征值 λ_i的实部和虚部,$\sigma_i<0$; $\mathrm{j}=\sqrt{-1}$为虚数单位。

则另一半的特征值是式(7.87)的共轭值。而相应的无阻尼固有频率和模态阻尼率可分别表示如下:

$$\omega_i^2 = \sigma_i^2 + \beta_i^2, \quad \zeta_i = \frac{-\sigma_i}{\sqrt{\sigma_i^2+\beta_i^2}} \tag{7.88}$$

为了得到固有频率和模态阻尼率的一阶导数值,将方程式(7.85)两边对设计参数 x 求导:

$$[\lambda_i^2\boldsymbol{M}+\lambda_i\boldsymbol{C}+\boldsymbol{K}]\frac{\partial\boldsymbol{\phi}_i}{\partial x} + \frac{\partial\lambda_i}{\partial x}[2\lambda_i\boldsymbol{M}+\boldsymbol{C}]\boldsymbol{\phi}_i + \left[\lambda_i^2\frac{\partial\boldsymbol{M}}{\partial x}+\lambda_i\frac{\partial\boldsymbol{C}}{\partial x}+\frac{\partial\boldsymbol{K}}{\partial x}\right]\boldsymbol{\phi}_i = 0 \tag{7.89}$$

式(7.89)两边再同时左乘 $\boldsymbol{\phi}_i^{\mathrm{T}}$,经化简可得

$$\frac{\partial\lambda_i}{\partial x} = -\frac{\boldsymbol{\phi}_i^{\mathrm{T}}\left(\lambda_i^2\dfrac{\partial\boldsymbol{M}}{\partial x}+\lambda_i\dfrac{\partial\boldsymbol{C}}{\partial x}+\dfrac{\partial\boldsymbol{K}}{\partial x}\right)\boldsymbol{\phi}_i}{\boldsymbol{\phi}_i^{\mathrm{T}}(2\lambda_i\boldsymbol{M}+\boldsymbol{C})\boldsymbol{\phi}_i} \tag{7.90}$$

若不考虑系统内的阻尼,即 $\boldsymbol{C}=0$,则所有特征值都是纯虚数 $\lambda_i=\mathrm{j}\omega_i$,且 $\boldsymbol{\phi}_i$ 是实数。可以证明,式(7.90)与式(7.24b)是完全一致的。如果复振型 $\boldsymbol{\phi}_i$ 满足以下标准归一化条件(见附录):

$$\boldsymbol{\phi}_i^{\mathrm{T}}(2\lambda_i\boldsymbol{M}+\boldsymbol{C})\boldsymbol{\phi}_i = 1 \tag{7.91}$$

则式(7.91)可简化为

$$\frac{\partial\lambda_i}{\partial x} = -\boldsymbol{\phi}_i^{\mathrm{T}}\left(\lambda_i^2\frac{\partial\boldsymbol{M}}{\partial x}+\lambda_i\frac{\partial\boldsymbol{C}}{\partial x}+\frac{\partial\boldsymbol{K}}{\partial x}\right)\boldsymbol{\phi}_i \tag{7.92}$$

式(7.92)中,由于 λ_i 和 $\boldsymbol{\phi}_i$ 都是复数,因此 $\partial\lambda_i/\partial x$ 也将是复数。另外,如果 λ_i 是重频,可以按照 7.5.1 节相同的步骤,计算其方向导数。

为方便计算起见,按照式(7.87)的形式,将式(7.92)的结果分解成实部和虚部两部分:

$$\frac{\partial\lambda_i}{\partial x} = \frac{\partial\sigma_i}{\partial x} + \mathrm{j}\frac{\partial\beta_i}{\partial x} \tag{7.93}$$

则由式(7.92)的结果可知,$\partial\sigma_i/\partial x$ 和 $\partial\beta_i/\partial x$ 均为已知量。由方程式(7.88),可分别得到第 i 阶无阻尼固有频率 ω_i 和阻尼率 ζ_i 的一阶导数表达式:

$$\frac{\partial\omega_i^2}{\partial x} = 2\sigma_i\frac{\partial\sigma_i}{\partial x} + 2\beta_i\frac{\partial\beta_i}{\partial x} = 2\omega_i\left(-\zeta_i\frac{\partial\sigma_i}{\partial x}+\sqrt{1-\zeta_i^2}\frac{\partial\beta_i}{\partial x}\right) \tag{7.94}$$

$$\frac{\partial\zeta_i}{\partial x}=\frac{\beta_i\left(\sigma_i\dfrac{\partial\beta_i}{\partial x}-\beta_i\dfrac{\partial\sigma_i}{\partial x}\right)}{(\sigma_i^2+\beta_i^2)^{3/2}}=\frac{-\sqrt{1-\zeta_i^2}\left(\zeta_i\dfrac{\partial\beta_i}{\partial x}+\sqrt{1-\zeta_i^2}\dfrac{\partial\sigma_i}{\partial x}\right)}{\omega_i}\tag{7.95}$$

至此,可以获得结构模态参数固有频率和模态阻尼率的一阶导数结果。与式(7.33)相比,此时的模态阻尼率的一阶导数表达式,只需相应的频率和振型(见式(7.92)),不需要提前计算固有频率的一阶导数。因此,模态阻尼率的灵敏度计算更加容易、准确。

例 7.5　二自由度弹簧－质量系统

图 7－10 表示一个平面弹簧－质量－阻尼振动系统[1],假设所有质量和弹簧刚度系数的值都是 1。两个质量块均沿水平方向的运动,分别用 u_1 和 u_2 表示。以黏性阻尼系数 c 为设计变量,初始值是 0。采用灵敏度分析方法,分别计算阻尼系数 c 从 0 增加到 0.2 和 1.0 时的第一阶振动频率和模态阻尼率,并与动力分析结果进行比较。

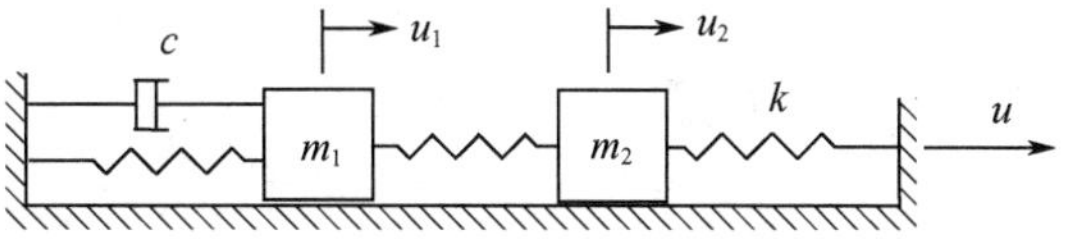

图 7－10　平面弹簧－质量－阻尼振动系统

本例题以无阻尼结构的固有频率为基础,运用线性外推的方法,估算有阻尼结构的振动频率。由图 7－10 可知系统的质量、刚度和阻尼矩阵分别是

$$\boldsymbol{K}=\begin{bmatrix}2&-1\\-1&2\end{bmatrix},\quad \boldsymbol{M}=\begin{bmatrix}1&0\\0&1\end{bmatrix},\quad \boldsymbol{C}=\begin{bmatrix}c&0\\0&0\end{bmatrix}$$

无阻尼情形时,系统的第一阶按质量归一化以后的振型是

$$\boldsymbol{\phi}_1=\frac{1}{\sqrt{2}}\begin{Bmatrix}1\\1\end{Bmatrix}$$

各物理矩阵对阻尼系数 c 的一阶导数分别是

$$\frac{\mathrm{d}\boldsymbol{K}}{\mathrm{d}c}=\frac{\mathrm{d}\boldsymbol{M}}{\mathrm{d}c}=0,\quad \frac{\mathrm{d}\boldsymbol{C}}{\mathrm{d}c}=\begin{bmatrix}1&0\\0&0\end{bmatrix}$$

无阻尼情形时,系统振动的固有频率 $\omega_1=1.0$ 和 $\omega_2=1.7321$。对应的第一阶复数频率是 $\lambda_1=1\mathrm{j}$。代入式(7.90)可得

$$\frac{\mathrm{d}\lambda_1}{\mathrm{d}c}=-0.5\boldsymbol{\phi}_1^{\mathrm{T}}\frac{\mathrm{d}\boldsymbol{C}}{\mathrm{d}c}\boldsymbol{\phi}_1=-0.25$$

于是可以用线性泰勒展开式估算有阻尼时的复频率:

$$\lambda_1\big|_c=\lambda_1\big|_{c=0}+\frac{\mathrm{d}\lambda_1}{\mathrm{d}c}c=-0.25c+1\mathrm{j}$$

对于分别给定的两个阻尼系数,可得系统增加阻尼后的第一阶复频率:

$$\lambda_1\big|_{(0.2)}=-0.05+1\mathrm{j}$$
$$\lambda_1\big|_{(1.0)}=-0.25+1\mathrm{j}$$

另外,当 $c=0$ 时,按式(7.87)分解 λ_1 可得

$$\sigma_1=0,\quad \beta_1=1$$

由式(7.93) 和 $\mathrm{d}\lambda_1/\mathrm{d}c=-0.25$ 可得

$$\frac{d\sigma_1}{dc} = -0.25, \quad \frac{d\beta_1}{dc} = 0$$

以上结果代入式(7.94)和式(7.95),可得固有频率和阻尼率的灵敏度值:

$$d\omega_1^2/dc = 0, \quad d\zeta_1/dc = 0.25$$

可见,增加阻尼系数 c 对第一阶固有频率没有影响,但对第一阶模态阻尼率 ζ_1 有较大的影响。当然对振动频率也会有影响。

另外,根据实模态理论分析,阻尼系数对第一阶固有频率和振型是没有影响的,而只对模态阻尼率有影响。由式(7.33)也可计算第一阶模态阻尼率的一阶导数:

$$\frac{d\zeta_1}{dc} = \frac{1}{2\omega_1}\boldsymbol{\phi}_1^{\mathrm{T}}\frac{d\boldsymbol{C}}{dc}\boldsymbol{\phi}_1 = 0.25$$

两种方法所得结果完全一致。

由振动频率特征方程式(7.85):

$$\begin{bmatrix} \lambda_i^2 + c\lambda_i + 2 & -1 \\ -1 & \lambda_i^2 + 2 \end{bmatrix} \begin{Bmatrix} u_1 \\ u_2 \end{Bmatrix}_i = 0$$

分别可得系统的第一阶复特征值:

$$c = 0.2: \lambda_1 = -0.05025 + 1.0013\mathrm{j}$$

$$\omega_1 = 1.0025, \quad \zeta_1 = 0.0501$$

$$c = 1.0: \lambda_1 = -0.29178 + 1.0326\mathrm{j}$$

$$\omega_1 = 1.0730, \quad \zeta_1 = 0.2719$$

可见,当 $c = 0.2$ 时,线性估算结果还是很准的。当 $c = 1.0$ 时,第一阶有阻尼振动频率 β_1 的误差只有 3.16%,阻尼率的误差是 8.06%。

例 7.6 弹簧 - 质量 - 阻尼系统

图 7-11 表示一个弹簧 - 质量 - 阻尼系统[60],质量、弹簧刚度和黏性阻尼系数值如表 7-2 所列,各质量块沿水平方向的运动。分别计算系统的复振动频率对 m_2 和 k_4 的一阶灵敏度值。

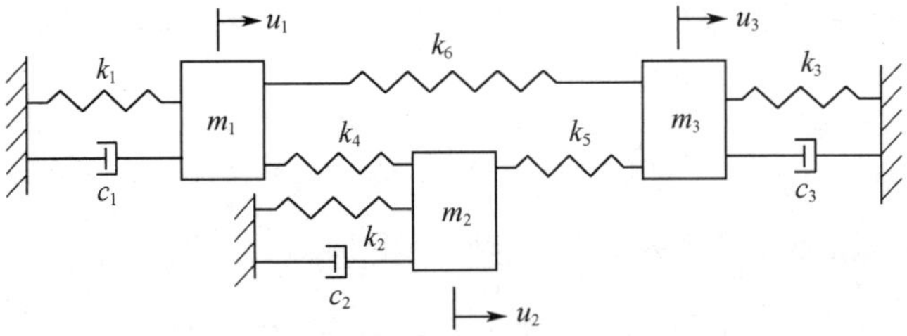

图 7-11 弹簧 - 质量 - 阻尼振动系统

表 7-2 质量、弹簧刚度和黏性阻尼系数值

i	1	2	3	4	5	6
k_i/(N/m)	0	8	0	2	2	1
m_i/kg	1	4	1			
c_i/(N·s/m)	0.1	0.4	0.1			

首先分别构造系统的质量、刚度和阻尼矩阵：

$$\boldsymbol{M}=\begin{bmatrix} m_1 & 0 & 0 \\ 0 & m_2 & 0 \\ 0 & 0 & m_3 \end{bmatrix},\quad \boldsymbol{C}=\begin{bmatrix} c_1 & 0 & 0 \\ 0 & c_2 & 0 \\ 0 & 0 & c_3 \end{bmatrix}$$

$$\boldsymbol{K}=\begin{bmatrix} k_1+k_4+k_6 & -k_4 & -k_6 \\ -k_4 & k_2+k_4+k_5 & -k_5 \\ -k_6 & -k_5 & k_3+k_5+k_6 \end{bmatrix}$$

质量、刚度和阻尼矩阵对 m_2 和 k_4 的一阶导数分别是

$$\frac{\mathrm{d}\boldsymbol{M}}{\mathrm{d}m_2}=\mathrm{diag}(0,1,0),\quad \frac{\mathrm{d}\boldsymbol{M}}{\mathrm{d}k_4}=\boldsymbol{0}$$

$$\frac{\mathrm{d}\boldsymbol{K}}{\mathrm{d}m_2}=\boldsymbol{0},\quad \frac{\mathrm{d}\boldsymbol{K}}{\mathrm{d}k_4}=\begin{bmatrix} 1 & -1 & 0 \\ -1 & 1 & 0 \\ 0 & 0 & 0 \end{bmatrix}$$

$$\frac{\mathrm{d}\boldsymbol{C}}{\mathrm{d}m_2}=\frac{\mathrm{d}\boldsymbol{C}}{\mathrm{d}k_4}=0$$

按照复模态振动理论（见附录）[52]，分别计算系统的各阶复频率和复振型，并由此可得系统的各阶固有频率和模态阻尼率，计算结果如表 7－3 所列。系统的第一阶频率是单频，而第二、三阶频率发生重合，是一个二阶重频。按照式（7.92），分别计算第一阶复频率 λ_1 对 m_2 和 k_4 的灵敏度值。再由式（7.94）和式（7.95），可得第一阶固有频率 ω_1 和阻尼率 ζ_1 对 m_2 和 k_4 的灵敏度值，其结果列于表 7－3 中的第二列。

表 7－3　系统的复振动频率、复振型以及模态参数的一阶导数值

i	1	3	5
λ_i	−0.05000＋0.99875j	−0.05000＋1.99937j	−0.05000＋1.99937j
$\boldsymbol{\phi}_i$	0.28886－0.28886j 0.14443－0.14443j 0.28886－0.28886j	0.28872－0.28872j −0.07218＋0.07218j −0.14436＋0.14436j	−0.17126－0.01992j 0.16021－0.13361j −0.14916＋0.28713j
ω_i	1	2	2
ζ_i	0.05	0.025	0.025
$\partial\lambda_i/\partial m_2$	0.00417－0.04151j	0	0.00833－0.16651j
$\partial\lambda_i/\partial k_4$	0.04172j	0	0.29176j
$\partial\omega_i/\partial m_2$	−0.04167	0	−0.16667
$\partial\omega_i/\partial k_4$	0.04167	0	0.29167
$\partial\zeta_i/\partial m_2$	−0.00208	0	−0.00208
$\partial\zeta_i/\partial k_4$	−0.00208	0	−0.00365

由于第二阶固有频率是二重频率，通常得到的相应复振型（如用 Matlab），虽然满足式（7.91）标准归一化条件，但有可能不满足对式（7.91）的正交性条件，即

$$\boldsymbol{\phi}_j^{\mathrm{T}}(2\lambda_i\boldsymbol{M}+\boldsymbol{C})\boldsymbol{\phi}_i\neq 0\quad(i\neq j;\ i,\ j=3,5)$$

这会给重频方向导数的计算带来了一点麻烦。这时，按照 7.5.1 节实模态重频方向导数

类似的推导过程,可以得到重复频率的方向导数 $\partial\lambda/\partial x$ 是以下特征方程的广义特征值:

$$\left(\boldsymbol{G}+\frac{\partial\lambda}{\partial x}\boldsymbol{E}\right)\begin{Bmatrix}c_1\\c_2\end{Bmatrix}=\boldsymbol{0} \tag{7.96}$$

式中:

$$\boldsymbol{E}=[\boldsymbol{\phi}_2\quad\boldsymbol{\phi}_3]^{\mathrm{T}}(2\lambda_2\boldsymbol{M}+\boldsymbol{C})[\boldsymbol{\phi}_2\quad\boldsymbol{\phi}_3] \tag{7.97}$$

$$\boldsymbol{G}=[\boldsymbol{\phi}_2\quad\boldsymbol{\phi}_3]^{\mathrm{T}}\left(\lambda_2^2\frac{\mathrm{d}\boldsymbol{M}}{\mathrm{d}x}+\lambda_2\frac{\mathrm{d}\boldsymbol{C}}{\mathrm{d}x}+\frac{\mathrm{d}\boldsymbol{K}}{\mathrm{d}x}\right)[\boldsymbol{\phi}_2\quad\boldsymbol{\phi}_3] \tag{7.98}$$

将表7-3中的复频率和相应的振型代入式(7.97)、式(7.98),分别得到相对 m_2 的各矩阵:

$$\boldsymbol{E}=\begin{bmatrix}1 & -02621-0.3311\mathrm{j}\\ -02621-0.3311\mathrm{j} & 1\end{bmatrix}$$

$$\boldsymbol{G}=\begin{bmatrix}-2.083\times10^{-3}+\mathrm{j}4.163\times10^{-2} & 1.191\times10^{-2}-\mathrm{j}8.434\times10^{-2}\\ 1.191\times10^{-2}-\mathrm{j}8.434\times10^{-2} & -3.978\times10^{-2}+\mathrm{j}1.695\times10^{-1}\end{bmatrix}$$

于是可得系统的第二阶复重频对 m_2 的一阶方向导数,并由此得到系统的第二、三阶固有频率和阻尼率对 m_2 的灵敏度值,结果如表7-3所列。

从表7-3可以看到,复重频 λ_2 相对于设计参数 m_2 的方向导数有一个是0。而其相应的**主振型**分别为

$$[\tilde{\boldsymbol{\phi}}_a\quad\tilde{\boldsymbol{\phi}}_b]=\begin{bmatrix}0.19227-0.28876\mathrm{j} & -0.16125+0.12776\mathrm{j}\\ 0 & 0.16125-0.12776\mathrm{j}\\ -0.19227+0.28876\mathrm{j} & -0.16125+0.12776\mathrm{j}\end{bmatrix}$$

可见,与重频 λ_2 相应的其中一个**主振型** $\tilde{\boldsymbol{\phi}}_a$ 的第二个自由度的值是0。这是该振型的一个节点。这也就说明了为什么在当前的设计状态下,改变质量块 m_2 的值对系统的一个频率值不会产生影响的原因。

同样也可以得到系统的第二阶复重频 λ_2,相对于 k_4 的一阶方向导数,如表7-3所列,其中也有一个方向导数等于0。而其相应的**主振型**分别为

$$[\tilde{\boldsymbol{\phi}}_a\quad\tilde{\boldsymbol{\phi}}_b]=\begin{bmatrix}0.075439-0.10934\mathrm{j} & 0.33054-0.27090\mathrm{j}\\ 0.075439-0.10934\mathrm{j} & -0.13222+0.10836\mathrm{j}\\ -0.22632+0.32802\mathrm{j} & -0.66109+0.054180\mathrm{j}\end{bmatrix}$$

可知,与重频 λ_2 相应的其中一个**主振型** $\tilde{\boldsymbol{\phi}}_a$ 的第一、二个自由度有相同的值。由图7-11可见,这时 k_4 只发生刚体位移,弹性变形是0。因此在当前的设计状态下,改变弹簧 k_4 的值对系统的一个频率值同样不会有影响。

作为对比,我们再来看用实模态振动理论的分析结果。由于系统的阻尼矩阵与其质量矩阵成比例,因此系统的阻尼矩阵可以利用实模态进行解耦。按照实模态振动理论,可得系统的固有频率、振型和模态阻尼率,结果如表7-4所列。系统的第二、三阶频率同样发生重合,且相应的模态阻尼率也相等。按照固有频率一阶(方向)导数公式,首先可以分别得到所有各阶固有频率对设计参数 m_2 和 k_4 的一阶(方向)导数,以及第一阶模态阻

尼率的一阶导数。此时，第一阶固有频率和模态阻尼率的一阶导数，与复模态理论计算结果是完全一致的。

从表 7-4 同样可以看到，重频 ω_2 相对于设计参数 m_2 和 k_4 的方向导数都有一个是 0。而其相应的**主振型**分别是

$$[\widetilde{\boldsymbol{\phi}}_a \quad \widetilde{\boldsymbol{\phi}}_b]_{m_2} = \begin{bmatrix} -0.70711 & 0.40825 \\ 0 & -0.40825 \\ 0.70711 & 0.40825 \end{bmatrix}, \quad [\widetilde{\boldsymbol{\phi}}_a \quad \widetilde{\boldsymbol{\phi}}_b]_{k_4} = \begin{bmatrix} -0.26726 & -0.77152 \\ -0.26726 & 0.30861 \\ 0.80178 & 0.15430 \end{bmatrix}$$

按照与复模态计算结果相同的分析思路，同样可以解释为什么出现 0 值方向导数的原因。

表 7-4　系统的固有频率、振型以及模态参数的一阶导数值

i	1	2	3
ω_i	1	2	2
$\boldsymbol{\phi}_i$	-0.57735 -0.28868 -0.57735	-0.15430 0.38576 -0.61721	0.80178 -0.13363 -0.53452
ζ_i	0.05	0.025	0.025
$\partial\omega_i/\partial m_2$	-0.04167	0	-0.16667
$\partial\omega_i/\partial k_4$	0.04167	0	0.29167
$\partial\zeta_i/\partial m_2$	-0.00208	0	-0.00208
$\partial\zeta_i/\partial k_4$	-0.00208	0	-0.00365

我们已经获得了重频 ω_2 的一阶方向导数及其相应的**主振型**，现在来计算模态阻尼率的一阶方向导数。对于设计参数 m_2，由 ω_2 的一阶方向导数和对应的**主振型** $\widetilde{\boldsymbol{\phi}}_a$ 和 $\widetilde{\boldsymbol{\phi}}_b$，分别将所得结果代入式(7.33)，可得模态阻尼率的一阶导数，结果如表 7-4 所列。同样也可得到模态阻尼率对设计参数 k_4 的一阶方向导数，所得结果与复模态理论计算结果完全一致。

附录　复振型规一化分析

对于一般的 N 自由度阻尼结构，如果阻尼是非经典阻尼，阻尼矩阵无法在实模态空间内解耦，需要利用复模态理论来处理。引入状态变量：

$$\boldsymbol{y} = \begin{Bmatrix} \dot{\boldsymbol{x}} \\ \boldsymbol{x} \end{Bmatrix} \tag{7.A1}$$

定义：

$$\boldsymbol{B} = \begin{bmatrix} \boldsymbol{0} & \boldsymbol{M} \\ \boldsymbol{M} & \boldsymbol{C} \end{bmatrix}, \quad \boldsymbol{A} = \begin{bmatrix} -\boldsymbol{M} & \boldsymbol{0} \\ \boldsymbol{0} & \boldsymbol{K} \end{bmatrix} \tag{7.A2}$$

矩阵 $\boldsymbol{A}$ 和 $\boldsymbol{B}$ 可以有多种构造方法，以上构造方式使得矩阵 $\boldsymbol{A}$ 和 $\boldsymbol{B}$ 都是对称的[50,52]。

于是,结构振动微分运动方程可改写为

$$\boldsymbol{B}\dot{\boldsymbol{y}} + \boldsymbol{A}\boldsymbol{y} = 0 \tag{7. A3}$$

假设振动的特征解具有如下形式:

$$\boldsymbol{y}(t) = \boldsymbol{\varphi}\mathrm{e}^{\lambda t} \tag{7. A4}$$

代入式(7. A4)可得振动特征方程:

$$(\boldsymbol{A} + \lambda\boldsymbol{B})\boldsymbol{\varphi} = 0 \tag{7. A5}$$

对于第 i 阶复振型,由复模态理论可知[50]:

$$\boldsymbol{\varphi}_i = \begin{Bmatrix} \lambda_i\boldsymbol{\phi}_i \\ \boldsymbol{\phi}_i \end{Bmatrix} \tag{7. A6}$$

若得到的振型 $\boldsymbol{\varphi}_i$ 满足对矩阵 $\boldsymbol{B}$ 标准归一化,即

$$\boldsymbol{\varphi}_i^{\mathrm{T}}\boldsymbol{B}\boldsymbol{\varphi}_i = 1 \tag{7. A7}$$

将式(7. A2)和式(7. A6)代入式(7. A7),可得

$$[\lambda_i\boldsymbol{\phi}_i^{\mathrm{T}} \quad \boldsymbol{\phi}_i^{\mathrm{T}}]\begin{bmatrix} \boldsymbol{0} & \boldsymbol{M} \\ \boldsymbol{M} & \boldsymbol{C} \end{bmatrix}\begin{Bmatrix} \lambda_i\boldsymbol{\phi}_i \\ \boldsymbol{\phi}_i \end{Bmatrix} = \boldsymbol{\phi}_i^{\mathrm{T}}(2\lambda_i\boldsymbol{M} + \boldsymbol{C})\boldsymbol{\phi}_i = 1 \tag{7. A8}$$

以上结果即是式(7. 91)。若系统是无阻尼的,$\boldsymbol{C} = 0$,则有 $\lambda_i = \mathrm{j}\omega_i$,式(7. 90)可进一步简化:

$$\frac{\partial(\mathrm{j}\omega_i)}{\partial x} = -\frac{\boldsymbol{\phi}_i^{\mathrm{T}}\left(-\omega_i^2\dfrac{\partial\boldsymbol{M}}{\partial x} + \dfrac{\partial\boldsymbol{K}}{\partial x}\right)\boldsymbol{\phi}_i}{2\mathrm{j}\omega_i\boldsymbol{\phi}_i^{\mathrm{T}}\boldsymbol{M}\boldsymbol{\phi}_i} \tag{7. A9}$$

即

$$\frac{\partial\omega_i^2}{\partial x} = \frac{\boldsymbol{\phi}_i^{\mathrm{T}}\left(\dfrac{\partial\boldsymbol{K}}{\partial x} - \omega_i^2\dfrac{\partial\boldsymbol{M}}{\partial x}\right)\boldsymbol{\phi}_i}{\boldsymbol{\phi}_i^{\mathrm{T}}\boldsymbol{M}\boldsymbol{\phi}_i} \tag{7. A10}$$

本章小结

本章首先分析了桁架结构均匀修改设计,对结构固有频率的影响。探讨了在最优设计状态时的主动约束情况,分析了结构优化设计的关键性约束问题。研究结果证明:固有频率约束是关键性约束,决定着动力优化设计问题是否存在最优解。在设立频率约束的上限或下限时,必须格外谨慎;否则,结构优化设计可能无解。

随后,分析和研究了无阻尼结构振动模态参数(频率和振型),以及模态阻尼率和频响函数的灵敏度计算问题,重点分析了当结构出现重频时的灵敏度计算及其特性。通过引入**特征(模态)子空间内的"方向"导数**的概念,揭示并证明了重频灵敏度计算的7个重要性质。为今后开展结构动力优化设计,奠定了可靠的理论基础。此外,在优化结构最低阶固有频率时,给出了一个判断第一阶频率达到极大值的充分条件。设计变量灵敏度分

析与计算,是结构动力分析与优化设计主要工作之一,是判断优化设计是否收敛的重要信息和途径。

最后,基于复模型理论,在一般性阻尼情形下,分析了结构的复频率一阶导数灵敏度计算问题,并由此可以得到结构固有频率和模态阻尼率的灵敏度。数值算例证明了基于复模型理论的计算结果与基于实模型理论的计算结果是完全一致的。

第8章　重频灵敏度分析结果的应用

随着科学技术的进步和经济效益需求的增大,新颖材料和结构设计不断出现。其突出特点是形状复杂、功能多、高强度、薄壁和轻质,把结构材料利用到极限。如此设计造成的后果是结构的柔性大,固有振动频率低而且分布密集,甚至还会出现重频的情况。

在第7章,我们曾经指出,实际工程结构设计经常会遇到重频问题。重频与结构的对称性设计有密切关系,如7.6节中的两个算例。或者在优化过程中,由于结构的设计(如尺寸或形状控制)参数不断改变,原本并不相同的结构固有频率,经过设计修改而发生重合。然而,如何准确地确定重频呢?或者说如何判断两个频率重合呢?有研究者认为[61],当两个频率值相差达到约1%时,可以认为这两个频率已经重合。这种观点的提出可能与当时频率测量仪器的精度有关,因为频率测试分辨率仅为$1/T$(T是采样长度)。而且这种观点多年来一直被设计师和工程师们所广泛接受。但是,由于受测量仪器精度所限,原来并不相等的频率有时也可能测得同样的数值。另外,由于零部件测量、加工、装配误差以及材料存在不均匀性等缺陷,由设计模型计算得到的重频,在实际结构上有可能测出不同的频率值来,因此需要对频率重合进行分析,提出比较合理的判断依据和准则。

通常情况下,除了非常简单系统以外,大多数复杂结构的动力分析都是依赖于有限元法数值计算。由于受计算截断误差和计算机存储位数所限[1],任何重频之间总会有一些微小差别。因此,对研究人员来说,分析这种微小误差对频率导数的影响是一件十分有益的工作。因为密集频率在实际结构中经常出现,如果把它们看作重频,则重频与简单频率一阶导数的计算方法完全不同。重频的Fréchet导数不存在,通常只能计算其方向导数,见第7章的分析结果。此外,在结构动力优化设计、动态参数识别和模型修改过程中,以梯度为基础的方法都需要精确计算频率的一阶导数值。两个频率之间的微小差别,有可能引起它们的一阶导数产生显著的差异,这会对最终的设计结果有很大的影响。

迄今为止,有关如何判定频率重合方面的研究工作还很少。正因为如此,本章试图对这方面做一些探索性研究[62]。如果将原本不同但又非常接近的频率看作是重频,按重频的概念计算其方向导数,这样处理对频率的一阶灵敏度计算结果会产生多大的影响?根据频率一阶导数的误差,本章将为判断和确定两个频率是否重合,提供一个合理的误差上限。从而使其导数的计算结果,能够处于合理的容差范围之内。

8.1　频率灵敏度分析过程

假设一个振动系统有两个不同的固有频率ω_1和ω_2($\omega_1 \neq \omega_2$),且其相应的振型分别是$\boldsymbol{\phi}_1$和$\boldsymbol{\phi}_2$,并对质量矩阵已经正交规一化。假设这两个频率值非常接近:

$$\omega_2 - \omega_1 \leqslant c\omega_1 \quad (0 < c \ll 1) \tag{8.1}$$

即

$$\omega_1 < \omega_2 \leqslant (1+c)\omega_1 \tag{8.2}$$

据此，以下考察其极端情况，令

$$\omega_2 = (1+c)\omega_1 \tag{8.3}$$

按照一般的定义，当 c 取 0.01 时，即可认为 ω_1 与 ω_2 重合，成为一个二阶重频。如果忽略高阶小量，可得如下表达式：

$$\omega_2^2 = (1+c)^2\omega_1^2 \approx (1+2c)\omega_1^2 \tag{8.4}$$

暂时忽略这两个频率值之间的差异，将它们视作重频，即认为 $\omega_1 = \omega_2$。这样的推断结论不仅使它们的一阶导数计算方法更加复杂，而且还不可避免地对各自导数的计算结果产生误差。众所周知，在通常情况下，重频是不可导的，即 Fréchet 导数不存在，只能在变量空间求其方向导数。第 7 章已经对重频的灵敏度计算做了详细的分析和推导，通过构造**特征子空间"方向"导数矩阵** $\boldsymbol{G}$，并求解关于 $\boldsymbol{G}$ 的一个子特征值问题，可得重频的一阶方向导数[见式(7.54)]。矩阵 $\boldsymbol{G}$ 构造如下：

$$\boldsymbol{G} = \begin{bmatrix} g_{11} & g_{12} \\ g_{21} & g_{22} \end{bmatrix} \tag{8.5}$$

式中

$$g_{mn} = \boldsymbol{\phi}_m^{\mathrm{T}}\left(\frac{\partial \boldsymbol{K}}{\partial x} - \omega_1^2 \frac{\partial \boldsymbol{M}}{\partial x}\right)\boldsymbol{\phi}_n \quad (m,n=1,2) \tag{8.6}$$

式中：$\boldsymbol{K}$ 和 $\boldsymbol{M}$ 分别是结构的总体刚度矩阵和总体质量矩阵；x 为设计参数。

事实上，由于存在着误差，ω_1 和 ω_2 虽然很接近，但却是两个不同的频率，ω_1^2 的导数应按下式计算：

$$\frac{\partial \omega_1^2}{\partial x} = \boldsymbol{\phi}_1^{\mathrm{T}}\left(\frac{\partial \boldsymbol{K}}{\partial x} - \omega_1^2 \frac{\partial \boldsymbol{M}}{\partial x}\right)\boldsymbol{\phi}_1 = g_{11} \tag{8.7}$$

同样，ω_2^2 的导数应按下式计算

$$\begin{aligned}\frac{\partial \omega_2^2}{\partial x} &= \boldsymbol{\phi}_2^{\mathrm{T}}\left(\frac{\partial \boldsymbol{K}}{\partial x} - \omega_2^2 \frac{\partial \boldsymbol{M}}{\partial x}\right)\boldsymbol{\phi}_2 \approx \boldsymbol{\phi}_2^{\mathrm{T}}\left(\frac{\partial \boldsymbol{K}}{\partial x} - \omega_1^2 \frac{\partial \boldsymbol{M}}{\partial x}\right)\boldsymbol{\phi}_2 - 2c\omega_1^2\boldsymbol{\phi}_2^{\mathrm{T}}\frac{\partial \boldsymbol{M}}{\partial x}\boldsymbol{\phi}_2 \\ &= g_{22} - 2c\omega_1^2\boldsymbol{\phi}_2^{\mathrm{T}}\frac{\partial \boldsymbol{M}}{\partial x}\boldsymbol{\phi}_2\end{aligned} \tag{8.8}$$

下面计算 $\boldsymbol{G}$ 的非对角线项 g_{12} 和 g_{21}。无阻尼结构的振动特征方程为

$$(\boldsymbol{K} - \omega_i^2\boldsymbol{M})\boldsymbol{\phi}_i = 0 \quad (i=1,2) \tag{8.9}$$

由于振动模态的正交性，$\boldsymbol{\phi}_1$ 和 $\boldsymbol{\phi}_2$ 对质量和刚度矩阵满足下式：

$$\begin{cases}\boldsymbol{\phi}_1^{\mathrm{T}}\boldsymbol{M}\boldsymbol{\phi}_2 = 0 \\ \boldsymbol{\phi}_1^{\mathrm{T}}\boldsymbol{K}\boldsymbol{\phi}_2 = 0\end{cases} \tag{8.10}$$

式(8.10)两边分别对设计变量 x 求一阶偏微分：

$$\frac{\partial \boldsymbol{\phi}_1^{\mathrm{T}}}{\partial x}\boldsymbol{M}\boldsymbol{\phi}_2 + \boldsymbol{\phi}_1^{\mathrm{T}}\frac{\partial \boldsymbol{M}}{\partial x}\boldsymbol{\phi}_2 + \boldsymbol{\phi}_1^{\mathrm{T}}\boldsymbol{M}\frac{\partial \boldsymbol{\phi}_2}{\partial x} = 0 \tag{8.11}$$

$$\frac{\partial \boldsymbol{\phi}_1^{\mathrm{T}}}{\partial x}\boldsymbol{K}\boldsymbol{\phi}_2 + \boldsymbol{\phi}_1^{\mathrm{T}}\frac{\partial \boldsymbol{K}}{\partial x}\boldsymbol{\phi}_2 + \boldsymbol{\phi}_1^{\mathrm{T}}\boldsymbol{K}\frac{\partial \boldsymbol{\phi}_2}{\partial x} = 0 \tag{8.12}$$

由式(8.12) − 式(8.11) × ω_1^2 可得

$$\frac{\partial \boldsymbol{\phi}_1^{\mathrm{T}}}{\partial x}(\boldsymbol{K}-\omega_1^2\boldsymbol{M})\boldsymbol{\phi}_2+\boldsymbol{\phi}_1^{\mathrm{T}}\left(\frac{\partial \boldsymbol{K}}{\partial x}-\omega_1^2\frac{\partial \boldsymbol{M}}{\partial x}\right)\boldsymbol{\phi}_2+\boldsymbol{\phi}_1^{\mathrm{T}}(\boldsymbol{K}-\omega_1^2\boldsymbol{M})\frac{\partial \boldsymbol{\phi}_2}{\partial x}=0 \tag{8.13}$$

由于结构总体刚度和质量矩阵的对称性,式(8.13)左边第三项必然等于0。但由于ω_1与ω_2并不相等,它们之间存在微小差异,因此左边第一项不等于0。于是,由式(8.6),矩阵$\boldsymbol{G}$的非对角项可表示为

$$\begin{aligned} g_{12}&=\boldsymbol{\phi}_1^{\mathrm{T}}\left(\frac{\partial \boldsymbol{K}}{\partial x}-\omega_1^2\frac{\partial \boldsymbol{M}}{\partial x}\right)\boldsymbol{\phi}_2=-\frac{\partial \boldsymbol{\phi}_1^{\mathrm{T}}}{\partial x}(\boldsymbol{K}-\omega_1^2\boldsymbol{M})\boldsymbol{\phi}_2\\ &=-\frac{\partial \boldsymbol{\phi}_1^{\mathrm{T}}}{\partial x}(\omega_2^2-\omega_1^2)\boldsymbol{M}\boldsymbol{\phi}_2\approx-2c\omega_1^2\frac{\partial \boldsymbol{\phi}_1^{\mathrm{T}}}{\partial x}\boldsymbol{M}\boldsymbol{\phi}_2 \end{aligned} \tag{8.14}$$

在以上公式推导过程中,已经利用了方程式(8.9)的结果。同样,可以得到

$$g_{21}=\boldsymbol{\phi}_2^{\mathrm{T}}\left(\frac{\partial \boldsymbol{K}}{\partial x}-\omega_1^2\frac{\partial \boldsymbol{M}}{\partial x}\right)\boldsymbol{\phi}_1=-\boldsymbol{\phi}_2^{\mathrm{T}}(\boldsymbol{K}-\omega_1^2\boldsymbol{M})\frac{\partial \boldsymbol{\phi}_1}{\partial x}=g_{12} \tag{8.15}$$

可见,由式(8.6)构造的$\boldsymbol{G}$矩阵仍是对称的,它的特征值全部是实数。根据盖尔圆理论(Gerschgorin Theorem),$\boldsymbol{G}$的特征值满足下式:

$$|\lambda_1-g_{11}|\leqslant|g_{12}| \tag{8.16}$$

$$|\lambda_2-g_{22}|\leqslant|g_{12}| \tag{8.17}$$

其中,λ_1和λ_2分别是矩阵$\boldsymbol{G}$的两个特征值,即重频的一阶方向导数,并规定$\lambda_1\leqslant\lambda_2$。如果$g_{12}=0$,则$\boldsymbol{G}$的两个特征值就是其对角线上的项$g_{11}$和$g_{22}$。此时,由式(8.7)可知:$\lambda_1=\partial\omega_1^2/\partial x$。

根据第7章分析所得结论,$\boldsymbol{G}$的特征值是振动系统重频的一阶方向导数值。于是,由式(8.16)并考虑式(8.7)和式(8.14)可得

$$\left|\lambda_1-\frac{\partial \omega_1^2}{\partial x}\right|\leqslant 2c\omega_1^2\left|\frac{\partial \boldsymbol{\phi}_1^{\mathrm{T}}}{\partial x}\boldsymbol{M}\boldsymbol{\phi}_2\right| \tag{8.18}$$

此外,还可得到

$$\left|\lambda_2-g_{22}+2c\omega_1^2\boldsymbol{\phi}_2\frac{\partial \boldsymbol{M}}{\partial x}\boldsymbol{\phi}_2\right|\leqslant|\lambda_2-g_{22}|+\left|2c\omega_1^2\boldsymbol{\phi}_2^{\mathrm{T}}\frac{\partial \boldsymbol{M}}{\partial x}\boldsymbol{\phi}_2\right| \tag{8.19}$$

由式(8.17)、式(8.8)和式(8.14)可得

$$\left|\lambda_2-\frac{\partial \omega_2^2}{\partial x}\right|\leqslant 2c\omega_1^2\left(\left|\frac{\partial \boldsymbol{\phi}_1^{\mathrm{T}}}{\partial x}\boldsymbol{M}\boldsymbol{\phi}_2\right|+\left|\boldsymbol{\phi}_2^{\mathrm{T}}\frac{\partial \boldsymbol{M}}{\partial x}\boldsymbol{\phi}_2\right|\right) \tag{8.20}$$

根据Fox和Kapoor提出的振型叠加法[47],振型的一阶导数$\partial\boldsymbol{\phi}_1/\partial x$可以在完备的模态空间内展开。式(8.18)和式(8.20)右边的公共项的值,由于振型之间存在正交性而很小,甚至可以等于0。因此,用λ_1代表$\partial\omega_1^2/\partial x$有可能很准确。但是式(8.20)右边的第二项应当引起更多的关注,它一般不等于0,且有可能引起λ_2与$\partial\omega_2^2/\partial x$之间产生非常显著的误差,使该频率的一阶导数计算精度大为降低。即使是参数x只影响少数几个单元的情形也会如此。在8.2节的两个算例中,将会看到两个频率导数的误差,比频率本身的误差要大很多,有时甚至能超过一个数量级。若两个频率按1%的相对误差判断是否重合(即$c=0.01$),有时将无法保证其一阶导数的误差落在一个合理精度范围之内。因此,为

保证频率一阶导数值的正确性和准确性,两个频率之间相对误差至少应在 0.1% 范围之内(即$c=0.001$),才可以认为它们达到重合。

8.2 数值算例

这里,我们用两个简单算例来描述频率与其一阶导数误差之间的关系。可以看到,在第一个算例中,1% 的容差标准用于判断频率重合勉强可以接受的。但在第二个算例中,虽然设计参数是构件的截面积,频率的一阶导数误差比频率本身的误差大很多。用 1% 的误差判断频率重合,将无法保证其一阶导数计算结果的正确性。

例 8.1　二杆平面桁架结构

二杆平面桁架结构如图 8-1 所示。假设两杆的材料、长度 L 和横截面积 A 均相同,质量块 m 与基础面之间的距离保持不变,即 D 是常数。为提高系统的第一阶频率,节点 1 和节点 3 可沿纵向对称移动。故 α 是唯一的形状设计参数。结构总体质量和刚度矩阵分别为

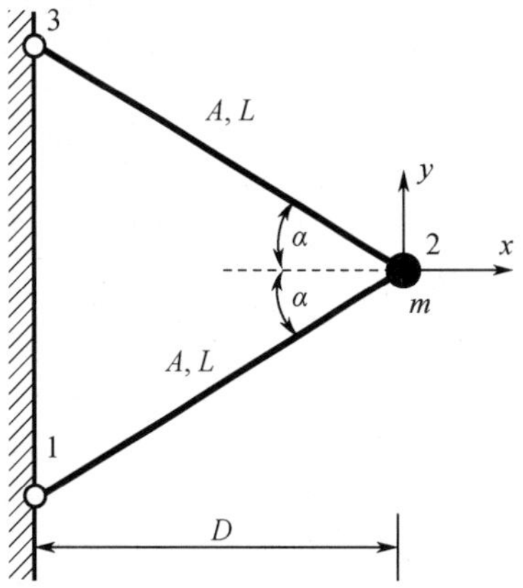

图 8-1　二杆平面桁架结构

$$\boldsymbol{M}=\begin{bmatrix}\dfrac{2AD\rho}{3\cos\alpha}+m & 0\\ 0 & \dfrac{2AD\rho}{3\cos\alpha}+m\end{bmatrix}$$

$$\boldsymbol{K}=\frac{AE}{L}\begin{bmatrix}\cos^2\alpha & \cos\alpha\sin\alpha\\ \cos\alpha\sin\alpha & \sin^2\alpha\end{bmatrix}_{1-2}+\frac{AE}{L}\begin{bmatrix}\cos^2\alpha & -\cos\alpha\sin\alpha\\ -\cos\alpha\sin\alpha & \sin^2\alpha\end{bmatrix}_{2-3}$$

$$=\frac{2AE}{D}\begin{bmatrix}\cos^3\alpha & 0\\ 0 & \sin^2\alpha\cos\alpha\end{bmatrix}$$

式中:ρ 为材料的密度。由于系统的质量和刚度矩阵已经解耦,则振型将分别沿着 x 和 y 两个坐标轴的方向。而相应的两个固有频率分别是

$$\omega_x^2=\frac{2AE\cos^4\alpha}{D\left(\dfrac{2AD\rho}{3}+m\cos\alpha\right)},\quad \omega_y^2=\frac{2AE\sin^2\alpha\cos^2\alpha}{D\left(\dfrac{2AD\rho}{3}+m\cos\alpha\right)}$$

且有

$$\frac{\omega_y}{\omega_x}=\sqrt{\frac{\omega_y^2}{\omega_x^2}}=\tan\alpha$$

当 α 较小时,沿 y 方向的固有振动频率较小,沿 x 方向的频率较大。当 α 较大时,频率排列顺序刚好反过来,沿 x 方向振动频率为第一阶频率。当 $\alpha=45°$时,两个固有频率

发生重合:

$$\omega_1^2\big|_{\max}=\omega_x^2=\omega_y^2=\frac{AE}{D\left(\dfrac{4AD\rho}{3}+\sqrt{2}m\right)}$$

两个频率的一阶导数分别为

$$\frac{\partial\omega_x^2}{\partial\alpha}=\frac{-2AE\cos^3\alpha\sin\alpha\left(\dfrac{8AD\rho}{3}+3m\cos\alpha\right)}{D\left(\dfrac{2AD\rho}{3}+m\cos\alpha\right)^2}\tag{8.21}$$

$$\frac{\partial\omega_y^2}{\partial\alpha}=\frac{2AEm\cos^2\alpha\sin^3\alpha}{D\left(\dfrac{2AD\rho}{3}+m\cos\alpha\right)^2}+\frac{4AE(\sin\alpha\cos^3\alpha-\cos\alpha\sin^3\alpha)}{D\left(\dfrac{2AD\rho}{3}+m\cos\alpha\right)}\tag{8.22}$$

当出现重频时,可计算其方向导数。将 $\alpha=45°$ 分别代入式(8.21)、式(8.22),于是可得

$$\left.\frac{\partial\omega_x^2}{\partial\alpha}\right|_{45°}=\frac{-\left(\dfrac{8\sqrt{2}}{3}AD\rho+3m\right)AE}{2\sqrt{2}D\left(\dfrac{2AD\rho}{3}+\dfrac{m}{\sqrt{2}}\right)^2},\quad \left.\frac{\partial\omega_y^2}{\partial\alpha}\right|_{45°}=\frac{AEm}{2\sqrt{2}D\left(\dfrac{2AD\rho}{3}+\dfrac{m}{\sqrt{2}}\right)^2}$$

由于重频的方向导数符号相反,可知结构的第一阶固有频率此时达到最大值。图 8-2 显示了二杆平面桁架结构固有频率,随安装角度 α 的变化曲线(假设 $A=E=D=m=\rho=1$)。

由于杆件加工或装配过程产生的误差,设计角度 α 可能无法准确到达 45°。于是两个固有频率不再重合,但还是非常接近的。若仍然认为这两个频率是重频,按照重频的处理方法,分别计算它们的方向导数,这将不可避免会与其真实的一阶导数有一定的误差。考查安装角度 α 接近 45°时,频率误差与其一阶导数的误差变化情况。

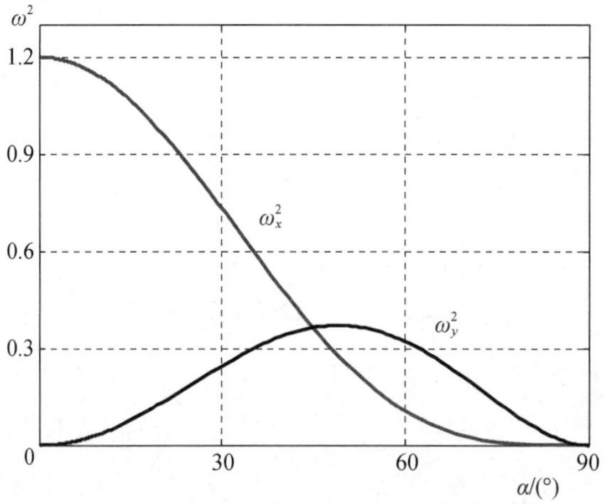

图 8-2 二杆平面桁架结构频率变化曲线

本例中,结构总体质量和刚度矩阵一阶导数分别为

$$\frac{\partial\boldsymbol{M}}{\partial\alpha}=\begin{bmatrix}\dfrac{2AD\rho\sin\alpha}{3\cos^2\alpha} & 0\\ 0 & \dfrac{2AD\rho\sin\alpha}{3\cos^2\alpha}\end{bmatrix}$$

$$\frac{\partial \boldsymbol{K}}{\partial \alpha}=\frac{2AE}{D}\begin{bmatrix} -3\cos^2\alpha\sin\alpha & 0 \\ 0 & 2\sin\alpha\cos^2\alpha-\sin^3\alpha \end{bmatrix}$$

分别选择两个基本振型 $\boldsymbol{\phi}_1$ 和 $\boldsymbol{\phi}_2$ 沿 y 轴和 x 轴：

$$\boldsymbol{\phi}_1=\sqrt{\frac{3\cos\alpha}{2AD\rho+3m\cos\alpha}}\begin{Bmatrix}0\\1\end{Bmatrix},\quad \boldsymbol{\phi}_2=\sqrt{\frac{3\cos\alpha}{2AD\rho+3m\cos\alpha}}\begin{Bmatrix}1\\0\end{Bmatrix}$$

表 8－1 比较了采用两种方法所得频率一阶导数计算结果。由于 $g_{12}=0$ 始终存在，由计算结果可见，当 $\alpha<45°$时，用两种方法计算 ω_y^2（最小频率）的导数相同。只有 ω_x^2（第二阶频率）的导数存在一定误差，而且这个误差值没有超过频率的误差值。只有当 $\alpha=45°$时，两种方法计算的导数结果才完全相同。因此若按 1% 的相对误差值，可以判断两个频率已经重合。但是当 $\alpha>45°$时，第二阶频率（ω_y^2）的导数相对误差急剧增大，远远超过频率的误差值。若仍按 1% 的误差值判断两个频率重合，则无法保证其一阶导数计算结果在一个合理的精度范围之内，有必要减小频率的误差容限，以提高其一阶导数值的计算精度。

表 8－1　频率与其一阶导数误差的比较

安装角度值/(°)	$\frac{\omega_y}{\omega_x}$	频率误差/% $\left(1-\frac{\omega_y}{\omega_x}\right)$	按式(8.21)和式(8.22)计算 $\frac{\partial\omega_y^2}{\partial a}$	按式(8.21)和式(8.22)计算 $\frac{\partial\omega_x^2}{\partial a}$	按重频计算方向导数[式(8.5)] $\frac{\partial\omega_y^2}{\partial a}$	按重频计算方向导数[式(8.5)] $\frac{\partial\omega_x^2}{\partial a}$	导数误差/% $\frac{\partial\omega_y^2}{\partial a}$	导数误差/% $\frac{\partial\omega_x^2}{\partial a}$
44	0.966	3.4	0.231	－1.299	0.231	－1.287	0.0	0.93
44.5	0.983	1.7	0.209	－1.284	0.209	－1.278	0.0	0.47
44.75	0.991	0.9	0.198	－1.276	0.198	－1.273	0.0	0.24
45	1.000	0.0	0.187	－1.269	0.187	－1.269	0.0	0.0
45.25	1.009	－0.9	0.176	－1.261	0.179	1.261	1.7	0.0
45.5	1.018	－1.8	0.165	－1.253	0.171	－1.253	3.6	0.0
46	1.036	－3.6	0.143	－1.236	0.155	－1.236	8.4	0.0

例 8.2　空间圆顶拱结构

图 8－3 所示为空间一圆顶拱结构，优化过程需要计算其基频对截面积的一阶灵敏度值。52 根桁架杆单元按截面尺寸分成 8 组，假设初始截面积设计值均为 $10cm^2$。该圆顶拱的 x 和 y 轴为对称轴。表 8－2 列出了具有代表性节点的坐标值，据此可以确定结构的形状。材料的弹性模量 $E=210GPa$，密度 $\rho=7850kg/m^3$。值得注意的是由于对称性，该结构的基频理论计算值应是一个二重频率。由于结构的动力分析由有限元法完成，因此，一阶导数分析只能得到数值解。假设节点 14 的横坐标由于施工误差而没有达到设计值，分别计算结构的前两阶固有频率对第 5 截面组（图 8.3）的一阶导数，并列于表 8－3 中。

由表 8－3 不难发现，给 x_{14} 施加一个微小扰动以后，结构的前两阶固有频率不再重合，会有一定的误差。而按照重频计算得到的方向导数结果与按照简单频率所得结果必然也有误差，而且这个误差比频率的误差至少大一个数量级。例如，当 $x_{14}=14.5m$ 时，前两阶频率的误差为 1.1%，而频率一阶导数的误差达到 17.3%。即使当频率的误差降到 0.3% 时，其一阶导数的误差仍保持在 5.4%。虽然矩阵 $\boldsymbol{G}$ 的非对角项 $g_{12}=0$，由于总体质量矩

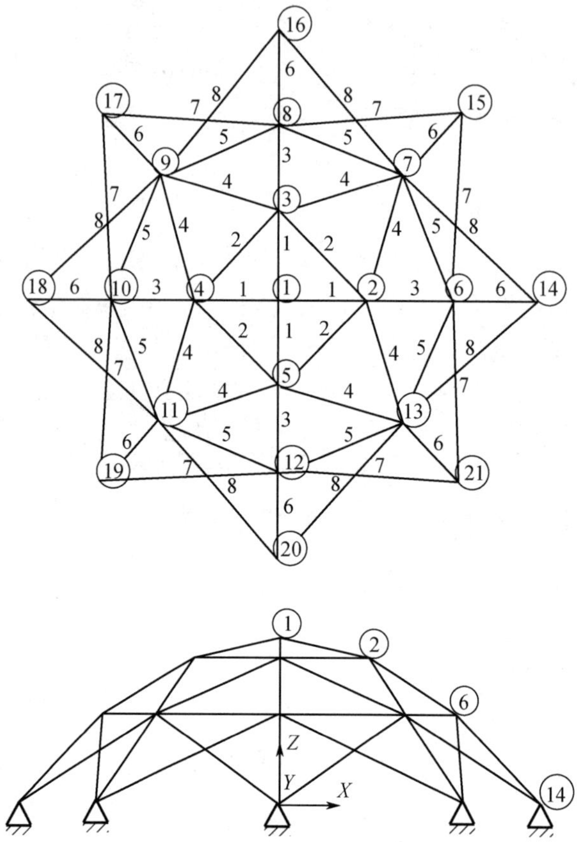

图 8-3 空间圆顶拱结构

表 8-2 圆顶拱结构有代表性节点的坐标

节点	坐标值/m		
	x	y	z
1	0.0	0.0	9.25
2	5.00	0.0	8.22
6	10.0	0.0	5.14
14	15.0	0.0	0.0

表 8-3 空间圆顶拱结构的固有频率及其一阶导数计算结果对比

节点 14 的横坐标 x_{14}/m	前二阶频率			按简单频率计算式(8.7)和式(8.8)		按重频计算式(8.5)和式(8.6)		误差	
	ω_1 /(rad/s)	ω_2 /(rad/s)	误差/%	$\frac{\partial\omega_1^2}{\partial A}$ (×10^5)	$\frac{\partial\omega_2^2}{\partial A}$ (×10^5)	$\frac{\partial\omega_1^2}{\partial A}$ (×10^5)	$\frac{\partial\omega_2^2}{\partial A}$ (×10^5)	$\frac{\partial\omega_1^2}{\partial A}$ /%	$\frac{\partial\omega_2^2}{\partial A}$ /%
14.5	178.49	180.45	1.1	-4.224	-7.522	-4.224	-6.224	0.0	17.3
14.7	178.59	179.88	0.7	-4.822	-6.371	-4.822	-5.521	0.0	13.3
14.9	178.67	179.15	0.3	-5.449	-5.787	-5.449	-5.477	0.0	5.4
15.0	178.69	178.69	0.0	-5.787	-5.787	-5.787	-5.787	0.0	0.0

阵的一阶导数比其自身大得多(即 $\partial \boldsymbol{M}/\partial A_5 \gg \boldsymbol{M}$)。这就必然导致式(8.20)中 $|\boldsymbol{\phi}_2^{\mathrm{T}}(\partial \boldsymbol{M}/\partial A_5)\boldsymbol{\phi}_2|$ 的结果相当大。因此,为了保证频率一阶导数有一个合理的误差,例如在 3% ~ 5% 范围内,至少两个不同频率的误差达到 0.1% 左右时,才能认为它们重合,并可按重频计算其方向导数。

本章小结

本章根据频率一阶导数的容差,探讨了如何确定两个频率重合的问题。分析了两个非常接近但又不同的频率如果被认为是重频时,可能给频率的一阶导数值带来的影响。研究结果发现,当两个频率相差为 1% 左右时,若将它们当作二阶重频来处理,其一阶(方向)导数的计算精度可能比频率的精度低一个数量级。在频率导数保持合理容差的基础上,本章研究分析建议,应当采用 0.1% 作为频率重合的判断标准。

第9章　桁架结构动力优化设计

第7章我们讨论了结构动力优化设计中约束的性质,以及影响动力优化设计解存在的关键性约束问题。明确了固有频率约束是决定最优解是否存在的关键性约束,而动位移、应力等约束都可以通过均匀截面修改得到满足。此外,我们还分析了固有频率和振型对一般性设计变量的一阶导数的计算公式以及计算策略问题。有了结构的某阶(如第一阶)固有频率及其相应的振型,就可以计算该阶频率的一阶导数。而要计算振型或频响函数的一阶导数,则需要知道结构的全部固有频率和振型。因此,振型或频响函数的灵敏度计算比频率的灵敏度计算要困难得多。第7章还探讨了重频的灵敏度,即一阶方向导数的计算问题。第8章基于重频灵敏度计算的精度,提出了确定两个频率重合的判据。有了这些理论研究成果,我们就可以将前几章广泛应用的广义“渐进节点移动法”,推广到结构动力优化设计研究领域。本章以结构的固有频率为约束条件,分别对桁架结构的尺寸或形状进行优化设计,目标函数为结构的总体质量最小。同时为了提高优化设计效果,也将开展桁架结构的形状与尺寸组合优化设计研究。

众所周知,结构动力设计在工程实际中具有广泛的应用前景。通过对结构的拓扑、形状或尺寸开展优化设计,可以显著改善结构的动态性能,如固有频率或响应幅值。对于大多数低频振动系统来说,结构的动态响应主要依赖于其第一阶固有频率和相应的振型[14,15]。因此,针对结构第一阶或前几阶固有频率的优化设计,占全部结构动力学优化设计研究的很大一部分内容。通过对结构低阶固有频率进行优化设计,可以避免结构与外激励发生有害的共振,降低振动位移以及结构内的动应力水平,提高结构的疲劳寿命。但是,由于结构的动态性能与尺寸或形状设计变量之间有着较高的非线性关系,而且隐含性也比较强。因此,以往的研究工作主要集中于结构的尺寸优化设计。而结构形状优化以及形状与尺寸组合优化设计研究开展得较少,研究成果极其有限,无法为工程结构提供有效的设计方法和途径。从优化过程的难易程度和效果来看,尺寸优化相对比较简单,质量和刚度矩阵与杆件的截面积呈线性关系,灵敏度计算比较容易,优化收敛准则容易建立。但尺寸优化设计所产生的效果也很有限,有时难以满足对结构性能的要求。形状优化或拓扑优化虽然较难,但其优化效果也会很大。通常,结构动力学优化将这三个层次的设计过程单独执行,割裂了它们之间的相互依赖性。近年来人们也逐渐意识到,应将这三个层次的设计组合起来同时进行优化[15]。然而由于各层次设计变量的物理意义不同,性质相差很大,组合优化对优化收敛速度、优化准则设立提出了更高的要求,对优化算法提出了极大的挑战[63]。

杆系离散结构,如桁架、刚架结构的动力形状优化,一般可选择形状控制节点的坐标(位置)作为优化设计变量,而尺寸优化则以构件的横截面面积为优化设计变量。如同第3章所述,形状优化设计不但可以单独用来改善结构的动力性能,还可以为尺寸优化提供一个良好的形状设计基础。以往研究表明,结构的动态特性,如固有频率和振型,主要依赖于其形状设计[64]。这句话应该从两个方面来理解:①固有频率值和振型对结构的形状改变非常敏感;②固有频率值和振型可以改变的程度受结构形状设计制约性很大,仅通过形状改变而使多阶固有频率同时满足约束条件有时会很困难,甚至很有可能无法实现。因此,为满足对多阶频率约束的要求,可以同时开展结构的形状与尺寸组合优化设计。通过增加设计变量的数量,扩大设计空间,达到优化设计的目的。然而,由于形状变量(如节点坐标)和尺寸变量(如杆件截面积)的单位和数量级不同,变化范围可能相差很大。如果在同一个变量空间内进行设计,它们之间如何进行有效比较,如何判断哪种变量改变对结构性能更有效。这些问题都需要仔细分析和研究,建立明确的判别依据和指标。相反,如果两类不同性质的变量在各自的设计空间内单独进行优化设计,然后交替执行以便耦合它们之间的相互作用,有可能导致优化过程不收敛,甚至会出现发散的现象[63]。截至目前,有关结构动力学形状优化,以及形状与尺寸组合优化设计研究成果仍非常有限。

本章的主要工作是在频率灵敏度分析的基础上,将"渐进节点移动法",推广到在多阶频率约束条件下,桁架结构形状、尺寸及其组合优化设计问题中。所有不同性质的变量,将在同一个空间内进行优化设计[65]。即不再按照设计变量的性质,划分不同的设计空间,应用不同的优化算法。类似于在前几章静力优化设计的策略和算法,根据设计变量灵敏度数计算结果,优先改变效率最高的设计变量,如修改高效的截面尺寸或移动高效的节点位置,使指定频率增加(或下降)较多,而结构质量增加较少。在每次优化循环过程中,搜索方向和搜索步长都由灵敏度分析确定。因此,首先需要建立目标函数(结构质量)和约束函数(固有频率),相对不同类型设计变量的灵敏度数计算公式,构建不同性质变量之间可以相互比较的指标。优化过程从不可行设计点开始,经过循环设计,使所有的频率约束逐渐得到满足,同时结构的质量增加最少。随后,利用库恩—塔克优化条件检验所得设计结果,保证优化过程收敛于正确解。

9.1　固有频率灵敏度分析

我们已经知道,设计变量的灵敏度分析与计算是结构优化算法的基础,能提供设计变量更新环节中一些至关重要的信息。因此,必须首先建立目标函数和约束函数相对尺寸变量和形状变量的一阶导数计算公式。根据所得的一阶导数灵敏度值,确定设计变量的搜索方向和搜索步长,指导结构模型的修改和优化设计。根据第7章结构固有频率灵敏度分析结果,可以获得以有限元分析为基础的,桁架结构形状和尺寸两类设计变量的灵敏度解析表达式。

9.1.1　对杆件截面积的灵敏度

按照推导公式(7.24)的结果,将一般性设计变量 x,用第 j 个单元截面积(尺寸)设计变量 A_j 代替。则结构的固有频率一阶导数为

$$\frac{\partial \omega_i^2}{\partial A_j} = \boldsymbol{\phi}_i^{\mathrm{T}} \left(\frac{\partial \boldsymbol{K}}{\partial A_j} - \omega_i^2 \frac{\partial \boldsymbol{M}}{\partial A_j} \right) \boldsymbol{\phi}_i \tag{9.1}$$

式中:ω_i为系统的第 i 阶固有频率;$\boldsymbol{\phi}_i$为相应的振型,并且已经按质量正交规一化,见式(7.20)。一般情形下,结构中若干个杆件可能共用一个尺寸设计变量 A_j,以便减少杆件的种类,便于生产和加工。因此,频率灵敏度计算需要包括与 A_j相关的所有单元刚度矩阵和质量矩阵导数。式(9.1)可化简到单元层面上计算:

$$\frac{\partial \omega_i^2}{\partial A_j} = \sum_{e=1}^{n_j} \boldsymbol{\phi}_{ei}^{\mathrm{T}} \left(\frac{\partial \boldsymbol{k}_e}{\partial A_j} - \omega_i^2 \frac{\partial \boldsymbol{m}_e}{\partial A_j} \right) \boldsymbol{\phi}_{ei} \tag{9.2}$$

式中:n_j为与尺寸设计变量 A_j相关的单元数;$\boldsymbol{\phi}_{ei}$为第 e 号单元的第 i 阶振型,实际上是系统的振型在该单元上投影,只包含 $\boldsymbol{\phi}_i$中与该单元自由度有关的很少几项。根据第 2 章的分析,二力杆单元的刚度和质量矩阵分别是横截面积的线性函数。杆单元的刚度矩阵和质量矩阵对横截面积的一阶导数计算非常容易:

$$\frac{\partial \boldsymbol{k}_e}{\partial A_j} = \frac{\boldsymbol{k}_e}{A_j}, \qquad \frac{\partial \boldsymbol{m}_e}{\partial A_j} = \frac{\boldsymbol{m}_e}{A_j} \tag{9.3}$$

可见:知道了单元的刚度矩阵和质量矩阵,其一阶导数也既可获得。于是可计算固有频率对 A_j的灵敏度:

$$\frac{\partial \omega_i^2}{\partial A_j} = \frac{1}{A_j} \sum_{e=1}^{n_j} \boldsymbol{\phi}_{ei}^{\mathrm{T}} (\boldsymbol{k}_e - \omega_i^2 \boldsymbol{m}_e) \boldsymbol{\phi}_{ei} \tag{9.4}$$

由于对尺寸变量的求导运算不牵扯到坐标变换矩阵,因此式(9.4)导数计算工作可以在总体坐标系空间完成,也可以在单元局部坐标系空间完成,即将单元的振型 $\boldsymbol{\phi}_{ei}$转换到单元局部坐标系中即可。

9.1.2 对节点坐标的灵敏度

假设节点 j 沿着 x 轴方向移动。由式(7.24),若固有频率 ω_i是单频,其对 x_j的一阶导数公式为

$$\frac{\partial \omega_i^2}{\partial x_j} = \boldsymbol{\phi}_i^{\mathrm{T}} \left(\frac{\partial \boldsymbol{K}}{\partial x_j} - \omega_i^2 \frac{\partial \boldsymbol{M}}{\partial x_j} \right) \boldsymbol{\phi}_i \tag{9.5}$$

同样,一个节点的移动只影响其周围少数几个相关单元的长度和角度。因此式(9.5)也可以进一步化简到单元层面上计算:

$$\frac{\partial \omega_i^2}{\partial x_j} = \sum_{e=1}^{n_j} \boldsymbol{\phi}_{ei}^{\mathrm{T}} \left(\frac{\partial \boldsymbol{k}_e}{\partial x_j} - \omega_i^2 \frac{\partial \boldsymbol{m}_e}{\partial x_j} \right) \boldsymbol{\phi}_{ei} \tag{9.6}$$

可见,有关固有频率一阶导数计算问题,实际归结为单元质量和刚度特性对设计变量的一阶导数计算问题。

如图 9-1 所示的 25 杆空间桁架结构,与节点 5 相关联的单元一共有 7 个,即 $n_5 = 7$。如果需要优化设计节点 5 的坐标值,那么该节点移动只影响 7 个单元的长度和方向。式(9.6)表明,只需要计算 7 个单元的刚度和质量矩阵的一阶导数,无须计算其他单元的一阶导数。在式(9.6)求和过程中,只要判断每个单元的端点是否包含有节点 5,就可以找到所有与之相关联的单元。

在 2.4.3 节中,分别给出了空间杆单元的刚度矩阵 $\boldsymbol{k}_e$和质量矩阵 $\boldsymbol{m}_e$相对节点坐标 x_j的一阶导数计算公式。据此,很容易用式(9.6)计算固有频率的一阶导数,这里不再重复

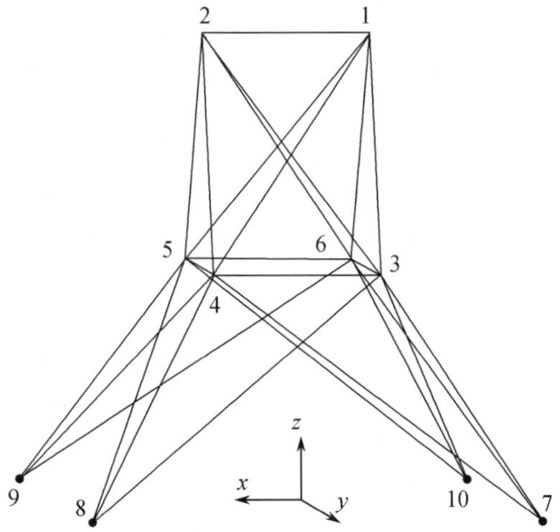

图 9-1　25 杆空间桁架结构

具体的表达式。

例 9.1　如图 9-2 所示为一个平面桁架结构，假设各杆件横截面积相同：$A=3.9270\times 10^{-4}\mathrm{m}^2$，弹性模量 $E=200\mathrm{GPa}$，材料密度 $\rho=7800\mathrm{kg/m}^3$。节点 1 附带一个集中质量块 $m=5\mathrm{kg}$。按照以上推导的公式，分别求结构的第一阶固有频率 ω_1 相对节点 4 的 x 坐标的一阶导数 $\partial\omega_1/\partial x_4$ 和对杆件 3 横截面积的一阶导数 $\partial\omega_1/\partial A_3$。

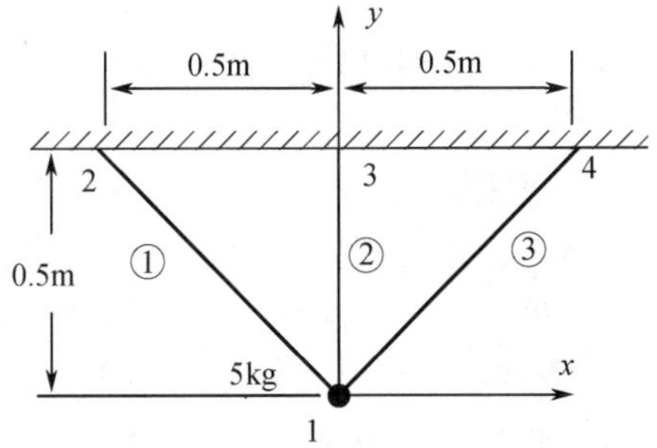

图 9-2　平面桁架结构模型

对于该平面桁架结构，由分析可知，自由度总共只有 2 个：

$$\boldsymbol{U}=[u_1 \quad v_1]^{\mathrm{T}}$$

其他的位移已全部被约束掉。有限元分析可得结构的总体刚度矩阵和按式(2.68b)得到的总体质量矩阵：

$$\boldsymbol{K}=10^8\times\begin{bmatrix}1.1107 & 0\\ 0 & 2.6815\end{bmatrix},\quad \boldsymbol{M}=\begin{bmatrix}5.7220 & 0\\ 0 & 6.2325\end{bmatrix}$$

由此可得结构的固有频率和振型矩阵：$\omega_1=4405.9\mathrm{rad/s}$，$\omega_2=6559.3\mathrm{rad/s}$

$$\boldsymbol{\Phi}=[\boldsymbol{\phi}_1 \quad \boldsymbol{\phi}_2]=\begin{bmatrix}-0.4180 & 0\\ 0 & 0.4006\end{bmatrix}$$

（若按式(2.68a)计算总体质量矩阵，不考虑杆件转动对单元质量矩阵的影响，所得结构

的固有频率分别是 $\omega_1 = 3996.4\text{rad/s}$，$\omega_2 = 6209.5\text{rad/s}$，以下导数计算结果也不尽相同。)

由式(9.4)可得第一阶固有频率对杆件 3 截面积的一阶导数:

$$\frac{\partial \omega_1}{\partial A_3} = \frac{1}{2\omega_1}\frac{\partial \omega_1^2}{\partial A_3} = 2.451 \times 10^6 \quad (\text{rad/s/m}^2)$$

第 2 章已经给出了杆件 3 的刚度和质量矩阵对 x_4 的一阶导数。于是可得第一阶频率对节点 4 的 x 坐标的一阶导数值:

$$\frac{\partial \omega_1}{\partial x_4} = \frac{1}{2\omega_1}\frac{\partial \omega_1^2}{\partial x_4} = 684.5 \quad (\text{rad/s/m})$$

比较以上灵敏度计算结果不难发现，桁架结构第一阶固有频率对杆件 3 截面积的一阶导数值，比对节点 4 的 x 坐标的一阶导数值大很多，相差 4 个数量级。但也要注意到，以上两个灵敏度的单位并不相同。另外，将以上结果与例 7.1 计算结果比较可知，桁架结构第一阶固有频率对 x_4 的灵敏度为正值;而刚架结构第一阶固有频率对 x_4 的灵敏度为负值。比较两个结构的振型不难发现，此时，桁架结构第一阶振型与刚架结构第二阶振型相对应，频率值也比较接近。而刚架结构第二阶固有频率对 x_4 的一阶导数为

$$\frac{\mathrm{d}\omega_2}{\mathrm{d}x_4} = 436.0 \quad (\text{rad/s/m})$$

该值与桁架结构的 $\partial\omega_1/\partial x_4$ 相接近。

9.2 优化问题数学模型

对于桁架结构尺寸或形状及其组合优化设计问题，假设结构的拓扑构型预先指定，并在优化过程中保持不变。将单元截面积或形状控制节点坐标作为设计变量，并假设它们在指定范围内是连续变化的。将结构的某一阶或几阶固有频率定义为设计约束条件，它们在优化设计过程中必须得到满足。一般取结构的质量最小作为优化设计的目标函数。显然，结构质量和固有频率都是节点坐标的非线性隐函数。因此，结构动力尺寸、形状或其组合优化问题的数学表达式为

$$\min \quad W = \sum_{e=1}^{n} L_e \rho_e A_e \tag{9.7}$$

$$\text{s.t.} \quad \omega_i \geqslant \omega_i^* \quad (i = 1, 2, \cdots, q_1) \tag{9.8}$$

$$\omega_i \leqslant \omega_i^* \quad (i = q_1 + 1, q_1 + 2, \cdots, q) \tag{9.9}$$

$$\underline{v}_j \leqslant v_j \leqslant \bar{v}_j \quad (j = 1, 2, \cdots, k) \tag{9.10}$$

$$v_d = f(v_j) \tag{9.11}$$

式中:W 为结构的总体质量;L_e、ρ_e 和 A_e 分别是第 e 号杆件的长度、材料密度和横截面面积;n 为结构包含的单元总数;k 为独立的设计变量 v_j 的总数，包括节点坐标 x_j 的数量或杆件的截面积 A_j 的数量;v_d 为非独立设计变量，由于在工程实际设计时，结构形状或杆件尺寸变量之间存在相互关联，如结构保持对称等，都可能限制设计变量的数量。式(9.8)表示结构的某几阶固有频率 ω_i(共计 q_1 阶，但阶次不必连续)必须分别大于各自指定的下限

值;而式(9.9)表示其他一些固有频率 ω_i(共计 $q-q_1$ 阶)必须分别小于各自指定的上限值。式(9.10)为几何约束,代表设计变量 v_j应该在其上、下限之间取值。

结构质量对杆件截面积的一阶导数为

$$\frac{\partial W}{\partial A_j} = \sum_{e=1}^{n_j} \rho_e L_e \tag{9.12}$$

结构质量对节点坐标的一阶导数为

$$\frac{\partial W}{\partial x_j} = \sum_{e=1}^{n_j} \rho_e A_e \frac{\partial L_e}{\partial x_j} = -\sum_{e=1}^{n_j} \rho_e A_e \alpha_e \tag{9.13}$$

式中:α_e为第 e 号杆件对 x 轴的方向余弦。例如,对于图 9-2 所示平面桁架结构,结构质量对杆件 3 截面积的一阶导数为

$$\frac{\partial W}{\partial A_3} = \rho L_3 = 5515.4 \quad (\text{kg/m}^2)$$

对节点 4 的 x 坐标的一阶导数为

$$\frac{\partial W}{\partial x_4} = -\rho A_3 \alpha_3 = 2.166 \quad (\text{kg/m})$$

可见,结构质量对以上两种设计参数的一阶导数也有很大的差别。

9.3 优化算法描述

在桁架结构动力优化设计中,要求结构的某一阶或几阶固有频率满足预先设定的约束条件,而结构的质量设计应达到最小。例 9.1 计算结果可见,固有频率对杆件截面积的灵敏度单位与对节点坐标的灵敏度单位完全不相同。同样,结构质量对杆件截面积和节点坐标一阶导数的单位也不相同。仅从设计变量的灵敏度值,无法判断哪类变量对结构的优化设计更有效,无法确定设计点的移动方向。按照第 3 章有关设计变量效率的概念,在桁架结构动力优化设计中,同样引入设计变量的灵敏度数(Sensitivity Index),作为结构设计修改的效率指标,定义第 i 阶频率 ω_i相对第 j 个设计变量 v_j的灵敏度数,即设计变量的效率为[65,66]

$$\alpha_{ij} = \frac{\dfrac{\partial \omega_i^2}{\partial v_j}}{\dfrac{\partial W}{\partial v_j}} = \frac{\displaystyle\sum_{e=1}^{n_j} \boldsymbol{\phi}_{ei}^{\mathrm{T}} \left(\frac{\partial \boldsymbol{k}_e}{\partial v_j} - \omega_i^2 \frac{\partial \boldsymbol{m}_e}{\partial v_j} \right) \boldsymbol{\phi}_{ei}}{\displaystyle\sum_{e=1}^{n_j} \rho_e \frac{\partial (A_e L_e)}{\partial v_j}} \quad (j = 1, 2, \cdots, k) \tag{9.14}$$

按照泰勒级数展开公式,可将固有频率的变化量 $\Delta\omega_i^2$,近似表示成设计变量的改变量 Δv_j的一次线性函数:

$$\Delta \omega_i^2 \approx \sum_{j=1}^{k} \frac{\partial \omega_i^2}{\partial v_j} \cdot \Delta v_j \tag{9.15}$$

若要增加频率 ω_i,对每一个设计变量的修改 Δv_j,都要对该频率的增加做一定的贡献。由此可得如下符号关系式:

$$\mathrm{sign}(\Delta v_j)=\mathrm{sign}\left(\frac{\partial\omega_i^2}{\partial v_j}\right)\quad(j=1,2,\cdots,k)\tag{9.16}$$

式中:sign(·)为符号函数。于是由方程式(9.16),可以确定第 j 个设计变量的搜索方向。反之,若要减小某一阶固有频率,可以得到与式(9.16)相反的符号关系式,即 Δv_j 的符号与 $\partial\omega_i^2/\partial v_j$ 的符号反号。

值得注意的是,设计变量的修改不但能改善结构的固有频率,还能引起结构质量发生变化。与第3章描述的概念类似,α_{ij} 的正值代表频率 ω_i 与结构质量 W 同时增加或同时减小;负值代表频率 ω_i 增加而质量 W 减少或相反情况。为了得到最小质量设计,可以用灵敏度数来确定最有效的设计变量。

9.3.1 增加频率

如果当前结构设计的固有频率 ω_i 小于约束要求的下限频率 ω_i^*,则需要增加频率 ω_i 以满足式(9.8)所示的约束条件。正的灵敏度数 α_{ij} 代表 $\partial\omega_i^2/\partial v_j$ 和 $\partial W/\partial v_j$ 具有相同的符号,而按式(9.16)确定的搜索方向,能够保证 W 和 ω_i 同时增加。从增加频率而需付出质量代价的观点来看,最大的 α_{ij} 值对应的变量修改方案效率最高,即 ω_i 增加最多而结构质量增加最少。因此,效率最高的设计变量为

$$\max\ \{\alpha_{ij}\mid\alpha_{ij}>0,\quad j=1,2,\cdots,k\}\tag{9.17}$$

另外,设计变量的改变也可能引起负的 α_{ij} 值,即 $\partial\omega_i^2/\partial v_j$ 和 $\partial W/\partial v_j$ 的符号相反,表示第 i 阶固有频率 ω_i 增加而结构质量 W 减小。此时,α_{ij} 最大的负值(最小绝对值)对应的设计变量效率最高。因为对于同样的频率增加值,这样的变量修改能使结构质量减少最多。但是,为了获得目标为结构最小质量的优化设计,所有负灵敏度数对应的设计变量都将被修改,而不论其值的大小,即具有负灵敏度数的所有设计变量将优先修改。因此结构优化设计的执行策略如下:

(1) 优先修改所有负灵敏度数对应的设计变量;

(2) 然后修改最大正灵敏度数对应的设计变量。

例如,对于图9-2所示平面桁架结构,第一阶固有频率对杆件3截面积的灵敏度数为

$$\alpha_{1A_3}=\frac{\dfrac{\partial\omega_1^2}{\partial A_3}}{\dfrac{\partial W}{\partial A_3}}=\frac{2.160\times10^{10}}{5515.4}\approx3.916\times10^6\quad(1/\mathrm{s}^2/\mathrm{kg})$$

第一阶固有频率对节点4的 x 坐标的灵敏度数为

$$\alpha_{1x_4}=\frac{\dfrac{\partial\omega_1^2}{\partial x_4}}{\dfrac{\partial W}{\partial x_4}}=\frac{6.032\times10^6}{2.166}\approx2.785\times10^6\quad(1/\mathrm{s}^2/\mathrm{kg})$$

以上两个设计变量的灵敏度数都是正值,其数量级也相同。说明增加频率的同时,也会增加结构的质量,或者减小频率也会同时减小结构的质量。比较两个变量的灵敏度数可知,在当前设计状况下,A_3 的设计效率较高,可优先修改。

9.3.2　减小频率

如果当前结构设计的频率 ω_i 大于约束指定的上限频率 ω_i^*，则需要减小频率 ω_i 以满足式(9.9)确定的约束条件。此时 ω_i 的优化步骤与前节所述增加频率的情形正好相反，即优先修改所有正灵敏度数对应的设计变量。这是因为在减小频率的同时，也会减小结构的质量。而按照变量 v_j 的优化设计效率的定义，最负的 α_{ij}（最大绝对值）对应于较大的频率减小和较小的结构质量增加，即效率最高的设计变量为

$$\min\ \{\alpha_{ij} \mid \alpha_{ij} < 0,\quad j = 1,2,\cdots,k\} \tag{9.18}$$

将以上优化过程不断循环，直至指定频率满足约束条件。然后，利用库恩—塔克优化条件检验所得结果，保证最终设计能够收敛于最优解。

9.3.3　库恩—塔克优化条件

上述优化执行过程是基于我们对设计变量灵敏度数的直观认识和理解确定的，是一种经验分析得到的优化算法。虽然这个优化过程可以得到比较满意的设计结果，但从数学规划角度上看不一定就是最优解，需要用数学工具检验设计点是否满足优化设计准则。为了保证目标函数达到最小（结构质量最小），有必要利用库恩—塔克优化条件检验优化所得结果。对于单一频率约束条件 $\omega_i \geqslant \omega_i^*$，最优设计点总是在可行域的边界上，最小质量问题的拉格朗日函数可以构造成

$$L(\boldsymbol{v}) = W(\boldsymbol{v}) - \lambda[\omega_i^2 - (\omega_i^*)^2] \tag{9.19}$$

式中：$\boldsymbol{v}$ 是所有设计变量构成的列阵；λ 为拉格朗日乘子。将式(9.19)表示的拉格朗日函数分别对所有变量求偏导数，则库恩—塔克优化条件为：

$$\begin{cases} \nabla L(\boldsymbol{v}) = \nabla W(\boldsymbol{v}) - \lambda\ \nabla\omega_i^2(\boldsymbol{v}) = \{0\} \\ \omega_i^2(\boldsymbol{v}) - (\omega_i^*)^2 \geqslant 0 \\ \lambda[\omega_i^2(\boldsymbol{v}) - (\omega_i^*)^2] = 0 \\ \lambda \geqslant 0 \end{cases} \tag{9.20}$$

由式(9.20)的第一式可得

$$\frac{1}{\lambda} = \frac{\dfrac{\partial\omega_i^2}{\partial v_j}}{\dfrac{\partial W}{\partial v_j}} = \frac{\partial\omega_i^2}{\partial W} = \alpha_{ij}\quad (j = 1,2,\cdots,k) \tag{9.21}$$

与第 3 章关于桁架结构静力变形优化设计分析结果类似，式(9.21)表示在最优设计点，所有设计变量的灵敏度数 α_{ij} 都应该相等，并且是一个正值。即不论设计变量是表示桁架结构形状的节点坐标，还是表示单元尺寸的杆件截面积，在最优设计点，所有设计变量的灵敏度数都应该相等。众所周知，形状设计变量和尺寸设计变量的单位和数量级各不相同，对频率和总体质量的一阶导数计算公式和单位也不同。但是它们的灵敏度数的单位却是相同的，见以上对图 9－2 中平面桁架结构的计算结果。因此，在设计变量灵敏度数（或者效率）的基础上，不同变量之间可以进行相互比较。否则这样的比较就无任何

实际意义,也无法确定各变量优化设计的顺序。由于各设计变量灵敏度数之间存在相互影响,这里我们仍然用拉格朗日函数的梯度作为收敛判断准则,用$(\nabla_v \omega_i^2)^T$左乘式(9.20)的第一式两边可得

$$\lambda = (\nabla_v \omega_i^2)^T \ \nabla_v W / (\nabla_v \omega_i^2)^T (\nabla_v \omega_i^2) \tag{9.22}$$

再将λ代入到式(9.20)的第一式中,则拉格朗日函数的梯度应等于0。实际执行过程中,当梯度值满足条件:

$$\| \nabla_v L(\boldsymbol{v}) \| \leqslant 10^{-2} \tag{9.23}$$

时,可以认为各设计变量的灵敏度数基本相同,优化过程已经收敛于最优解,设计循环过程可以终止。如果收敛条件式(9.23)未被满足,则设计点将沿着拉格朗日函数的负梯度方向$-\nabla_v L(\boldsymbol{v})$移动,第3章已经证明这正是设计变量梯度投影的方向。

另外,在以上推导过程中,假设所有设计变量可以自由修改,即设计变量的值可以减小或增大,未达到其几何约束的下限或上限值。在实际优化过程中,经常会遇到设计变量的几何约束条件,特别是尺寸设计变量的下限约束值。例如,尺寸下限可以代表材料强度、压杆失稳或加工制造条件要求等。在7.1节我们已经证明,在给定频率约束和设计变量上、下限约束条件下,如果目标函数是质量达到最小,最优设计状态除了某个频率约束成为主动约束以外,至少还应有一个设计变量下限约束也应成为主动约束。如果一个设计变量可以自由修改,则认为它是主动设计变量。而一旦该变量到达它的下限或上限值,则这个变量就不能在相应方向上再变动了,它在相应方向上成为被动设计变量(而反方向仍然是主动变量)。在优化准则方程式(9.21)和收敛条件方程式(9.23)中,应当只考虑主动设计变量,忽略被动设计变量的影响。即被动设计变量的灵敏度数可能与其他主动设计变量的灵敏度数不同,甚至不一定是正值。

9.3.4 每次循环设计变量调整数量

对于我们要采用的广义"渐进移动法",其本质是每次循环只修改那些对目标函数和约束函数都有较高设计效率的变量。如果每次循环只修改一个效率最高的设计变量,那么优化过程可能会持续很长时间,优化设计运行效率会很低。因此,每次循环待修改的变量数量,对优化设计来说是一个很重要控制量。对于复杂多变量结构优化设计,为了减小模态分析与灵敏度数计算工作量,一次循环设计可以修改多个具有较高灵敏度数的设计变量。根据变量的灵敏度数值,每次循环可修改的设计变量可以按下式确定:

$$\{ v_j \mid \alpha_{ij} \geqslant [\alpha_{i\max} - \mu(\alpha_{i\max} - \alpha_{i\min})], \quad j = 1, 2, \cdots, k \} \tag{9.24}$$

式中:$\alpha_{i\max}$和$\alpha_{i\min}$分别为设计变量最大和最小灵敏度数;μ为一个由设计者根据经验确定的系数,一般可取$\mu = 0.1 \sim 0.3$。式(9.24)表示:只有在最大灵敏度数以下10% ~30%范围内的灵敏度数对应的设计变量才可以被修改。

9.3.5 优化搜索步长

在优化过程中,当设计变量的搜索方向确定以后,其修改步长(量)也是结构设计过程中一个比较重要的控制参数。设计变量修改步长越小,优化循环次数越多,优化过程所花费的时间也越长。反之,较大的变量修改步长可能引起优化过程收敛困难,收敛条件

式(9.23)难以满足,优化设计精度达不到要求。在式(9.15)中,我们用了线性 Taylor 函数近似表示频率变化量与设计变量变化量之间的关系。由于固有频率对节点坐标或单元截面积都是高度非线性函数,只有在小扰动情况下,才能用线性函数近似表示。因此,变量的修改步长应该受到严格限制。有必要在优化效率与设计精度之间做一个适当的权衡。根据第 3 章的分析,对于一般的桁架结构,节点坐标移动步长可取为

$$|\Delta x_j| = 0.02\sqrt{\frac{\alpha_{ij}}{\alpha_{i\min}}}\cdot\min\{L_e,\quad e=1,2,\cdots,n_j\} \tag{9.25}$$

而杆件截面面积修改量为

$$|\Delta A_j| = 0.01\cdot\sqrt{\frac{\alpha_{ij}}{\alpha_{i\min}}}\cdot A_j \tag{9.26}$$

按照 9.3.3 节的分析结果,在最优设计点,所有设计变量的灵敏度数应是一个常数,因此式(9.25)和式(9.26)中,灵敏度的比值是 1。在接近最优设计点,设计变量修改步长会很小。而在初始设计阶段,灵敏度数相差较大,因此设计变量修改步长会稍大一些。这样做可以提高优化设计的效率,并保证优化过程能够顺利收敛。

9.4　多阶频率约束处理

若桁架结构的多阶固有频率同时受到约束,主动约束集合随着优化设计过程的进展,可能不断发生改变。即原来不满足的约束变成主动或有效约束,而原来的主动约束又会变成被动约束。因此在优化过程中要不断地修改约束集合,筛选出真正对当前设计起控制作用的约束条件,剔除那些对当前设计不起控制作用的约束条件[7]。实际上,每次循环设计的主动约束只是全部约束集的一小部分,但却需要花费大量的时间进行筛选。为了进一步减小计算工作量,在此我们采用一种简单、有效的方法处理多阶频率约束问题[65]。类似于静力多位移约束情形,对于 q 个频率约束条件,定义设计变量灵敏度数的加权和:

$$\eta_j = \sum_{i=1}^{q}\bar{\lambda}_i\alpha_{ij}\quad (j=1,2,\cdots,k) \tag{9.27}$$

式中:η_j 为设计变量 v_j 的总体灵敏度数;$\bar{\lambda}_i$ 相应于每个频率约束的加权系数;α_{ij} 按式(9.14)计算。式(9.27)的物理概念应当表明,如果某个频率约束被严重违反,它对总体灵敏度数的贡献也就越大;反之,如果某个频率约束已经得到满足,它对总体灵敏度数的贡献也就很小。与第 3 章分析同样的道理,$\bar{\lambda}_i$ 按如下公式计算:

对于要求增加频率的情形:

$$\bar{\lambda}_i = \left(\frac{\omega_i^*}{\omega_i}\right)^b\quad (i=1,2,\cdots,q_1) \tag{9.28}$$

对于要求减小频率的情形:

$$\bar{\lambda}_i = -\left(\frac{\omega_i}{\omega_i^*}\right)^b\quad (i=q_1+1,q_1+2,\cdots,q) \tag{9.29}$$

由以上 $\bar{\lambda}_i$定义可知,当第 i 阶频率约束条件未满足时,$|\bar{\lambda}_i|>1$;反之,当第 i 阶频率约束满足时,$|\bar{\lambda}_i|\leqslant 1$。如果第 i 阶频率约束被违反得很严重,在当前优化循环中,应该主要改善该阶频率约束条件。相反,如果该阶频率约束已经满足设计要求,则这个约束对总体灵敏度数 η_j的影响很小。指数 b 是一个惩罚因子,如果 b 值取得较大,对应于被违反约束的加权系数就会放得很大;而已满足的约束对应的加权系数会变得很小。由于结构的各阶固有频率之间存在着较强的相互耦合,在本章随后的结构优化算例中,取 $b=5$。式(9.29)中引入一个负号是因为减小频率情形时,效率最高的设计变量对应的灵敏度数与增加频率情形时的情况刚好相差一个符号。引入一个负号能够统一处理频率增加或频率减小的问题。

应该指出的是:引入总体灵敏度数 η_j后,能够统一处理一阶或多阶频率约束问题,而且 η_j的最大正值总是对应于效率最高的设计变量 v_j。这使得在优化循环中,确定最优的设计方案得到一定程度地简化。

以上推导过程中,未曾涉及重频问题。众所周知,振动频率是结构的固有特性。结构由于对称性会出现重频。此外,在优化设计过程中,原来不相同的两个频率,经过一些优化循环以后,也会出现频率重合现象。即由于计算模型不断修改,原来结构相邻的两阶固有频率也会重合。

第7章已经证明重频不可导,只能计算其方向导数。关于重频的灵敏度计算问题已在第7章做了充分说明和分析。为了获得比较准确的重频灵敏度计算结果,根据第8章的研究分析,当两个非常相近的频率相对误差达到:

$$(\omega_{i+1}-\omega_i)/\omega_i\leqslant 10^{-3} \tag{9.30}$$

可以认为它们已经重合,并按重频状况计算其方向导数。

另外,由于固有频率约束是动力学优化问题解存在与否的关键性因素。因此,频率约束的上、下限必须谨慎设定。不要将频率的下限设得太高,或将上限设得太低;否则,优化问题可能无解,或者所得结果非常离奇,失去其工程设计的实际意义。

9.5 桁架结构动力优化算例

本节应用以上分析的优化策略和算法,对桁架结构动力尺寸、形状以及形状与尺寸组合优化设计分别进行研究。将用6个例题多方验证本章所提出的优化策略的可行性和有效性。

例9.2 平面桁架结构尺寸优化设计

图9-3所示为一个典型的桁架结构尺寸优化算例,曾被许多人用来检验优化算法的效率和收敛性。这里用这个经典算例来考察以上阐述的优化算法的可行性、收敛准则,并比较不同优化算法的设计结果[65]。

十杆桁架结构的材料弹性模量 $E=68.9\text{GPa}(10^7\text{psi})$,密度 $\rho=2770\text{kg/m}^3(0.1\text{lb}_\text{m}/\text{in}^3)$,杆长 $L=9.144\text{m}(360\text{in})$。以所有杆件的横截面积为设计变量,设定截面下限值都是 $0.645\text{cm}^2(0.1\text{in}^2)$。在每个自由节点(1~4)上,都附带有一个非结构集中质量454kg$(2.588\text{lb}-\text{s}^2/\text{in})$。初始设计时,假设所有杆件的截面积是 20cm^2。优化设计分别考虑以下几种频率约束的情况:

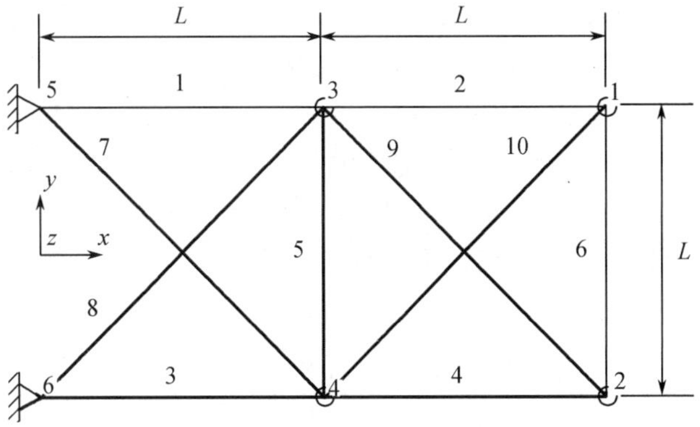

图9-3　十杆平面桁架结构

（1）$\omega_1 \geqslant 10$Hz；

（2）$\omega_1 \geqslant 14$Hz；

（3）$\omega_2 \geqslant 25$Hz；

（4）$\omega_1 \geqslant 7$Hz，$\omega_2 \geqslant 15$Hz，$\omega_3 \geqslant 20$Hz。

按照9.3节描述的优化算法，可以分别得到各种频率约束条件下，结构的优化设计结果。图9-4绘制出在$\omega_1 \geqslant 10$Hz约束条件下，第一阶频率和结构质量的优化过程。可以看到，第一次优化循环设计时，第一阶固有频率在增加，而结构质量在减小，这是优先修改负灵敏度数对应的截面尺寸的结果。表9-1列出了不同约束情形下，优化设计前、后，结构的前5阶固有频率。由表9-1可见，当优化某一阶频率时，其他阶频率值变化各不相同，有的频率会升高，有的会下降。特别是在第二阶频率受到约束时$\omega_2 \geqslant 25$Hz，优化设计后结构的第二、三阶频率重合，变成一个二重频率。表9-2比较了三种优化算法所得截面设计结果和最小结构的质量（不计非结构集中质量）。可以看到本章提出的优化算法是非常有效的，能得到比较满意的优化结果。从表9-2的结果可知，经过优化设计后，结构的对称性仍然保持。

表9-1　不同频率约束条件下，桁架结构固有频率优化设计结果（Hz）

频率	初始设计	频率约束			
		$\omega_1 \geqslant 10$	$\omega_1 \geqslant 14$	$\omega_2 \geqslant 25$	$\omega_1 \geqslant 7, \omega_2 \geqslant 15, \omega_3 \geqslant 20$
1	6.02	10.00	14.00	8.05	7.01
2	18.15	13.90	18.01	25.00	17.30
3	19.39	22.23	29.40	25.00	20.00
4	34.07	25.85	34.55	26.91	20.10
5	39.05	37.32	49.36	32.90	30.86

由表9-2可以看出，在本例后两种约束优化情形中，最优设计仅有频率约束，设计变量的几何约束不起作用。这是由于桁架节点上有非结构集中质量存在的缘故。因此，7.1节的结论在这里并不适用。

表9-3列出了在不同设计状态下，十杆平面桁架结构各设计变量的灵敏度数α_{1j}。在初始设计状态，结构的第一阶固有频率相对5、6杆件截面积的灵敏度数是负值，这表明

减小这两根杆件的截面积可以增大结构的第一阶频率,同时还能减小结构的质量。因此,应该首先减小 5、6 杆件的截面积。而第一阶频率对其他杆件截面积的灵敏度数都是正值,增大第一阶频率的同时,也将增加结构的质量。在最优设计状态(频率约束 $\omega_1 \geqslant 10$ 或 $\omega_1 \geqslant 14$),第一阶频率是主动约束,如表 9 - 1 所列。虽然第一阶固有频率对 5、6 杆件截面尺寸的灵敏度数仍是负值,但它们都已经到达其几何约束的下限值,不能再继续减小,因而成为被动设计变量。第一阶频率对其他杆件截面积的灵敏度数都是正的,而且值也几乎相等,最大误差不到 2% 。这也充分证明了式(9.21)含义的正确性。

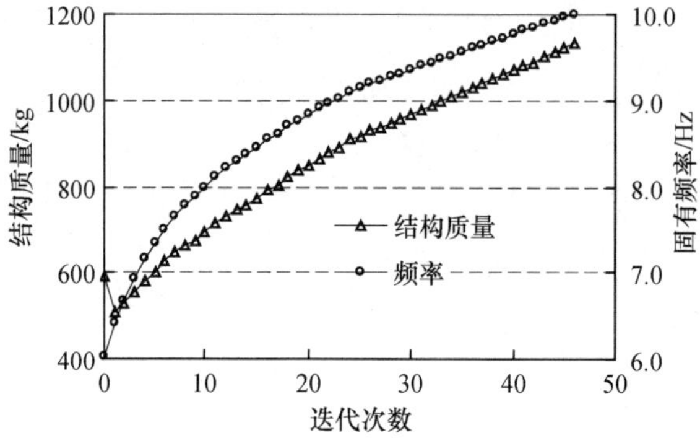

图 9 - 4　频率约束为 $\omega_1 \geqslant$ 10Hz 时,第一阶频率和结构质量的优化过程

表 9 - 2　不同频率约束条件下,十杆平面桁架结构截面尺寸优化设计结果比较(cm^2)

单元编号	初始设计	优化设计									
		$\omega_1 \geqslant 10$Hz		$\omega_1 \geqslant 14$Hz		$\omega_2 \geqslant 25$Hz			$\omega_1 \geqslant 7$Hz $\omega_2 \geqslant 15$Hz, $\omega_3 \geqslant 20$Hz		
		本文	文献[67]	本文	文献[68]	本文	文献[67]	文献[68]	本文	文献[67]	文献[68]*
1	20.0	90.340	90.074	220.680	219.903	48.932	49.659	48.123	32.456	36.584	38.245
2	20.0	24.172	28.619	48.043	47.916	34.984	46.595	35.832	16.577	24.658	9.916
3	20.0	90.340	90.074	220.680	219.903	48.932	49.646	48.200	32.456	36.584	38.619
4	20.0	24.172	28.619	48.043	47.916	34.984	46.588	35.884	16.577	24.658	18.232
5	20.0	0.645	0.645	0.645	0.645	15.041	14.158	14.826	2.115	4.167	4.419
6	20.0	0.645	0.645	0.645	0.645	7.789	8.914	7.632	4.467	2.070	4.194
7	20.0	49.220	48.885	124.095	123.626	41.226	40.061	41.103	22.810	27.032	20.097
8	20.0	49.220	48.885	124.095	123.626	41.226	40.061	41.181	22.810	27.032	24.097
9	20.0	27.433	32.308	54.847	54.677	13.449	25.910	13.200	17.490	10.346	13.890
10	20.0	27.433	32.308	54.847	54.677	13.449	25.819	13.187	17.490	10.346	11.452
质量/kg	590.5	1132.5	1186.8	2646.5	2637.9	874.6	1018.7	871.9	553.8	594.0	537.0

* 文献[69]计算表明,该设计结果并未准确满足对频率的约束条件

表 9-3　不同设计状态，十杆桁架结构各设计变量的灵敏度数 α_{1j}

单元编号	初始设计		优化设计			
			$\omega_1 \geq 10$Hz		$\omega_1 \geq 14$Hz	
	截面积 /cm^2	灵敏度数 /($1/s^2/kg$)	截面积 /cm^2	灵敏度数 /($1/s^2/kg$)	截面积 /cm^2	灵敏度数 /($1/s^2/kg$)
1	20.0	8.306	90.340	2.979	220.680	2.142
2	20.0	0.246	24.172	2.924	48.043	2.144
3	20.0	8.306	90.340	2.979	220.680	2.142
4	20.0	0.246	24.172	2.924	48.043	2.144
5	20.0	-0.184	0.645	-0.383	0.645	-0.569
6	20.0	-1.071	0.645	-3.126.	0.645	-5.372
7	20.0	2.286	49.220	2.940	124.095	2.141
8	20.0	2.286	49.220	2.940	124.095	2.141
9	20.0	0.528	27.433	2.954	54.847	2.140
10	20.0	0.528	27.433	2.954	54.847	2.140

例 9.3　平面简支桁架桥结构形状优化设计

图 9-5 所示为一个平面简支桥梁结构初始设计，在多种组合频率约束条件下，分别对其形状进行优化设计。假设材料的弹性模量 $E = 210$GPa，密度 $\rho = 7800$kg/m^3。为了能够真实模拟桥梁的变形情况，保证桥面变形后的光滑和连续性，下弦构件均假设为矩形截面梁单元，宽度 $b = 8$cm，高度 $h = 5$cm。其他构件为桁架杆单元，横截面积 $A = 5$cm^2。上弦节点可以沿纵向移动，下弦节点固定不动。此外，下弦每个节点附带一个非结构质量 $m = 10$kg。优化过程中，结构保持对称，因此仅有 5 个独立的形状变量需要优化设计。

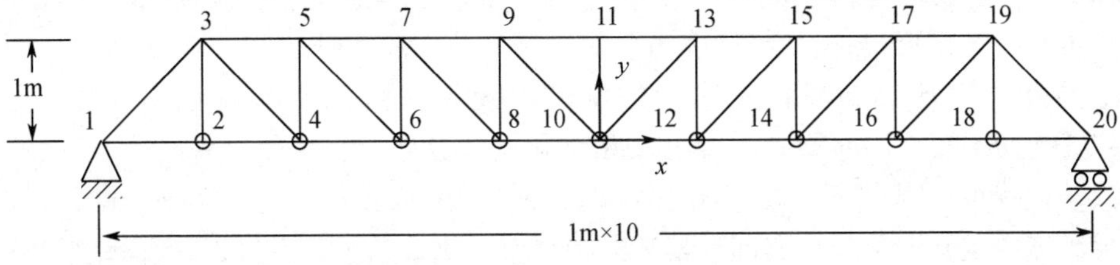

图 9-5　简支桥梁结构初始形状设计

首先对桥梁结构的第一阶固有频率分别施加不同的约束值：

(1) $\omega_1 \geq 25$Hz；

(2) $\omega_1 \geq 30$Hz；

(3) $\omega_1 \geq 35$Hz。

表 9-4 列出了优化前、后结构的前 3 阶固有频率。运用本章所提的方法，第一阶频率约束条件都能得到满足，而且均为主动约束。另外，我们可以发现形状优化设计以后，结构的前 3 阶固有频率之间的差距在逐渐缩小。结构形状控制节点 y 坐标的初始值和最优设计值，以及结构的最小质量(不计非结构集中质量)分别列于表 9-5。对于第一阶固有频率约束条件，最优设计中间节点 11 的 y 坐标值总是大于周围节点的 y 坐标值。而且

随着第一阶固有频率约束下限的不断升高,设计中间节点的 y 坐标值也越来越大,但比值 y_{11}/y_3 基本保持不变。此外,结构的总质量,也随着第一阶频率下限的升高而逐渐增大。

表 9-4　不同频率约束条件下,前三阶固有频率优化设计结果(Hz)

频率	初始设计	优化设计				
		$\omega_1 \geq 25$Hz	$\omega_1 \geq 30$Hz	$\omega_1 \geq 35$Hz	$\omega_2 \geq 70$Hz	$\omega_1 \geq 30$Hz $\omega_2 \geq 60$Hz
1	17.22	25.01	30.03	35.00	13.36	30.07
2	56.23	57.04	56.95	48.73	70.00	60.01
3	89.78	90.57	87.02	73.02	89.26	85.19

表 9-5　不同频率约束条件下,初始和最优设计节点坐标(m)以及结构质量(kg)

节点坐标	初始设计	优化设计				
		$\omega_1 \geq 25$Hz	$\omega_1 \geq 30$Hz	$\omega_1 \geq 35$Hz	$\omega_2 \geq 70$Hz	$\omega_1 \geq 30$Hz $\omega_2 \geq 60$Hz
y_3, y_{19}	1.00	0.8178	1.1061	1.6547	1.4552	1.4095
y_5, y_{17}	1.00	1.2357	1.6610	2.5012	1.8473	1.9277
y_7, y_{15}	1.00	1.5212	2.0448	3.0868	1.7374	2.1591
y_9, y_{13}	1.00	1.7018	2.2695	3.4111	1.2077	2.2383
y_{11}	1.00	1.7795	2.3427	3.4924	0.8240	2.3140
质量/kg	433.45	454.56	484.95	548.21	469.15	495.37

图 9-6 是在第一阶频率约束条件为 $\omega_1 \geq 30$Hz 时,典型的桥梁外形优化设计结果。上弦呈现出一个拱形,与桁架结构静力形状优化结果非常相似,如图 3-12 所示。即上弦呈拱形的外形设计对提高桥梁结构的刚度以及第一阶固有频率都是非常有益的。图 9-7分别示出了第一阶频率与结构质量优化设计过程。在优化过程的后期,设计点逐渐收敛于最优设计,频率和质量变化比较小。表 9-6 列出了邻近最优设计点时,每个节点的灵敏度数及其误差与拉格朗日函数的梯度值的比较结果。经过 56 次优化循环设计,第一阶频率首次达到约束值。此时,采用式(9.23)计算得到的拉格朗日函数的梯度模值为 0.14,而设计节点灵敏度数最大误差为 62.7%。随着优化过程逐渐向最优点收敛,设计节点灵敏度数的最大误差和拉格朗日函数的梯度值越来越小,这再一次说明两者的收敛是一致的。

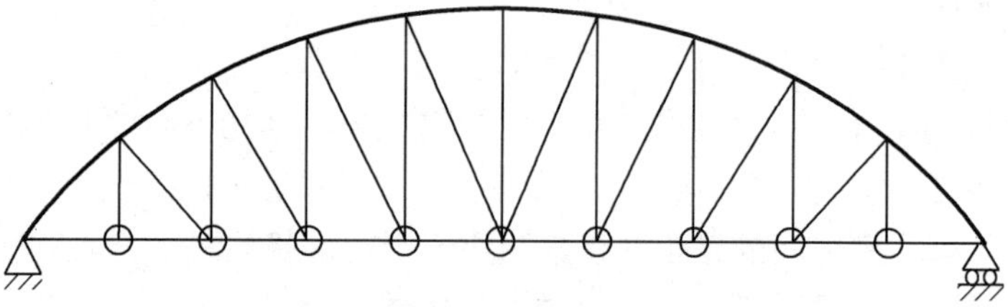

图 9-6　频率约束为 $\omega_1 \geq 30$Hz 时,简支桥梁最优外形设计

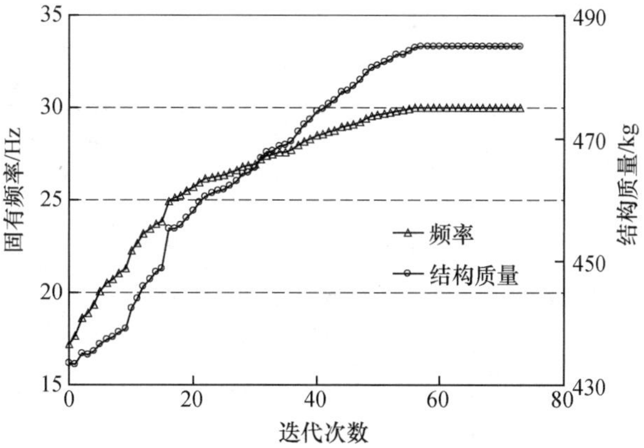

图 9-7　约束条件为 $\omega_1 \geq 30$Hz 时，第一阶频率与结构质量的优化过程

表 9-6　频率约束为 $\omega_1 \geq 30$Hz 时，邻近最优设计点，节点灵敏度数与优化收敛条件的比较

$\|\nabla L(X)\|$	α_3	α_5	α_7	α_9	α_{11}	最大误差/%
1.3953×10^{-1}	0.78375	1.00255	0.61619	0.92199	0.82106	62.7
9.5171×10^{-3}	0.83087	0.84419	0.81532	0.82682	0.83537	3.5
9.9610×10^{-4}	0.82990	0.82946	0.82863	0.82799	0.82703	0.3
1.3139×10^{-4}	0.82879	0.82879	0.82861	0.82856	0.82852	0.03

其次，对结构的第二阶固有频率施加约束条件：$\omega_2 \geq 70$Hz。优化设计后，结构的前 3 阶固有频率和形状控制节点的 y 坐标值也分别列于表 9-4 和表 9-5 中。与第一阶固有频率约束情况相反，结构的第一阶固有频率与第二阶频率差距在扩大。这主要是由于第一阶频率明显减小的结果。从各节点 y 坐标值不难看出，此时桥梁外形设计与第一阶频率约束情况截然不同，中间节点的 y 坐标值小于端点的 y 坐标值，说明第一、二阶频率约束对结构形状设计要求存在一定的冲突，需要优化设计来协调对两者之间的矛盾。

根据以上分别对桥梁结构形状优化结果的分析可以发现，如果同时增加结构的第一阶和第二阶固有频率，通常情况下并不会自动满足。现在对结构的前两阶频率同时施加约束条件：$\omega_1 \geq 30$Hz 和 $\omega_2 \geq 60$Hz，并对结构的形状进行优化设计，最终优化结果分别列于表 9-4 和表 9-5 中的最后一列。此时，前两阶频率均得到控制，并且都是主动约束。图 9-8 是优化得到的结构形状设计，上弦仍是一个拱形，但与图 9-5 相比有显著差异。中间节点 11 的 y 坐标值与端点 3 的 y 坐标差值明显减小。

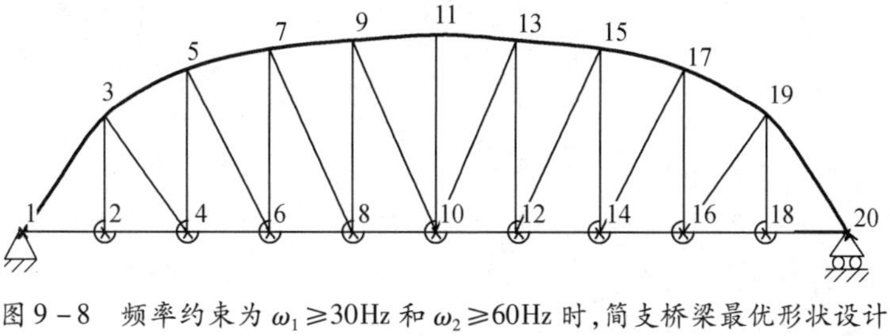

图 9-8　频率约束为 $\omega_1 \geq 30$Hz 和 $\omega_2 \geq 60$Hz 时，简支桥梁最优形状设计

例 9.4 空间桁架结构形状优化设计

如图 9-9 所示为 15 杆空间桁架结构初始形状设计，各节点坐标值如表 9-7[70] 所列。在不同的第一阶固有频率约束条件下，分别对结构的形状进行优化设计。假设 1~7 杆件的横截面积为 $12.90cm^2$($2in^2$)，8~15 杆件的横截面积为 $6.45cm^2$($1in^2$)。顶端节点沿 y(竖直)方向固定不动，每个节点允许沿 x 方向的移动，最大移动量为 ±12.7cm(±5in)，除节点 3 以外，其余节点还允许沿 z 方向移动，最大移动量也是 ±12.7cm。材料的弹性模量 $E = 68.9GPa$ (10^7psi)，密度 $\rho = 2778kg/m^3$($2.6 \times 10^{-4} lb \cdot s^2/in^4$)。本例的优化结果将与 Sadek 采用的"频率调整"和"质量减小"两步准则优化法所得结果进行比较[70]，以检验"渐进节点移动"优化算法所得结果的准确性和可靠性。该结构一共有 13 个设计变量，除了节点 3 的 z 坐标不能设计以外，其他每个节点均有两个坐标(x 和 z)需要在优化过程中确定。

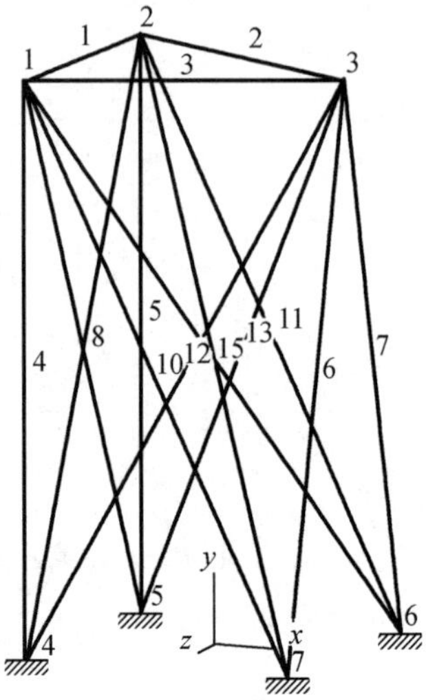

图 9-9 15 杆空间桁架结构初始形状设计

表 9-7 15 杆空间桁架结构初始设计节点坐标值(m)

顶端节点	坐标值			底端节点	坐标值		
	x	y	z		x	y	z
1	-0.635	2.54	0.635	4	-0.635	0	0.635
2	-0.635	2.54	-0.635	5	0.635	0	-0.635
3	0.635	2.54	0	6	-0.635	0	-0.635
				7	0.635	0	0.635

分别对结构的第一阶固有频率 ω_1 设定两个频率下限值 520rad/s 和 580rad/s。表 9-8 比较了两种方法所得优化设计结果。在最优设计点，两种频率约束情形下，结构的形状设计仍对称于 x 轴，虽然我们在优化过程中并没有刻意这样要求。两种优化算法设计的顶端节点坐标都相同，均达到了几何约束的边界值。作为目标函数的结构最小质量虽然基本相同，但底端节点坐标还是存在明显的差异。众所周知，结构优化设计在数学上是一个逆特征值问题，其解一般并不唯一，这种不唯一性也为工程结构设计提供了更多的选择机会。从另一方面也证实了频率约束是非凸集合，其解通常并不收敛于唯一的设计点。

表 9-8 不同频率约束条件下，两种方法所得节点坐标(m)优化结果对比

节点	$\omega_1 \geq 520rad/s$				$\omega_1 \geq 580rad/s$			
	文献[70]		本文		文献[70]		本文	
	x	z	x	z	x	z	x	z
1	-0.508	0.508	-0.508	0.508	-0.508	0.508	-0.508	0.508
2	-0.508	-0.508	-0.508	-0.508	-0.508	-0.508	-0.508	-0.508
3	0.508	0	0.508	0	0.508	0	0.508	0
4	-0.611	0.620	-0.633	0.618	-0.740	0.744	-0.762	0.762

（续）

节点	$\omega_1 \geqslant 520$rad/s				$\omega_1 \geqslant 580$rad/s			
	文献[70]		本文		文献[70]		本文	
	x	z	x	z	x	z	x	z
5	-0.611	-0.620	-0.633	-0.618	-0.740	-0.744	-0.762	-0.762
6	0.531	-0.558	0.508	-0.544	0.574	-0.612	0.540	-0.540
7	0.531	0.558	0.508	0.544	0.574	0.612	0.540	0.540
ω_1/(rad/s)	521.135		520.034		585.448		580.006	
结构质量/kg	89.23		89.14		90.14		89.92	

例9.5 平面二杆桁架结构形状与尺寸组合优化设计

这里我们用一个简单的二杆桁架结构，来详细分析和比较形状变量与尺寸变量的设计效率问题。如图9-10所示，一个对称布置的平面二杆桁架结构，在节点3附加一个非结构集中质量 $m=10$kg。结构仅第一阶固有频率受到约束，这里考虑两种不同情形：第一阶频率分别要求大于60Hz和100Hz。

这个二杆结构只有一个表示支承点位置的形状设计变量 y_s 和一个代表杆单元横截面积的尺寸设计变量 A。假设截面积下限为0.2cm^2，材料的弹性模量 $E=210$GPa，密度 $\rho=7800$kg/m^3。表9-9分别列出了初始和最优设计结果以及各设计变量的灵敏度数。在初始设计状态，形状设计变量的灵敏度数比尺寸设计变量的灵敏度数大近50倍，或者说形状改变的效率比截面尺寸改变效率高很多。这表明此时频率对结构形状改变，比对杆件截面尺寸改变更加敏感，应首先修改结构的形状设计。图9-11分别绘出了在两种不同频率约束条件下，第一阶频率的优化设计过程。对于约束条件 $\omega_1 \geqslant 60$Hz，优化过程很快就收敛于最优解。表9-10给出了优化设计的固有频率和收敛条件。

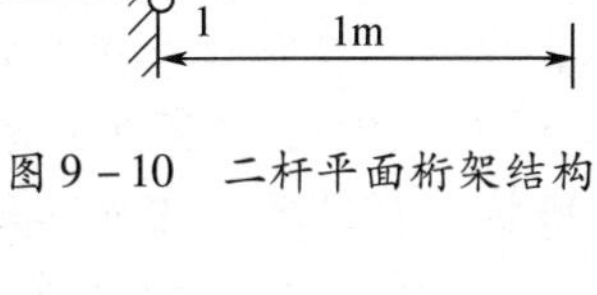

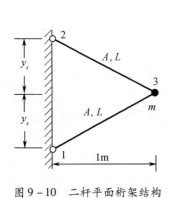

图9-10 二杆平面桁架结构

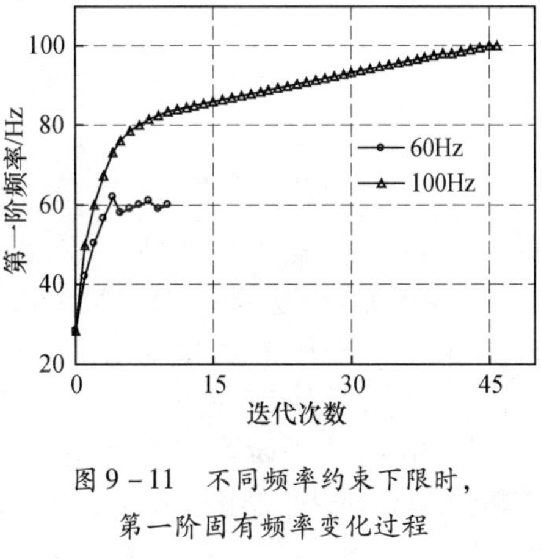

图9-11 不同频率约束下限时，第一阶固有频率变化过程

从表9-9优化结果可以发现：对于频率约束条件 $\omega_1 \geqslant 60$Hz，优化设计只改变杆件支承点的坐标，结构的基频就可达到60Hz，杆件的横截面积未发生改变。这是因为在整个优化过程中，形状变量的灵敏度数比尺寸变量的灵敏度数至少大一个数量级，如图9-12所示。优化设计过程按照灵敏度数的大小，优先修改结构的形状。由于单元截面依然取它的下限值，为被动设计变量，因此在最优点，两个设计变量的灵敏度数依然存在很大差异。

表9-9　不同频率约束条件下,初始与最优状态的设计变量值以及灵敏度数

设计变量	初始设计	灵敏度数 $(1/s^2/kg)$	$\omega_1 \geqslant 60Hz$		$\omega_1 \geqslant 100Hz$	
			优化设计	灵敏度数 $(1/s^2/kg)$	优化设计	灵敏度数* $(1/s^2/kg)$
y_s/m	0.2	4.827×10^6	0.485	3.073×10^6	1.000	-1.993×10^6; 6.475×10^5
A/cm^2	0.2	9.749×10^4	0.200	4.058×10^5	0.271	6.470×10^5; 6.473×10^5
质量/kg	0.318		0.347		0.598	
注:* 重频灵敏度数						

表9-10　固有振动频率(Hz)的初始值与最优值

频率	初始设计	优化设计	
		$\omega_1 \geqslant 60Hz$	$\omega_1 \geqslant 100Hz$
1	28.2	60.0	100.0
2	140.9	123.8	100.0
$\|\nabla L(v)\|$		2.58×10^{-5}	0.00

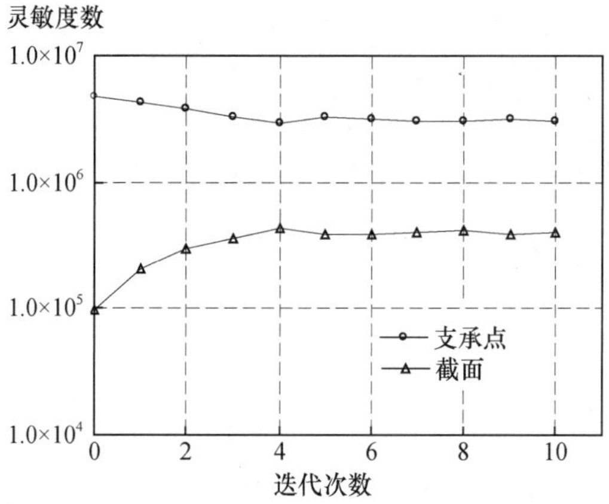

图9-12　优化过程中,形状与尺寸变量灵敏度数的比较

在$\omega_1 \geqslant 100Hz$频率约束情形下,根据设计变量的灵敏度数,杆件支承点的位置将首先被修改。当节点坐标达到$y_s = 1.000m$时,结构的两个固有频率发生重合,构成一个二重频率(86.1Hz)。而频率对形状设计变量的方向灵敏度数具有不同的值(-1.999×10^6; 6.537×10^5),且有相反的符号。根据第7章有关重频灵敏度特性7可知,此时形状变量已经使结构的第一阶(重)频率达到极值,修改支承点坐标无法使其继续升高。图9-13也可以证明这个结论。由此也再一次证明了形状优化的效果是有限的,仅靠形状优化是无法使结构的第一阶频率达到100Hz,必须依靠尺寸优化才能完成设计任务。由于频率对杆件截面积的方向灵敏度数完全相等(6.537×10^5),根据第7章重频灵敏度特性5可知,尺寸变量能够使结构的第一阶(重)频率同时升高。通过修改杆件的尺寸变量,使结构重频逐渐升到100Hz。

图9-13分别绘出了两种频率约束情形的优化设计过程。在60Hz约束情况下,设计点沿着截面设计变量的下限边界移到最优点1。这是在满足频率约束情况下的质量最小

点，其他可行解都在该最优点的上方，因此质量也会增大。在 100Hz 约束情况下，设计点先沿着截面设计变量下限边界移动到重频点，然后再沿着竖直方向移动的最优点 2。如果尺寸优化不是在结构形状优化设计基础上进行，则最小结构质量将会明显增大。本章的附录将用理论方法详细分析该模型的优化结果。

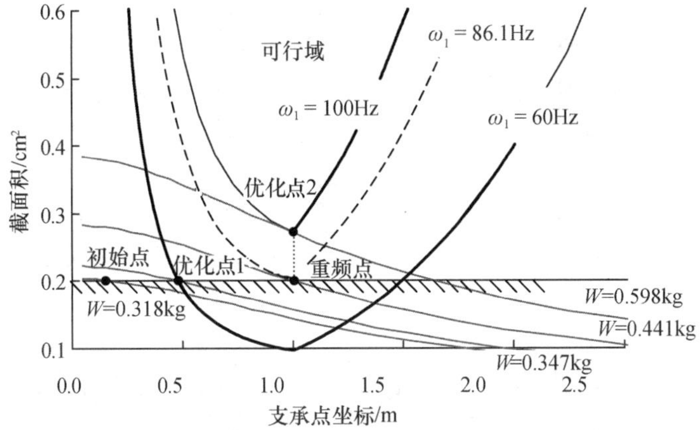

图 9－13　优化设计过程设计点示意图

例 9.6　平面简支桥梁桁架结构形状与尺寸组合优化设计

再次考虑如图 9－5 所示平面简支桥梁结构，在不同频率约束情况下，分别对其形状和尺寸同时进行优化设计，使结构的质量达到最小。材料与初始外形设计与例 9.3 相同，所有下弦构件仍按梁单元计算，且截面尺寸保持不变。其他所有构件为桁架杆单元，以截面积为设计变量，初始取下限值 $A = 1\text{cm}^2$。由于对称，故此结构共有 5 个形状变量和 14 个尺寸变量需要优化设计。

首先，结构只受第一阶固有频率约束。分别假设第一阶频率的下限是 20Hz 和 25Hz。表 9－11 列出了节点坐标和杆件截面积最优设计值，以及结构的最小质量（不计非结构质量）。表 9－12 列出了初始和最优状态时，结构的前 5 阶固有频率值。由表 9－11 的第三和四列中给出的结果可知：在第一阶频率约束条件下，桥梁的最优外形设计与图 9－6 基本类似[65]。除了桥梁结构形状改变以外上弦杆件的截面积也有所增大。

表 9－11　不同频率约束下，节点坐标（m）和杆件截面积（cm^2）初始和最优设计结果

设计变量	初始设计	优化设计/Hz				
		$\omega_1 \geq 20$	$\omega_1 \geq 25$	$\omega_2 \geq 40$	$\omega_1 \geq 20$ $\omega_2 \geq 40$	$\omega_1 \geq 20$ $\omega_2 \geq 40$ $\omega_3 \geq 60$
y_3, y_{19}	1.0	1.0114	1.2302	1.0792	1.2055	1.2086
y_5, y_{17}	1.0	1.5872	1.9345	1.4406	1.7109	1.5788
y_7, y_{15}	1.0	1.9746	2.4216	1.3788	1.8746	1.6719
y_9, y_{13}	1.0	2.1956	2.6781	0.9819	1.9050	1.7703
y_{11}	1.0	2.2617	2.7411	0.7260	1.9735	1.8502
A_1, A_{27}	1.0	1.6619	2.2936	1.6113	2.5907	3.2508
A_2, A_{26}	1.0	1.0000	1.0000	1.0000	1.0000	1.2364
A_3, A_{24}	1.0	1.0000	1.0000	1.0000	1.0000	1.0000

(续)

设计变量	初始设计	优化设计/Hz				
		$\omega_1 \geq 20$	$\omega_1 \geq 25$	$\omega_2 \geq 40$	$\omega_1 \geq 20$ $\omega_2 \geq 40$	$\omega_1 \geq 20$ $\omega_2 \geq 40$ $\omega_3 \geq 60$
A_4, A_{25}	1.0	1.6664	2.1995	1.3941	2.1926	2.5386
A_5, A_{23}	1.0	1.0000	1.0000	1.0000	1.0000	1.3714
A_6, A_{21}	1.0	1.0000	1.0000	1.0000	1.0000	1.3681
A_7, A_{22}	1.0	1.7267	2.1792	1.3616	2.1279	2.4290
A_8, A_{20}	1.0	1.0000	1.0000	1.0000	1.1199	1.6522
A_9, A_{18}	1.0	1.0000	1.0000	1.0000	1.1804	1.8257
A_{10}, A_{19}	1.0	1.7267	2.1199	1.2751	2.1247	2.3022
A_{11}, A_{17}	1.0	1.0000	1.0000	1.0000	1.4745	1.3103
A_{12}, A_{15}	1.0	1.0000	1.0000	1.6807	1.6531	1.4067
A_{13}, A_{16}	1.0	1.6902	2.1113	1.0000	2.0433	2.1896
A_{14}	1.0	1.0000	1.0000	1.0000	1.0000	1.0000
质量/kg	336.3	351.7	361.8	343.4	360.8	366.5

表9-12　不同频率约束条件下,桥梁结构前5阶固有频率(Hz)

频率	初始设计	$\omega_1 \geq 20$Hz	$\omega_1 \geq 25$Hz	$\omega_2 \geq 40$Hz	$\omega_1 \geq 20$Hz $\omega_2 \geq 40$Hz	$\omega_1 \geq 20$Hz $\omega_2 \geq 40$Hz $\omega_3 \geq 60$Hz
1	8.89	20.00	25.00	7.54	20.01	20.01
2	28.82	31.32	30.36	40.00	40.29	41.84
3	46.92	47.17	44.80	53.20	52.43	62.22
4	63.62	62.24	59.57	63.76	66.67	73.17
5	76.87	76.78	73.39	81.97	81.54	88.43

其次,使结构的第二阶固有频率受到约束 $\omega_2 \geq 40$Hz。图9-14绘出了桥梁外形优化设计结果,其外形设计与第一阶频率约束情形时的结果(参考图9-6)完成不相同。表9-11和表9-12的第五列分别列出了各变量的优化设计结果。除了上弦杆件的截面积有所增大以外,杆件12和杆件15的截面积也有所增加。

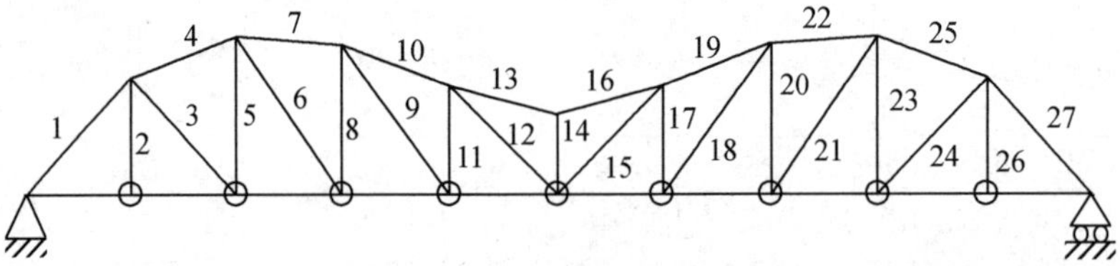

图9-14　频率约束为 $\omega_2 \geq 40$Hz 时,简支桥梁最优外形设计

最后,使结构的多阶固有频率同时受到约束。第一种频率约束情况为 $\omega_1 \geq 20$Hz、$\omega_2 \geq 40$Hz。第二种频率约束情况为 $\omega_1 \geq 20$Hz、$\omega_2 \geq 40$Hz、$\omega_3 \geq 60$Hz。最优设计结果分别列于表9-11和表9-12的第六列和第七列中。同样,上弦杆的截面积增加较多。

图 9-15 绘出了有两阶频率受到约束时，结构的前两阶固有频率的收敛过程。图 9-16 绘出了在多阶频率约束条件下，桥梁结构的外形优化设计结果。可见除了杆件的截面积有所不同以外，其外形设计基本类似。

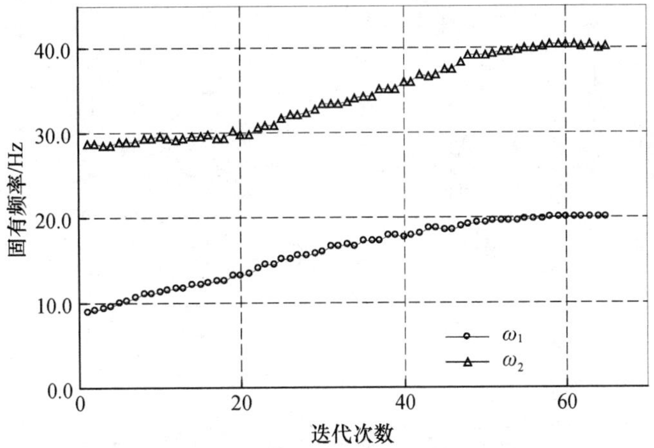

图 9-15　约束为 $\omega_1 \geqslant 20$Hz 和 $\omega_2 \geqslant 40$Hz 时，结构的前两阶频率变化过程

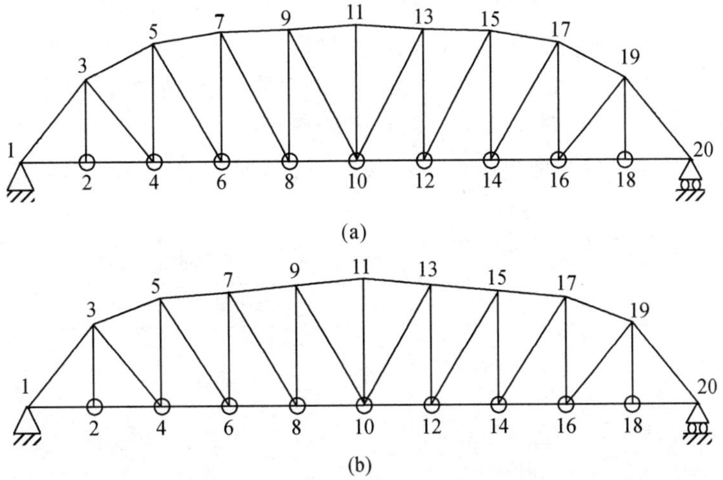

图 9-16　在多阶固有频率约束情况下，简支桥梁最优外形设计

(a) $\omega_1 \geqslant 20$Hz 和 $\omega_2 \geqslant 40$Hz；(b) $\omega_1 \geqslant 20$Hz、$\omega_2 \geqslant 40$Hz 和 $\omega_3 \geqslant 60$Hz。

例 9.7　空间桁架结构形状与尺寸组合优化设计

图 9-17 所示为一个空间圆顶拱结构，在第一阶固有频率约束下，分别对圆顶拱结构在初始形状设计的基础上进行尺寸优化设计，以及形状与尺寸组合优化设计，并比较不同情形的优化设计结果。52 根杆单元的截面尺寸，根据设计要求分成 8 组，见图中单元上数字所示，各组杆件的截面积为尺寸设计变量。根据结构设计要求，选择控制节点坐标 z_1、x_2、z_2、x_6、z_6 为形状设计变量。假设材料的弹性模量 $E = 210$GPa，密度 $\rho = 7850\text{kg/m}^3$。要求第一阶固有频率大于 32Hz。由于结构始终保持对称性，因此优化过程总是有一个二重固有频率存在。根据结构的不同设计，它可能是第一、二阶频率，也可能是第二、三阶频率。所有单元截面积初始设计为 5cm^2，截面积下限假设为 4cm^2。

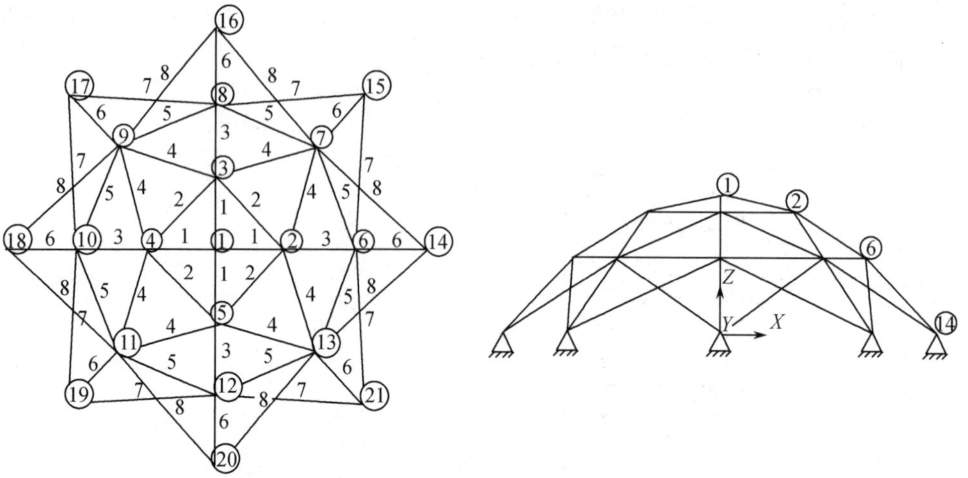

图 9-17 圆顶拱结构初始形状设计

表 9-13 列出了圆顶拱结构形状和尺寸变量初始值以及两种最优设计结果,结构的前 5 阶固有频率列于表 9-14 中。在最优设计点,这些频率排列非常密集。经过对比可以发现,若圆顶拱结构在初始形状设计基础上只进行尺寸优化设计,结构的最小质量比形状与尺寸组合优化的结果大 14.65%。这个结果表明:桁架结构形状与尺寸组合优化比单纯的尺寸优化效果更好,能够进一步减小结构质量。

表 9-13 圆顶拱结构在频率约束条件下,尺寸(cm^2)和形状(m)变量初始与最优设计结果

设计变量	初始设计	优化设计 $\omega_1 \geq 32$Hz	
		形状与尺寸组合优化	尺寸优化
z_1	9.25	10.166	
x_2	5.00	6.407	
z_2	8.22	8.013	
x_6	10.00	10.503	
z_6	5.14	4.893	
A_1	5.00	4.000	4.000
A_2	5.00	4.000	4.000
A_3	5.00	4.204	4.000
A_4	5.00	4.000	4.000
A_5	5.00	4.000	5.510
A_6	5.00	4.000	4.000
A_7	5.00	7.018	11.092
A_8	5.00	9.377	8.731
结构质量/kg	1740.6	2042.1	2341.3

在本例中，由于所有节点上都没有非结构集中质量，若均匀修改杆件的截面积，将不会改变结构的固有频率。按照7.1节的分析结论，在最优设计状态，不仅固有频率是主动约束，而且一定有截面变量到达其下限值。由表9-13清楚地表明了这一结论的正确性。

表 9-14　圆顶拱优化前后结构的前 5 阶固有频率(Hz)

频率	初始设计	优化设计 $\omega_1 \geq 32$Hz	
		形状与尺寸组合优化	尺寸优化
1	28.44	32.00	32.00
2	28.44	32.00	32.00
3	30.44	32.07	32.06
4	30.86	32.23	32.07
5	30.86	32.29	32.07

附录　二杆桁架结构形状与尺寸组合优化分析

对于图9-10所示的平面二杆桁架，结构受第一阶频率下限约束。杆件的截面积和支承点的位置，需要通过优化才能确定。为了以下推导方便起见，暂时引入一个中间变量β—杆件与水平线的夹角，如图9-A1所示。支承点位置和杆件长度与中间变量β有如下关系：

$$L = \frac{D}{\cos\beta}, \qquad y_s = D\tan\beta \tag{9.A1}$$

式中：L为杆长；D为节点与垂直支承面的距离。假设这个距离在设计过程中保持不变。y_s表示支承点的位置，决定了二杆桁架结构的形状。结构质量按下式计算：

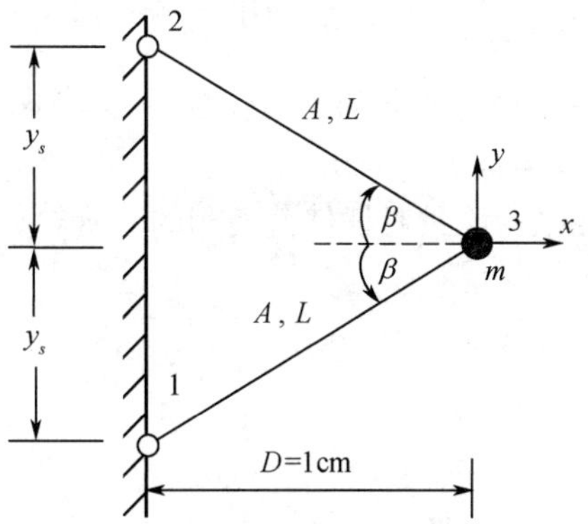

图 9-A1　二杆平面桁架结构

$$W = 2\rho AL = \frac{2\rho AD}{\cos\beta} \tag{9.A2}$$

式中：ρ为材料密度；A为杆的横截面积。结构总体刚度和按照式(2.68a)计算得到的质量矩阵分别为

$$\boldsymbol{K}=\frac{2AE}{D}\begin{bmatrix}\cos^3\beta & 0\\ 0 & \sin^2\beta\cos\beta\end{bmatrix},\quad \boldsymbol{M}=\begin{bmatrix}\frac{2AD\rho}{3\cos\beta}+m & 0\\ 0 & \frac{2AD\rho}{3\cos\beta}+m\end{bmatrix}$$

这是两个对角矩阵。于是得到二杆桁架结构沿各坐标轴的两个固有频率:

$$\omega_x^2=\frac{2AE\cos^4\beta}{D\left(\frac{2AD\rho}{3}+m\cos\beta\right)},\quad \omega_y^2=\frac{2AE\sin^2\beta\cos^2\beta}{D\left(\frac{2AD\rho}{3}+m\cos\beta\right)} \tag{9. A3}$$

则沿 y 方向的频率与沿 x 方向频率比值为

$$r=\frac{\omega_y}{\omega_x}=\tan\beta \tag{9. A4}$$

式(9. A4)表示这两个频率比值与杆件截面积无关,仅由结构形状确定。由动力学基本理论可知:

(1) 当 $\beta<45°$ 时,第一阶频率沿着 y 方向:

$$\omega_1^2=\frac{2AE\sin^2\beta\cos^2\beta}{D\left(\frac{2AD\rho}{3}+m\cos\beta\right)} \tag{9. A5}$$

(2) 当 $\beta>45°$ 时,第一阶频率沿着 x 方向:

$$\omega_1^2=\frac{2AE\cos^4\beta}{D\left(\frac{2AD\rho}{3}+m\cos\beta\right)} \tag{9. A6}$$

(3) 当 $\beta=45°$ 时,第一、二阶频率重合,成为一个二重频率,第一阶频率达到最大值:

$$\omega_1^2\big|_{\max}=\omega_x^2=\omega_y^2=\frac{AE}{D\left(\frac{4AD\rho}{3}+\sqrt{2}m\right)} \tag{9. A7}$$

下面进行设计变量的灵敏度分析。为了简化推导,只考虑 $0<\beta\leqslant45°$,即 $0<y_s\leqslant D$ 的情况。此时频率排列顺序:$\omega_1=\omega_y$, $\omega_2=\omega_x$。

由方程(9. A5),频率和结构质量对杆件截面积的一阶导数分别为

$$\frac{\partial\omega_1^2}{\partial A}=\frac{2Em\sin^2\beta\cos^3\beta}{D\left(\frac{2AD\rho}{3}+m\cos\beta\right)^2} \tag{9. A8}$$

$$\frac{\partial\omega_2^2}{\partial A}=\frac{2Em\cos^5\beta}{D\left(\frac{2AD\rho}{3}+m\cos\beta\right)^2} \tag{9. A9}$$

可见,当 $0<\beta\leqslant45°$ 时,结构的前两阶固有频率对杆截面的灵敏度都是正值,这表明增加截面积一定能升高结构的固有频率。由方程式(9. A2)可得

$$\frac{\partial W}{\partial A}=\frac{2\rho D}{\cos\beta} \tag{9. A10}$$

单元截面积的灵敏度数或者设计效率分别为

$$\alpha_{1A}=\frac{\partial\omega_1^2}{\partial W}=\frac{Em\sin^2\beta\cos^4\beta}{D^2\rho\left(\frac{2AD\rho}{3}+m\cos\beta\right)^2} \tag{9. A11}$$

$$\alpha_{2A}=\frac{\partial\omega_2^2}{\partial W}=\frac{Em\cos^6\beta}{D^2\rho\left(\frac{2AD\rho}{3}+m\cos\beta\right)^2} \tag{9. A12}$$

α_{1A}和 α_{2A}同样都为正值。正的灵敏度数表示：增加杆件的截面积可同时增加桁架的前两阶固有频率和结构质量；而减小杆件的截面积可同时减小结构的前两阶固有频率和质量。

由方程式(9. A1)，按照复合函数求导法则，可以计算支承节点的灵敏度数：

$$\frac{\mathrm{d}y_s}{\mathrm{d}\beta}=\frac{D}{\cos^2\beta} \tag{9. A13}$$

$$\frac{\partial W}{\partial y_s}=\frac{\partial W}{\partial\beta}\frac{\partial\beta}{\partial y_s}=\frac{2\rho AD\sin\beta}{\cos^2\beta}\frac{\cos^2\beta}{D}=2\rho A\sin\beta \tag{9. A14}$$

$$\begin{aligned}\frac{\partial\omega_1^2}{\partial y_s}&=\frac{\partial\omega_1^2}{\partial\beta}\cdot\frac{\mathrm{d}\beta}{\mathrm{d}y_s}=\frac{\cos^2\beta}{D}\cdot\\&\left(\frac{2AEm\cos^2\beta\sin^3\beta}{D\left(\frac{2AD\rho}{3}+m\cos\beta\right)^2}+\frac{4AE(\sin\beta\cos^3\beta-\cos\beta\sin^3\beta)}{D\left(\frac{2AD\rho}{3}+m\cos\beta\right)}\right)\\&=\frac{2AEm\cos^4\beta\sin^3\beta}{D^2\left(\frac{2AD\rho}{3}+m\cos\beta\right)^2}+\frac{4AE(\sin\beta\cos^5\beta-\cos^3\beta\sin^3\beta)}{D^2\left(\frac{2AD\rho}{3}+m\cos\beta\right)}\end{aligned} \tag{9. A15}$$

于是可得支承点位置的灵敏度数：

$$\begin{aligned}\alpha_{1y_s}&=\frac{\partial\omega_1^2}{\partial W}\\&=\frac{Em\sin^2\beta\cos^4\beta}{D^2\rho\left(\frac{2AD\rho}{3}+m\cos\beta\right)^2}+\frac{2E(\cos^5\beta-\cos^3\beta\sin^2\beta)}{D^2\rho\left(\frac{2AD\rho}{3}+m\cos\beta\right)}\end{aligned} \tag{9. A16}$$

同样还可得到

$$\alpha_{2y_s}=\frac{\partial\omega_2^2}{\partial W}=\frac{-E\cos^5\beta\left(\frac{8AD\rho}{3}+3m\cos\beta\right)}{D^2\rho\left(\frac{2AD\rho}{3}+m\cos\beta\right)^2} \tag{9. A17}$$

比较方程式(9. A11)和式(9. A16)不难发现：第一阶固有频率 ω_1 对单元截面的灵敏度数，只是对支承节点灵敏度数的一部分，即后者比前者多了方程式(9. A16)中的第二项。在 $0<\beta\leqslant45°$或者 $0<y_s\leqslant D$ 范围内，这一项总是非负值。这表明对于升高第一阶固有频率来说，一般情况下，形状优化比尺寸优化效率要高。只有当$\beta=45°$，即 $y_s=D$ 时，这一项才等于 0。另外，由方程式(9. A17)可知：第二阶频率对支承节点灵敏度数，在

$0<\beta\leqslant45°$范围内总是负值。这表明如果移动支承节点位置使结构的质量增加，也将使第二阶固有频率下降。

图 9 - A2 分别示出了基频(ω_y)对杆截面积 A 和支承点坐标 y_s 两个设计变量的灵敏度数的变化情况(假设 $A=0.2\text{cm}^2$, $D=1.0\text{m}$)。当 $y_s=1.0\text{m}$ 时，基频对这两个设计变量灵敏度数刚好相等(6.537×10^5)。

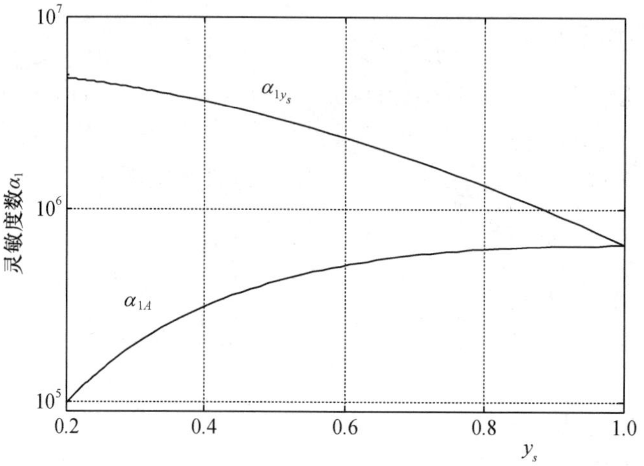

图 9 - A2　两个设计变量对基频的灵敏度数变化情况

算例 9.5 的数值优化结果也可以通过分析方法得到。假设基频约束下限为 Ω_1，则按照式(9. A5)，可得

$$\frac{2AE\sin^2\beta\cos^2\beta}{D\left(\dfrac{2AD\rho}{3}+m\cos\beta\right)}=\Omega_1^2 \tag{9. A18}$$

于是，可计算杆单元的截面积：

$$A=\frac{6mD\Omega_1^2\cos\beta}{3E\sin^2 2\beta-4\rho D^2\Omega_1^2}\quad(A\geqslant\underline{A}) \tag{9. A19}$$

式中：$\underline{A}$为杆截面积下限，即由式(9. A19)得到的杆件截面积应大于截面积的下限。将方程式(9. A19)和式(9. A1)代入方程式(9. A2)，结构质量成为变量 β 的函数：

$$\begin{aligned}W&=\frac{2\rho D}{\cos\beta}\times\frac{6mD\Omega_1^2\cos\beta}{3E\sin^2 2\beta-4\rho D^2\Omega_1^2}\\&=\frac{12m\rho D^2\Omega_1^2}{3E\sin^2 2\beta-4\rho D^2\Omega_1^2}\end{aligned} \tag{9. A20}$$

质量极小条件要求：

$$\frac{\partial W}{\partial\beta}=\frac{12m\rho D^2\Omega_1^2\times6E\sin4\beta}{(3E\sin^2 2\beta-4\rho D^2\Omega_1^2)^2}=0 \tag{9. A21}$$

由此可得

$$\sin4\beta=0 \tag{9. A22}$$

于是,两杆桁架的最优形状为

$$\beta = 45° \tag{9. A23}$$

即

$$y_s = D \tag{9. A24}$$

这个结果表明,若杆件截面积下限约束允许的话,两杆桁架的最优形状总是出现在重频状态。最优结构质量计算可得

$$W^{opt} = \frac{12m\rho D^2 \Omega_1^2}{3E - 4\rho D^2 \Omega_1^2} \tag{9. A25}$$

例如,设 $\Omega_1 = 628.32\text{rad/s}$,即 100Hz,最优结构质量为

$$W^{opt} = 0.598\text{kg}$$

最优杆件截面积由式(9. A19)计算可得

$$A^{opt} = 0.271\text{cm}^2$$

这些结果与例 9.5 数值优化结果完全一致。

表 9 – A1 列出了在几个特殊设计点,按照以上公式计算频率对各设计变量的灵敏度数以及结构质量值。与表 9 – 9 进行比较可以看出,两种算法的所得结果非常一致(数值计算略有误差),进一步验证明了例 9.5 数值优化结果的可信度。

表 9 – A1　不同状态下,设计变量值以及灵敏度数

状态	设计变量		频率/Hz		灵敏度数*/($1/s^2$/kg)				质量/kg
	y_s/m	A/cm²	ω_1	ω_2	α_{1A}	α_{2A}	α_{1y_s}	α_{2y_s}	
初始设计	0.2	0.2	28.18	140.9	9.749×10^4	2.437×10^6	4.827×10^6	-7.415×10^6	0.3182
中间设计	1.0	0.2	86.10	86.10	6.537×10^5	6.537×10^5	6.537×10^5	-2.000×10^6	0.4412
优化设计	0.4846	0.2	60.0	123.8	4.052×10^5	1.726×10^6	3.076×10^6	-5.256×10^6	0.3467
	1.0	0.2712	100.0	100	6.470×10^5	6.470×10^5	6.470×10^5	-1.993×10^6	0.5982
注:* 重频时是方向灵敏度数									

本 章 小 结

本章将前几章广泛应用的广义"渐进节点移动法",成功推广到桁架结构动力优化设计问题。以结构的总体质量最小为目标函数,以结构的固有频率为约束条件,运用该方法成功开展了桁架结构的尺寸或形状优化设计。此外,在同一设计空间内,还顺利地进行了桁架结构的形状与尺寸组合优化设计,最终都能获得满意的设计结果。

从本章的优化结果可以发现,当桁架结构振动频率受到约束时,为使频率约束得到满足而结构质量达到最小,形状优化设计是一种比较有效和可靠的实现途径。但是,结构形状优化设计的效果总是有限的,仅靠形状优化有时无法满足对频率的约束要求。因此,必须同时依靠尺寸优化才能完成设计任务。

虽然结构的形状设计变量(节点坐标)和尺寸设计变量(单元横截面积)的性质和单位不同,若按照对变量灵敏度数的定义,它们的单位却是完全相同的。因此在灵敏度数基

础上,两类设计变量可以进行有意义的比较。根据变量的灵敏度数,两类设计变量可在同一设计空间内同时进行优化设计。根据库恩—塔克优化条件分析,在最优设计点,所有设计变量的灵敏度数应该相等。通过引入设计变量的总体灵敏度数,我们能够统一处理一阶或多阶频率约束、频率增加或减小等各类问题。根据灵敏度分析结果,首先修改效率最高的设计变量。设计变量的搜索方向和搜索步长根据灵敏度分析确定。在优化设计逐渐满足频率约束的同时,结构质量增加最少,从而最终获得问题的最优解。本章通过六个典型优化算例结果表明,广义"渐进节点移动法"是可靠和有效的,应用该方法能得到非常满意的桁架结构动力优化设计结果。

第 10 章　梁结构支承动力优化设计

在前面第 5 和第 6 章里，分别探讨了梁、薄板结构支承位置静力优化设计问题。基于离散模型的有限元方法基本理论，详细分析和推导了结构的变形（位移）和内力（弯矩），相对于弹性点（或铰）支承位置的一阶导数精确计算公式，为结构的支承位置优化设计提供了可靠的理论基础。工程实际中，当结构本身的设计，如尺寸和形状设计，因其功能和性能的限制无法修改时，通过改变结构的边界约束位置，同样也能极大地提高结构的力学性能，降低由外载荷引起的响应水平。基于支承位置的灵敏度信息，通过移动结构支承的位置，改变了外载荷在结构内部的传递方式和路径。从而显著增加了结构的整体刚度和强度，而结构的质量保持不变。

与此类似，在结构动力学研究分析领域，支承作为结构的边界约束条件，其作用除了用来固定结构，传递结构所受动载荷的基本作用以外，也可以用来改变结构的动态特性。如改变结构的固有频率或振型，降低结构动响应幅值等。实际工程结构，如建筑、桥梁、飞行器等结构，边界约束条件设计，或者支承条件设计对控制结构的响应水平起着非常关键的作用。改变支承的刚度或位置，对结构的动态性能设计影响很大。从实际结构动力优化情况来看，不仅结构具有可设计性，支承的刚度和位置也可以作为设计参数。通过优化这些设计变量，同样可以提高结构的固有频率，或改变振型形式等。

例如，输液管道系统由于液体的压力脉动和管道结构的振动而经常导致液固耦合振动（Fluid - Structure Interaction，FSI）现象的发生，其原因主要是由于管道内液体不规则的流动。严重时能引起管道系统卡箍或支架（简化为支承）的松动和损坏，进而引起管道系统的损坏。为了避免危险的液固耦合振动的发生，可以通过修改输液管道结构的设计参数，如改变管道的长径比、壁厚或材料等方法来改变系统的动态特性。也可以在基本不改变管道结构设计的情况下，只对管道系统卡箍（或支架）的刚度和位置进行优化设计，从而也能改变管道结构的动态性能，有效降低由于液固耦合振动引发的系统疲劳损坏的风险。无疑，增加或修改卡箍的设计可能是改变管道系统性能最简单的途径。由于要考虑热、变形和隔振等因素的需要，在卡箍与管道之间总会有石棉或橡胶等衬垫材料，因此其支承刚度实际是一个有限值，可按本章的研究方法进行优化设计[71]。

本章将首先详细研究梁结构上附加点支承的优化设计问题，后续还将探讨薄板结构上附加点支承的刚度和位置优化设计问题。在梁结构的固有频率相对支承位置优化设计研究中，通常假设支承是无质量的，只考虑支承的横向刚度，忽略其扭转刚度的影响。即认为支承可用一个线弹簧来代替。本章依然采用离散方法，根据梁单元形状函数的基本性质，首先建立梁的固有频率相对弹性点支承位置的一阶导数计算公式[72]。这种方法建立的频率灵敏度计算公式比较直观，推导过程概念清楚，而且所得结果也可应有于梁的连续体模型。然后，将广义“渐进节点移动法”，拓展到梁结构动力支承位置优化设计问题。

在支承刚度保持不变的情况下,通过优化设计支承位置,使梁的某一阶固有频率达到最大值或指定值。接着,以梁的连续参数模型为基础,深入分析、研究经典梁结构跨中支承最小刚度问题[73]。因为一个支承的质量或制造成本,与其刚度有极大的关系[74]。减小支承的刚度,实际就是减小其质量和制造成本。并将研究范围从经典(齐次)边界约束(固支、简支、滑动或自由),扩展到一般性(非齐次)边界约束问题。研究梁的边界约束条件对附加支承优化设计结果的影响,分析、确定其主要的影响因素和效果[75]。

最后,我们将频率对支承位置的一阶导数计算公式,扩展到一般性支承情况,即同时考虑支承的线刚度和扭转刚度的影响。采用与第 5 章 5.6 节相同的分析策略,通过引入系统的广义刚度矩阵 $\hat{\boldsymbol{K}}$ 和广义质量矩阵 $\hat{\boldsymbol{M}}$,可直接获得梁的固有频率相对一般性支承位置的一阶导数公式。

10.1 固有频率相对支承设计参数的灵敏度分析

按照结构振动理论,支承通常作为结构运动方程的边界条件来处理。通过支承点处位移或力的协调性关系,求解支承刚度和位置对结构运动规律的影响。另外,也可将支承的作用,看作施加到结构上的外载荷。当然,这个外载荷与支承位置和刚度有关,同时还与支承点的变形有关。一般假设支承作用在结构有限元模型的节点上,如果支承位于有限单元的内部,利用单元形状函数的概念,可以构造其等效的节点反力。根据动力学分析理论,一般情况下,离散结构无阻尼振动频率特征方程为

$$(\boldsymbol{K}-\omega_i^2\boldsymbol{M})\boldsymbol{\phi}_i=0\quad(i=1,2,\cdots,N)\tag{10.1}$$

式中:ω_i为结构第 i 阶固有(角)频率;$\boldsymbol{\phi}_i$为相应的振型(模态),假设这些振型都已经按质量矩阵正交规一化;N 为结构的自由度,对于一般线性结构,模态数与结构的自由度数相等。按照第 7 章对离散结构模态参数灵敏度分析结果,第 i 阶固有频率相对支承刚度或位置的一阶导数仍可按下式计算

$$\frac{\mathrm{d}\omega_i^2}{\mathrm{d}s}=\boldsymbol{\phi}_i^{\mathrm{T}}\left(\frac{\mathrm{d}\boldsymbol{K}}{\mathrm{d}s}-\omega_i^2\frac{\mathrm{d}\boldsymbol{M}}{\mathrm{d}s}\right)\boldsymbol{\phi}_i\quad(i=1,2,\cdots,N)\tag{10.2}$$

式中:s 为支承的设计参数,如支承刚度或支承位置坐标。由于不计支承的质量,因此结构的总体质量矩阵 $\boldsymbol{M}$ 通常与支承的刚度无关,也不受其位置变化的影响。因此,式(10.2)中等号右边第二项等于 0。我们只需考虑总体刚度矩阵与支承刚度和位置的关系,并由此建立频率对支承设计参数的一阶导数公式。

10.1.1 频率对支承刚度的灵敏度

假设有一个刚度系数为 k 的弹性点(铰)支承,作用在结构有限元模型的节点上。支承点处的线位移对应于结构的第 q 个自由度,则系统总体刚度矩阵变为

$$\boldsymbol{K}=\boldsymbol{K}_0+\overset{\displaystyle q}{\begin{bmatrix}0&\cdots&0\\\vdots&k&\vdots\\0&\cdots&0\end{bmatrix}}q\tag{10.3}$$

式中：$\boldsymbol{K}_0$为结构本身的刚度矩阵，其值不受支承位置和刚度的影响。将式(10.3)代入式(10.2)可得

$$\frac{\mathrm{d}\omega_i^2}{\mathrm{d}k}=\boldsymbol{\phi}_i^{\mathrm{T}}\frac{\mathrm{d}\boldsymbol{K}}{\mathrm{d}k}\boldsymbol{\phi}_i=v_{iq}^2 \tag{10.4}$$

式中：v_{iq}为系统第 i 阶振型，在支承点处的位移分量。式(10.4)计算很简单，只需要第 i 阶振型在支承点处的位移既可。该式表示，增加支承的刚度一定能使结构的固有频率升高，减小支承刚度一定能降低结构的固有频率，除非支承刚好位于第 i 阶振型的节点上。此时由于变形 $v_{iq}=0$，因此支承刚度的改变将对结构的第 i 阶固有频率(及其振型)不产生任何影响。

10.1.2 频率对支承位置的灵敏度

应该指出，即使在支承刚度保持不变的情况下，改变支承与结构的相对位置，将导致系统的局部刚度发生改变，使结构的刚度性能重新分布，进而改变系统的固有频率和振型。因为固有频率和振型是系统的其总体特性，依赖于结构的刚度和质量分布情况。虽然以下推导过程是以有限元理论为基础，但所得灵敏度分析结果与模态叠加法或变分法分析结果完全一致，因而可应有于梁的连续参数模型。

考虑一个细长(欧拉－伯努利)梁有限单元模型，不计梁的剪切变形，设其长度为 L。有一个弹性支承位于梁单元的内部，对梁的横向变形起一定的约束作用，如图 10－1 所示。弹性支承的线刚度系数为 k，作用点由单元局部坐标 a 确定。根据有限元理论，支承点的横向位移可近似用梁单元节点位移，即端点的横向位移和转角插值表示：

$$v(a)=\boldsymbol{N}_{(a)}\cdot\boldsymbol{u}_e=[N_1\quad N_2\quad N_3\quad N_4]_{(a)}\begin{Bmatrix}v_1\\ \theta_1\\ v_2\\ \theta_2\end{Bmatrix} \tag{10.5}$$

式中：$N_{1-4}(a)$为梁单元的形状函数，见式(2.21)；$\boldsymbol{u}_e$为梁单元的自由度，即梁的节点广义位移列阵。按照第 5 章的分析结果，当弹性支承位于梁单元内部 $x=a$ 时，其等效刚度矩阵可以表示为[见式(5.9)]

$$\boldsymbol{K}_s=k\boldsymbol{N}^{\mathrm{T}}\boldsymbol{N}=k\begin{bmatrix}N_1^2 & N_1N_2 & N_1N_3 & N_1N_4\\ & N_2^2 & N_2N_3 & N_2N_4\\ \text{对} & & N_3^2 & N_3N_4\\ & \text{称} & & N_4^2\end{bmatrix}_{(a)} \tag{10.6}$$

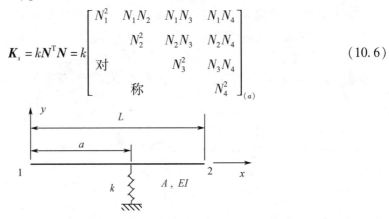

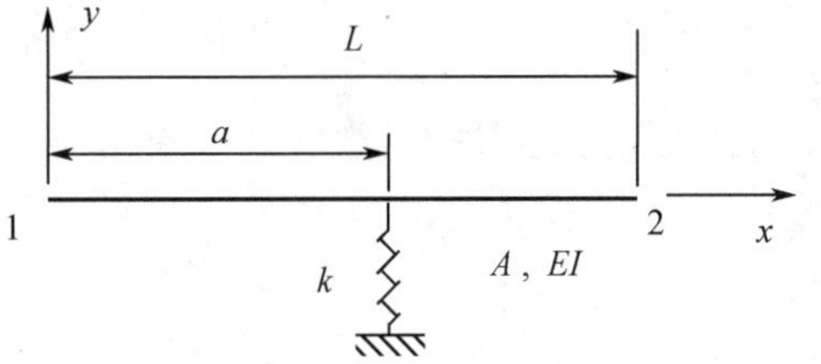

图 10－1 梁单元附加一个弹性支承

注意:虽然 K_s 是一个4阶方阵,但其秩却只有1,且是支承位置 a 的函数。由于频率的导数可在单元层面上计算,而支承移动并不改变梁结构自身的刚度。由式(10.2),第 i 阶固有频率相对支承位置的一阶导数可简化为

$$\frac{\mathrm{d}\omega_i^2}{\mathrm{d}a}=\boldsymbol{\phi}_{ei}^{\mathrm{T}}\frac{\mathrm{d}\boldsymbol{K}_s}{\mathrm{d}a}\boldsymbol{\phi}_{ei} \tag{10.7}$$

式中:$\boldsymbol{\phi}_{ei}$ 为梁单元的第 i 阶振型。根据梁单元形状函数的特性,按照第5章相同的分析结果,可以得到支承分别位于梁单元的左、右两端点时,支承等效刚度矩阵的一阶导数[见式(5.13)]:

$$\left.\frac{\mathrm{d}\boldsymbol{K}_s}{\mathrm{d}a}\right|_{a=0}=\begin{bmatrix}0&k&0&0\\k&0&0&0\\0&0&0&0\\0&0&0&0\end{bmatrix},\quad 或\quad \left.\frac{\mathrm{d}\boldsymbol{K}_s}{\mathrm{d}a}\right|_{a=L}=\begin{bmatrix}0&0&0&0\\0&0&0&0\\0&0&0&k\\0&0&k&0\end{bmatrix} \tag{10.8}$$

将式(10.8)代入式(10.7),可分别得到第 i 阶固有频率的一阶导数公式:

$$\left.\frac{\mathrm{d}\omega_i^2}{\mathrm{d}a}\right|_{a=0}=2kv_{i1}\theta_{i1},\quad 或\quad \left.\frac{\mathrm{d}\omega_i^2}{\mathrm{d}a}\right|_{a=L}=2kv_{i2}\theta_{i2} \tag{10.9}$$

式(10.9)是支承分别作用在梁单元的两端节点时,频率对支承位置的一阶导数计算公式。该式仅与该端点的变形值有关,而且不受梁单元大小的影响。对于由梁单元构成的结构有限元模型上的某个节点 q,如图10-2所示,若从左边单元看,q 是右端节点。而对于右边单元,它却是左端节点。根据有限元基本理论,相邻两个梁单元在同一节点上的位移和转角必须保持连续一致。由此可知,在节点 q 上,由式(10.9)计算得到的频率灵敏度是完全相同的。因此,可以忽略公式中,表示梁单元端点的下标(1和2)。其中的节点位移和转角,正是支承点处的值,与周围其他节点的位移值无关。与结构变形相对于支承位置灵敏度式(5.14)相比,式(10.9)的计算更加容易,只需要一次动力模态分析即可完成计算。

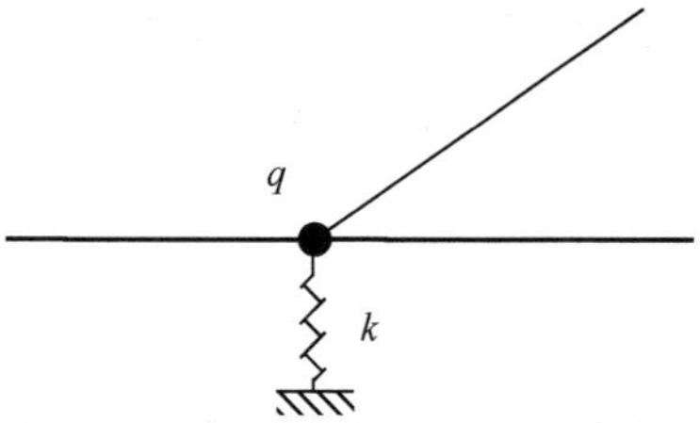

图10-2 一个节点连接几个梁单元

在建立结构的有限元模型过程中,我们总是在有支承的地方设置一个节点。因此,支承点处的位移和转角可以很容易得到。与式(10.4)相比,式(10.9)的计算结果可能是正值,也可能是负值,即支承移动对固有频率所产生的效果,与其移动方向紧密相关,预先无法知晓。根据欧拉-伯努利梁变形理论,横向位移和转角存在下列关系:

$$\theta=\frac{\mathrm{d}v}{\mathrm{d}x}=v' \tag{10.10}$$

于是,第 i 阶固有频率相对弹性支承位置的灵敏度公式变成:

$$\frac{\mathrm{d}\omega_i^2}{\mathrm{d}s}=2kv_i(s)v_i'(s) \tag{10.11}$$

式中:s 为支承在结构坐标系中的位置坐标;$v_i(s)$ 和 $v_i'(s)$ 分别为梁的第 i 阶振型,在支承点处的横向位移及其对坐标 x 的一阶导数(转角)。若引入弹性支承支反力,式(10.11)

可进一步简化。支承的支反力 R_i 定义为

$$R_i = -kv_i(s) \tag{10.12}$$

于是,第 i 阶固有频率相对弹性支承位置的灵敏度公式简化为

$$\frac{\mathrm{d}\omega_i^2}{\mathrm{d}s} = -2R_i v_i'(s) \tag{10.13}$$

式(10.13)表示第 i 阶固有频率对支承位置的灵敏度只与相应振型有关,其值与支反力和支承点的转角成正比。式(10.13)与采用模态叠加法或变分法所得结果完全一致[76,77]。但是,离散方法更加直观,且与有限元法数值分析策略相一致。

根据特征值隔离理论[或称库朗极大-极小值原理(Courant's Maximum - Minimum Principle)],由于固有频率的有序性,当一个结构附加了 m 个点支承以后,其第 i 阶固有频率 ω_i 将位于原结构(无 m 个附加支承)的第 i 阶和第 $(i+m)$ 阶频率之间。然而,如果一个弹性支承位于第 i 阶振型的节点上,它对该阶固有频率将不产生任何影响。由式(10.4)和式(10.11)可知,该阶频率对支承刚度和位置的灵敏度都等于0。而且频率对支承位置的灵敏度值,经过振型的节点一定会改变符号,这表示第 i 阶频率此刻处于极小值。如果支承不在第 i 阶振型的节点上,附加弹性支承将使系统的刚度增加,必然也使该阶固有频率升高。

当弹性支承的刚度无限增加时,即 $k \to \infty$,弹性支承变成刚性的点支承。此时,支承点的位移减小到0。式(10.11)将无法正常使用,但式(10.13)仍可用于计算频率相对刚性支承位置的灵敏度值。由振动基本理论可知:当一个刚性支承出现在结构的第 $(i+1)$ 阶振型的节点时,原来的第 i 阶频率将升高到第 $(i+1)$ 阶频率。例如,将一个刚性点支承安放在悬臂梁第二阶固有频率的节点处,此时,当前结构的第一阶固有频率正是悬臂梁原来的第二阶固有频率。

实际结构优化设计中,一个支承的最优位置并非总在有限元模型的节点上。最优支承位置有可能位于某个梁单元的内部。在优化过程中,我们可以采用在最优点周围细分单元的方法来解决。然而这样做需要重新构建有限元模型,重新计算结构的质量、刚度矩阵和模态参数,无疑会使优化工作量成倍增加,优化效率降低。也可以在保持原有的有限元网格不变的基础上,采用支承的等效刚度矩阵,模拟支承作用在单元内部的情形,见式(10.6)。另外,还可以按照与第 5 章相同的策略,根据固有频率相对支承位置的一阶导数信息,采用插值技术近似估算该阶固有频率[72,78]。

当支承位于有限元模型的节点上时,如果已经分别获得了结构第 i 阶固有频率以及对支承位置的一阶导数,若振型不发生实质性改变[78],可以采用 Hermite 插值技术,估算支承位于该单元内时,结构的第 i 阶固有频率值:

$$\omega_i^2(a) = [N_1 \quad N_2 \quad N_3 \quad N_4]\begin{Bmatrix} \omega_i^2(0) \\ \dfrac{\mathrm{d}\omega_i^2(0)}{\mathrm{d}s} \\ \omega_i^2(L) \\ \dfrac{\mathrm{d}\omega_i^2(L)}{\mathrm{d}s} \end{Bmatrix} \tag{10.14}$$

如果发现最优支承位置位于某个单元之内,方程式(10.14)也可以用来确定这个最优支承位置 a^*。如果下列条件存在:

$$\frac{d\omega_i^2(0)}{ds}\cdot\frac{d\omega_i^2(L)}{ds}<0 \tag{10.15}$$

式(10.15)表示在该单元内的某一点,频率对支承位置的一阶导数一定等于 0。则最优解 a^* 由以下方程确定:

$$\frac{d\omega_i^2(a^*)}{ds}=0(0\leqslant a^*\leqslant L) \tag{10.16}$$

由于 Hermite 插值函数仅是 a 的三次函数,其一阶导数是 a 的二次函数。因此方程式(10.16)是一个二次方程,可以很容易求得最优解 a^*。

例 10.1 如图 10-3 所示,一个均匀悬臂梁,自由端附带一个 $m=5\text{kg}$ 的集中质量。假设梁的横截面积 $A=3.9270\times10^{-4}\text{m}^2$,截面惯性距 $I=3.1907\times10^{-8}\text{m}^4$,弹性模量 $E=200\text{GPa}$,材料密度 $\rho=7800\text{kg/m}^3$。在跨中附加一个刚性点支承,借以提高梁结构的固有振动频率。计算悬臂梁前两阶固有频率及其对支承位置的一阶导数值。

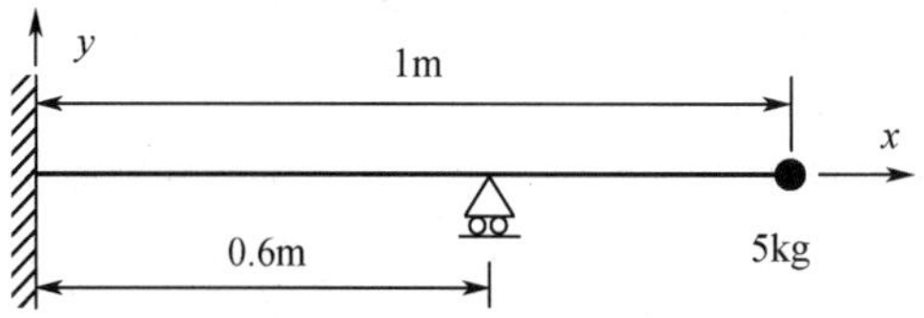

图 10-3 悬臂梁跨中间附加一个刚性点支承

按照有限元分析要求,将梁被划分成 5 个等长的单元,各单元长度 0.2m,使支承刚好位于一个节点上。所得悬臂梁的前两阶频率以及在支承点处(按质量规一化后)的反力和转角分别列于表 10-1 中。结构的前两阶固有频率,对支承位置的一阶导数值列于表中的第五列。作为对比,表的最后一列给出了用中心差分法的计算结果。可知第一阶频率的灵敏度计算结果很准确,而第二阶频率的灵敏度计算结果相对略差一些。通过细分结构的单元网格,可以提高其计算精度。由频率的一阶导数值可知,当支承向梁的自由度移动时,可使其第一阶固有频率升高,但却使第二阶固有频率降低。

表 10-1 悬臂梁固有频率值及对支承位置的灵敏度值

频率阶次 i	频率 ω_i /(rad/s)	支反力 R_i	转角 θ_i	一阶导数 $d\omega_i/ds$/(rad/s/m)	中心差分($\Delta s=0.003\text{m}$) $\Delta\omega_i/\Delta s$/(rad/s/m)
1	162.1	123115.7	-0.5759	437.4	437.9
2	2205.1	1638781.6	4.9915	-3709.6	-3987.6

10.2 结构支承位置优化算法

在获得了固有频率对支承位置的一阶导数灵敏度以后,可以对梁结构的支承位置进行优化设计。通常这类优化问题要求结构的第 i 阶固有频率 ω_i 达到其最大值,或以固有频率为约束条件,要求 ω_i 大于给定的下限值 ω_i^*,而支承位置移动量最少。假设一个结构

附加了 n 个支承,它们可以在指定的范围内移动,优化问题表示为

$$\max \quad \omega_i \tag{10.17a}$$

$$\text{s. t.} \quad \begin{cases} s_j \in D_j \quad (j=1,2,\cdots,n) \\ s_d = f(s_j) \end{cases} \tag{10.17b}$$

式中:s_j为第 j 个独立支承的位置坐标;s_d代表为从属(Dependent)支承的坐标;D_j为第 j 个支承在结构上可移动的范围。

在结构支承位置优化设计时,首先采用有限元方法,计算结构的第 i 阶固有频率和相应的振型。用所得各支承处的振型位移(或支承反力)和转角,不难计算出所有支承移动的灵敏度值。我们仍采用前几章广泛使用的广义“渐近节点移动法”,确定最优支承位置。优化过程中,假设所有支承都作用在结构有限元模型的节点上,并且支承刚度始终保持不变。利用频率对支承的灵敏度值,确定各支承移动搜索方向,移动步长为一个单元的长度。由于频率的阶次是按其值由小到大排序的,在优化过程中频率排序经常会发生变换。若只按阶次控制频率值,频率的灵敏度有时会出现突变现象。此外,优化过程可以从多个初始设计点开始,以便能够获得全局最优解。

结构支承位置设计通常要求尽可能少变动,因此我们应该首先寻找和移动最有效的支承。当出现频率随支承移动而发生振荡现象时,可以用 Hermite 插值技术来估算单元内的最优支承位置。按照对频率的各种要求,优化程序简单概括如下:

(1) 增加第 i 阶固有频率 ω_i:应该首先移动灵敏度的最大绝对值所对应的支承:

$$\max\left\{\left|\frac{\partial\omega_i}{\partial s_j}\right|, \quad j=1,2,\cdots,n\right\} \tag{10.18}$$

如果将一个频率的增量对于支承位置变化按照泰勒级数线性展开:

$$\Delta\omega_i \approx \frac{\partial\omega_i}{\partial s_j}\cdot\Delta s_j \tag{10.19}$$

为了提高阶第 i 固有频率 ω_i,支承位置移动方向可由下式确定:

$$\text{sign}(\Delta s_j) = \text{sign}\left(\frac{\partial\omega_i}{\partial s_j}\right) \tag{10.20}$$

式中:Δs_j为支承位置移动距离。相反若要减小第 i 阶频率 ω_i,以上两项的符号相反即可。

(2) 若要同时提高两阶固有频率 ω_i和 ω_m:应该首先移动这两阶频率的灵敏度之和最大绝对值所对应的支承:

$$\max\left\{\left|\frac{\partial\omega_i}{\partial s_j}+\frac{\partial\omega_m}{\partial s_j}\right|, \quad j=1,2,\cdots,n\right\} \tag{10.21}$$

(3) 若要增加两个相邻固有频率之间的间隔 $\omega_{i+1}-\omega_i$:应该首先移动相应频率灵敏度之差最大绝对值所对应的支承:

$$\max\left\{\left|\frac{\partial\omega_{i+1}}{\partial s_j}-\frac{\partial\omega_i}{\partial s_j}\right|, \quad j=1,2,\cdots,n\right\} \tag{10.22}$$

(4) 若要提高第 m 阶固有频率 ω_m而同时保持第 i 阶固有频率 ω_i不变:应该首先移动相应频率灵敏度之比最大绝对值所对应的支承:

$$\max\left\{\left|\frac{\partial\omega_m}{\partial s_j}\right|\Big/\left|\frac{\partial\omega_i}{\partial s_j}\right|, \quad j=1,2,\cdots,n\right\} \tag{10.23}$$

而且支承位置移动方向按第 m 阶固有频率灵敏度确定：

$$\mathrm{sign}(\Delta s_j) = \mathrm{sign}\left(\frac{\partial \omega_i}{\partial s_j}\right) \tag{10.24}$$

下面用一个算例,来验证以上所述支承位置优化方法的可行性和正确性。同时演示支承位置优化设计的两个步骤。

10.3　梁结构支承位置优化算例

例 10.2　悬臂梁附加支承优化设计

假设有一个均匀悬臂梁,长度 $L = 10\mathrm{m}$,梁中间附带一个集中质量块 $m = 500\mathrm{kg}$,如图 10－4所示。悬臂梁划分成 16 个等长度的单元,每个单元长度是 0.625m。梁的横截面为正方形,边长 $h = 0.2\mathrm{m}$。材料的弹性模量 $E = 210\mathrm{GPa}$,密度 $\rho = 7800\mathrm{kg/m^3}$。通过引入一个横向附加点支承,希望使悬臂梁的第一阶频率达到最大值。假设附加支承具有不同的刚度系数,分别考虑三种不同刚度值:$100EI/L^3$($2.8\times10^6\mathrm{N/m}$)、$200EI/L^3$($5.6\times10^6\mathrm{N/m}$)和无穷大(即刚性铰支)。图 10－5 分别绘出了无附加支承时,悬臂梁的前两阶频率和相应的振型。此时,结构的第二阶振型有一个节点,但该节点并不在有限元的节点上。

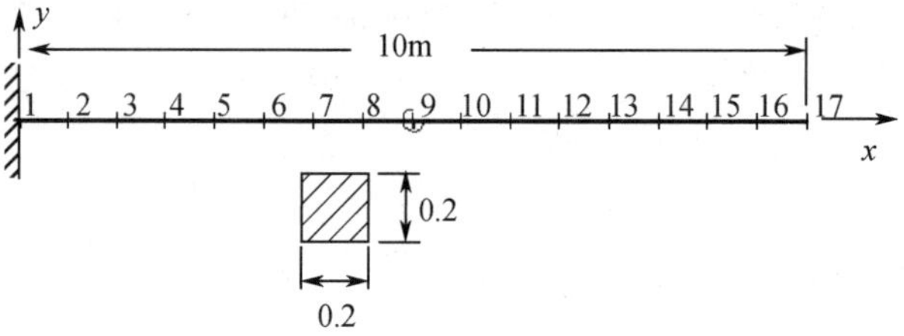

图 10－4　均匀悬臂梁及其有限元模型

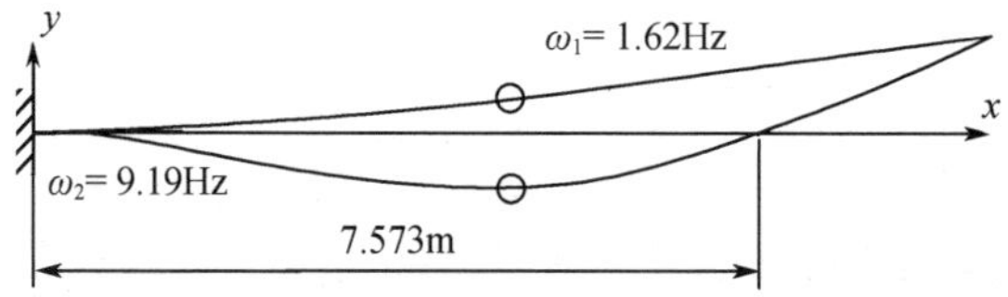

图 10－5　无附加支承时,悬臂梁前两阶固有振型

首先将附加支承置于梁的自由端,因为这是第一阶振型位移最大的点。图 10－6 显示了具有刚性点支承时,悬臂梁第一阶固有频率优化过程和支承的灵敏度值。很明显,在初始设计点(支承在节点 17),由于频率灵敏度为负值,为了增大基频,支承应该沿负 x 方向移动。随着支承不断向固支端移动,基频逐渐升高。当支承从节点 14 移动到节点 13 时,设计变量的灵敏度值改变符号。由式(10.15)可知,这表明刚性支承的最优位置在这两个节点之间。

当支承位于节点 13 或节点 14 上时,我们已经获得结构的固有频率以及相应的一阶导数值。根据方程式(10.16),我们可以计算得到最优支承位置以及悬臂梁的最大基频,其结果刚好在第二阶振型的节点上,与图 10－5 所示的值基本一致。对于其他两种弹性点支承的情况,虽然其刚度值不同,采用同样的优化步骤,也可以得到类似的结果。

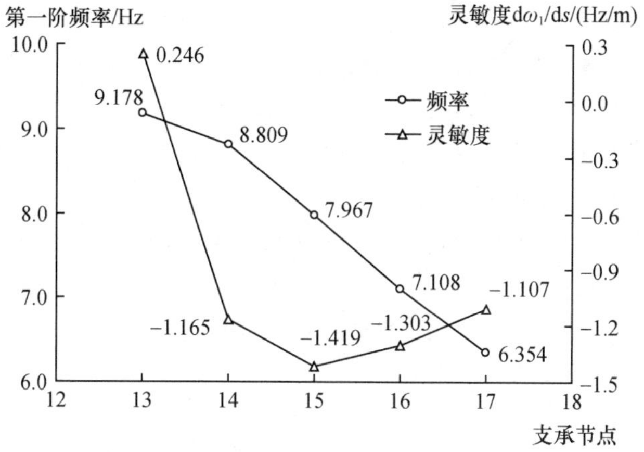

图 10-6　刚性支承时,基频优化过程和支承的灵敏度值

表 10-2 列出了附加支承具有不同刚度时,第一阶频率的最大值和支承优化设计位置。很明显,最大基频和最优支承位置依赖于附加支承的刚度值。附加支承的刚度系数越大,结构的最大基频也越大,而且最优支承位置越远离自由端。另外还可以看出,使用一个附加支承,最多能使结构的第一阶频率升高到原结构(悬臂梁)的第二阶固有频率。图 10-7 分别是悬臂梁最大基频和最优支承位置随支承刚度的变化情况。

表 10-2　不同支承刚度时,悬臂梁最大基频和最优支承位置

最优设计	支承刚度系数/(N/m)		
	2.8×10^6	5.6×10^6	刚性
第一阶固有频率/Hz	6.63	8.51	9.19
支承位置/m	8.244	7.702	7.573

从图 10-7 可知,随着支承刚度的不断增加,最大基频逐渐逼近原结构的第二阶固有频率,也即第一阶频率的上限值,而最优支承位置逐渐移向原结构第二阶振型的节点。仔细观察图 10-7(a)不难发现,当附加支承的刚度达到某一个特定值时(如 $k=1.5\times10^7$ N/m),就可使结构的第一阶频率升高到其上限值,无须支承刚度达到无穷大值。而当支承刚度

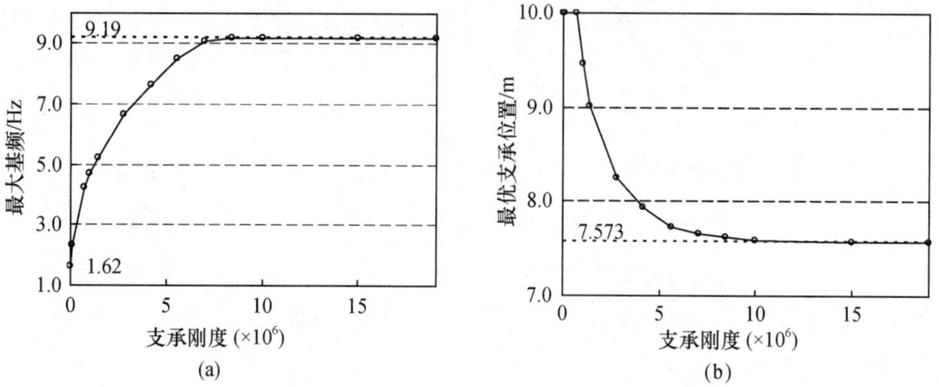

图 10-7　悬臂梁最优支承位置设计随支承刚度变化过程
(a) 最大基频;(b) 最优位置。

超过这个特定值以后,再增加刚度并不能使梁结构的第一阶频率继续升高,而且最优支承位置仍停留在该振型的节点处。这表明附加支承存在一个临界刚度值,只要支承的刚度超过这个临界最小刚度值,我们就能够使结构的第一阶固有频率升到它的上限,无须支承是刚性的。其实,刚性支承是不存在的,实际支承或多或少总是会有一些变形的。另外,由图 10-7 还可以发现,当附加支承的刚度比较小时(如 $k \leqslant 7\times10^5\,\text{N/m}$),虽然第一阶频率能被不断增加($\omega_1 = 1.62 \sim 4.221\,\text{Hz}$),但最优支承位置仍位于悬臂梁的自由端。

10.4 梁结构支承刚度优化设计

从 10.3 节分析可以看到,用一个点(铰)支承可以提高梁结构的第一阶固有频率。而当这个点支承安放在合适位置时,就能使梁结构的第一阶频率升到其上限值,即梁原来的第二阶固有频率。另外,数值计算结果也表明,这个附加的支承应该存在一个确切的临界最小刚度值。当支承的刚度值超过这个最小刚度值以后,再增大支承的刚度并不能使结构的第一阶频率继续升高。即使支承刚度变得无限大,成为刚性支承,第一阶频率也只能达到原结构的第二阶频率值。究其原因,是由于频率的有序排列而造成的结果。如果按照振型来看,梁原来的第二阶振型变成现在的第一阶振型。

通常情况下,结构的支承刚度与其材料使用量有很大关系,刚度越大,所需材料也就越多[74]。从节省材料和减小结构质量的角度考虑,有必要对支承的刚度进行优化设计。通过调整支承位置,在满足结构动态性能要求的条件下,使附加支承的刚度达到最小,材料使用量最少。

从振动力学角度看,在支承点处,梁的变形和内力应该保持连续和平衡。根据这些条件,可以从理论上建立梁结构附加支承的振动频率方程,并由此分析、计算弹性支承的最优位置和最小刚度值。为了更加深入地掌握梁结构的支承优化设计变化规律,本节以典型边界条件单跨均匀梁连续参数模型为研究对象,用解析的方法推导附加支承最优位置和最小刚度的计算公式。

从支承构造方面来看,实际工程中不可能获得一个无限刚硬的支承结构。那么,获得使结构的固有频率达到指定值,所需的附加支承最小刚度就显得尤为重要。用最少的材料,构造一个具有最小刚度的弹性支承,在最优支承点,可以达到与刚性支承几乎相同的效果。由此可见,该类优化设计问题具有非常实际的工程意义。另外,根据以往的研究成果可知[74],只有当支承放置在高一阶振型的节点处,才能使该阶频率升到其上限值。

10.4.1 梁弯曲振动分析

如图 10-8 所示,设有一长为 L 的均匀细长梁,单位长度质量为 m,截面抗弯刚度为 EI。坐标系的原点在梁的左端点,为推导方便起见,截面沿轴向位置用无量纲坐标 x 表示。假设有一刚度为 k 的弹性点支承(承)位于 $x=b$ 处,以便改善结构的动态性能。梁的横向振动微分方程如下:

$$\frac{EI}{L^4}\frac{\partial^4 V(x,t)}{\partial x^4} + m\frac{\partial^2 V(x,t)}{\partial t^2} = -k_0 V(x,t)\delta(x-b) \tag{10.25}$$

式中:$V(x,\ t)$是在坐标 x 处梁的横向位移;δ 为迪拉克(Dirac) delta 函数。假设梁作简谐

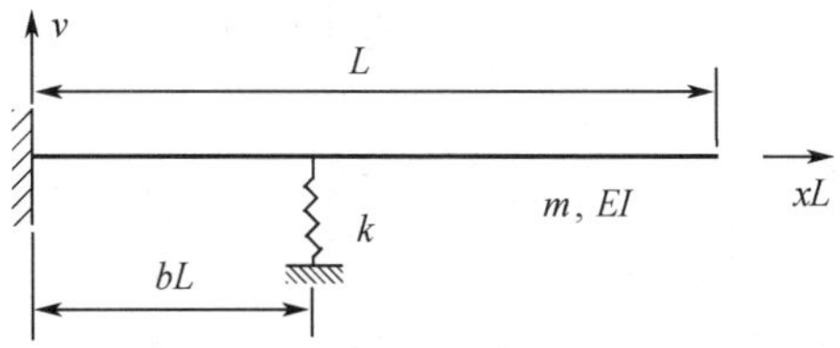

图 10－8　悬臂梁中间附加一个弹性支承

自由振动，用变量分离法求解，$V(x, t)$ 可以表示为

$$V(x,t) = v(x)e^{j\omega t} \tag{10.26}$$

式中：$v(x)$ 是梁自由振动的横向位移幅值（即振型），与时间变量无关。ω 是梁的固有振动（角）频率，$j=\sqrt{-1}$。代入式（10.25）可得梁振动特征方程：

$$\frac{EI}{L^4}v''''(x) - m\omega^2 v(x) = -k_0 v(x)\delta(x-b) \tag{10.27}$$

式中：微分符号"′"表示对 x 求导。进一步化简，并将中间支承作为连接条件处理：

$$v''''(x) - \lambda^4 v(x) = 0 \quad (0 \leqslant x < b;\ b < x \leqslant L) \tag{10.28}$$

其中：

$$\lambda^4 = \frac{\omega^2 m L^4}{EI} \tag{10.29}$$

λ 是梁的无量纲振动频率参数。为了方便以下推导和计算，在支承位置两侧，将梁的横向位移分别用 $v_1(x)$ 和 $v_2(x)$ 表示。根据梁的振动理论分析[50]，方程式（10.28）的位移解通常各含有 4 个未知常数。如果我们首先对 $v_1(x)$ 施加左端边界条件，对 $v_2(x)$ 施加右端边界条件，可以减少未知常数的个数，从而简化求解的难度。对于固支、简支、滑动和自由端边界约束条件，可分别得到[79]：

$$v_1(x) = C_1[\sinh\lambda x - \sin\lambda x] + C_2[\cosh\lambda x - \cos\lambda x] \quad (0 \leqslant x \leqslant b) \tag{10.30a}$$

$$v_1(x) = C_1\sinh\lambda x + C_2\sin\lambda x \quad (0 \leqslant x \leqslant b) \tag{10.30b}$$

$$v_1(x) = C_1\cosh\lambda x + C_2\cos\lambda x \quad (0 \leqslant x \leqslant b) \tag{10.30c}$$

$$v_1(x) = C_1[\sinh\lambda x + \sin\lambda x] + C_2[\cosh\lambda x + \cos\lambda x] \quad (0 \leqslant x \leqslant b) \tag{10.30d}$$

$$\begin{aligned} v_2(x) = {} & C_3[\sinh\lambda(x-1) - \sin\lambda(x-1)] \\ & + C_4[\cosh\lambda(x-1) - \cos\lambda(x-1)] \quad (b \leqslant x \leqslant 1) \end{aligned} \tag{10.31a}$$

$$v_2(x) = C_3\sinh\lambda(x-1) + C_4\sin\lambda(x-1) \quad (b \leqslant x \leqslant 1) \tag{10.31b}$$

$$v_2(x) = C_3\cosh\lambda(x-1) + C_4\cos\lambda(x-1) \quad (b \leqslant x \leqslant 1) \tag{10.31c}$$

$$\begin{aligned} v_2(x) = {} & C_3[\sinh\lambda(x-1) + \sin\lambda(x-1)] \\ & + C_4[\cosh\lambda(x-1) + \cos\lambda(x-1)] \quad (b \leqslant x \leqslant 1) \end{aligned} \tag{10.31d}$$

若支承位置 b 和刚度 k 给定，由支承点处的位移和内力协调条件，可确定式（10.30）和式（10.31）位移表达式里的 4 个常数 C_{1-4} 中的 3 个，同时将确定梁的固有频率 λ。支承点处位移连续性条件要求位移和转角相等：

$$v_1(b^-) = v_2(b^+) \tag{10.32a}$$

$$\frac{dv_1(b^-)}{dx}=\frac{dv_2(b^+)}{dx} \tag{10.32b}$$

图10-9所示在支承点两侧,内力(弯矩 M 和剪力 Q)之间的关系。由于不计支承的扭转约束效应,可知在支承点两侧的弯矩应相等,两侧的剪力与支承反力应该达到平衡,则内力平衡条件为

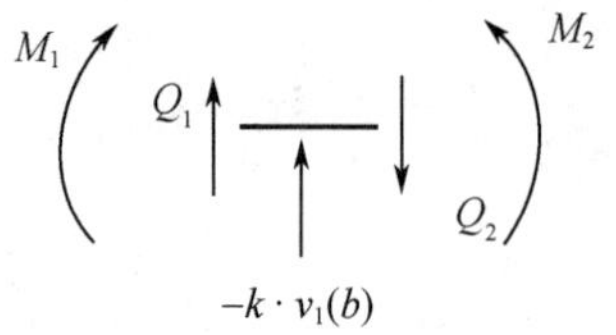

图10-9 支承点两侧内力的平衡关系

$$\frac{EI}{L^2}\frac{d^2v_1(b^-)}{dx^2}=\frac{EI}{L^2}\frac{d^2v_2(b^+)}{dx^2} \tag{10.33}$$

$$\frac{EI}{L^3}\frac{d^3v_1(b^-)}{dx^3}-kv_1(b)=\frac{EI}{L^3}\frac{d^3v_2(b^+)}{dx^3} \tag{10.34}$$

若给定一个支承的刚度值 k 和位置 b,由以上支承点处的协调性条件,可以计算梁的固有频率 λ_1。使 λ_1 等于原结构的 λ_2,运用二分法既可得到最小的支承刚度值[79]。这是用正问题的方法,解决逆问题的一种策略。如果按照逆问题思路计算支承的最小刚度值,首先需要构建支承的优化设计准则。

按照式(10.11),第 i 阶固有频率相对支承位置的一阶导数计算公式为

$$\frac{d\omega_i^2}{db}=2Lkv_i(b)\theta_i(b) \tag{10.35}$$

式中:$v_i(b)$ 和 $\theta_i(b)$ 分别为第 i 阶振型在支承点 b 处的位移和转角。不论采用支承左侧或右侧的位移表达式,该值都是相等的,见式(10.32)。要使结构的第 i 阶固有频率达到极大值,第 i 阶固有频率相对支承位置的一阶导数应等于0。由式(10.35)可知,这个0值的一阶导数要求第 i 阶振型在支承点处的位移或转角必须有一个等于0。由于所用的支承是弹性的,此时第 i 阶振型在支承点处的位移不能强制为0,因而只能强制第 i 阶振型在支承点处的转角为0:

$$\theta_i(b^-)=\theta_i(b^+)=0 \tag{10.36}$$

此时对应的支承刚度既为最小刚度值 k_0。例如,由例题10.2可知,如果弹性支承位于原结构第二阶振型的节点上,可使梁的第一阶频率达到无支承时的第二阶固有频率值,而此时就存在一个最小刚度值 k_0,如图10-7所示。

如果点支承刚好位于第 i 阶振型节点处,第 i 阶频率对支承位置的一阶导数也等于0。由于第 i 阶频率不受支承的影响,因此,此时第 i 阶频率值实际是极小值。

例10.3 用连续参数梁模型,计算图10-3所示均匀悬臂梁前两阶固有频率及其对支承位置的一阶导数值。

在支承点左侧,梁的横向位移由式(10.30a)给出:

$$v_1(x)=C_1[\sinh\lambda x-\sin\lambda x]+C_2[\cosh\lambda x-\cos\lambda x]\quad(0\leqslant x\leqslant 0.6)$$

在支承点右侧,梁的横向位移一般表达式为

$$v_2(x)=C_3\sinh\lambda(x-1)+C_4\cosh\lambda(x-1)+C_5\sin\lambda(x-1)+C_6\cos\lambda(x-1)$$
$$(0.6\leqslant x\leqslant 1.0)$$

在梁的右端,有以下两个边界条件:

$$v''_2(1)=0,\quad \frac{EI}{L^3}v'''_2(1)=-M\omega^2 v_2(1)$$

由此可得

$$C_6=C,\quad C_5=C_3+\frac{2M\lambda}{mL}C_4$$

于是有如下位移表达式：

$$v_2(x)=C_3[\sinh\lambda(x-1)+\sin\lambda(x-1)]+C_4\left[\cosh\lambda(x-1)+\cos\lambda(x-1)+\frac{2M\lambda}{mL}\sin\lambda(x-1)\right]\quad(0.6\leqslant x\leqslant 1.0)$$

支承点处的连续性条件有：位移 =0，斜率相等，曲率相等，即

$$C_1[\sinh\lambda b-\sin\lambda b]+C_2[\cosh\lambda b-\cos\lambda b]=0$$

$$C_3[\sinh\lambda(b-1)+\sin\lambda(b-1)]+C_4\left[\cosh\lambda(b-1)+\cos\lambda(b-1)+\frac{2M\lambda}{mL}\sin\lambda(b-1)\right]=0$$

$$C_1[\cosh\lambda b-\cos\lambda b]+C_2[\sinh\lambda b+\sin\lambda b]=C_3[\cosh\lambda(b-1)+\cos\lambda(b-1)]+C_4\left[\sinh\lambda(b-1)-\sin\lambda(b-1)+\frac{2M\lambda}{mL}\cos\lambda(b-1)\right]$$

$$C_1[\sinh\lambda b+\sin\lambda b]+C_2[\cosh\lambda b+\cos\lambda b]=C_3[\sinh\lambda(b-1)-\sin\lambda(b-1)]+C_4\left[\cosh\lambda(b-1)-\cos\lambda(b-1)-\frac{2M\lambda}{mL}\sin\lambda(b-1)\right]$$

以上是关于 $C_1\sim C_4$ 的齐次方程组，其非零解要求方程组的系数行列式应等于 0，由此可以确定系统的固有频率 $\lambda_i(\omega_i)$，并可用 C_1 表示 $C_2\sim C_4$。由质量规一化条件[50]：

$$M_r=\rho AL\left(\int_0^b v_1^2(x)\,\mathrm{d}x+\int_b^1 v_2^2(x)\,\mathrm{d}x\right)+m[v_2(1)]^2=1$$

即可确定 C_1。由支承点两侧的剪力与支承反力平衡条件（图 10－9）：

$$\frac{EI}{L^3}\frac{\mathrm{d}^3v_1(b^-)}{\mathrm{d}x^3}+R=\frac{EI}{L^3}\frac{\mathrm{d}^3v_2(b^+)}{\mathrm{d}x^3}$$

可以得到支承的反力 R。计算结果分别列于表 10－3 中。表中的最后一列同样给出了用中心差分法的计算结果。与表 10－1 的结果比较可以发现：采用有限元方法，用 5 个等长的单元计算梁结构的第一阶固有频率及其一阶导数值，与精确解基本一致。而第二阶频率的一阶导数有一些误差（6.5%），远大于该阶频率的误差（0.2%）。这是由于梁有限元模型本身误差所致，增加单元数量可以逐渐减小这种误差。

表 10－3　悬臂梁固有频率值及对支承位置的灵敏度值

频率阶次 i	频率 ω_i /(rad/s)	支反力 R_i	转角 θ_i	一阶导数 $\mathrm{d}\omega_i/\mathrm{d}s$/(rad/s/m)	中心差分（$\Delta s=0.003$m） $\Delta\omega_i/\Delta s$/(rad/s/m)
1	162.1	－123264.8	0.5759	437.9	438.0
2	2199.7	1757702.7	4.9670	－3968.9	－3966.3

10.4.2 最小刚度计算

按照 10.4.1 节分析,如果某个位置 b 指定为弹性支承的最优位置(或一个频率参数 λ 指定为梁应达到的频率),可以根据 10.4.1 节得到的优化设计条件,即式(10.36),确定与之相应的支承最小刚度 k_0 以及最大频率 λ(或支承的最优位置 b)。需要强调指出的是:这个刚度 k_0 是获得该频率参数 λ 所需要的最小刚度值。如果支承刚度低于此刚度值 k_0,不论支承放置在梁的什么地方,都不可能获得这个指定频率参数值 λ。下面我们用两种典型边界条件的梁结构来证明上述的论点。

例 10.4 悬臂梁

图 10-8 所示为一悬臂梁,在 $x=b$ 处附加有一弹性点支承,并刚好使梁的第一阶振型在 b 处的转角为 0。由式(10.30a)、式(10.31d)和方程式(10.36),可以得到:

$$v_1'(b)=C_1\lambda[\cosh\lambda b-\cos\lambda b]+C_2\lambda[\sinh\lambda b+\sin\lambda b]=0 \tag{10.37}$$

$$\begin{aligned} v_2'(b)=&C_3\lambda[\cosh\lambda(b-1)+\cos\lambda(b-1)]\\ &+C_4\lambda[\sinh\lambda(b-1)-\sin\lambda(b-1)]=0 \end{aligned} \tag{10.38}$$

于是有

$$C_2=-C_1\frac{\cosh\lambda b-\cos\lambda b}{\sinh\lambda b+\sin\lambda b},\quad C_4=-C_3\frac{\cosh\lambda(b-1)+\cos\lambda(b-1)}{\sinh\lambda(b-1)-\sin\lambda(b-1)} \tag{10.39}$$

由以上两式,可以在式(10.37)和式(10.38)中消 C_2 和 C_4 两个未知常数。另外,在支承点 $x=b$ 处,由位移和弯矩的连续性条件可得

$$C_1\frac{2\cosh\lambda b\cos\lambda b-2}{\sinh\lambda b+\sin\lambda b}=-C_3\frac{2\cosh\lambda(b-1)\cos\lambda(b-1)+2}{\sinh\lambda(b-1)+\sin\lambda(b-1)} \tag{10.40a}$$

$$C_1\frac{2\sinh\lambda b\sin\lambda b}{\sinh\lambda b+\sin\lambda b}=-C_3\frac{2\sinh\lambda(b-1)\sin\lambda(b-1)}{\sinh\lambda(b-1)+\sin\lambda(b-1)} \tag{10.40b}$$

式(10.40)中 C_1 和 C_3 有非零解的充要条件是方程组的系数行列式等于 0,由此可得关于最大频率 λ 的特征行列式方程:

$$\begin{vmatrix} \cosh\lambda b\cos\lambda b-1 & \cosh\lambda(b-1)\cos\lambda(b-1)+1 \\ \sinh\lambda b\sin\lambda b & \sinh\lambda(b-1)+\sin\lambda(b-1) \end{vmatrix}=0 \tag{10.41}$$

通常这是一个超越方程,无法直接求解,只能用数值方法求解。在已知最优支承位置 b 的情形下,求解以上特征方程,可以获得不同的频率参数 λ 值,其中最小(非 0)解,就是第一阶频率的最大值。

在以上推导过程中,实际只用到了四个连续条件中的三个以及最优支承设计必要性条件式(10.36)。而支承点两侧剪力平衡条件式(10.34),可用来确定支承的临界最小刚度值 k_0:

$$v_1'''(b^-)-\gamma v_1(b)=v_2'''(b^+) \tag{10.42}$$

式中:$\gamma=k_0L^3/EI$ 是无量纲化的支承刚度,于是有

$$\gamma=\frac{v_1'''(b^-)-v_2'''(b^+)}{v_1(b)} \tag{10.43}$$

例如,若在均匀悬臂梁第二阶振型节点 $b=0.7834$ 处附加一个点支承,由方程

式(10.41)解得 $\lambda_1 = 4.6941$。这就意味着悬臂梁有了设计优化的附加支承以后,其第一阶固有频率升高到无附加支承悬臂梁的第二阶频率。然而,原来的第二阶频率不受附加支承的影响,因此,这时系统会出现第一阶频率成为一个二重频率的现象,即 $\lambda_1 = \lambda_2 = 4.6941$,而相应的两个振型如图 10-10 所示。此时,支承对这两个振型的作用可以清楚地显现出来。由式(10.43)可进一步求出最小支承刚度值 $\gamma = 266.87$。

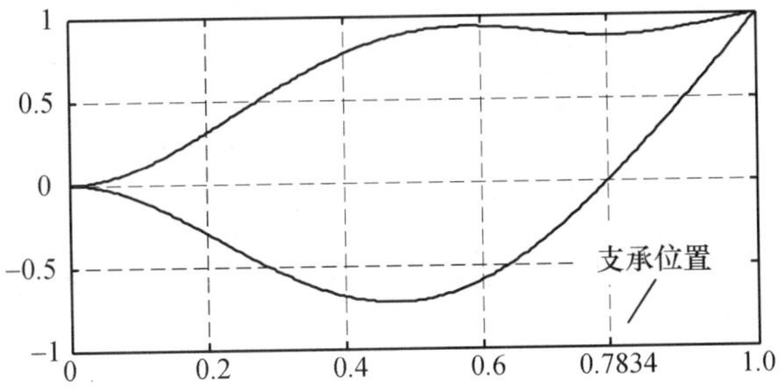

图 10-10　悬臂梁第一阶重频对应的两个振型

这个最小支承刚度值到底有多大?我们来做一个对比。若一个集中力 P 作用在悬臂梁的在自由端,则该点的横向位移为

$$y = \frac{PL^3}{3EI}$$

即 $\gamma_c = 3$。以上得到的最小支承刚度 γ 约是 γ_c 的 89.0 倍。可见,要使悬臂梁的第一阶固有频率升到原结构的第二阶频率,需要一个相当大的支承刚度。

若保持点支承位于原第二阶振型的节点 $b = 0.7834$ 处,继续增加这个支承的刚度系数。那么,支承刚度超过这个临界值以后,系统的第一阶频率不会因支承刚度的增大而进一步提高,但系统的第二阶频率将会不断升高。例如,当支承的刚度达到 $\gamma = 359.41$ 时,悬臂梁的第二阶固有频率升到 $\lambda_2 = 5.0$。当支承的刚度达到 $\gamma = 984.68$,可得第二阶频率 $\lambda_2 = 6.0$。此时悬臂梁的第一阶频率仍然保持 $\lambda_1 = 4.6941$。相应的第一、二阶振型如图 10-11 所示。此时,梁的第一阶振型有一个节点,而第二阶振型反而没有了节点。

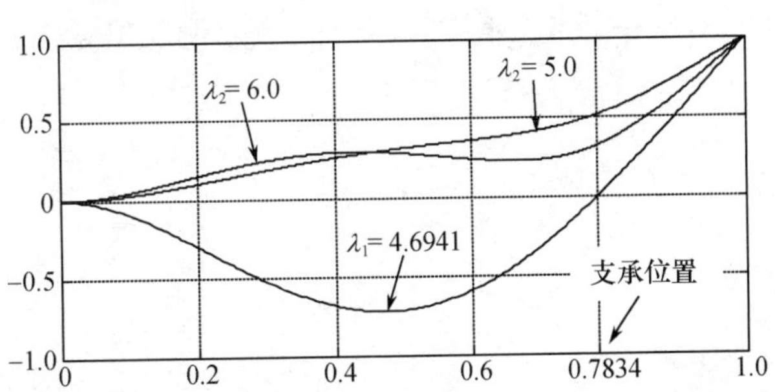

图 10-11　悬臂梁的振型随附加支承刚度的变化情况 $b = 0.7834$

作为研究对比,将支承移到悬臂梁的自由端,如图 10-12 所示。当支承刚度达到 $\gamma = 29.892$ 时,就能使悬臂梁的第二阶固有频率达到 $\lambda_2 = 5.0$,而此时梁的第一阶固有频率仅是 $\lambda_1 = 3.166$。当支承刚度达到 $\gamma = 168.18$ 时,悬臂梁的前二阶固有频率分别是 $\lambda_1 = 3.754$ 和 $\lambda_2 = 6.0$。虽然第二阶固有频率与支承在 $b = 0.7834$ 处所得到的结果相同,但第

一阶频率和支承刚度都有明显下降,这说明 $b=0.7834$ 不是悬臂梁的第二阶频率达到5.0或6.0的最优支承位置。由图10-11可见,第二阶振型在支承点($b=0.7834$)处的位移和转角都不为0,也能说明这一情形。当然,$b=1.0$ 也并非就是 $\lambda_2=5.0$ 或6.0的最优支承位置。

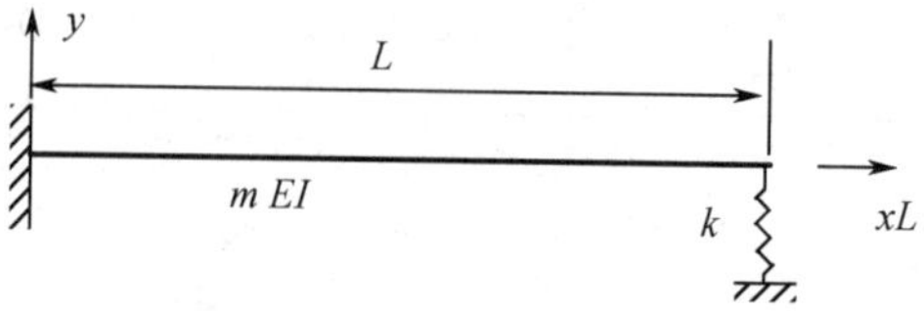

图10-12　悬臂梁自由端有一弹性支承

另外,假设点支承位于梁的自由端 $b=1.0$,并以此点为第一阶频率的最优支承位置,由方程式(10.41)可得

$$\sinh\lambda\sin\lambda=0 \tag{10.44}$$

λ 的最小的非零解为

$$\lambda=3.1416 \tag{10.45}$$

此时的最小刚度为

$$\gamma=28.44 \tag{10.46}$$

图10-13绘制了为提高悬臂梁第一阶固有频率,附加弹性支承的最小刚度随支承最优位置的变化曲线。该曲线只包含支承位置从自由端到梁的第二阶振型节点($b=0.7834$)这一段,因为靠近固支端部分不存在最优支承位置,这与图10-7(b)的结果完全一致。很明显,最小支承刚度因最优支承位置的移动而发生明显改变。最优支承位置越靠近第二阶振型的节点,最小支承刚度值越大。如果支承刚度大于266.87,最优支承位置仍然在无支承悬臂梁第二阶振型节点处,任何偏离该节点的位置都会使第一阶频率有所下降。相反,如果支承的刚度小于28.44,最优支承位置在悬臂梁的自由端,虽然此时在支承位置处,频率的一阶导数不再为0。图10-7(b)中的曲线也能够充分证明上述结论。

图10-14绘制了附加一个点支承以后,与最小支承刚度相应的最大基频随最优支承

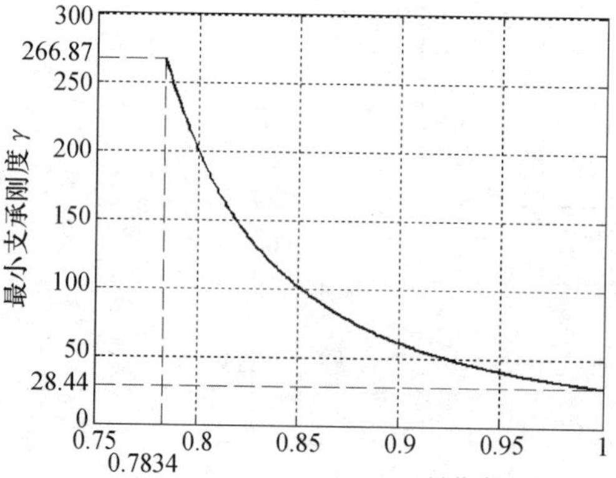

图10-13　悬臂梁最小支承刚度随最优支承位置的变化过程

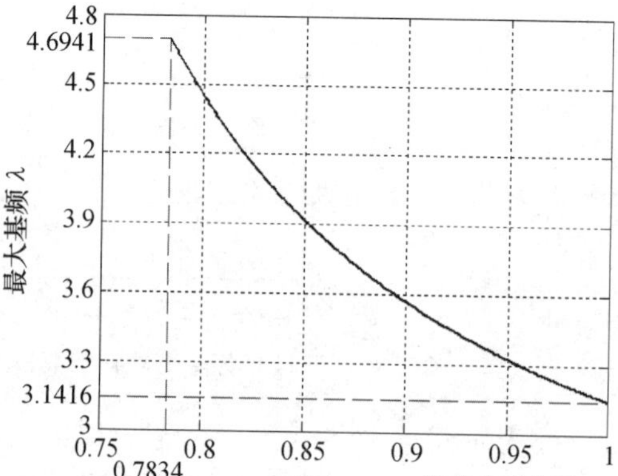

图10-14　悬臂梁的最大基频随最优支承位置的变化过程

位置的关系曲线。很明显,梁的基频因支承位置的移动而有明显改变。最优支承位置越靠近第二阶振型的节点,第一阶频率的最大值也就越大,但不会超过原来的第二阶固有频率。由图 10－13 和图 10－14 不难确定某一支承刚度对应的优化设计结果。例如,当支承刚度定为 $\gamma = 133.37$ 时,由图 10－13 可得最优支承位置 $b = 0.8278$,再由图 10－14 可得最大基频是 $\lambda = 4.1186$。

例 10.5　简支梁

现在我们来分析均匀简支梁的情况,如图 10－15 所示。此时梁两端的边界约束条件是对称的。若简支梁跨中 b 处有一个附加点支承,其横向位移函数首先应满足简支梁两端的边界条件,位移 v_1 和 v_2 的表达式见式(10.30b)和式(10.31b)。与例 10.4 悬臂梁附加支承推导过程相同,考虑到最优支承点处的转角为 0 的事实,以及位移和其二阶导数的连续性,可得到频率参数 λ 的特征行列式方程:

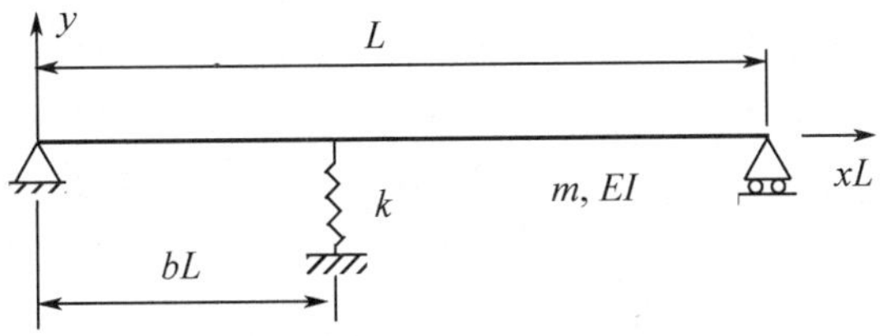

图 10－15　简支梁跨中附加一个弹性支承

$$\begin{vmatrix} \sinh\lambda b\cos\lambda b - \cosh\lambda b\sin\lambda b & \sinh\lambda(b-1)\cos\lambda(b-1) - \cosh\lambda(b-1)\sin\lambda(b-1) \\ \sinh\lambda b\cos\lambda b + \cosh\lambda b\sin\lambda b & \sinh\lambda(b-1)\cos\lambda(b-1) + \cosh\lambda(b-1)\sin\lambda(b-1) \end{vmatrix} = 0 \tag{10.47}$$

由于简支梁第一阶振型是左右对称的,附加支承的最优位置一定位于梁的中点 $b = 0.5$ 处,此时支承点处的转角一定为 0,则以上方程简化为

$$\begin{vmatrix} \sinh\frac{\lambda}{2}\cos\frac{\lambda}{2} - \cosh\frac{\lambda}{2}\sin\frac{\lambda}{2} & \sinh\frac{\lambda}{2}\cos\frac{\lambda}{2} - \cosh\frac{\lambda}{2}\sin\frac{\lambda}{2} \\ \sinh\frac{\lambda}{2}\cos\frac{\lambda}{2} + \cosh\frac{\lambda}{2}\sin\frac{\lambda}{2} & \sinh\frac{\lambda}{2}\cos\frac{\lambda}{2} + \cosh\frac{\lambda}{2}\sin\frac{\lambda}{2} \end{vmatrix} = 0 \tag{10.48}$$

此方程满足所有的 λ,这表示对于任何支承刚度,对应于简支梁第一阶振型的最优支承位置总是在它的中点处。因此对于第一阶固有频率来说,其中点是唯一的最优支承位置。这个结论对于具有对称边界约束条件的梁都是适应的。在这种情形下,问题得到进一步简化,梁的第一阶频率只依赖于附加支承刚度。例如,将梁的第一阶固有频率增加至原结构的第二阶频率,即 $\lambda = 6.2832$,则得支承最小刚度值:

$$\gamma = \frac{v_1'''(0.5) - v_2'''(0.5)}{v_1(0.5)} = 32\pi^3\frac{\cosh(\pi)}{\sinh(\pi)} = 995.91 \tag{10.49}$$

与悬臂梁第一阶固有频率升高的情形相比,式(10.49)得到的最小刚度值要大很多(3.73 倍)。而简支梁在跨中的横向静刚度 $\gamma_s = 48$,以上所得的最小支承刚度 γ 约是 γ_s 的 20.7 倍。可见,将简支梁的第一阶固有频率升到原结构的第二阶频率,同样也不是一件容易的事。

10.4.3 其他典型边界条件最小刚度计算

除了常见的悬臂梁和简支梁以外,对于梁的其他典型边界约束条件,附加弹性支承也能够使该梁的第一阶固有频率(λ_1)升高到其上限值,即原结构的第二阶固有频率(λ_2),且第二阶振型的节点是相应的最优支承点。按照以上相同的分析步骤,也可以得到求解最大固有频率的特征方程和最小支承刚度的计算公式。据此能分别获得最优支承位置(第二阶振型的节点)、第一阶固有频率的上限和最小支承刚度值,其结果分别列于表10-4中。此表中未包括自由(F-F)梁,因为附加一个点支承后,自由梁的第一阶频率仍然是0。

表10-4 各种典型边界约束条件梁的附件最优支承设计结果

边界约束*	λ_1	b	λ_2	γ
C-C	4.7300	0.5000	7.8532	1833.66
C-S	3.9266	0.5575	7.0681	1377.60
C-Sl	2.3650	0.7169	5.4977	619.39
C-F	1.8751	0.7834	4.6941	266.87
S-S	3.1416	0.5000	6.2832	995.91
S-Sl	1.5708	0.6667	4.7124	402.03
S-F	0	0.7358	3.9263	163.55
Sl-Sl	0	0.5000	3.1416	113.75
Sl-F	0	0.5517	2.3731	33.491

*边界约束说明:C=固支,S=简支,Sl=滑动,F=自由

10.5 增加高阶频率所需最小支承刚度

10.4节有关支承的位置和刚度优化研究结果表明,用一个弹性支承可将梁结构的第一阶固有频率升至其上限值,即原结构的第二阶固有频率。同样,我们也可以用一个弹性支承,将梁结构的某一高阶频率升高至其上限值。例如,将梁的第二阶频率升高至原来的第三阶频率。此时,最优支承位置必将位于高一阶振型的节点处,而与之相对应的最小支承刚度,可用相同的方法分析计算得到。应当注意的是,梁的高阶振型的节点可能不只一个,或者说有多个局部最优解。应该在各节点处分别计算最小支承的刚度值,并进行比较,以确定附加支承的总体最小刚度值。

例如,将弹性点支承放置在悬臂梁的 $b=0.8677$ 处,这是悬臂梁的第三阶振型的一个节点。方程式(10.41)的次最小解为 $\lambda=7.8548$,这正是无支承悬臂梁的第三阶固有频率。由式(10.43)可计算这时的最小支承刚度为 $\gamma=1307.5$,此刚度值能将悬臂梁的第二阶频率提高至原结构的第三阶频率。如果将支承放置在第三阶振型另外一个节点处 $b=0.5035$,我们仍可得到 $\lambda=7.8548$ 以及 $\gamma=1942.5$。可以看到,在第三阶振型的两个不同节点处,所需的最小刚度完全不同。在靠近固支端的节点上($b=0.5035$),最小支承刚度值比在靠近自由端的节点上($b=0.8677$)大近乎50%。这说明在 $b=0.8677$ 处,利用支

承更容易使悬臂梁的第二阶固有频率升高至原结构的第三阶频率。对于简支梁,第三阶振型的两个节点分别是 $b=1/3$ 和 $b=2/3$,方程式(10.47)的解为 $\lambda=9.4248$,对于这两个位置,由式(10.43)可得相同结果 $\gamma=3354.9$。

表 10-5 和表 10-6 分别列出了使用一个附加支承升高悬臂梁或简支梁的前四阶固有频率时,计算所得弹性支承的最优位置和最小刚度值。从这两个表中,我们可以知道在振型的哪个节点,可以比较容易地获得频率的上限值。计算结果显示,对于提升高阶的固有频率,与之相应的最小支承刚度将成倍地增大。此外我们也不难发现,提高简支梁固有频率的最小支承刚度值,远大于提高同阶悬臂梁频率的最小支承刚度值,这是因为同阶简支梁的固有频率大于同阶悬臂梁的固有频率(约 1.5),而频率的增加量又基本相同的缘故[50]。

表 10-5　升高悬臂梁高阶固有频率时的最优支承位置、最小刚度和最大频率

阶次	原频率(λ^i)	最优位置(b)	上限频率(λ^u)	最小刚度(γ)	在其他节点的刚度
1	1.8751	0.7834	4.6941	266.87	
2	4.6941	0.8677	7.8548	1307.5	$\gamma_{(0.5035)}=1942.5$
3	7.8548	0.9055	10.996	3584.1	$\gamma_{(0.6440)}=5487.3$ $\gamma_{(0.3583)}=5164.3$
4	10.996	0.9265	14.137	7612.5	$\gamma_{(0.7232)}=11631$ $\gamma_{(0.4999)}=11301$ $\gamma_{(0.2788)}=10999$

表 10-6　升高简支梁高阶固有频率时的最优支承位置、最小刚度和最大频率

阶次	原频率(λ^i)	最优位置(b)	上限频率(λ^u)	最小刚度(γ)	在其他节点的刚度
1	3.1416	0.5000	6.2832	995.91	
2	6.2832	0.3333 0.6667	9.4248	3354.9	
3	9.4248	0.5000	12.566	7937.7	$\gamma_{(0.25)}=7952.5$ $\gamma_{(0.75)}=7952.5$
4	12.566	0.4000 0.6000	15.708	15503	$\gamma_{(0.2)}=15532$ $\gamma_{(0.8)}=15532$

我们通常谈到的"刚性"点(铰)支承,其实只是一个概念。实际结构设计时,绝对"刚性"的点支承是不存在的。从以上的分析可以看到,一个点支承要达到"刚性"点支承的效果,对于梁结构不同的边界约束状况以及模态阶次,其所具有的刚度系数下限值是各不相同的。一般情况下,高阶模态对应的刚度系数下限值,要高于低阶模态对应的刚度系数下限值。而边界约束越强,要成为"刚性"所要求的刚度系数下限值也越高。而且即使是同一阶模态,在不同点所要求的支承刚度下限值也不尽相同。

10.6　边界约束条件对附加支承优化设计的影响

分析表 10-4 ~ 表 10-6 的结果可以看到,梁的边界约束条件对其附加支承优化设

计影响很大。对于典型的梁边界约束条件(固支、简支、滑动和自由端),横向位移函数的表达式(10.30)和式(10.31),以及确定最优支承位置的特征方程(10.41)或式(10.47),在很大程度上依赖于梁两端的边界约束情况。同样,梁的第一阶固有频率及其可能达到的上限值、相应的最小支承刚度等,也在很大程度上依赖于梁两端的边界情况。因此,有必要研究梁的边界约束条件,对附加弹性支承的最小刚度和最优位置的影响,即研究非典型(理想)边界约束条件下,梁的附加支承优化设计变化情况[75]。

另外,工程结构的边界约束并非都是理想状况,多数情况可能是非理想的情况,即实际约束状况总是介于典型约束之间。为了真实反映实际边界情况,我们首先用一般弹性边界约束代替梁的典型边界条件,即用非齐次边界方程代替原来的齐次边界方程。然后按照10.4节相同的步骤,构建频率特征行列式方程,将各种典型边界约束条件下的公式,统一到一种计算公式中。据此可以分析边界约束刚度,对梁跨中附加支承优化设计的影响效果。

10.6.1 位移函数的构建

具有一般弹性边界约束条件的梁模型如图10-16所示,两端边界约束的横向线刚度分别是k_1和k_2,扭转刚度分别是r_1和r_2。同样在跨中支承位置两侧,分别用$v_1(x)$和$v_2(x)$表示梁的横向位移。一般边界约束情形下梁的横向位移为[75]

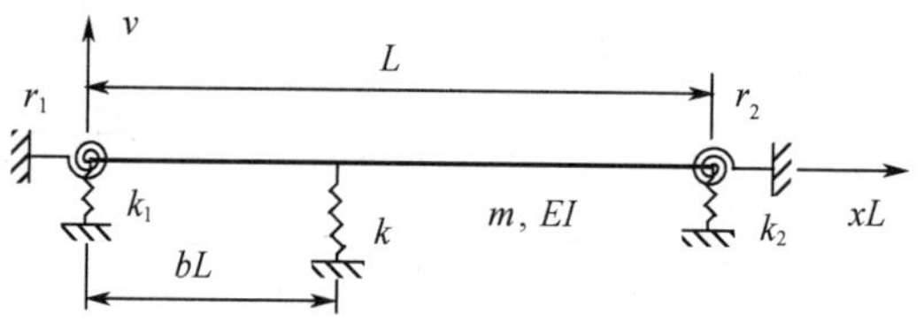

图10-16 弹性边界条件梁中间附加一个弹性支承

$$v_1(x) = C_1\sinh\lambda x + C_2\cosh\lambda x + C_3\sin\lambda x + C_4\cos\lambda x \quad (0\leqslant x\leqslant b) \tag{10.50}$$

$$v_2 = C_5\sinh\lambda(x-1) + C_6\cosh\lambda(x-1) + C_7\sin\lambda(x-1) + C_8\cos\lambda(x-1) \quad (b\leqslant x\leqslant 1) \tag{10.51}$$

根据梁边界约束力的平衡条件,在左端$x=0$,边界条件可表示为

$$\frac{EI}{L^3}\frac{\partial^3 v_1}{\partial x^3} = -k_1 v_1 \tag{10.52a}$$

$$\frac{EI}{L^2}\frac{\partial^2 v_1}{\partial x^2} = \frac{r_1}{L}\frac{\partial v_1}{\partial x} \tag{10.52b}$$

而在梁的右端$x=1$:

$$\frac{EI}{L^3}\frac{\partial^3 v_2}{\partial x^3} = k_2 v_2 \tag{10.53a}$$

$$\frac{EI}{L^2}\frac{\partial^2 v_2}{\partial x^2} = -\frac{r_2}{L}\frac{\partial v_2}{\partial x} \tag{10.53b}$$

首先,对位移函数分别施加边界条件,将式(10.50)代入到方程式(10.52),可得

$$\lambda^3(C_1 - C_3) = -\frac{k_1L^3}{EI}(C_2 + C_4) \tag{10.54}$$

$$\lambda(C_2 - C_4) = \frac{r_1L}{EI}(C_1 + C_3) \tag{10.55}$$

对于经典边界约束，如固支边界约束条件，同时令 $k_1\to\infty$，$r_1\to\infty$，则由式(10.55)可得

$$C_4 = -C_2,\quad C_3 = -C_1 \tag{10.56}$$

于是可得左端固支的横向位移响应函数：

$$v_1(x) = C_1[\sinh\lambda x - \sin\lambda x] + C_2[\cosh\lambda x - \cos\lambda x](0\leqslant x\leqslant b) \tag{10.57}$$

式(10.57)与式(10.30a)完全一致。如果 k_1 和 r_1 分别取 0 或 ∞，经过不同的组合，也可以构造其他典型边界约束（简支、滑动和自由）条件下的位移函数，即式(10.30b)～式(10.30d)。这说明梁的典型边界约束条件，只是一般性弹性边界的特例，是刚度系数取极端值时的情况。通过分析一般性边界条件下梁的跨中附加支承的优化设计，就可以得到 10.4 节中的所有结果，而且不必考虑不同的边界约束情况，对频率特征方程[式(10.41)或式(10.47)]的影响，因此更具实际意义。

由方程式(10.54)和式(10.55)，C_3 和 C_4 可以分别用 C_1 和 C_2 表示：

$$C_3 = \frac{(\lambda^4 - T_1R_1)C_1 + 2\lambda T_1C_2}{\lambda^4 + T_1R_1} \tag{10.58a}$$

$$C_4 = \frac{-2\lambda^3R_1C_1 + (\lambda^4 - T_1R_1)C_2}{\lambda^4 + T_1R_1} \tag{10.58b}$$

如果将梁右端弹性边界条件引入，同样也可以将 C_7 和 C_8 分别用 C_5 和 C_6 表示：

$$C_7 = \frac{(\lambda^4 - T_2R_2)C_5 - 2\lambda T_2C_6}{\lambda^4 + T_2R_2} \tag{10.59a}$$

$$C_8 = \frac{2\lambda^3R_2C_5 + (\lambda^4 - T_2R_2)C_6}{\lambda^4 + T_2R_2} \tag{10.59b}$$

以上两式中，分别引入了以下无量纲边界线性和扭转刚度约束系数，其目的是为了表达简洁，并使不同类型的边界约束相互之间能够进行对比，以确定哪一个约束对附加支承优化设计影响更加显著：

$$T_1 = \frac{k_1L^3}{EI},\quad R_1 = \frac{r_1L}{EI},\quad T_2 = \frac{k_2L^3}{EI},\quad R_2 = \frac{r_2L}{EI} \tag{10.60}$$

从各无量纲边界约束刚度系数定义可以看出，它们实际上只是对于梁的横向平动刚度与扭转弯曲刚度的相对值。按照 10.4.2 节相同的分析步骤，可以构建类似于式(10.41)或式(10.47)的关于频率参数 λ 与支承位置 b 的特征方程[75]。由此可以确定最优支承位置，再按照式(10.43)确定最小支承刚度。这里只考察用一个附加弹性支承，使梁的第一阶频率升高至其上限值或某个特定值的优化设计结果。从而总结出边界约束条件对附加支承优化设计的影响规律。至于升高其他高阶频率，整个分析过程和变化规律基本是一致的。

10.6.2　边界约束条件的影响

为了使分析清楚起见，假设梁的左端固支（即 $T_1 = R_1 = \infty$），只考虑梁的右端边界是

弹性约束的情况(T_2,R_2: 0 ~ ∞)。这样处理可以使研究过程更加简单,计算更加容易,同时也不影响最终的结论。此时,频率特征方程为

$$A_c\lambda^4 + B_c\lambda^3 + E_c\lambda + F_c = 0 \tag{10.61}$$

式中:

$$\begin{aligned} A_c =& \sinh\lambda b \cdot \sin\lambda b + \sinh\lambda b \cdot \sin\lambda b \cdot \cosh\lambda(b-1) \cdot \cos\lambda(b-1) \\ &+ \sinh\lambda(b-1) \cdot \sin\lambda(b-1) - \cosh\lambda b \cdot \cos\lambda b \cdot \sin\lambda(b-1) \cdot \sinh\lambda(b-1) \end{aligned} \tag{10.62a}$$

$$\begin{aligned} B_c =& -R_2[\cosh\lambda(b-1) \cdot \sin\lambda(b-1) + \sinh\lambda b \cdot \sin\lambda b \cdot \cosh\lambda(b-1) \cdot \sin\lambda(b-1) \\ &- \sinh\lambda(b-1) \cdot \cos\lambda(b-1) + \sinh\lambda b \cdot \sin\lambda b \cdot \sinh\lambda(b-1) \cdot \cos\lambda(b-1) \\ &- \cosh\lambda b \cdot \cos\lambda b \cdot \sin\lambda(b-1) \cdot \cosh\lambda(b-1) \\ &+ \cosh\lambda b \cdot \cos\lambda b \cdot \cos\lambda(b-1) \cdot \sinh\lambda(b-1)] \end{aligned} \tag{10.62b}$$

$$\begin{aligned} E_c =& T_2[\sinh\lambda b \cdot \sin\lambda b \cdot \cos\lambda(b-1) \cdot \sinh\lambda(b-1) + \cosh\lambda(b-1) \cdot \sin\lambda(b-1) \\ &- \cosh\lambda b \cdot \cos\lambda b \cdot \cos\lambda(b-1) \cdot \sinh\lambda(b-1) + \cos\lambda(b-1) \cdot \sinh\lambda(b-1) \\ &- \sinh\lambda b \cdot \sin\lambda b \cdot \cosh\lambda(b-1) \cdot \sin\lambda(b-1) \\ &- \cosh\lambda b \cdot \cos\lambda b \cdot \cosh\lambda(b-1) \cdot \sin\lambda(b-1)] \end{aligned} \tag{10.62c}$$

$$\begin{aligned} F_c =& T_2R_2[\sinh\lambda b \cdot \sin\lambda b + \cosh\lambda b \cdot \cos\lambda b \cdot \sinh\lambda(b-1) \cdot \sin\lambda(b-1) \\ &- \sinh\lambda b \cdot \sin\lambda b \cdot \cosh\lambda(b-1) \cdot \cos\lambda(b-1) - \sinh\lambda(b-1) \cdot \sin\lambda(b-1)] \end{aligned} \tag{10.62d}$$

首先考察用一个弹性点支承使梁的第一阶固有频率升高至其上限值的情形。注意,该上限并非是一个固定值,而是与右端边界约束条件密切相关。图 10-17 和图 10-18 分别绘出了最小支承刚度和最优支承位置,随梁右端约束刚度的变化情况。可以看出随着梁的边界约束刚度逐渐增大,附加支承所需要的最小支承刚度也同时增大。这是因为第一阶频率的上限值(即原结构的第二阶固有频率),随着梁的边界约束刚度增大而增大的缘故。而最优支承位置逐渐远离梁的右端,向梁的中点移动。这从表 10-4 中前 4 行计算结果也可以得到证明。当梁的边界对称约束时(($T_2 = R_2 = \infty$),附加支承的最优位置必定在梁的中点,如同例 10.4 简支梁分析结果所示。图形中的四个顶点,代表了边界理想约束的四个典型状况,也正是表 10-4 中前四个优化设计结果。

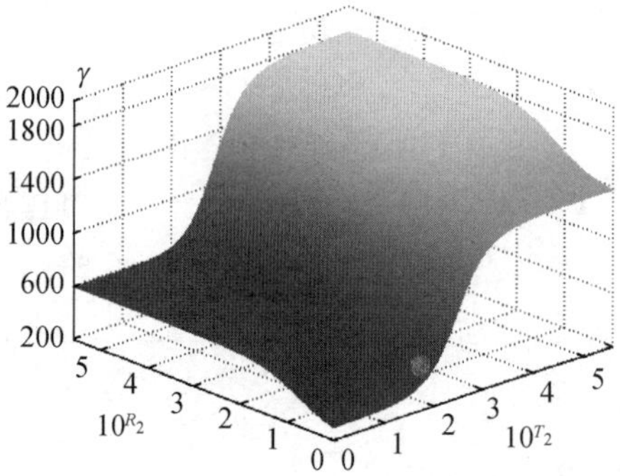

图 10-17 梁的附加支承最小刚度随其右端约束刚度的变化过程

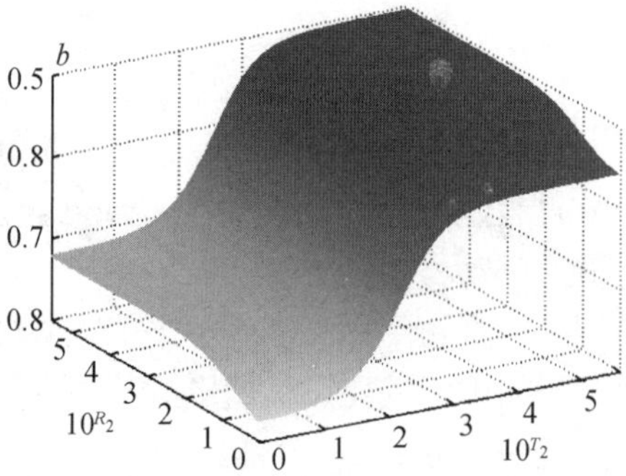

图 10-18 梁的附加支承最优位置随其右端约束刚度的变化过程

另外,从图 10－17、图 10－18 中还可以发现,当约束刚度值较小时,边界约束的扭转刚度对支承的最小刚度和最优支承位置的影响比横向刚度要大。图中支承设计沿 R_2 轴变化比较显著。例如,沿着 R_2 轴($T_2=0$)单独使扭转刚度从 0 增加到 10,附加支承的最小刚度值从 266.87 增加到 505.55,而最优支承位置从 0.7834 移到 0.7355。在同样的变化范围内[0,10],沿横向刚度 T_2 轴($R_2=0$),最小支承刚度值从 266.87 只增加到 285.32,最优位置移到 0.7676。而当约束刚度值较大时,从图中可以看出,边界约束横向刚度对支承的最小刚度和最优位置的影响比扭转刚度大,沿 T_2 轴变化更加明显。

下面我们考察用一个弹性支承,使梁的第一阶频率升高至某个特定值的情况,如 $\lambda_1=5.5$。图 10－19 和图 10－20 分别绘出了最小支承刚度和最优支承位置,随梁右端约束刚度的变化情况。首先应该注意到,如果所设定的频率值过高,最优支承设计有可能无解。例如,悬臂梁的第二阶固有频率 $\lambda_2=4.6941$,一个点支承无论怎样放置也无法使悬臂梁的第一阶固有频率升到 5.5。即使当扭转刚度 $R_2\to\infty$ 时,如果 $T_2=0$,则一个附加支承同样也无法使悬臂梁的第一阶频率达到 5.5。而只要给右端边界横向刚度一个很小的值,例如 $T_2=1$,则附加支承就有可能使梁的第一阶频率达到 5.5。当 $R_2=5000$ 时,可得支承刚度最小 $\gamma=619.20$,最优位置 $b=0.7165$。因此图 10－19 和图 10－20 中靠近坐标轴原点的区域无值。这也从一个侧面证明了固有频率是优化设计解存在的关键性约束条件。

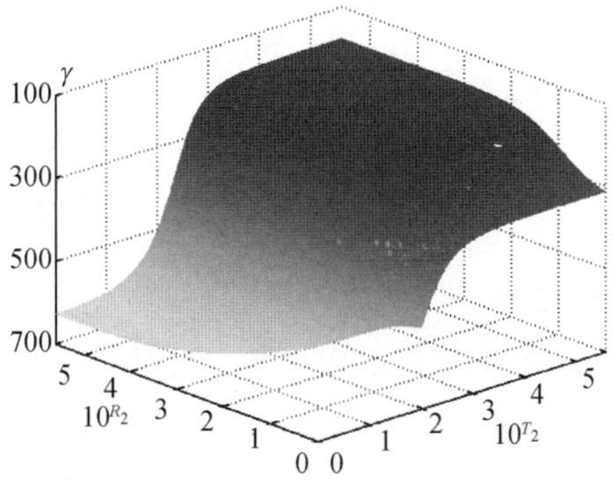

图 10－19　梁的附加支承最小刚度随其右端约束刚度的变化过程 $\lambda_1=5.5$

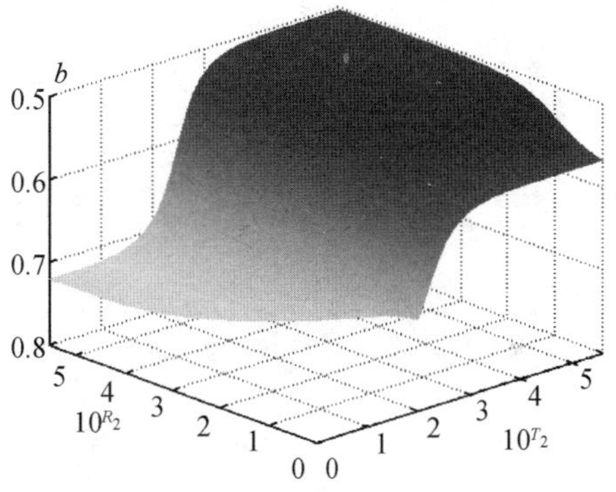

图 10－20　梁的附加支承最优位置随其右端约束刚度的变化过程 $\lambda_1=5.5$

图 10－19 和图 10－20 结果表明,给定第一阶固有频率一个确定值的情况下,附加支承的最小刚度随着梁右端约束刚度的增大而逐渐减小,而最优支承位置仍然逐渐远离右端边界,趋向梁的中点。在优化设计梁的弹性附加支承时,不同的目标频率需求(极值或定值)对附加支承的最小刚度有不同的要求。对于给定的频率限定值,要想降低附加支承的最小刚度,可以通过增加边界约束刚度来解决。综合梁的边界约束条件,可以得到更加灵活、效果更好的附加支承优化设计结果。

10.7　支承扭转刚度对频率灵敏度的影响

以上分析梁结构的支承特征参数优化设计时,均未考虑支承扭转刚度的影响。从优化设计结果知道,当使梁的第 i 阶固有频率升到其最大值时,在支承的最优设计点,相应振型在支承点处的转角为 0。此时,支承的弯曲刚度是不起作用的。但在其他设计点,如非最优点,如果要考虑支承扭转刚度对其优化设计的影响,首先应确定第 i 阶固有频率对支承位置的一阶导数。下面简单分析带扭转刚度的一般性弹性支承一阶灵敏度计算公式。由于支承位置改变只影响结构的刚度矩阵,对质量矩阵没有影响,因此只分析系统的刚度矩阵变化情况。这里假设支承的横向刚度 k_s 与其扭转刚度 k_θ 相互独立,而实际上这两个刚度值总是存在一定的关联性。

仿照 5.6 节中的分析过程,可以分析一般性弹性支承移动对梁结构固有频率的影响,推导固有频率对支承位置的一阶导数公式。假设有一个弹性支承作用在梁单元的内部,如图 10-21 所示。由于需要同时考虑支承的横向刚度和扭转刚度,在支承点处,增加两个虚拟的位移 v_s 和 θ_s。由于结构的有限元网格未改变,与之相应的第 i 阶固有振型变为

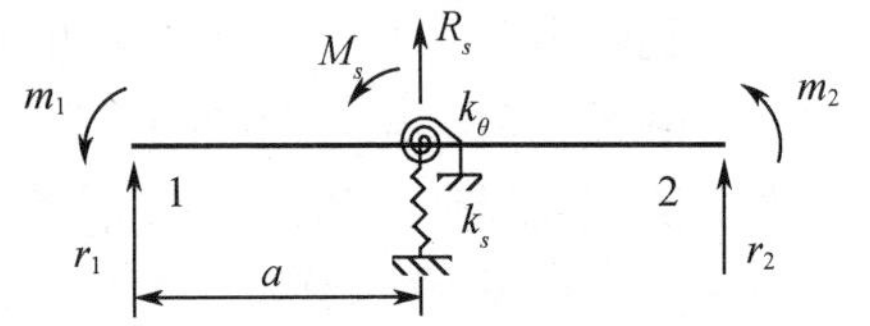

图 10-21　梁单元中间附加一个弹性支承

$$\boldsymbol{\Phi}_i = \begin{Bmatrix} \boldsymbol{\phi}_i \\ v_{is} \\ \theta_{is} \end{Bmatrix} \tag{10.63}$$

将结构的广义质量矩阵扩阶为[41]

$$\hat{\boldsymbol{M}} = \begin{bmatrix} \boldsymbol{M} & 0 & 0 \\ 0 & 0 & 0 \\ 0 & 0 & 0 \end{bmatrix} \tag{10.64}$$

而结构的广义刚度矩阵 $\hat{\boldsymbol{K}}(a)$ 仍采用 5.6 节得到的结果,见式(5.47):

$$\hat{\boldsymbol{K}}(a) = \begin{bmatrix} \boldsymbol{K} & k_s\boldsymbol{N}^{\mathrm{T}}(a) & k_\theta\boldsymbol{N}'^{\mathrm{T}}(a) \\ k_s\boldsymbol{N}(a) & -k_s & 0 \\ k_\theta\boldsymbol{N}'(a) & 0 & -k_\theta \end{bmatrix} \tag{10.65}$$

以上分析人为地引入了两个位移,使结构的自由度增加了两个。但是,由广义质量 $\hat{\boldsymbol{M}}(a)$ 矩阵和广义刚度 $\hat{\boldsymbol{K}}(a)$ 矩阵得到的、有意义的广义特征值的数目,应等于广义质量矩阵 $\hat{\boldsymbol{M}}(a)$ 主对角线上非 0 元素的数目。因此结构的固有频率数并未增加,各频率值及振型也未改变。于是,第 i 阶固有频率对支承位置的一阶导数:

$$\begin{aligned} \frac{\partial \omega_i^2}{\partial a} &= \boldsymbol{\Phi}_i^{\mathrm{T}} \frac{\partial \hat{\boldsymbol{K}}(a)}{\partial a} \boldsymbol{\Phi}_i \\ &= k_s \boldsymbol{\phi}_i^{\mathrm{T}} \boldsymbol{N}'^{\mathrm{T}}(a) v_{is} + k_\theta \boldsymbol{\phi}_i^{\mathrm{T}} \boldsymbol{N}''^{\mathrm{T}}(a) \theta_{is} + k_s v_{is} \boldsymbol{N}'(a) \boldsymbol{\phi}_i + k_\theta \theta_{is} \boldsymbol{N}''(a) \boldsymbol{\phi}_i \\ &= k_s \theta_{is} v_{is} + k_\theta \boldsymbol{\kappa}_{is} \theta_{is} + k_s v_{is} \theta_{is} + k_\theta \theta_{is} \boldsymbol{\kappa}_{is} = 2(k_s v_{is} \theta_{is} + k_\theta \theta_{is} \boldsymbol{\kappa}_{is}) \end{aligned} \tag{10.66}$$

在应用以上公式计算第 i 阶固有频率对支承位置的一阶导数时,需要获得支承点处的曲率值 $\boldsymbol{\kappa}_s$。然而,一般的三次位移梁单元模型在任意一个节点上,只提供位移和转角值,不提供曲率值。节点上的曲率值必须用单元的节点横向位移和转角估算得到,见式(5.50)。另外,由于考虑了支承的扭转刚度 k_θ,支承两侧的曲率值(即位移的二阶导数)

并不连续,即等式方程式(10.33)不再成立。关于如何解决以上两个问题,我们将在第 13 章分析集中质量位置的一阶导数时,一并进行处理。

本章小结

本章首先采用离散方法,按照有限元的基本理论,推导了梁结构的固有频率对附加点(铰或简)支承刚度和位置的一阶导数公式,考虑了弹性和刚性两种支承情况。虽然一阶导数公式是按照有限元离散方法得到的,但所得结果具有普遍意义。随后,在设计变量灵敏度分析基础上,将前几章广泛应用的广义“渐进节点移动法”,成功应用于梁结构频率相对支承位置优化设计。结合插值技术,最终可获得附加支承的最优解。

其次,基于梁振动的连续参数模型,研究了典型边界约束条件下,均匀梁跨中点支承的最优设计问题。优化的目标是用这个点支承使梁的第一阶或高阶的固有频率达到其最大值。通过支承点处变形和力的协调条件,构造了频率的特征方程,获得了不同边界约束条件下,梁的最小支承刚度和最优支承位置的数值解。

接着,探讨了梁的边界约束条件,对跨中附加弹性点支承优化设计的影响。从研究结果发现,当边界约束刚度值较小时,其扭转刚度对支承最小刚度和最优支承位置的影响比横向刚度大。而当约束刚度值较大时,边界横向刚度对附加支承最优设计的影响比扭转刚度大。最优支承位置随边界约束刚度的增大而逐渐远离该约束端。另外,不同的频率需求值对附加支承的最小刚度也有不同的要求,在实际结构的支承优化设计时,应当引起特别注意,以避免优化设计无解的情况发生。

最后,我们简单对梁的固有频率相对一般性弹性支承的灵敏度进行了分析。通过在支承点处引入两个虚拟的位移变量,得到了同时考虑支承的轴向刚度和扭转刚度影响的一阶导数计算公式。该公式包含了简单的线弹性支承的情况,更具有广泛性和应用前景。

第 11 章　轴向压力对梁结构支承优化设计的影响

第 10 章我们在分析梁的跨中附加支承约束刚度和位置优化设计时,假设梁未受轴向力的作用。边界约束条件可以是理想的或非理想的状态,即边界平衡方程可以是齐次或非齐次方程。实际工程中,如建筑、桥梁、机械等结构,梁(或柱)构件通常会在端部受到外部轴向力的作用。梁结构受轴力作用将使其固有频率发生很大的改变,轴向拉力能使梁的固有频率升高[80],而轴向压力使梁的固有频率下降[81],同时还可能引起梁的静态失稳破坏[82]。此时,在梁的中间附加一个横向支承,不仅可以提高梁的固有频率,还能提高其抗失稳的能力[74, 38]。从提高梁的第一阶固有频率的角度出发,如何确定附加支承的最优位置和最小约束刚度,是本章需要考虑的问题。本章依然采用理论分析的方法,研究轴向力对附加支承优化设计的影响。其研究结果对实际支承的设计和应用至关重要[83]。

关于梁在受轴向压力作用下的固有频率计算问题,本章先做一些简单地理论分析和推导[50, 81],以便能够深刻理解轴向力的作用,更好地掌握附加支承优化设计的本质。

11.1　基本理论

11.1.1　受轴向压力作用的梁振动分析

如图 11-1 所示,一个均匀细长简支梁,在其两端受到轴向压力 P 的作用。假设压力 P 是常量,边界条件都是理想约束状况。任取梁中间的一微元段 $\mathrm{d}x$,如图 11-2 所示,由于已经假设截面上的轴向力 P 是一个常数,对于无量纲坐标 x,微元段沿 y 方向的运动方程可写成[50]

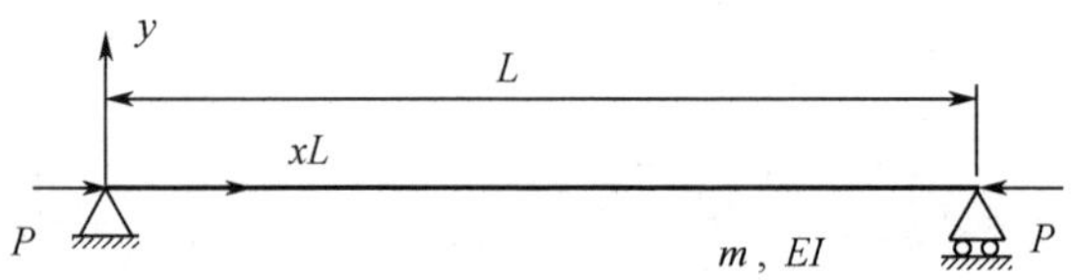

图 11-1　两端受轴向压力作用的简支梁

$$mL\mathrm{d}x\,\frac{\partial^2 y}{\partial t^2} = Q - \left(Q + \frac{\partial Q}{\partial x}\mathrm{d}x\right) + P\theta - P\left(\theta + \frac{\partial \theta}{\partial x}\mathrm{d}x\right) \tag{11.1}$$

式中:m 为梁单位长度的质量。将细长(欧拉-伯努利)梁的基本关系:

$$\theta = \frac{\partial y}{L\,\partial x},\quad Q = \frac{\partial M}{L\,\partial x},\quad M = EI\,\frac{\partial^2 y}{L^2\,\partial x^2} \tag{11.2}$$

代入方程式(11.1),简化后即得在轴向压力作用下梁自由振动的微分方程:

$$EI\frac{\partial^4 y}{\partial x^4}+PL^2\frac{\partial^2 y}{\partial x^2}+mL^4\frac{\partial^2 y}{\partial t^2}=0 \tag{11.3}$$

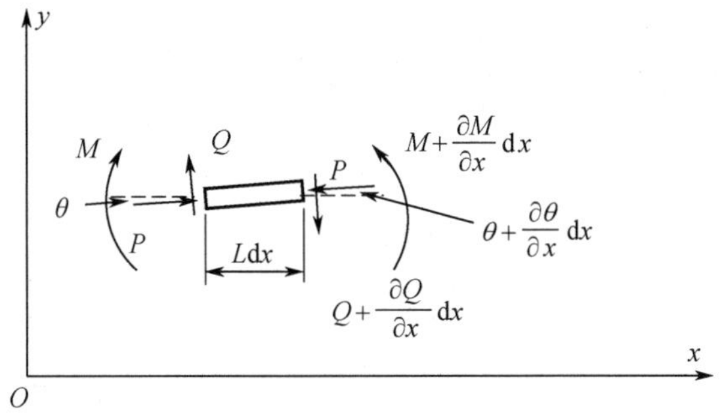

图 11－2　轴向压力对梁横向振动的影响

采用变量分离法,仍然假设梁的主振动为

$$y(x,t)=v(x)\mathrm{e}^{\mathrm{j}\omega t} \tag{11.4}$$

式中:ω 为梁的振动圆(角)频率;$v(x)$ 为梁主振动的振型,代入方程式(11.3),可得系统的振动特征方程:

$$EI\frac{\partial^4 v}{\partial x^4}+PL^2\frac{\partial^2 v}{\partial x^2}-m\omega^2L^4v=0 \tag{11.5}$$

式中:EI 为梁的抗弯刚度。引入无量纲轴向压力 T 和无量纲频率参数 λ:

$$T=\frac{PL^2}{EI} \tag{11.6a}$$

$$\lambda^4=\frac{\omega^2mL^4}{EI} \tag{11.6b}$$

于是可得

$$v''''(x)+Tv''(x)-\lambda^4v(x)=0 \tag{11.7}$$

式中:微分符号“′”表示对 x 求一阶导数。在方程式(11.7)中,第一和第三项构成了梁横向振动的基本特征方程;而第二项(T 取负值代表拉力)和第三项构成了弦横向振动的基本特征方程[50]。由此可知,受轴向力作用的梁自由振动是由以上两种振动的综合而成。

边界条件:

对应于受轴向压力的梁的四种典型边界的位移函数 $v(x)$,在两端应满足以下条件($\xi=0$ 或 1):

(1) 固支端:　$v(\xi)=v'(\xi)=0$　(11.8a)

(2) 简支端:　$v(\xi)=v''(\xi)=0$　(11.8b)

(3) 滑动端:　$v'(\xi)=v'''(\xi)=0$　(11.8c)

(4) 自由端:　$v''(\xi)=v'''(\xi)+Tv'(x)=0$　(11.8d)

从以上边界条件可以看出,除了自由端以外,其余边界条件与无轴向力作用的典型边界条件的表达式是完全一致的。假设方程式(11.7)的特征解是

$$v(x)=\mathrm{e}^{sx} \tag{11.9}$$

代入到方程式(11.7)可得特征方程:

$$s^4 + Ts^2 - \lambda^4 s = 0 \tag{11.10}$$

于是可得特征解：

$$s^2 = \frac{-T \pm \sqrt{T^2 + 4\lambda^4}}{2} = \frac{-T \pm Q}{2} \tag{11.11}$$

考虑到 T 和 λ 实际意义,则有

$$s_{1,2} = \pm\beta, \quad s_{3,4} = \pm \mathrm{j}\bar{\beta} \tag{11.12}$$

式中

$$Q = \sqrt{T^2 + 4\lambda^4} \tag{11.13}$$

$$\beta = \sqrt{\frac{Q - T}{2}}, \quad \bar{\beta} = \sqrt{\frac{Q + T}{2}} \tag{11.14}$$

于是可得方程式(11.7)的通解为

$$v(x) = C_1 \cosh\beta x + C_2 \sinh\beta x + C_3 \cos\bar{\beta} x + C_4 \sin\bar{\beta} x \tag{11.15}$$

以上振型通解表达式中含有4个未知常数 $C_{1\sim4}$,需要根据梁端点具体约束条件确定。

11.1.2 受轴向压力作用且跨中有弹性支承的梁振动分析

如图11-3所示,受轴向压力作用的梁,沿其轴线某个位置 b 有一个弹性支承,起到约束梁横向变形的作用。在支承位置两侧,仍然将梁的横向位移分别用 $v_1(x)$ 和 $v_2(x)$ 表示。首先对 $v_1(x)$ 施加左端边界条件,对 $v_2(x)$ 施加右端边界条件,以简化求解的难度。对于各种不同边界约束条件下,位移表达式经过简化后分别得到

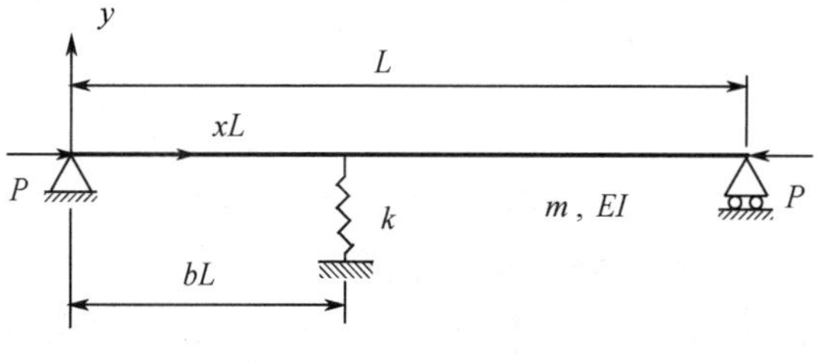

图11-3 两端受轴向压力 P 作用的梁,在 $x=b$ 点附加一个弹性支承

(1) 固支端:

$$v_1(x) = C_1(\cosh\beta x - \cos\bar{\beta} x) + C_2\left(\sinh\beta x - \frac{\beta}{\bar{\beta}}\sin\bar{\beta} x\right) \quad (0 \leqslant x \leqslant b) \tag{11.16a}$$

$$\begin{aligned} v_2(x) = {} & C_3[\cosh\beta(x-1) - \cos\bar{\beta}(x-1)] \\ & + C_4\left[\sinh\beta(x-1) - \frac{\beta}{\bar{\beta}}\sin\bar{\beta}(x-1)\right] \quad (b \leqslant x \leqslant 1) \end{aligned} \tag{11.16b}$$

(2) 简支端:

$$v_1(x) = C_1 \sinh\beta x + C_2 \sin\bar{\beta} x \quad (0 \leqslant x \leqslant b) \tag{11.17a}$$

$$v_2(x) = C_3 \sinh\beta(x-1) + C_4 \sin\bar{\beta}(x-1) \quad (b \leqslant x \leqslant 1) \tag{11.17b}$$

(3) 滑动端:

$$v_1(x) = C_1\cosh\beta x + C_2\cos\bar{\beta}x \quad (0\leqslant x\leqslant b) \tag{11.18a}$$

$$v_2(x) = C_3\cosh\beta(x-1) + C_4\cos\bar{\beta}(x-1) \quad (b\leqslant x\leqslant 1) \tag{11.18b}$$

(4) 自由端:

$$v_1(x) = C_1\left[\cosh\beta x + \left(\frac{\beta}{\bar{\beta}}\right)^2\cos\bar{\beta}x\right] + C_2\left[\sinh\beta x + \left(\frac{T\beta+\beta^3}{\bar{\beta}^3 - T\bar{\beta}}\right)\sin\bar{\beta}x\right] \quad (0\leqslant x\leqslant b) \tag{11.19a}$$

$$v_2(x) = C_3\left[\cosh\beta(x-1) + \left(\frac{\beta}{\bar{\beta}}\right)^2\cos\bar{\beta}(x-1)\right] + C_4\left[\sinh\beta(x-1) + \left(\frac{T\beta+\beta^3}{\bar{\beta}^3 - T\bar{\beta}}\right)\sin\bar{\beta}(x-1)\right] \quad (b\leqslant x\leqslant 1) \tag{11.19b}$$

在支承点处,$v_1(x)$和$v_2(x)$需满足位移的连续性条件,见式(10.32a,10.32b)。由于假设截面上的轴向力是常数,截面上的剪力和弯矩还需满足内力平衡条件,见式(10.33)和式(10.34)。若已知附加支承位置 b 和支承刚度 k,即可确定结构的固有频率。

在给定位置 b 点,附加的弹性支承将增加梁的刚度,升高梁结构的固有频率。按照库朗极大-极小值原理,一个附加的弹性支承可将梁的固有频率升到某个适当给定的值。甚至在某些特殊位置,适当的支承刚度能使梁的第 i 阶固有频率升到原来(无附加支承时)的第 $i+1$ 阶值。通常情况下,使用附加支承主要升高梁的第一阶固有频率。从优化设计的角度来看,希望用最小的支承刚度,达到极大地提高梁的固有频率的效果。由于支承的刚度与其制造材料和成本密切相关[74],因此,减小支承刚度意味就着减小支承的成本。与无轴向力作用时的情况相同,达到给定频率值需要满足的优化准则是[73, 83]:

$$v'(b) = 0 \tag{11.20}$$

而此时所需的最小支承刚度仍可由下式计算

$$\gamma = \frac{v_1'''(b) - v_2'''(b)}{v_1(b)} \tag{11.21}$$

式中:$\gamma = kL^3/EI$ 是无量纲的支承刚度系数。

11.2　最小支承刚度的计算

按照 11.1 节的分析,如果指定梁跨中的某个点 b,为附加弹性铰(点)支承的位置,可以根据以上条件确定与之相应的支承最小刚度 k_0以及最大可到达的基频 λ_1。需要强调指出的是:这是获得该频率值所需要的最小刚度值。如果支承刚度低于此临界刚度值 k_0,不论支承放置在梁的什么地方,都不可能获得这个频率值。反之,若弹性支承的刚度 k_0已给定,指定梁的基频参数 λ_1应达到的值,则可确定相应的支承的最优位置 b。同样,如果离开这个最优位置,用给定的弹性支承刚度 k_0是无法获得该频率值的。下面我们用三种典型边界条件的梁来证明上述观点的正确性[83]。

例 11.2.1 简支梁

首先考虑如图 11-1 所示的一细长简支梁,中间无附加支承作用。按照压杆屈服失稳的基本原理,其欧拉临界载荷为:

$$P_{cr} = \frac{\pi^2 EI}{L^2} \tag{11.22}$$

简支梁(或柱)所受的轴向压力 P,应该小于其相应的欧拉临界载荷。否则,结构已处于失稳状态,自由振动已无实际意义了。定义轴向压力系数:

$$\eta = \frac{P}{P_{cr}} = \frac{T}{\pi^2} \quad (0 \leqslant \eta \leqslant 1) \tag{11.23}$$

对于简支梁,由式(11.17a)和右端条件,即式(11.8b),可得以下联立方程:

$$\begin{cases} C_1 \sinh\beta + C_2 \sin\bar{\beta} = 0 \\ C_1 \beta^2 \sinh\beta - C_2 \bar{\beta}^2 \sin\bar{\beta} = 0 \end{cases} \tag{11.24}$$

求解可得

$$C_1 = 0, \quad \sin\bar{\beta} = 0 \tag{11.25}$$

由此可得特征根:

$$\bar{\beta}_i = i\pi \quad (i = 1, 2, \cdots) \tag{11.26}$$

即

$$\lambda_i^4 = (i\pi)^4 \left(1 - \frac{\eta}{i^2}\right) \tag{11.27}$$

图 11-4 绘出了简支梁的前二阶频率参数 λ,随轴向压力系数 η 的变化情况。可以看到,梁的第一阶固有频率 λ_1 受轴向力的影响比第二阶固有频率 λ_2 要大。随着压力(系数)的增大,梁的第一阶频率迅速下降。当压力达到欧拉临界载荷 P_{cr}($\eta = 1.0$)时,简支梁出现失稳,其第一阶频率降为 0,梁的振动出现发散现象。而此时梁的第二阶固有频率却只略有下降(6.94%)。可见,受轴向力使梁的前二阶固有频率间距逐渐拉大。

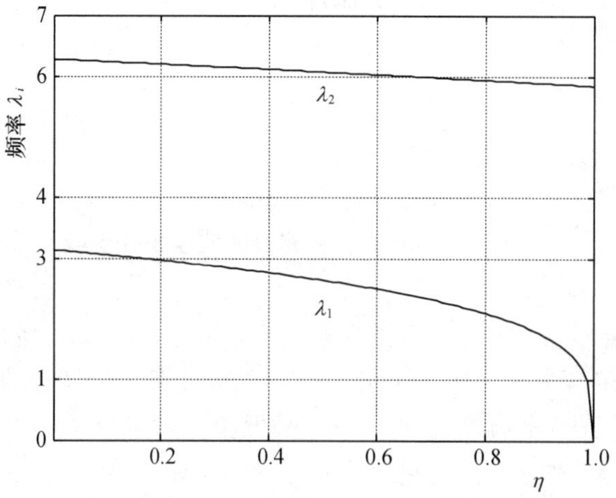

图 11-4 简支梁前二阶固有频率随轴向压力变化情况

为了提高简支梁的第一阶固有频率 λ_1,并伴随着提高梁的失稳载荷,在 $x = b$ 点附加一个弹性支承，如图 11－3 所示，并使其处于最优设计状态。此时的位移表达式(11.17)，应同时满足支承点两侧位移的协调性条件式(10.32)～式(10.34)和优化设计准则式(11.20)。于是可得关于 $C_{1\sim4}$ 的如下联立方程：

$$C_1\sinh\beta b + C_2\sin\bar{\beta}b = C_3\sinh\beta(b-1) + C_4\sin\bar{\beta}(b-1) \tag{11.28a}$$

$$C_1\beta\cosh\beta b + C_2\bar{\beta}\cos\bar{\beta}b = 0 \tag{11.28b}$$

$$C_3\beta\cosh\beta(b-1) + C_4\bar{\beta}\cos\bar{\beta}(b-1) = 0 \tag{11.28c}$$

$$C_1\beta^2\sinh\beta b - C_2\bar{\beta}^2\sin\bar{\beta}b = C_3\beta^2\sinh\beta(b-1) - C_4\bar{\beta}^2\sin\bar{\beta}(b-1) \tag{11.28d}$$

以上是关于 $C_{1\sim4}$ 的线性齐次方程，$C_{1\sim4}$ 有非 0 解的充要条件是其系数行列式必须等于 0：

$$\begin{vmatrix} \sinh\beta b & \sin\bar{\beta}b & -\sinh\beta(b-1) & -\sin\bar{\beta}(b-1) \\ \beta\cosh\beta b & \bar{\beta}\cos\bar{\beta}b & 0 & 0 \\ 0 & 0 & \beta\cosh\beta(b-1) & \bar{\beta}\cos\bar{\beta}(b-1) \\ \beta^2\sinh\beta b & -\bar{\beta}^2\sin\bar{\beta}b & -\beta^2\sinh\beta(b-1) & \bar{\beta}^2\sin\bar{\beta}(b-1) \end{vmatrix} = 0 \tag{11.29}$$

展开以上方程左侧的行列式可得振动特征方程：

$$\begin{aligned} &\sinh\beta b\cos\bar{\beta}b\cosh\beta(b-1)\sin\bar{\beta}(b-1) \\ &-\cosh\beta b\sin\bar{\beta}b\sinh\beta(b-1)\cos\bar{\beta}(b-1) = 0 \end{aligned} \tag{11.30}$$

方程式(11.30)给出了附加支承最优位置与梁的固有频率之间的关系。注意，以上方程仅仅包含了轴向压力 T、频率参数 λ 和支承位置 b 这三个量，并不含支承刚度，即还无法计算最优支承刚度。给定其中的任意两个参数，即可求另外一个参数。但是以上关系无法给出一个显性的表达式，只能通过数值方法求解。求得了积分常数 $C_{1\sim4}$ 以后，可以由式(11.21)计算附加支承的最小刚度值 γ。

下面来看一个优化结果的对比分析。假设轴向压力达到失稳临界载荷的1/2，即 $\eta=0.5$ 或 $P=0.5\pi^2EI/L^2$。此时，简支梁的第一阶固有频率从无轴向压力 $P=0$ 时的 $\lambda_1=3.142$，下降到 $\lambda_1=2.642$，降幅达到 15.91%。而第二阶频率 λ_2 却只下降了 3.28%，从 6.283 降到 6.077。为了保持简支梁的第一阶频率仍是 $\lambda_1=3.142$，由方程式(11.30)可以得出附加支承最优位置是 $b=0.5$。而计算所需的最小支承刚度为 $\gamma=24.544$。由于简支梁在跨中的横向静刚度 $\gamma_s=48$，以上所得的最小支承刚度约是 γ_s 的一半，表明该值并不是非常大。

相反，如果附加支承不是处于最优位置，如假设 $b=0.45$，则保持同样的第一阶频率，所需的支承刚度是 $\gamma=25.236$，大于在最优位置所得的最小刚度值。无疑，附加支承所需的最小刚度，与其所在的位置有很大的关系。图 11－5 绘出了保持简支梁的第一阶固有频率 $\lambda_1=3.142$ 时，附加支承所需的刚度值。只有在简支梁的中间位置 $b=0.5$，附加支承所需的刚度值才是最小的，达到最优状态。其实，由于结构的边界约束是对称的，简支梁的中点是升高其第一阶固有频率附加支承的唯一最优位置。

当然，附加支承所需的最小刚度值，与简支梁的轴向压力和第一阶固有频率的目标值也是密切相关的。轴向压力越大，保持同样的第一阶频率所需附加支承的最小刚度也越

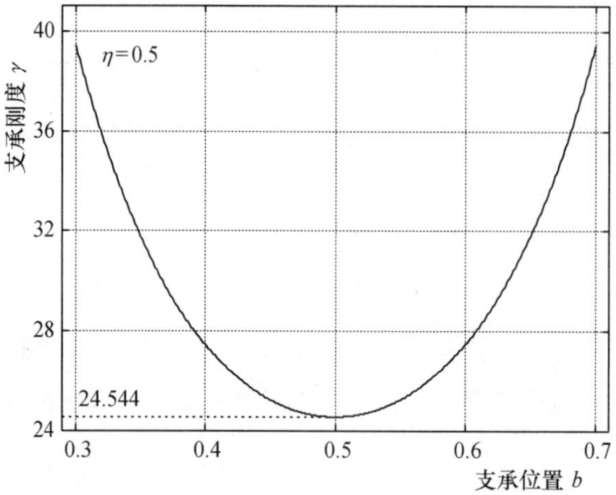

图 11－5　保持简支梁第一阶频率 $\lambda_1=3.142$,附加支承位置与所需刚度的关系($\eta=0.5$)

大。这是因为轴向压力越大,简支梁的第一阶固有频率下降也越大,保持同样的第一阶频率值所需附加支承的刚度就要增加。另外,基频的目标值要求越高,在相同轴向压力下,附加支承的最小刚度也越大。图 11－6 给出了保持简支梁的第一阶固有频率为两个不同值时,附加支承最小刚度与轴向压力之间的关系。可见,当轴向压力增加到临界载荷 $\eta=1.0$ 或 $P=\pi^2EI/L^2$时,保持梁的基频为 $\lambda_1=3.142$,所需附加支承的最小刚度达到了 $\gamma=49.521$。而当第一阶频率升到 $\lambda_1=5.5$ 时,最小刚度显著增加到了 $\gamma=553.217$。

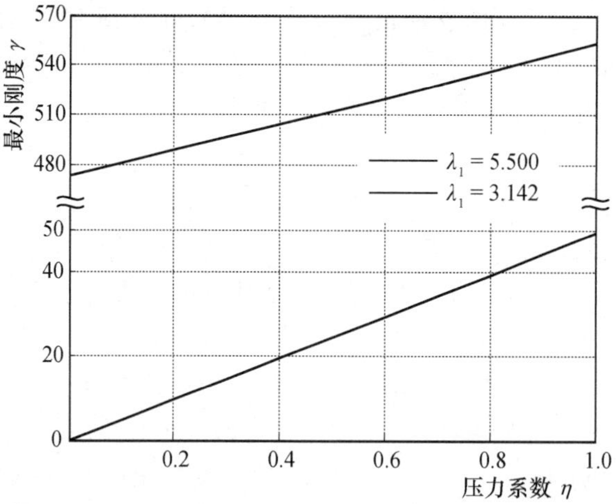

图 11－6　简支梁附加支承最小刚度随其轴向压力的变化情况($b=0.5$)

图 11－6 绘出的两条最小刚度曲线与轴向压力系数几乎呈线性变化。但是由式(11.21)和式(11.28),经过理论分析得知,最小刚度 γ 与轴向压力系数 η 实际有如下的复杂关系[83]:

$$\gamma=\frac{2\lambda_1^2\sqrt{\eta^2\pi^4+4\lambda_1^4}}{\bar{\beta}\tanh\bar{\beta}/2-\beta\tan\beta/2} \tag{11.31}$$

另外,假如轴向压力仍保持一半的临界失稳载荷 $\eta=0.5$,要求简支梁的第一阶固有频率升到其最大值，即无支承时的第二阶频率 $\lambda_2 = 6.077$。在这种情况下，在简支梁的中点位置，可求得附加支承的最小刚度为 $\gamma = 875.087$。由于简支梁的中点，是其无支承时第二阶振型的节点，在该点附加支承刚度的变化并不影响第二阶频率的变化。因此，此时结构的第一阶频率变成一个二阶重频。相比于无轴向压力时，由第 10 章计算得到的最小支承刚度是 995.914，此时的最小支承刚度下降了 12.13%。而当轴向压力达到临界载荷时($\eta = 1.0$)，将简支梁的第一阶固有频率升到其最大值所需的最小刚度值下降到 $\gamma = 758.407$。

应该注意到，当简支梁附加了一个横向支承以后，其失稳临界载荷也将显著发生改变，不再是由式(11.22)计算得到的欧拉临界载荷。例如，当支承位于梁中点且刚度是 $\gamma = 24.544$ 时，其失稳临界载荷上升到 $1.500P_{cr}$；而当支承刚度达到 $\gamma = 49.521$ 时，其失稳临界载荷上升到 $1.998P_{cr}$。虽然轴向压力系数是 1.0，但简支梁并未达到其失稳状态，且其基频仍保持原来的第一阶频率值。已有研究成果已经证明[84]，当支承刚度达到 $\gamma = 158$ 时，失稳临界载荷达到其最大值 $4.0P_{cr}$。其后，再增加支承刚度并不能增大简支梁的临界载荷。因此，当支承刚度达到 $\gamma = 875.087$ 时，其失稳临界载荷仍是 $4.0P_{cr}$。即中点有附加横向支承的简支梁，其轴向压力不能超过 $4.0P_{cr}$($\eta < 4$)。表 11-1 列出了简支梁在不同轴向压力作用下，附加支承最优设计结果以及第一阶频率和相应的失稳临界载荷。

表 11-1　简支梁附加支承最优设计以及第一阶频率和相应的失稳临界载荷

轴向压力系数 $\eta(P_{cr} = \pi^2 EI/L^2)$	目标频率 λ_1	最优支承位置 b	最小支承刚度 γ	整体失稳临界载荷
0.5	3.142	0.5	24.544	$1.500P_{cr}$
	6.077		875.087	$4.0P_{cr}$
1.0	3.142		49.521	$1.998P_{cr}$
	5.847		758.407	$4.0P_{cr}$

例 11.2.2　悬臂梁

如图 11-7 所示，一个受轴向压力作用的悬臂梁，无附加支承时，其失稳临界载荷是 $P_{cr} = 0.25\pi^2 EI/L^2$[85]。由式(11.16a)和右端自由边界条件式(11.8d)，可以计算悬臂梁的固有频率和振型。其前二阶频率将随轴向压力的增大而逐渐下降，如图 11-8 所示。与简支梁的情形一样，悬臂梁的第一阶固有频率受轴向力的影响比较大。因此，可在悬臂梁中间 $x = b$ 处，附加一个弹性支承，以改善原结构的振动和失稳特性。

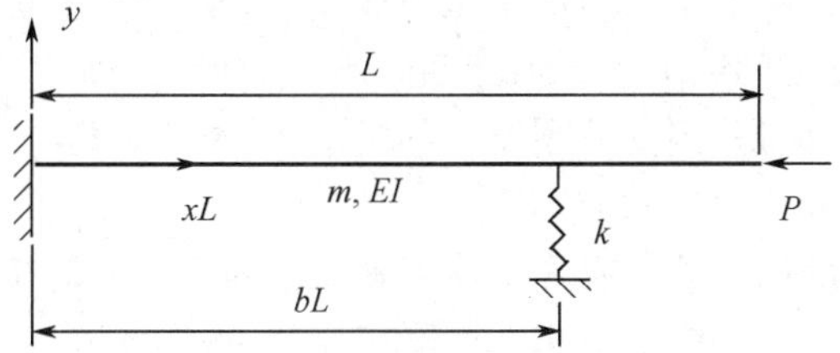

图 11-7　悬臂梁受轴向压力 P 的作用，在 $x = b$ 点附加一个弹性支承

当轴向压力系数 $\eta = 0.5$ 时，悬臂梁的前二阶固有频率分别下降到 $\lambda_1 = 1.592$ 和 $\lambda_2 = 4.594$。若要将梁的第一阶频率升高，则在最优设计时，附加弹性支承应使支承点处梁的

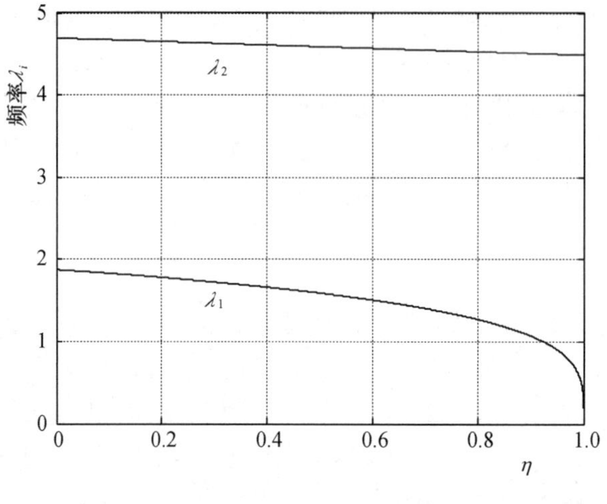

图 11-8　悬臂梁前二阶固有频率随轴向压力变化情况

第一阶振型转角为0。这时所需的支承刚度值是最小的。由式(11.16a)和式(11.19b)，利用支承点处变形和内力的协调性条件，可得如下振动特征方程表达式：

$$\begin{aligned}&T[\sinh\beta b\sin\bar{\beta}b\sinh\beta(b-1)\sin\bar{\beta}(b-1)+\cosh\beta b\cos\bar{\beta}b\cosh\beta(b-1)\cos\bar{\beta}(b-1)\\&\quad-\cosh\beta(b-1)\cos\bar{\beta}(b-1)]-\beta\bar{\beta}[\sinh\beta b\sin\bar{\beta}b+\sinh\beta(b-1)\sin\bar{\beta}(b-1)\\&\quad+\sinh\beta b\sin\bar{\beta}b\cosh\beta(b-1)\cos\bar{\beta}(b-1)\\&\quad-\cosh\beta b\cos\bar{\beta}b\sinh\beta(b-1)\sin\bar{\beta}(b-1)]=0\end{aligned}\tag{11.32}$$

第10章例10.4曾经分析指出，在无轴向压力($P=0$)作用情况下，当支承刚度比较小时，即$\gamma\leqslant 28.437$，最优支承的位置总是在悬臂梁的自由端$b=1$。而且第一阶固有频率λ_1最多能升到3.142。在方程式(11.32)中令$b=1$，可以求得$\lambda_1=3.111$，而且得到相应的最小支承刚度是$\gamma=28.366$。这表明当悬臂梁所受轴向压力为$\eta=0.5$时，若第一阶频率要求升到$1.592<\lambda_1\leqslant 3.111$范围内时，例如将悬臂梁的基频恢复到无轴向力时的$\lambda_1=1.875$时，最优支承位置一定是在悬臂梁的自由端。另外，当轴向压力增大到$\eta=1.0$时，悬臂梁的第一阶频率会降为0，而第二阶频率降为$\lambda_2=4.487$。同样当第一阶频率要求升到$\lambda_1\leqslant 3.080$时，最优支承位置也是在悬臂梁的自由端，不会随着对基频的要求而改变位置。图11-9可以证明：当支承刚度γ较小时，悬臂梁的自由端是最优支承位置；只有当支承刚度γ较大时，最优支承位置才会移到了悬臂梁的跨中。

图11-10示出了在两个不同的轴向压力作用下，附加支承位于悬臂梁的自由端时，第一阶频率与支承刚度之间的关系。随着轴向压力的增大，保持相同的基频值所需的附加支承刚度也在增加。但是，当支承刚度γ超过了28.366时($\eta=0.5$)，最优支承位置将离开梁的自由端，由方程式(11.32)确定。

此时，若将悬臂梁的第一阶固有频率恢复到无轴向压力时的频率值$\lambda_1=1.875$时，支承位于悬臂梁的自由端，而所需的最小支承刚度仅是$\gamma=1.440$。注意此时第一阶振型在端点(支承点)的转角并不为0，但变形和横向力应满足以下方程：

$$v_1(1)v_1'(1)\geqslant 0\tag{11.33a}$$

$$v_1'''(1)+Tv_1'(1)-\gamma v_1(1)=0\tag{11.33b}$$

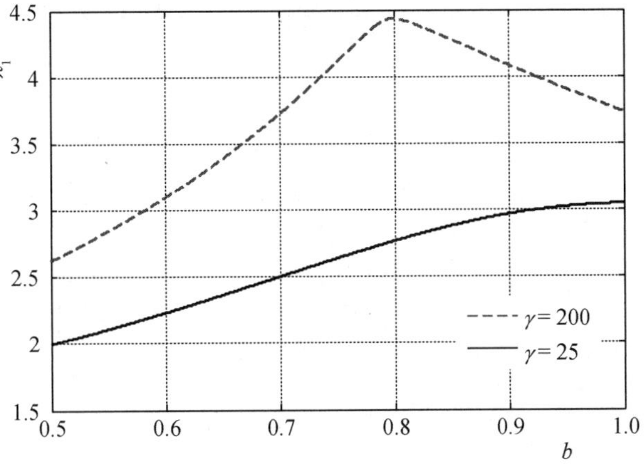

图 11-9　给定支承刚度情况下，悬臂梁第一阶固有频率随支承位置变化情况($\eta = 0.5$)

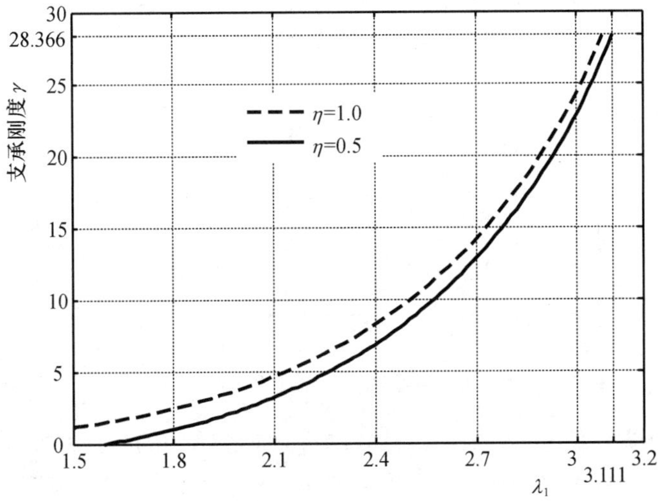

图 11-10　不同轴向压力作用下，悬臂梁的基频与附加支承刚度的变化关系

另外，当轴向压力为 $\eta = 0.5$ 时，若基频要求升高到 $3.111 < \lambda_1 \leqslant 4.594$ 范围内时，或者压力为 $\eta = 1.0$，基频要求升高到 $3.080 < \lambda_1 \leqslant 4.487$ 时，最优支承位置将不再是悬臂梁的自由端。图 11-11 给出了附加支承最优位置和最小刚度随第一阶频率的目标值变化的情况。很明显，随着目标频率值的增大，支承最优位置逐渐远离自由端，而相应的最小支承刚度也在逐渐增大。

如果在轴向压力 $\eta = 0.5$ 时，希望将悬臂梁的第一阶频率升到其最大值，即无支承时原结构的第二阶频率 $\lambda_2 = 4.594$。由特征方程式(11.32)可得 $b = 0.788$，并且相应的最小支承刚度是 $\gamma = 240.746$。此时，悬臂梁的基频成为一个二重频率，相应的两个振型如图 11-12 所示。可见，此时附加支承刚好位于无支承时悬臂梁第二阶振型的节点上。因此该附加支承对悬臂梁的第二阶频率没有影响。作为对比，图 11-12 中也绘出了悬臂梁的第二阶屈服模态。其相应的临界失稳载荷是 $P_{cr2} = 9P_{cr} = 2.25\pi^2 EI/L^2$[85]。

由于悬臂梁附加了横向弹性支承，其整体抗屈服失稳的能力得到极大的提高。例如，当在悬臂梁自由端附加了横向弹性支承的刚度 $\gamma = 28.366$ 时，其整体临界载荷将达到

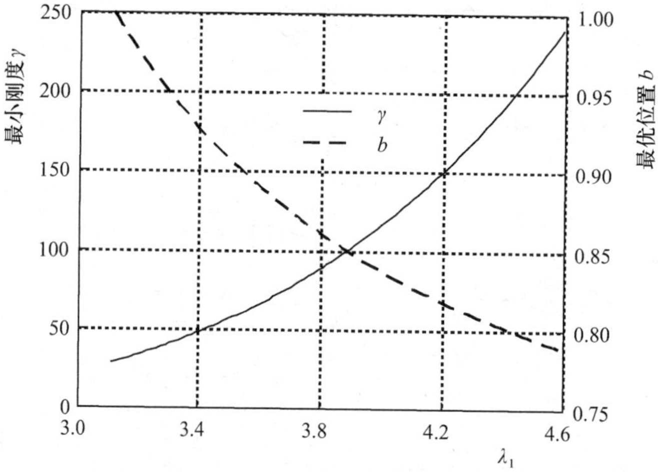

图 11 - 11 悬臂梁附加支承的最小刚度和最优位置随第一阶频率的变化情况($\eta = 0.5$)

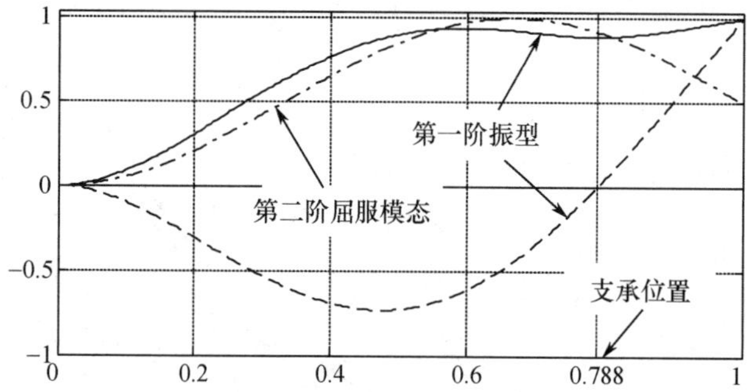

图 11 - 12 附加支承最优设计时,悬臂梁的第一阶振型($\eta = 0.5$)与其第二阶屈服模态的比较

$7.013P_{cr}$。当弹性支承位于 $b = 0.794$,且其刚度增加到 $\gamma = 215.253$ 时,虽然支承刚度有了显著增加,但梁的整体临界载荷却下降到 $5.143P_{cr}$,这是因为悬臂梁第二阶屈服模态没有节点的原因。可见支承位置对悬臂梁整体临界屈服载荷影响也非常大。表 11 - 2 列出了悬臂梁在不同轴向压力作用下,附加支承最优设计结果以及第一阶频率和相应的临界载荷值。与简支梁情形不同,悬臂梁的最优支承位置随着轴向压力和基频的目标值在不断改变。另外,支承越靠近自由端,悬臂梁整体临界屈服载荷越大。

表 11 - 2 悬臂梁附加支承最优设计以及第一阶频率和相应的失稳临界载荷

轴向压力系数 $\eta(P_{cr} = 0.25\pi^2 EI/L^2)$	目标频率 λ_1	最优支承位置 b	最小支承刚度 γ	整体失稳临界载荷
0.5	1.875	1.0	1.440	$1.469P_{cr}$
	3.111	1.0	28.366	$7.013P_{cr}$
	4.0	0.837	116.379	$5.584P_{cr}$
	4.594	0.788	240.746	$5.094P_{cr}$
1.0	3.111	0.990	30.048	$6.946P_{cr}$
	4.0	0.834	118.600	$5.545P_{cr}$
	4.487	0.794	215.253	$5.143P_{cr}$

从表 11－2 结果比较可以看到，对于同样的第一阶频率目标值，轴向压力越大，所需要的最小支承刚度越大，而且最优支承位置略向约束端移动。但对于将基频升到最大值来说，情况却刚好相反，轴向压力越大，最优支承位置略向自由端移动，而所需要的最小支承刚度也在变小。最小刚度下降是因为第一阶频率的上限下降所致，虽然在附加支承以前，二者的差距一直在增大。

例 11.2.3　固支－铰支梁

图 11－13 所示一端固支，另一端铰支梁受轴向压力 P 的作用。该模型在实际工程中经常遇到。无附加支承时，其失稳临界载荷是 $P_{cr}=2.046\pi^2 EI/L^2$[85]。由式(11.16a)左端固支和式(11.8b)右端简支边界条件，可以计算该模型的固有频率和振型。其前二阶固有频率，随受轴向压力变化的情况如图 11－14 所示。同样，其第一阶频率也是受轴向力的影响比较大。当轴向压力系数 $\eta=0.5$ 时，该梁的第一阶固有频率从 $\lambda_1=3.927$ 降到 $\lambda_1=3.312$，第二阶频率降到 $\lambda_2=6.740$。当压力系数 $\eta=1.0$ 时，基频降为 0。在梁的跨中附加一个弹性支承，同样可以提高梁的固有频率。

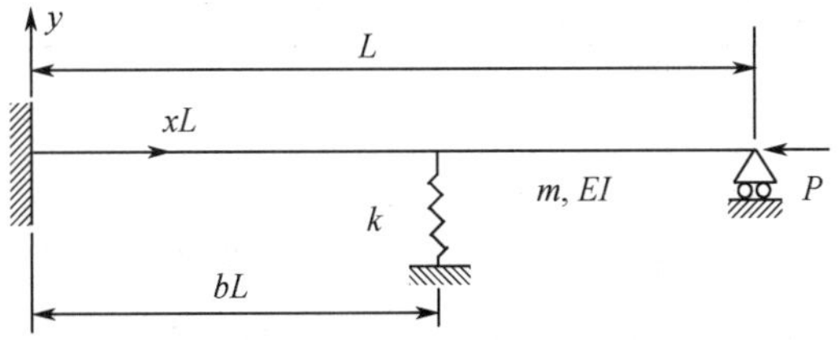

图 11－13　固支－铰支梁受轴向压力 P 的作用，在 $x=b$ 点附加一个弹性支承

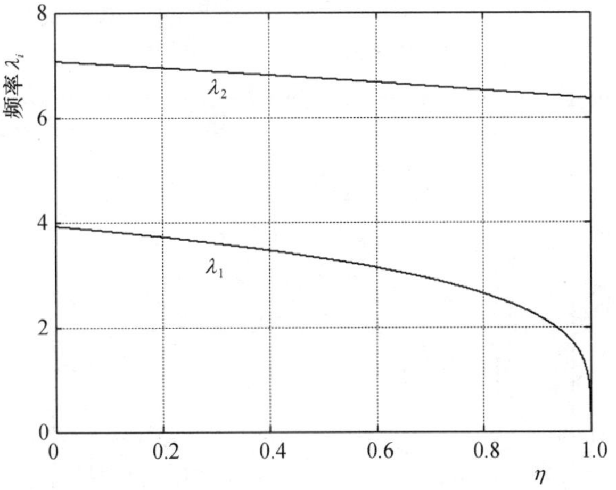

图 11－14　固支－铰支梁前二阶固有频率随轴向压力变化情况

按照相同的步骤，由式(11.16a)和式(11.17b)，可以得到附加支承处于优化设计状态时的振动特征方程：

$$\begin{aligned}\beta[&\sinh\beta b\sin\bar\beta b\sinh\beta(b-1)\cos\bar\beta(b-1)-\cosh\beta b\cos\bar\beta b\cosh\beta(b-1)\sin\bar\beta(b-1)\\&+\cosh\beta(b-1)\sin\bar\beta(b-1)]-\bar\beta[\sinh\beta b\sin\bar\beta b\cosh\beta(b-1)\sin\bar\beta(b-1)\\&+\cosh\beta b\cos\bar\beta b\sinh\beta(b-1)\cos\bar\beta(b-1)-\sinh\beta(b-1)\cos\bar\beta(b-1)]=0\end{aligned}\quad(11.34)$$

为了使该梁模型的第一阶固有频率仍然保持在 $\lambda_1 = 3.927$，附加的弹性支承需要进行优化设计。由于该梁的两端边界约束并不相同，因此梁的中点并不是最优支承的位置，需要通过方程式(11.34)才能确定支承的最优位置 $b = 0.587$。然后由式(11.21)求得附加支承的最小刚度 $\gamma = 51.579$。另外，若希望将基频升到其极大值，即该梁原来的第二阶频率 $\lambda_2 = 6.740$，经过计算可以得到支承最优位置 $b = 0.562$，而最小刚度是 $\gamma = 1128.242$。经过分析可以发现，这个支承最优位置刚好是该梁无支承时，第二阶振型的节点，但却不是该梁第二阶屈服模态的节点。图 11-15 能够清楚地证明这一点。

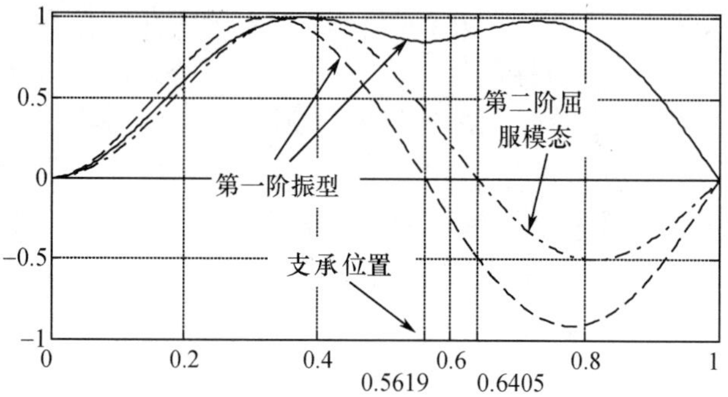

图 11-15 附加支承最优设计时，固支-铰支梁的第一阶振型($\eta = 0.5$)与其第二阶屈服模态的比较

图 11-16 绘出了附加支承最优位置和最小刚度随第一阶频率的目标值变化情况。随着目标频率值的增大，支承最优位置逐渐向梁的中间点移动，而相应的最小支承刚度也在迅速增大。由于右端边界的约束刚度小于左端边界的约束刚度，因此最优支承位置总是在中点偏右侧一点。

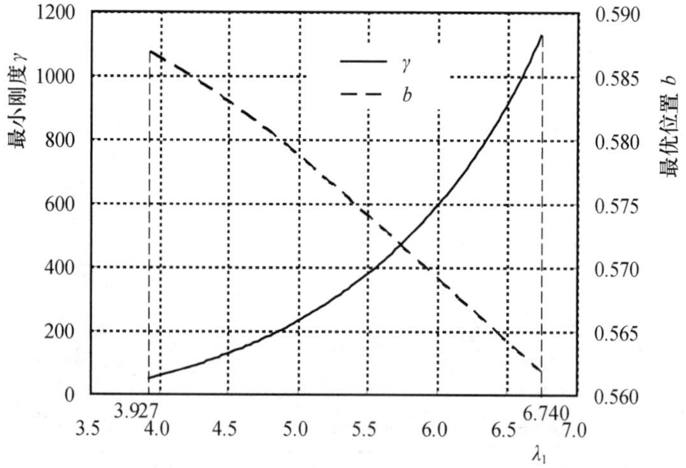

图 11-16 固支-铰支梁附加支承的最小刚度和最优位置随第一阶频率的变化情况($\eta = 0.5$)

图 11-17 是将第一阶频率升到其上限值时，附加支承的最优位置和最小刚度，随轴向压力的变化情况。与图 11-16 不同，随着轴向压力的增大，支承最优位置逐渐向梁右端边界移动，而所需的最小支承刚度也在逐渐减小。这同样是由于第一阶频率上限下降

的缘故。例如,当 $\eta=0.5$ 时,$\lambda_{1\max}=6.740$;而当 $\eta=1.0$ 时,$\lambda_{1\max}=6.354$。相应的最优支承位置也从 $b=0.562$ 移到 $b=0.568$,所需刚度也从 $\gamma=1128.242$ 下降到 $\gamma=896.683$。

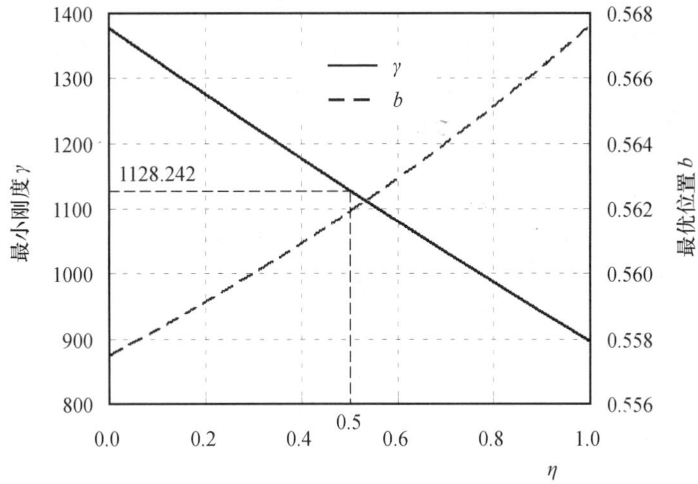

图 11-17　使固支-铰支梁第一阶频率达到其上限,
跨中附加支承最优设计随轴向压力的变化情况

表 11-3 列出了固支-铰支梁在不同轴向压力作用下,附加支承最优设计结果以及第一阶频率和相应的失稳临界载荷值。与简支梁情形不同,固支-铰支梁的最优支承位置随着轴向压力和基频的目标值在不断改变。

表 11-3　固支-铰支梁附加支承最优设计以及第一阶频率和相应的失稳临界载荷

轴向压力系数 $\eta(P_{cr}=2.046\pi^2EI/L^2)$	目标频率 λ_1	最优支承位置 b	最小支承刚度 γ	整体失稳临界载荷
0.5	3.927	0.587	51.579	$1.483P_{cr}$
	6.740	0.562	1128.242	$2.774P_{cr}$
1.0	3.927	0.593	104.408	$1.956P_{cr}$
	6.354	0.568	896.683	$2.789P_{cr}$

附录　压杆失稳微分方程及其求解

本章在分析梁跨中附加支承优化设计时可以看到,附加支承不但可以显著提高梁结构的动态特性,还能极大地影响了梁的抗屈服能力。在计算梁的失稳载荷时,也需要求解一个特征方程。下面简单推导如下。

在方程式(11.3)中,将与时间有关的(第三)项设为0,即得梁在轴向压力作用下的微分方程[85]:

$$EI\frac{\partial^4 y}{\partial x^4}+PL^2\frac{\partial^2 y}{\partial x^2}=0 \tag{11.A1}$$

定义:

$$q^2 = \frac{PL^2}{EI} \tag{11. A2}$$

于是方程式(11. A1)通解为

$$y(x) = C_1 \sin qx + C_2 \cos qx + C_3 x + C_4 \quad (0 \leqslant x \leqslant 1) \tag{11. A3}$$

边界约束条件与式(11. 8)是一致的。梁左端($x=0$)在各种不同约束条件下,位移函数表达式经过简化可分别得到:

(1) 固支端:

$$y(x) = C_1(\sin qx - qx) + C_2(\cos qx - 1) \tag{11. A4}$$

(2) 简支端:

$$y(x) = C_1 \sin qx + C_3 x \tag{11. A5}$$

(3) 滑动端:

$$y(x) = C_2 \cos qx + C_4 \tag{11. A6}$$

(4) 自由端:

$$y(x) = C_1 \sin qx + C_4 \tag{11. A7}$$

有关梁的右端($x=1$)在各种不同约束条件下的位移函数表达式,也可以按照与振动位移表达式类似的方法得到。对于一个固支 - 铰支梁,若在 $x=0.587$ 处有一个横向弹性支承,假设其刚度系数是 $\gamma=51.579$。则由支承点的协调性条件,可得计算失稳载荷的特征方程:

$$\begin{vmatrix} \sin qb - qb & \cos qb - 1 & -\sin q(b-1) & 1-b \\ q\cos qb - q & -q\sin qb & -\cos q(b-1) & -1 \\ -q^2 \sin qb & -q^2 \cos qb & q^2 \sin q(b-1) & 0 \\ q^3 \cos qb + \gamma(\sin qb - qb) & -q^3 \sin qb + \gamma(\cos qb - 1) & -q^3 \cos q(b-1) & 0 \end{vmatrix} = 0$$

由此可以解得 $q=5.473$。于是可得

$$P = \frac{q^2}{2.046\pi^2} = 1.483P_{\mathrm{cr}}$$

本 章 小 结

本章首先按照连续参数梁振动的基本理论,推导了均匀截面梁结构,受轴向压力时的固有频率计算方程。分析了轴向压力对梁固有振动频率的影响。研究发现,轴向压力对梁的基频影响很大。当压力达到梁的欧拉(屈服)临界载荷时,梁的第一阶频率降为 0。利用附加的铰(点)支承,可以显著提高梁结构的第一阶固有频率。

随后,研究了附加支承的最优设计问题。利用最小的支承刚度,即最少的支承结构材料或最小的支承制造成本,在梁跨中的最优位置,使其第一阶频率达到给定值,或者达到其上限值。通过支承点处变形和力的协调性条件,构建了当支承处于优化设计状态时,梁的频率特征方程。分析结果表明,对于相同的目标频率值,轴向压力越大,附加弹性支承

所需的刚度也越大。而当轴向压力相同时,基频的目标值越高,附加支承的最小刚度也越大。

然而当利用附加支承使梁的基频达到其上限值时,轴向压力越大,附加支承的最小刚度却越小。这是因为轴向压力越大,梁第一阶频率的上限值逐渐下降的缘故。而最优支承位置也向梁边界约束较弱的一侧移动,但总是在无支承时梁第二阶振型的节点上,而不是在梁屈服失稳的第二阶模态节点上。

第 12 章　薄板结构支承动力优化设计

第 10 章、第 11 章详细讨论了梁结构的支承动力优化设计问题。可以看到,利用一个附加的弹性铰(点)支承,在合适的位置上,可使梁的低阶固有频率值升到原结构较高一阶的频率值。如在悬臂梁第二阶振型的节点位置,用一个有限刚度的弹性支承,可使其第一阶固有频率升到原来的第二阶频率值。此时结构的第一频率成为二阶重频。第 10 章还详细推导了点支承最优位置的求解和最小刚度计算公式,研究了梁的边界约束状况,对跨中弹性支承优化设计的影响。另外,采用广义“渐进节点移动法”,在支承刚度不变的情况下,优化设计了梁结构的支承位置,使结构的固有频率达到最大值。第 11 章详细讨论了轴向压力对梁结构跨中弹性支承最优设计的影响。本章将这些研究成果,推广到薄板结构附加支承刚度和位置的动力优化设计问题[72]。薄板结构在工程上应用十分广泛,在附(增)加了支承以后,同样也可以显著提高结构的固有频率,或改变其相应的振型。该模型可用以代表工程中薄板附带子系统的复杂结构[86]。

与工程梁理论不同,薄板结构是一个二维弹性体。除了矩形板在具有简单边界(有一对平行对边简支)约束情况下,振动微分方程有解析解以外[87]。一般边界约束条件下,矩形薄板振动方程没有解析解,只能通过数值计算技术,如有限元法、瑞利 - 里兹(Rayleigh - Ritz)法等,计算薄板的固有频率和振型。因此我们无法从理论上直接推导出支承的最小刚度计算公式。但是,基于有限元分析方法,将支承优化设计问题转变成一个广义特征值问题。通过求解最小的、正的特征值,仍然可以确定弹性支承的最优位置和最小刚度值[88, 89]。

在开展加筋薄壁板(壳)结构加强筋的布局优化设计时,可将一条加筋(Stiffener)简化为一组弹性的铰(点)支承,而其支承刚度由其截面尺寸和加筋两端约束状况确定[90]。利用本章提供的支承位置移动灵敏度计算公式,可以快速估算加筋横向移动对薄板结构固有频率的影响,从而指导加筋位置的移动。同步移动每一组铰支承,可实现加筋在薄板结构上的横向移动,从而完成加筋构件的布局优化设计[90]。

12.1　薄板振动微分方程

根据薄板变形基本假设,在薄板上取一微元,在横向分布外载荷 $p(x, y, t)$ 的作用下,由受力平衡条件,可得薄板结构的弯曲振动微分方程[87]:

$$D\left(\frac{\partial^4 W}{\partial x^4}+2\frac{\partial^4 W}{\partial x^2\partial y^2}+\frac{\partial^4 W}{\partial y^4}\right)+c\frac{\partial W(x,y,t)}{\partial t}+\rho h\frac{\partial^2 W(x,y,t)}{\partial t^2}=p(x,y,t) \tag{12.1}$$

这是一个四阶线性非齐次偏微分方程。式中:W 表示板中面的挠度,是坐标 x、y 以及时间

t 的函数；c 为黏性阻尼系数，$c\dfrac{\partial W}{\partial t}$代表单位面积上板受到的阻尼力；$D=Eh^3/12(1-\nu^2)$为薄板的弯曲刚度；$h$ 是板的厚度；E 是材料的弹性模量；ρ 是材料的密度；ν 是泊松比。若不计阻尼 $c=0$，也不考虑外载荷作用，$p(x, y, t)=0$，即薄板作无阻尼自由振动，则可计算其固有频率和振型。与其他弹性体振动问题一样，这里仍采用分离变量方法求解方程(12.1)。假定薄板上的节点做同步简谐振动：

$$W(x,y,t)=w(x,y)\cos\omega t \tag{12.2}$$

式中：ω 是简谐振动的角频率；$w(x, y)$是薄板的振型函数。将其代入方程式(12.1)，可使时间变量与空间位置变量运动方程分离，并可得到薄板的振动特征方程：

$$\frac{\partial^4 w(x,y)}{\partial x^4}+2\frac{\partial^4 w(x,y)}{\partial x^2\partial y^2}+\frac{\partial^4 w(x,y)}{\partial y^4}-\frac{\omega^2\rho h}{D}w(x,y)=0 \tag{12.3}$$

根据薄板的边界条件，可求得频率和振型函数。在所有 t 时刻，板上位移 $w(x, y)$都为 0 的点，连成的曲线称为振型的节线。它们不必是直线，或与板的边界平行。通常情况下，薄板在任一时刻的振动响应是各阶主振动的线性组合(叠加)，振动响应可写成：

$$W(x,y,t)=\sum_{i=1}^{\infty}A_i w_i(x,y)\cos\omega_i t \tag{12.4}$$

式(12.4)中的 A_i可由初始条件确定。一般边界条件下求解板的固有频率和振型，或分析非均匀板的振动问题，可以借助于瑞利－里兹法或有限元法等计算。

要求解方程(12.3)，在各边界上需要满足两个条件。对于不同的边界约束情况，薄板的边界条件如下：

(1) 简支边：

$$w=0,\quad \frac{\partial^2 w}{\partial n^2}+\nu\frac{\partial^2 w}{\partial s^2}=0 \tag{12.5a}$$

(2) 固支边：

$$w=0,\quad \frac{\partial w}{\partial n}=0 \tag{12.5b}$$

(3) 自由边：

$$\frac{\partial^2 w}{\partial n^2}+\nu\frac{\partial^2 w}{\partial s^2}=0,\quad \frac{\partial^3 w}{\partial n^3}+(2-\nu)\frac{\partial^3 w}{\partial n\partial s^2}=0 \tag{12.5c}$$

(4) 滑动边：

$$\frac{\partial w}{\partial n}=0,\quad \frac{\partial^3 w}{\partial n^3}+(2-\nu)\frac{\partial^3 w}{\partial n\partial s^2}=0 \tag{12.5d}$$

式中：n 和 s 分别代表板边界的法线方向和切线方向。

12.2　固有频率对支承位置的灵敏度分析

与梁结构相同，薄板结构横向振动的固有频率和振型，与附加支承的刚度和位置有很大的关系。虽然这种依赖关系目前还无法用一个明确的函数式来表示，但固有频率相对附加支承刚度或位置的一阶导数,却可以用一个简单的公式表达。首先将薄板结构用有限单元,如用三角形或矩形薄板单元等进行空间离散化。然后,按照结构振动理论分析,无阻尼离散结构第 i 阶固有频率 ω_i,相对支承刚度或位置的一阶导数按下式计算:

$$\frac{d\omega_i^2}{ds}=\boldsymbol{\phi}_i^{T}\left(\frac{d\boldsymbol{K}}{ds}-\omega_i^2\frac{d\boldsymbol{M}}{ds}\right)\boldsymbol{\phi}_i \tag{12.6}$$

式中:$\boldsymbol{\phi}_i$表示薄板结构的第 i 阶固有振型,并假设它已经按质量正交规一化;s 是支承的设计参数,如支承刚度或支承位置坐标。这里只考虑支承的横向线刚度,忽略其扭转刚度的影响,即认为支承是一个点(铰)支承。仍然假设支承是理想无质量的,因此系统的质量矩阵 $\boldsymbol{M}$ 与支承设计参数无关,式(12.6)中等号右边第二项等于0。

薄板结构的固有频率 ω_i,相对弹性支承刚度 k 的一阶灵敏度,仍可按照10.1.1节中的公式(10.4)计算,这里不再重复推导。在此,我们只需考虑总体刚度矩阵 $\boldsymbol{K}$ 与支承位置的关系。在此,我们只需考虑总体刚度矩阵 $\boldsymbol{K}$ 与支承位置的关系。

如图12-1所示,基于Kirchhoff薄板弯曲模型的矩形四节点(R-12)单元上,附加一个弹性点支承[72]。根据有限元基本理论,在单元局部坐标系中,支承点(a, b)沿 z 轴的横向位移,可以用薄板单元的自由度,即节点的位移和转角表示:

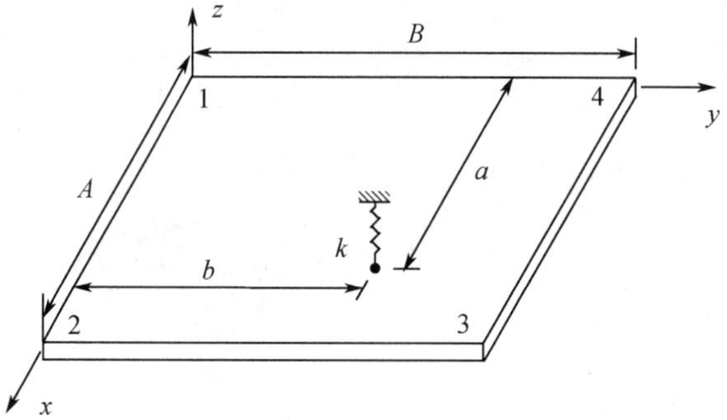

图12-1 薄板单元中附加一个弹性支承

$$w(a,b)=\boldsymbol{N}_{(a,b)}\cdot\boldsymbol{u}_e \tag{12.7}$$

式中:$\boldsymbol{N}$ 是矩形板单元形状函数矩阵(行向量);$\boldsymbol{u}_e$是单元节点自由度列向量,见式(2.42)和式(2.45)。按照第5章的推导过程,由支承变形后的势能表达式,可得弹性支承位于单元内某一点(a, b)的等效刚度矩阵,见式(5.25):

$$\boldsymbol{K}_s=k\begin{bmatrix} N_1^2 & N_1N_{x1} & N_1N_{y1} & \cdots & N_1N_{x4} & N_1N_{y4} \\ & N_{x1}^2 & N_{x1}N_{y1} & \cdots & N_{x1}N_{x4} & N_{x1}N_{y4} \\ & & N_{y1}^2 & \cdots & N_{y1}N_{x4} & N_{y1}N_{y4} \\ \text{对} & & & \vdots & \vdots & \vdots \\ & \text{称} & & & & N_{y4}^2 \end{bmatrix}_{12\times12(a,b)} \tag{12.8}$$

于是,薄板的第 i 阶固有频率的一阶导数公式可简化为

$$\frac{\partial\omega_i^2}{\partial a}=\boldsymbol{\phi}_{ie}^{T}\frac{\partial\boldsymbol{K}_s}{\partial a}\boldsymbol{\phi}_{ie} \tag{12.9a}$$

$$\frac{\partial \omega_i^2}{\partial b}=\boldsymbol{\phi}_{ie}^{\mathrm{T}}\frac{\partial \boldsymbol{K}_s}{\partial b}\boldsymbol{\phi}_{ie} \tag{12.9b}$$

式中：$\boldsymbol{\phi}_{ei}$为仅包含弹性支承的单元 e 的第 i 阶振型。如同 5.3 节的推导过程，采用标准矩形薄板单元的形状函数，并利用这些形函数在单元节(角)点处的性质，如式(5.28)和式(5.29)。假设支承作用在矩形单元的节点 1 上，如图 12－1 所示。经过简单运算，可得第 i 阶固有频率一阶导数计算公式：

$$\left.\frac{\partial \omega_i^2}{\partial a}\right|_{\substack{a=0\\b=0}}=-2kw_{i1}\theta_{iy1} \tag{12.10a}$$

$$\left.\frac{\partial \omega_i^2}{\partial b}\right|_{\substack{a=0\\b=0}}=2kw_{i1}\theta_{ix1} \tag{12.10b}$$

式中：w_{i1}、θ_{ix1}和 θ_{iy1}分别是板单元第 i 阶振型在节点 1 处的横向位移以及绕 x 和 y 轴的转角。采用同样的推导方法，可以得到支承作用在板单元其他节点处时，固有频率 ω_i的一阶导数计算公式。其形式与式(12.10)几乎完全相同，只是下标所代表的单元节点号不同而已。由于相邻矩形板弯曲单元在各节点的位移(挠度和转角)之间存在连续性关系，实际上所得结果是完全一致的。因此可以删除式(12.10)中表示单元节点的下标 1，所需的横向位移和转角正是支承点处的相应值：

$$\frac{\partial \omega_i^2}{\partial a}=-2kw_i(a,b)\theta_{iy}(a,b) \tag{12.11a}$$

$$\frac{\partial \omega_i^2}{\partial b}=2kw_i(a,b)\theta_{ix}(a,b) \tag{12.11b}$$

根据 Kirchhoff 板弯曲理论，横向位移和转角之间存在如下关系：

$$\theta_x=\frac{\partial w}{\partial y}=w_{,y}, \quad \theta_y=-\frac{\partial w}{\partial x}=-w_{,x} \tag{12.12}$$

下标中的逗号”,”代表导数运算。而支承的反力 R_i可按下式计算：

$$R_i=-kw_i(a,b) \tag{12.13}$$

将式(12.12)和式(12.13)代入式(12.11)中，于是可得第 i 阶固有频率沿各坐标方向的一阶导数计算公式：

$$\frac{\partial \omega_i^2}{\partial a}=-2R_iw_{,ix}(a,b) \tag{12.14a}$$

$$\frac{\partial \omega_i^2}{\partial b}=-2R_iw_{,iy}(a,b) \tag{12.14b}$$

式中：$w_{,ix}(a,b)$和 $w_{,iy}(a,b)$分别是第 i 阶振型在支承点$(a,\ b)$处的横向位移 w_i对 x 或 y 坐标轴的一阶偏导数。虽然考虑的是弹性支承，但式(12.14)对刚性点支承同样也适用。

迄今为止，假设支承只作用在单元的节点上，即支承只能沿着单元的边缘移动，而且单元的边缘平行于坐标轴。如果单元的边缘不平行于坐标轴，或者支承沿着某个特定方向移动，则可以利用固有频率的梯度计算其方向导数：

$$\frac{\mathrm{d}\omega_i^2}{\mathrm{d}\boldsymbol{s}}=\mathrm{grad}(\omega_i^2)\cdot\mathrm{d}\boldsymbol{s}=\frac{\partial\omega_i^2}{\partial a}\alpha+\frac{\partial\omega_i^2}{\partial b}\beta \tag{12.15}$$

式中:{α, β}分别是在总体坐标系统中,沿支承移动的指定方向 $\boldsymbol{s}$ 对 x 和 y 轴的方向余弦。

如果已经获得了支承分别作用在一个单元的四节点处,薄板的第 i 阶固有频率及其一阶导数值,同样可以利用插值的方法,估算支承位于单元内部某一点(a, b)时,系统的第 i 阶固有频率值。按照薄板插值函数的性质,见式(5.28)和式(5.29),如果对应于第 i 阶频率的振型性质不发生实质性改变,类似与式(5.36)可得[78]:

$$\omega_i^2=[N_1 \quad N_{x1} \quad -N_{y1} \quad \cdots \quad N_4 \quad N_{x4} \quad -N_{y4}]_{\substack{1\times12\\(a,b)}}\cdot$$

$$\left[\omega_{i1}^2 \quad \frac{\partial\omega_{i1}^2}{\partial y} \quad \frac{\partial\omega_{i1}^2}{\partial x} \quad \cdots \quad \omega_{i4}^2 \quad \frac{\partial\omega_{i4}^2}{\partial y} \quad \frac{\partial\omega_{i4}^2}{\partial x}\right]_{12\times1}^{\mathrm{T}} \tag{12.16}$$

由此,无须再求解频率特征方程,既可快速、准确地获得结构的第 i 阶固有频率值。

例 12.1 悬臂板附加一个弹性支承

有一块悬臂板,厚度是 2.0mm,尺寸如图 12-2 所示,自由边上有集中质量块 m = 1kg。在板对称轴上的 C 点有一个接地的线弹性支承,刚度系数是 10kN/m。板材料的弹性模量 E = 71.0GPa,密度 ρ = 2800kg/m^3,泊松比 ν = 0.3。试分别计算悬臂板结构的前二阶固有频率对支承位置的一阶导数。

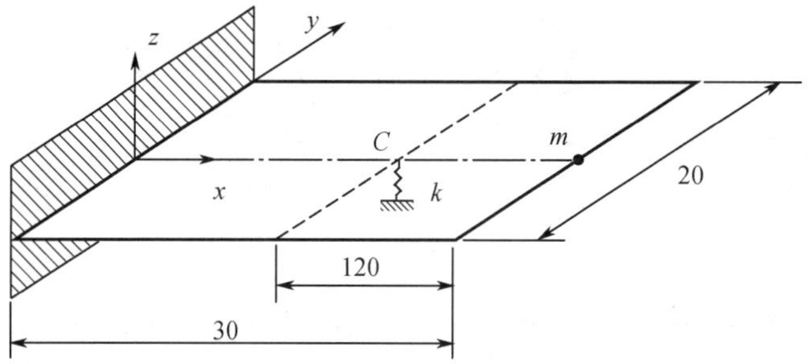

图 12-2 悬臂板附加一个线弹性支承(单位:mm)

首将悬臂板划分成 30×20 的网格,采用 R-12 板单元,通过有限元方法可以计算结构的前二阶固有频率,以及相应的振型在 C 点的横向位移和转角,结果如表 12-1 所列。然后,按照式(12.11),可计算悬臂板前二阶固有频率对弹性支承位置的一阶导数:

$$\frac{\partial\omega_i}{\partial a}=\frac{-kw_i(a,b)\theta_{iy}(a,b)}{\omega_i} \quad (i=1,2)$$

$$\frac{\partial\omega_i}{\partial b}=\frac{kw_i(a,b)\theta_{ix}(a,b)}{\omega_i} \quad (i=1,2)$$

计算所得结果列于表 12-1 中。另外,可以运用中心差分法,使 C 点沿各坐标轴有一个很小的扰动,步长 Δs = ±1mm。由此可对所推导的频率一阶导数计算公式的正确性进行验证。

从表 12－1 的结果可以得知，用中心差分法所得结果，很好地验证了按照式（12.11）计算结果的正确性和准确性。

表 12－1　悬臂板固有频率值（rad/s）及对支承位置的灵敏度值（rad/s/m）

阶次 i	频率 ω_i	振型在 C 点的变形值			一阶导数		中心差分	
		w	θ_x	θ_y	$d\omega_i/dx$	$d\omega_i/dy$	$\Delta\omega_i/\Delta x$	$\Delta\omega_i/\Delta y$
1	48.59	−0.32561	0.0	4.0448	271.05	0.0	271.01	0.0
2	394.48	0.0	33.153	0.0	0.0	0.0	0.0	0.0

通常，图 12－2 所示悬臂板结构的第一阶固有振型是弯曲变形，相对 x 轴是对称的。因此第一阶固有频率只对支承位置的 x 坐标的一阶导数有确定的值，对 y 坐标的一阶导数应该为 0。另外，由于悬臂板的第二阶振型是扭转变形，而支承刚好位于第二阶振型的节线上，它对第二阶固有频率没有影响。因此，第二阶固有频率对支承位置的一阶导数都应该是 0。表 12－1 的计算结果充分验证了以上的分析结论。

12.3　支承位置优化模型

在得到了薄板结构的固有频率一阶灵敏度值以后，我们可以对薄板结构的附加支承位置进行优化设计，以便能提高结构的固有频率，改善其振动响应状况。在保持薄板结构的基本设计不变的情况下，通过移动支承，要求结构的第 i 阶固有频率 ω_i 达到其最大值。也可以要求 ω_i 大于某个指定的值。设定频率下限值一定要合理，符合库朗极大—极小值原理，否则优化设计将无解。假设一个薄板结构有 n 个支承，可在结构的一定范围内移动，则支承位置优化列式可表示为[72]

$$\begin{cases}\max \quad \omega_i \\ \text{s. t.} \quad s_j \in D_j \quad (j=1,2,\cdots,n)\end{cases} \tag{12.17}$$

式中：i 为受约束的频率阶次；s_j 为第 j 个支承位置的坐标；D_j 为第 j 个支承在结构上可移动范围。优化过程中，假设支承的刚度始终保持不变。

类似与梁结构的支承位置优化设计，仍采用广义“渐进节点移动”优化方法，确定支承的最优位置。利用频率相对支承位置的灵敏度信息，选择移动效率最大的设计变量，并确定支承移动的搜索方向。每个支承一次移动的步长为其所在单元的长度，这样可使支承始终作用在有限元网格的节点上，无须重新划分网格。由于频率的阶次，通常是按其数值由小到大排序的。优化过程中，频率顺序的转换会导致频率灵敏度值出现突变现象。此外，频率是支承位置的非凸函数，优化解与支承刚度密切相关，而且有时并不唯一。具体优化步骤与 10.2 节基本一致，这里就不再重复。

12.4　支承位置优化算例

例 12.2　四点简支薄板

假设有一块正方形薄板，四边自由，沿着板的两条对角线，对称地布置了四个刚性点支承[72],如图12-3所示。板的边长 $L=305\text{mm}$,厚度为3.28mm。采用R-12板单元,将板划分成50×50的正方形有限元网格。材料的弹性模量 $E=73.1\text{GPa}$,泊松比 $\nu=0.3$,密度 $\rho=2821\text{kg/m}^3$。沿对角线同时移动四个点支承的位置,使系统的第一阶固有频率达到最大值。优化过程将从两个不同的初始设计点开始,以考察频率灵敏度的变化情况和支承位置的整个优化设计区域。

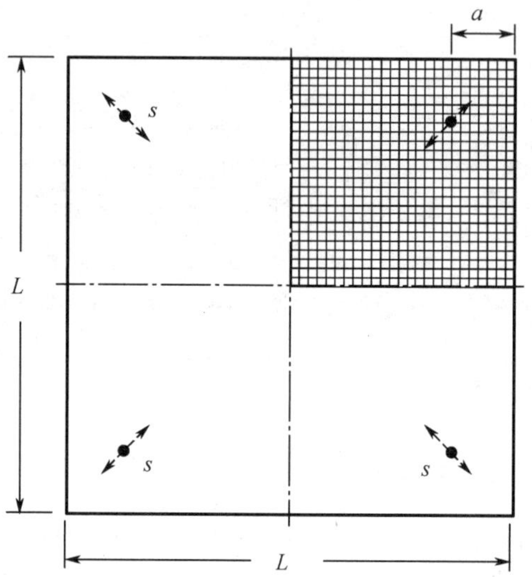

图12-3 四点简支方板及其网格划分

我们先来分析一下薄板结构固有频率的变化情况。若不考虑板在平面内的运动,一块无约束的薄板本身有三个刚体位移模式,即一个横向(沿 z 轴)移动和两个(沿 x 和 y 轴)转动模式。因此薄板有三个0值频率。现在用四个刚性点支承固定薄板,不但可以消除薄板的刚体位移,还有可能使其第一阶频率最多升高到原结构的第五阶频率,即原结构的第二阶弯曲变形固有频率。如果支承位置选得不适当,有可能使其第一阶频率都达不到原自由结构的第一阶弯曲频率,甚至仍是0值。自由板的前两阶弹性弯曲固有频率已列于表12-2的第二列中。

首先,支承位置优化设计从板的顶点($a=0$)开始移动。由于四个点支承布置是对称的,由图12-3可知,a 是唯一的设计变量。在优化过程中,当 a/L 由0增加到0.18时(移动步长是0.02),板的第一阶频率从61.47Hz逐渐升到169.40Hz。在此期间,第一阶频率对支承位置的灵敏度值一直保持正值。当 $a/L=0.18$ 时,灵敏度值突然降为0。此时,支承无法再向前移动,基频达到极大值。这种频率灵敏度值突然发生改变的现象,表示随着支承的移动,第一阶频率值有显著增加,并引起结构第一阶振型出现了转换,即原来第二阶振型变成了现在的第一阶振型。图12-4分别显示了薄板的第一阶频率及其对支承的灵敏度值,随坐标 a/L 从0到0.18之间的变化过程。图12-5(a)和图12-5(b)分别绘出当 $a/L=0.16$ 和 $a/L=0.18$ 时,薄板的第一阶振型的等值线形状,此图也可证明振型出现了转换。相应的板的前两阶固有频率值列于表12-2的第三、四列中。

表 12-2　不同支承位置，四点简支方板的前两阶弯曲固有频率(Hz)

频率	无支承	支承位置(a/L)				
		0.16	0.18	0.28	0.30	0.42
1	116.40	161.15	169.40	169.40	165.27	104.57*
2	169.40	169.40	180.31	180.31	169.40	109.00
注：* 二重频率						

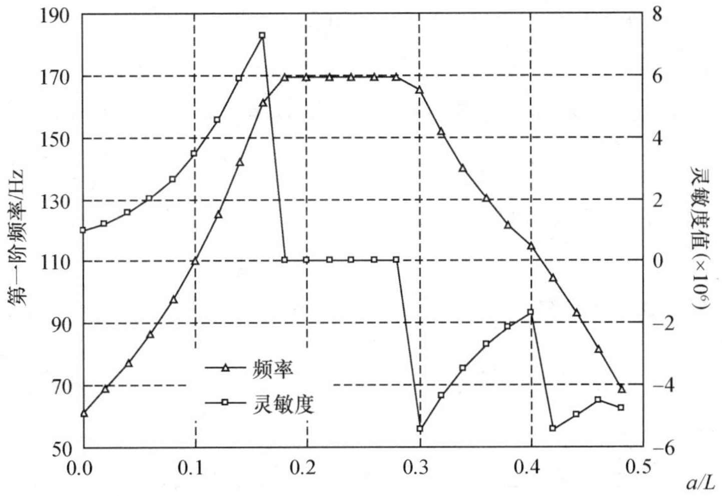

图 12-4　简支方板的基频和支承灵敏度变化过程

接下来，让支承优化设计从板的中心 $a/L=0.48$(不能从 $a/L=0.50$)开始。这时，板的第一阶频率是 68.52Hz。注意：此时板的第一阶频率是一个二阶重频，必须按照重频灵敏度分析方法，计算其方向导数。因为要优化的是第一阶频率，因此只取绝对值较小的灵敏度值考虑。由于频率对支承的灵敏度均为负值，减小坐标可使第一阶频率增加。当 $a/L=0.40$ 时，灵敏度发生突变。随后，基频变成单一频率，并逐渐升高到 169.40Hz。从 $a/L=0.48$ 到 $a/L=0.30$ 的整个过程中，支承灵敏度一直是负值。当 $a/L=0.28$ 时，支承灵敏度值又突然变成 0。图 12-5(c)和图 12-5(d)分别绘出了当 $a/L=0.30$ 和 $a/L=0.42$ 时，板的第一阶振型的等值线形状。很明显，在这两个位置，相应的第一阶振型是完全不相同的。

本算例中，支承位置优化设计使第一阶固有频率值增加约 1.5 倍，而且支承移动过程中也使板的第一阶振型发生了显著改变。表 12-2 列出了在其他不同支承位置时，薄板的前两阶弯曲频率。图 12-4 显示了第一阶频率和支承灵敏度整个变化过程。可以发现，优化后薄板的基频，正是薄板无支承的第二阶弯曲频率。薄板的第一阶频率达到了它可能到达的最大值。由于在整个支承位置优化过程中，支承总是位于第二阶弯曲振型的节线上。支承移动并不影响其频率值，而只改变它的排列次序。由此可以得出如下结论：即使正方形板的两条对角线都被横向铰支约束，其最大基频也不可能再增加。换句话说，四个点支承与两条铰支的对角线，在使板的第一阶频率最大化方面取得同样的效果。

相反，如果支承不是沿着薄板的两条对角线布置，而是沿着薄板的中线对称布置[89]，可以证明，此时薄板的第一阶频率，只能达到其无支承时的第一阶弯曲频率 116.40Hz。

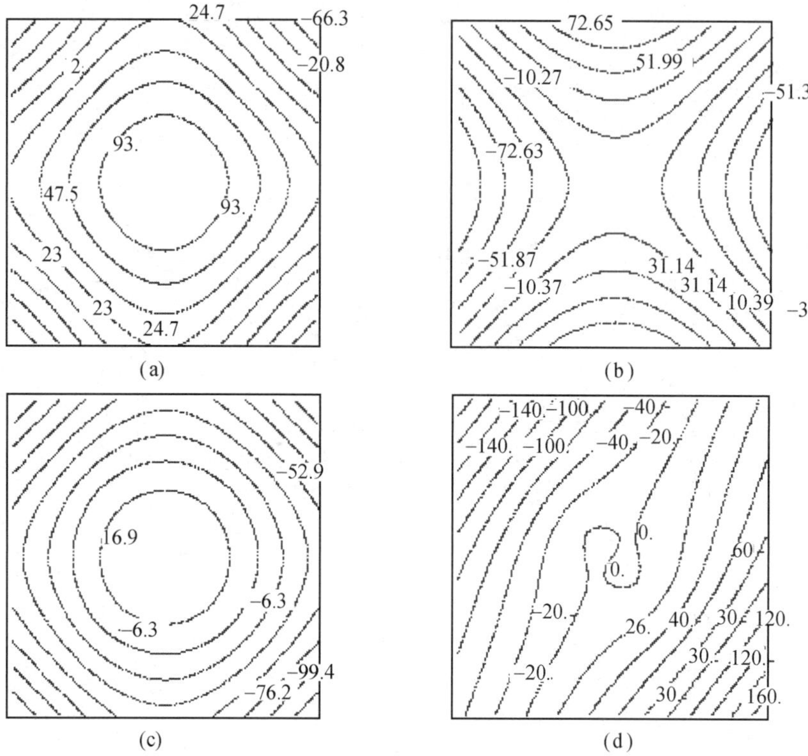

图 12-5 不同支承位置,简支方板第一阶振型等值线图形

(a) $a/L=0.16$;(b) $a/L=0.18$;(c) $a/L=0.30$;(d) $a/L=0.42$。

从提高结构的固有频率角度来看,四个点支承并未充分发挥其应有的作用。

在图 12-4 中,$a/L=0.18\sim0.28$ 是人为移动支承位置而得到的计算结果,目的是考察板的第一阶频率及其灵敏度值的变化情况。由于频率的灵敏度值一直是 0,支承移动不改变板的第一阶频率值,基频的最大值保持不变。由此可知,在这个区域内的任何一点,都是该问题的最优解,即最优支承位置设计并不是唯一的。为了提高优化区域的计算精度,在这个区域的两端节点 $a/L=0.16$ 和 $a/L=0.30$ 处,由频率转换条件 $\omega_1=\omega_2$,经过插值技术,可以估算得到更加精确的最优位置解范围 $a/L=0.169\sim0.295$。

如同第 10 章所分析的情形类似,第一阶频率的最大值和支承位置的最优设计区域,在很大程度上受支承刚度的影响。图 12-6 绘出了不同支承刚度时,板的最大基频和支承位置最优设计范围的变化情况。最优支承位置设计区域的宽度,随着支承刚度的降低而不断变窄,最终收缩为一个点。与梁结构情况一样,图 12-3 所示的方板结构,其四个点支承也存在一个最小支承刚度值。如当支承刚度超过约 300kN/m 时,最大基频能够达到 169.40Hz,最优位置也不再是唯一的点。一旦支承刚度小于约 300kN/m,薄板的基频最大值会迅速下降,但最优支承位置一直保持在 $a/L=0.210$ 附近。即使支承刚度降到 10kN/m,最大基频率降到 10.85Hz,最优支承位置仍然非常接近 $a/L=0.210$。

例 12.3 方向舵的边界支承设计

图 12-7 表示一个导弹的方向舵模型,沿弦向和展向被划分成 19×15 个变厚度的四

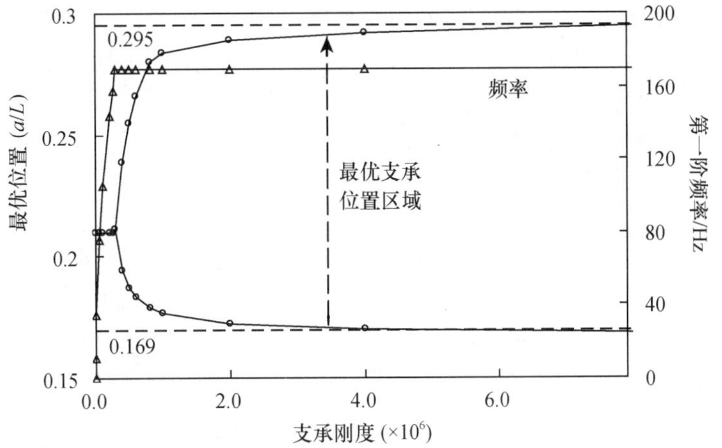

图 12-6　不同支承刚度时，板的最大基频和最优支承位置

边形弯曲板单元，几何设计尺寸如图 12-7 所示。板的厚度分别沿展向和弦向线性变化，其中沿展向从 10mm 逐渐降到 3mm。现在用两个刚性点支承，在方向舵的根部边界固定方向舵（暂时将支承点沿弦向转动自由度完全约束掉）。假设材料的弹性模量 $E = 70\text{GPa}$，泊松比 $\nu = 0.3$，密度 $\rho = 2700\text{kg/m}^3$。为了预防由于模态耦合导致的颤振失稳发生，提高方向舵的颤振速度，要求增大方向舵结构的第一阶弯曲频率与第一阶扭转频率之间的间隔。此外，两个支承之间的距离要求不大于 100mm。

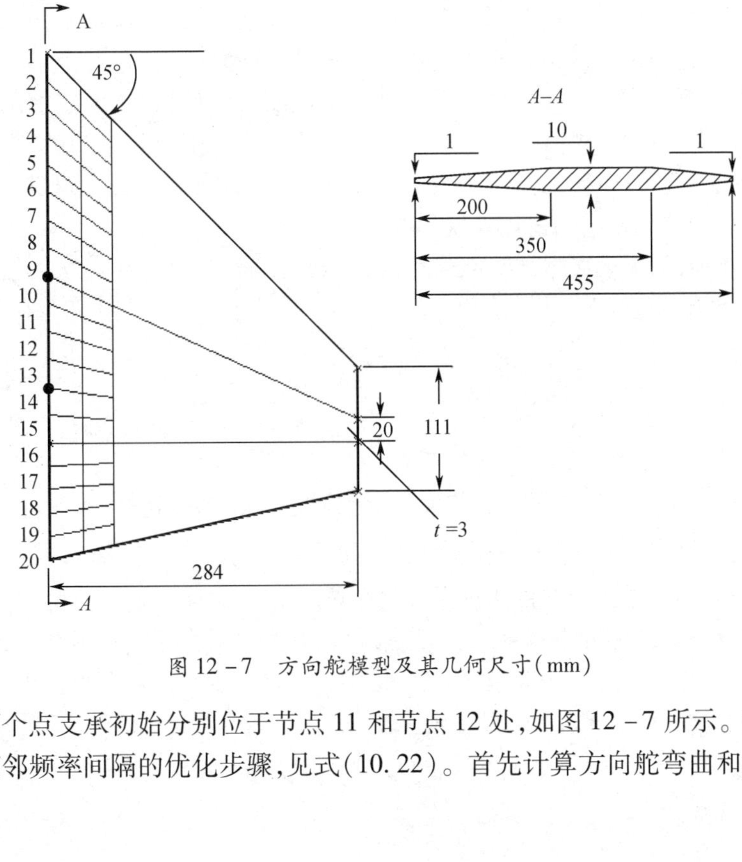

图 12-7　方向舵模型及其几何尺寸（mm）

假设两个点支承初始分别位于节点 11 和节点 12 处，如图 12-7 所示。按照 10.2 节关于增加相邻频率间隔的优化步骤，见式（10.22）。首先计算方向舵弯曲和扭转频率，分

别对每个支承位置的灵敏度值,然后确定搜索方向和支承移动方案。经过优化设计,最终支承分别移到节点9和13处,它们之间的距离满足几何约束要求。图12-8显示了两个固有频率的优化过程,前两阶频率间的差值几乎增加了1倍,由此可见支承位置优化设计的显著效果。

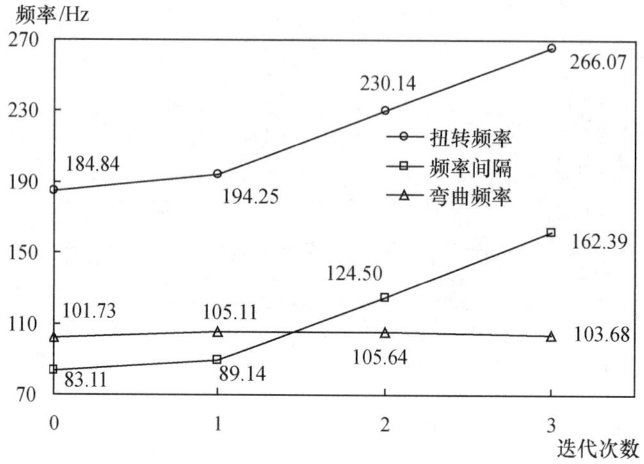

图12-8 弯曲和扭转频率变化过程

12.5 支承刚度优化分析

从12.4节的算例我们看到,利用点支承位置的移动,可以使薄板结构的固有频率发生显著改变。在升高薄板的第一阶固有频率至其最大值时,也存在一个最小支承刚度值的计算问题。当附加支承的刚度值超过这个最小刚度值以后,再增大支承的刚度并不能使结构的最低阶固有频率继续升高。同时最优支承位置也不再是唯一的,最优解构成一个有限的区域,并且该区域的大小依赖于支承的刚度值。本节将研究如何计算薄板支承的最小刚度,以及与之相应的最优位置问题[88]。

在12.2节中,从支承变形的势能表达式,推导出了当一个弹性点支承位于单元内一点(a,b)时的等效刚度矩阵:

$$\boldsymbol{K}_s = k\boldsymbol{K}_N \tag{12.18}$$

其中:

$$\boldsymbol{K}_N = \boldsymbol{N}^{\mathrm{T}}_{(a,b)} \cdot \boldsymbol{N}_{(a,b)} \tag{12.19}$$

于是,由薄板和支承构成的整个系统的无阻尼振动频率特征方程为

$$(\boldsymbol{K}_0 + k\boldsymbol{K}_N - \omega_i^2 \boldsymbol{M}_0)\boldsymbol{\phi}_i = 0 \tag{12.20}$$

式中:$\boldsymbol{K}_0$和$\boldsymbol{M}_0$为薄板结构自身的刚度和质量矩阵。如果支承刚度k值给定,可以利用方程式(12.20)计算系统的固有频率ω_i。反之,若预先指定系统的固有频率ω_j,在一个确定的点(a, b)处,方程式(12.20)中的未知量将是k,即附加支承所需要的刚度。则式(12.20)可成为一个关于k的广义特征值方程:

$$(\boldsymbol{K}_0 - \omega_j^2 \boldsymbol{M}_0 + k\boldsymbol{K}_N)\boldsymbol{\phi}_j = 0 \tag{12.21}$$

以上方程中,矩阵 $\boldsymbol{D}_0=\boldsymbol{K}_0-\omega_j^2\boldsymbol{M}_0$ 是薄板的动态刚度矩阵,与附加支承的刚度和位置无关,但依赖于预先指定的频率值 ω_j。求解方程(12.21),可以得到若干个特征值 k。其中最小的正特征值,既是系统达到指定频率 ω_j,弹性支承所需的最小刚度值 k_s,而 $\boldsymbol{\phi}_i$ 是相应的振型。如果 ω_j 不等于薄板原来(无支承时)的固有频率 ω_i,则动刚度矩阵将是非奇异,k_s 是一个正值解。如果指定的频率 ω_j 等于薄板原来的固有频率,如用一个弹性点支承使薄板的第一阶频率升高原结构的第二阶频率值,即 $\omega_j=\omega_2$,动刚度矩阵 $\boldsymbol{D}_0$ 奇异,则方程(12.21)必有一个0值解和一个正值解。如果 k_s 只有负值解,没有一个有限的正值解,则说明支承在点$(a,\ b)$处的最小刚度无解。即使是刚性点支承,也无法使薄板的固有频率达到设定的值。

如果薄板结构只有一个弹性支承,求解支承所需的最小刚度值 k_s 还可以进一步简化。由式(12.19)和式(12.21)可知:

$$\boldsymbol{D}_0\boldsymbol{\phi}_j+k\boldsymbol{N}^{\mathrm{T}}\boldsymbol{N}\boldsymbol{\phi}_j=0 \tag{12.22}$$

如果动刚度矩阵 $\boldsymbol{D}_0$ 不奇异,式(12.22)两边同乘以 $\boldsymbol{N}\boldsymbol{D}_0^{-1}$ 可得

$$(\boldsymbol{I}+k\boldsymbol{N}\boldsymbol{D}_0^{-1}\boldsymbol{N}^{\mathrm{T}})\boldsymbol{N}\boldsymbol{\phi}_j=0 \tag{12.23}$$

由于 $\boldsymbol{N}$ 是一个行向量,式(12.23)括号里面实际是一个数。以上方程要满足,即括号里面应等于0。于是可直接计算最小支承刚度:

$$k_s=-\frac{1}{\boldsymbol{N}\boldsymbol{D}_0^{-1}\boldsymbol{N}^{\mathrm{T}}} \tag{12.24}$$

至此,将支承刚度优化设计问题,转化成一个在特定位置计算最小正特征值问题。要确定支承的最小刚度值,可以通过改变支承位置直接搜索得到。另外,如果有几个相同刚度的支承同时作用在薄板上,只需将各自的等效刚度矩阵相加即可。随后,支承的最小刚度按照同样的策略可以解出。

同样,当支承到达最优设计位置时,频率对支承位置的一阶导数应等于0。按照对公式(12.11)的分析结果,这个0值导数只能由振型转角 θ_{ix} 和 θ_{iy} 同时等于0来实现。即在支承的刚度为有限值,支承位置不受限制的情况下:

$$\theta_{ix}(a,b)=\left.\frac{\partial w_i}{\partial y}\right|_{\substack{x=a\\y=b}}=0,\quad \theta_{iy}(a,b)=-\left.\frac{\partial w_i}{\partial x}\right|_{\substack{x=a\\y=b}}=0 \tag{12.25}$$

虽然我们在分析最小支承刚度的过程中没有强调这一点,但是方程式(12.21)在计算特征值时,能够保证转角等于0的条件自动满足。

为了简化分析结果,消除薄板尺寸的影响,在随后的算例中,引入以下几个无量纲参数,参见图12-9的尺寸标示:

板的边长比:$\alpha=L/W$;

频率参数:$\lambda=\omega L^2\sqrt{\rho h/D}$;

支承刚度:$\gamma_s=k_sL^2/D$;

无量纲(相对)坐标:$\xi=x/L,\ \eta=y/W$;

支承点坐标:$\xi_s=a/L,\ \eta_s=b/W$。

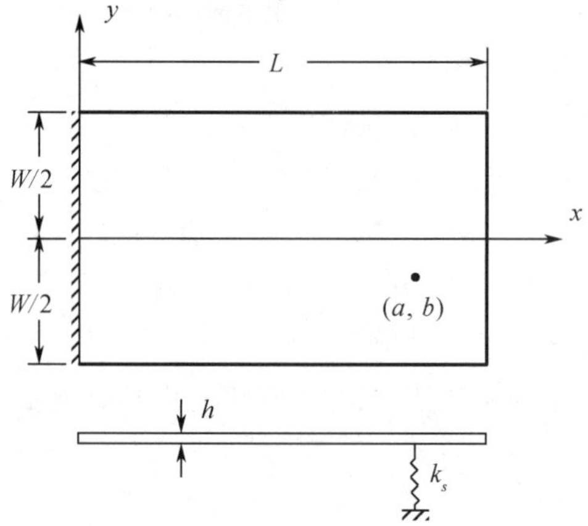

图 12-9 矩形板内有一个弹性支承

12.6 支承刚度优化设计算例

本节将分别研究正方形和长方形两种均匀厚度的薄板,矩形板位于 xy 平面内,作横向自由振动,如图 12-9 所示。板的左边界简支或固支约束,其他三边均自由。为改善薄板结构的振动性能,分别用一个或两个弹性点支承,以提高板的第一阶固有频率值。优化设计附加支承的位置,计算所需的最小支承刚度值,使薄板的第一阶频率升到无支承时的第二阶频率。薄板的材料与例 12.2 相同,其他尺寸、有限元网格划分以及无支承时,结构的前三阶固有频率如表 12-3 所列。

表 12-3 无附加点支承、不同边界约束矩形板尺寸及其前三阶固有频率

边界约束		固支		简支	
边长比 α		1.0	1.5	1.0	1.5
长度 L/m		0.305	0.305	0.305	0.305
宽度 W/m		0.305	0.203	0.305	0.203
单元网格划分		10×10	15×10	10×10	15×10
固有频率/Hz	1(一弯)	30.005	29.854	0	0
	2(一扭)	73.555	100.772	57.448	85.115
	3(二弯)	184.394	185.761	128.987	128.794
无量纲频率 λ	1(一弯)	3.4710	3.4535	0	0
	2(一扭)	8.5088	11.6573	6.6457	9.8461
	3(二弯)	21.3307	21.4889	14.9213	14.8989

例 12.4 自由边上附加一个弹性支承

如果在薄板受约束边的对边,即右侧边界上,附加一个弹性支承,使薄板的第一阶频率(一弯)升到原来的第二阶频率(一扭)。由于矩形板的第一阶振型对称于 x 轴,不难得出支承点一定位于自由边的中点,即 $\xi_s=1,\eta_s=0$ 处,此时支承点处沿 x 轴的转角 θ_{1x} 一定为 0。由频率对支承位置的灵敏度公式(12.11b)可知,这是优化设计支承位置所必须满

足的基本条件。由于该点位于第二阶振型的节线上,因此这个附加支承的刚度变化不会改变薄板的第二阶频率。经过式(12.21)特征值计算,既可得到支承的最小刚度值。表 12-4 分别列出了不同边长比和左边界不同约束情况下(简支或固支),最小支承刚度值的计算结果。作为验证,表 12-4 同时列出了附加了这个最优设计的点支承以后,薄板的前三阶固有频率值。可以看出其第一阶频率确实达到了原来的第二阶频率值,并成为一个二重频率,这与梁的情况非常相似。

表 12-4　附加最优支承后,矩形板前三阶固有频率以及最小支承刚度值

边界约束		固支		简支
边长比 α		1.0	1.5	1.0
频率参数 λ	1(一弯)	8.5088	11.6573	6.6457
	2(一扭)	8.5088	11.6573	6.6457
	3(二弯)	23.7338	27.6186	18.7203
最小支承刚度 γ_s		23.9606	47.8070	35.7646

由表 12-4 可知,计算所得的支承最小刚度值,依赖于板的边界约束情况及其边长比。另外还可以看到,同样是正方形板($\alpha=1$),左边界简支时的最小支承刚度值,比固支时的最小支承刚度值高约 49%,这是因为左边界简支时,薄板的第一阶频率增加值比固支边的第一阶频率增加值大的缘故(约 32%),参见表 12-3 中的结果。对于左边简支的长方形板($\alpha=1.5$),特征方程(12.21)无正实数解。这表明,既使用一个刚性点支承(支承点横向挠度为 0),也无法使该板的第一阶频率升到原来的第二阶频率。即在自由边上,用一个点支承,并不能使所有形式的薄板(包括约束或边长比)的第一阶频率,都增加到原来的第二阶频率值。仅用一个附加支承,升高第一阶固有频率的是幅度有限的。

图 12-10 是正方形薄板,在自由边中点附加了最优支承以后的第一阶弯曲振型。虽然振型是弯曲对称的,但频率已经达到了无支承时板的第一阶扭转频率。

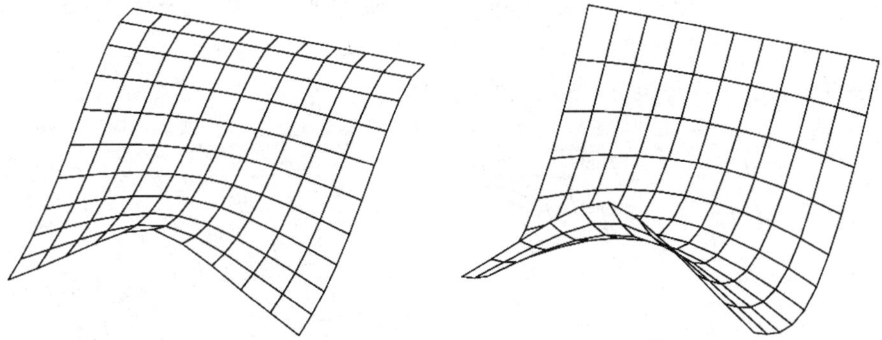

(a)　　(b)

图 12-10　附加一个最优支承以后,薄板的第一阶弯曲振型

(a) 一边固支;(b) 一边简支。

例 12.5　自由边上附加两个弹性支承

假设在薄板约束边的相对边,用两个相同刚度的弹性支承,使矩形板的第一阶频率达到原来的第二阶频率。由于第一阶振型是对称的,可知这两个弹性支承一定也是对称位于 x 轴的两侧$(1, \pm\eta)$。此时,只有一个独立的位置坐标 η 需要确定。图 12-11 显式了

正方形板最小支承刚度随支承位置 η 的变化曲线。在自由边的中点,最小支承刚度值刚好是用一个弹性支承时,最小刚度值的1/2。当两个铰支承离开中点向两边移动以后,最小支承刚度显著下降,逐渐达到其最小值。随后,当支承逐渐靠近板的顶点时,最小支承刚度迅速增大。由此可以确定最优支承位置和相应的最小支承刚度。

图12-12显示了第一阶振型在支承点沿 x 轴方向的转角 θ_{1x} 随支承位置 η 变化情况。同样可以看到,在自由边的中点,$\theta_{1x}=0$,这是一个点支承时的最优设计位置。在 $\eta\approx 0.3$,θ_{1x} 又等于0,由此也可以确定利用两个点支承时的最优设计位置。

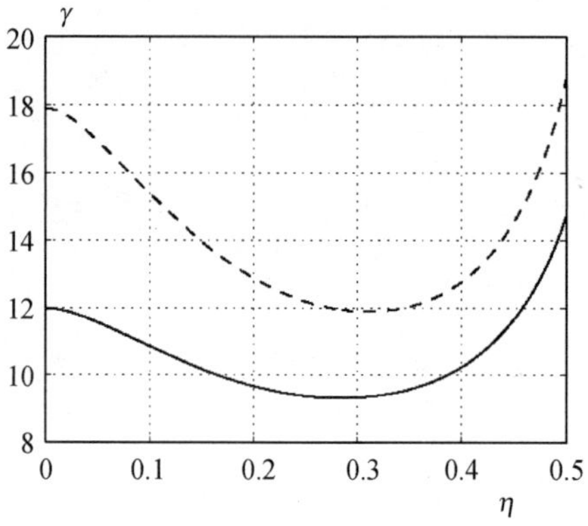

图12-11 最小支承刚度随支承位置变化情况
(实线:固支边;虚线:简支边)

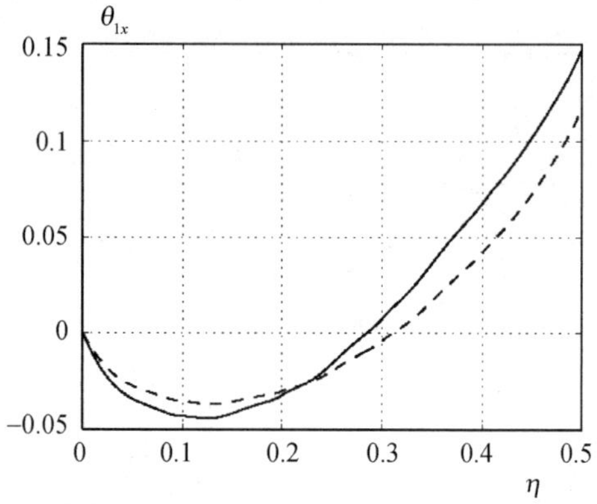

图12-12 第一阶振型在支承点沿 x 轴方向的转角随支承位置变化情况
(实线:固支边;虚线:简支边)

表12-5列出了矩形板不同边界约束情况和不同边长比时,最小支承刚度和最优支承位置的计算结果,以及附加了这两个最优设计的点支承以后,薄板的前三阶固有频率值。此时,最优支承位置偏离 x 轴(第二阶振型的节线)大约0.3左右,而最小支承刚度之和,比只有一个弹性支承时减小约30%。由于两个弹性支承不在第二阶振型的节线上,因此第二阶频率也有一定程度的升高,第一阶频率不再是重频。正方形薄板在附加了最优支承以后的第一阶弯曲振型如图12-13所示。

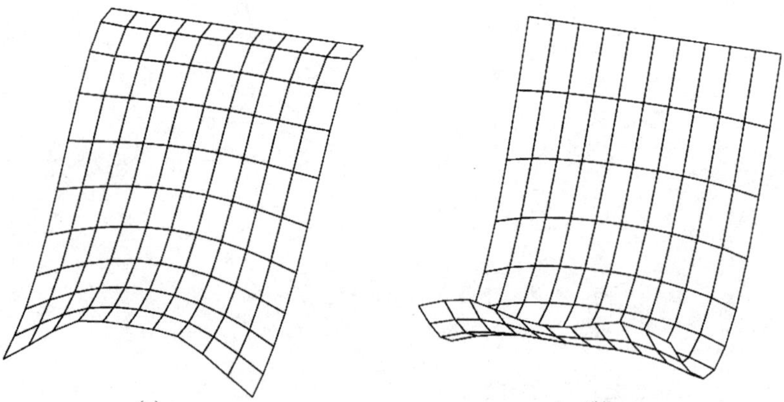

(a) (b)

图12-13 附加两个最优支承以后,薄板的第一阶弯曲振型
(a)一边固支;(b)一边简支。

表 12－5 附加两个支承后，矩形板前三阶固有频率以及最优支承设计结果

边界约束		固支		简支
边长比 α		1.0	1.5	1.0
频率参数 λ	1（一弯）	8.5088	11.6573	6.6457
	2（一扭）	10.9957	16.4054	9.7728
	3（二弯）	23.0004	26.9371	18.0210
最小支承刚度 γ_s（×2）		9.3262	18.2840	11.8846
最优支承位置 η_s		±0.284	±0.316	±0.310

同样，对于左边简支的长方形板（$\alpha=1.5$），特征方程仍无正实数解，即用两个刚性支承，也无法使这个薄板的第一阶频率提高到原来的第二阶频率。其实，即使这条自由边全部被简支约束住，使其成为有两条对边简支、两条对边自由的长方形板，也无法达到设计目标的要求[89]。必须尝试使支承离开自由边，考察支承优化是否能达到设计的目标。

例 12.6 沿中线上附加一个弹性支承

既然在矩形板的简支约束边界相对的自由边上，一个或两个点支承都无法使长方形板（$\alpha=1.5$）的第一阶固有频率升到原来的第二阶频率。那么离开自由边，用一个弹性支承，在板的中线（x 轴）上，即第二阶振型的节线上某一点（ξ, 0），观察能否使第一阶频率达到设计要求。此时，只有一个坐标 ξ 需要确定。图 12－14 显示了左边界不同约束情形时，长方形板（$\alpha=1.5$）最小支承刚度随支承位置 ξ 的变化情况。对于左边简支的长方形板，当支承离开自由边一定距离以后，特征方程才有正实数解。随后，最小支承刚度迅速下降，而后随着 ξ 的减小又迅速增大。实际上，ξ 只在（0.54, 0.96）区间内，最小支承刚度才有解，如图中虚线所示。而在该区间以外，特征方程（12.21）无可行解。由此曲线，可以确定最优支承位置和相应的最小支承刚度。对于一边固支的长方形板，当支承靠近约束边时，最小支承刚度同样无解。图 12－15 显式了第一阶振型在支承点沿 y 方向的转角 θ_{1y} 随支承位置 ξ 变化情况。显然在自由边的中点，$\theta_{1y}\neq 0$。而在中线上的最优支承位置，支承点转角 $\theta_{1y}=\theta_{1x}=0$。表 12－6 列出了矩形板不同约束情况和不同边长比时，最小支承刚度和最优支承位置的计算结果。同时也列出了附加了最优设计的点支承以后，薄板的前三阶固有频率值。此时，薄板的第一阶频率成为一个二重频率。

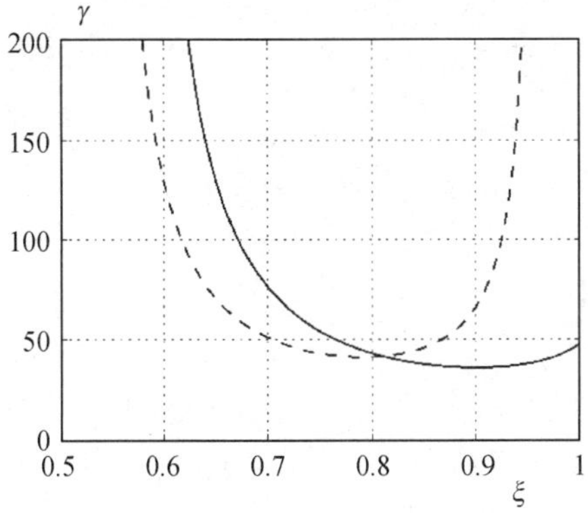

图 12－14 长方形板（$\alpha=1.5$）最小支承刚度随支承位置变化情况（实线：固支边；虚线：简支边）

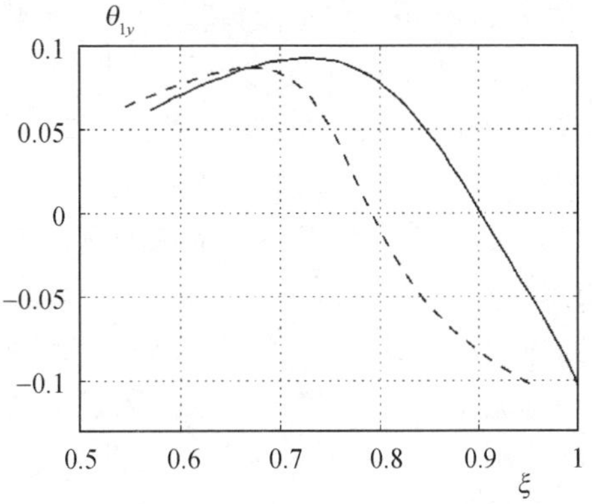

图 12－15 长方形板（$\alpha=1.5$）第一阶振型在支承点沿 y 轴方向的转角随支承位置变化情况（实线：固支边；虚线：简支边）

比较表12-4和表12-6的计算结果可以发现,支承离开自由边界后,最小支承刚度也有明显下降。在最优支承点,由于第一阶振型的转角均为0,由式(12.11)可知,第一阶频率对支承位置的一阶导数均为0。因此,第一阶频率已经达到极大值。若再增加刚度,并不能使板的第一阶频率增大。继续增加刚度只能增大第二阶频率,此时第二阶振型变成弯曲形式。

表12-6 附加支承后,矩形板前三阶固有频率以及支承最优设计结果

边界约束		固支		简支	
边长比 α		1.0	1.5	1.0	1.5
频率参数 λ	1(一弯)	8.5088	11.6573	6.6457	9.8461
	2(一扭)	8.5088	11.6573	6.5457	9.8461
	3(二弯)	23.3674	23.4554	16.1148	15.5690
最小支承刚度 γ_s		23.6313	36.0017	26.2139	41.2976
最优支承位置 ξ_s		0.9734	0.9017	0.8711	0.7917

以上是采用有限元方法优化设计薄板支承的位置和刚度。同样,采用瑞利-利兹方法,也能够优化设计薄板的支承位置和计算支承的最小刚度。有关的分析过程和计算结果,感兴趣的读者可参考文献[89]和[91]。虽然这两篇文献都是基于振动总能量变分原理获得支承的最优设计,但在建模策略上略有不同。文献[89]中,如同本节的分析方法一样,是通过求解特征方程(12.21),得到支承的最小刚度值。对结构在支承点的转角,未预先施加任何约束条件,但所得优化结果能够保证支承点的转角为0。而文献[91]在构造计算最小支承刚度特征方程时,增加了对支承点转角的约束条件。其实,瑞利-利兹法与有限元素法的基本原理是一致的,都是根据真实位移能使系统的振动能量达到最小的法则构建系统的振动特征方程,只是构造结构的形(试)函数的方式和区域,以及设定的未知量不同而已。瑞利-利兹法是将结构的位移函数进行分解[92];而有限元法则将结构的几何空间进行分解。因此,两者得到相同的计算结果并不为奇。

本章小结

本章根据有限元分析的基本理论,运用支承的等效刚度矩阵,推导了薄板结构固有频率相对支承位置的一阶导数计算公式。在频率灵敏度分析基础上,应用广义"渐进节点移动法",成功开展了薄板结构支承位置的优化设计研究。设计目标是在限定支承移动范围的情况下,使结构的第一阶固有频率上升到最大值,最终得到了满意的结果。由优化结果可以发现,支承的刚度对最优解有很大影响。如果支承的刚度很大,超过某一个确定值,支承位置最优解可能不再是唯一的,而是一个区域。

随后,我们采用离散方法,开展了支承刚度的优化设计研究。将计算最小支承刚度的问题转化成一个广义特征值问题,通过求解最小的非零正特征值,可直接得到薄板结构的最小支承刚度值。本章对比计算了两种形式矩形薄板结构,在一边简支或固支约束、其他边自由情形下,用一个或两个弹性支承,使板的第一阶固有频率升高到原结构第二阶频率,附加支承的最优位置和最小刚度。优化设计结果充分证明了本章所描述方法的正确性和有效性,为薄板结构支承布局优化设计奠定了可靠的基础。

第 13 章　集中质量位置优化设计

从第 10 章到第 12 章,我们分别推导了梁、板结构的支承位置和支承刚度动力灵敏度计算公式,并讨论了支承位置和刚度优化设计问题,获得了令人满意的设计结果。可以看到,支承的作用除了用来增加结构的整体或局部刚度以外,还能有效改变结构的动态特性和响应状况。在第 10 章和第 12 章中应用广义“渐进节点移动法”优化算法,分别设计了梁、薄板结构的最优支承位置。并且还分析了使结构的固有频率上升到其最大值或某个指定值时,支承的最小刚度计算策略和途径。

从力学分析的观点来看,可以把结构的一个附加支承,等效为一个(或一对)集中外力—支反力(和力矩)—来处理。由于支承点的变形预先是未知的,因此这个集中外力的大小也是未知的。而结构所附带的非结构集中质量块,也可以等效为一个(或一对)未知的集中外力——惯性力(和力矩)。而且这个惯性力的大小同样与结构的变形、集中质量块的惯性密切相关。从这个意义上讲,支承与非结构集中质量块(Non – Structural Lumped Mass)在力学分析上,没有本质性的差别,可以按相同的方法和策略来处理。非结构集中质量与结构本身设计无关,是结构要承担的负载。其作用主要是增加结构的质量,改变结构的惯性分布。这与附加支承的作用完全不同。对于动力优化设计问题,结构所附带的非结构集中质量块的大小或位置同样也可以作为设计参数[14, 15]。基于这种情况,本章开展非结构集中质量位置的优化设计问题的研究。利用其在梁、板结构上位置的改变,达到改变结构固有频率,控制结构响应的目的。

结构附带集中质量的动力分析模型,在实际结构设计中具有非常重要的意义,如转轴上的圆盘,飞机货仓内的货物、设备,甚至配重等。另外,在飞机机身和机翼内都装有起落架、燃油箱等,在飞机结构设计时,也可以当作集中质量来处理[11]。通过在不同油箱之间抽取油料,可以实现集中质量大小甚至位置的改变。然而,目前有关集中质量位置优化方面的理论研究相对很少。在结构动力优化设计时,通常都假设结构所附带的集中质量的位置,在优化过程中始终固定不变,如第 10 章中的例 10.2 题所示。

本章我们将广义“渐进节点移动法”,推广到非结构集中质量位置优化设计研究领域。为了能在优化设计过程中有效修改集中质量的位置,首先需要分析梁、板结构的固有频率,相对集中质量位置和惯性值的灵敏度。为了更加真实地描述实际情况,在推导固有频率的一阶导数计算公式时,将同时考虑集中质量的平动(移)惯性和转动惯性对结构频率的影响[93, 94]。同样,采用离散分析模型,根据形状函数的基本特性,将集中质量块在单元内的影响效果,用一个等效(一致)质量矩阵来表示。并由此推导出梁、板结构振动固有频率,相对集中质量位置的一阶导数计算公式。与支承位置灵敏度分析不同,本章将以高阶梁、板单元的形状函数为基础,以便使获得的一阶导数灵敏度计算公式能同时包含以上两种惯性的作用和影响[95]。而所得频率一阶导数计算公式,与采用其他的离散方法,如虚拟节点位移方法(类似于 10.7 节的推导方法)是完全一致的。然后,根据固有频率灵敏度分析结果,确定结构上需要移动的集中质量和移动方向。在飞行器设计中,结构的质量中心是一个非常重要的设计指标。因此在结构附带集中质量位置优化设计过程中,通常要求系统的质量中心基本保持不变,或变动尽可能小,并使结构的固有频率达到最大或满足预先设定的值。

在结构动力分析时,由于集中质量一般位于结构有限元模型的节点上,若采用固定有限元网格法,优化设计结果将受到网格划分密度的影响。若设计优化过程发现最优位置不在有限元节点上,类似于对支承的处理方法,仍然采用简单插值技术估算最优解,这样所得优化设计结果,基本上不依赖于有限元网格的划分。

13.1 频率对集中质量位置的灵敏度分析

在结构动力分析时,无阻尼离散结构第 i 阶固有频率 ω_i,相对于其所附带的非结构集中质量位置的一阶导数,仍可按下式计算:

$$\frac{\mathrm{d}\omega_i^2}{\mathrm{d}s}=\boldsymbol{\phi}_i^{\mathrm{T}}\left(\frac{\mathrm{d}\boldsymbol{K}}{\mathrm{d}s}-\omega_i^2\frac{\mathrm{d}\boldsymbol{M}}{\mathrm{d}s}\right)\boldsymbol{\phi}_i \tag{13.1}$$

式中:$\boldsymbol{\phi}_i$为结构的第 i 阶固有振型,并已经按质量正交规一化;s 为集中质量的位置坐标。非结构集中质量的存在以及移动,虽然不会影响结构的总体刚度矩阵,但它能使系统的惯性重新分布,进而会改变系统的固有频率。

推导结构的固有频率对非集中质量位置的一阶导数,可以采用第 2 章介绍的梁、板有限元模型[96]。但是,根据这样的模型所得频率的一阶导数,只能描述集中质量平动惯性的作用,无法同时考虑其转动惯性的影响。为此,以下采用高阶有限元模型分析、推导频率的一阶灵敏度计算公式[95]。

13.1.1 梁单元上附带一个集中质量

考虑一个均匀欧拉 - 伯努利梁单元,其长度为 L。单元内部有一集中质量块,其值(或称平动惯量)为 m,转动惯量为 J,如图 13 - 1 所示。a 表示集中质量块在单元坐标系中的位置。图 13 - 1 中的梁单元有 2 个节点,而每个节点有 3 个自由度,即节点的横向位移 v、转角 θ 和曲率 κ。这是一种高阶梁单元,单元的自由度数为 6,对应的形状函数是 x 的 5 次多项式[97]。于是,单元内每一点的横向位移,可以用节点位移的 5 次多项式插值描述。在节点上引入曲率 κ 的目的,除了要求相邻单元之间位移和转角连续以外,还要保

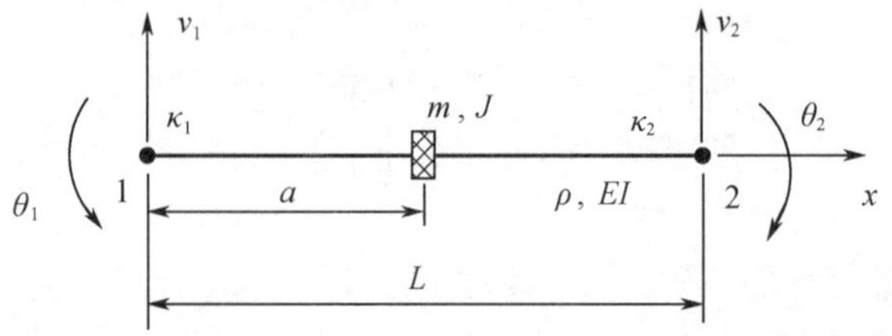

图 13 - 1 梁单元附加一个集中质量块

证单元之间的曲率连续,这可使梁的变形更加光滑。

根据有限元基本理论,集中质量处的横向位移可近似用梁单元的自由度,即节点横向位移、转角和曲率表示:

$$v(a)=\boldsymbol{N}_{(a)}\boldsymbol{u}_e \tag{13.2a}$$

其中:

$$\boldsymbol{N}_{(a)}=[N_1\quad N_2\quad N_3\quad N_4\quad N_5\quad N_6]_{(a)} \tag{13.2b}$$

$$\boldsymbol{u}_e=[v_1\quad \theta_1\quad \kappa_1\quad v_2\quad \theta_2\quad \kappa_2]^{\mathrm{T}} \tag{13.2c}$$

式中:$\boldsymbol{u}_e$是梁单元在局部坐标系中的自由度;$N_{1\sim6(a)}$是梁单元的形状函数在 $x=a$ 点的值,其构造过程,与常用的 2 节点 4 自由度梁单元的形状函数构造过程基本一致[95,97]。在集中质量处,梁截面的转角可表示为

$$\theta(a)=\left.\frac{\mathrm{d}v}{\mathrm{d}x}\right|_{x=a}=\boldsymbol{N}'_{(a)}\boldsymbol{u}_e \tag{13.3a}$$

其中:

$$\boldsymbol{N}'_{(a)}=\left.\frac{\mathrm{d}\boldsymbol{N}}{\mathrm{d}x}\right|_{x=a}=[N'_1\quad N'_2\quad N'_3\quad N'_4\quad N'_5\quad N'_6]_{(a)} \tag{13.3b}$$

根据梁单元节点自由度的定义,按照有限元的基本理论,形状函数 $N_{1\sim6}$及其一、二阶导数应具有以下基本特性:

$$\begin{cases}\boldsymbol{N}_{(0)}=[1\quad 0\quad 0\quad 0\quad 0\quad 0]\\ \boldsymbol{N}'_{(0)}=[0\quad 1\quad 0\quad 0\quad 0\quad 0]\\ \boldsymbol{N}''_{(0)}=[0\quad 0\quad 1\quad 0\quad 0\quad 0]\end{cases}\text{和}\begin{cases}\boldsymbol{N}_{(L)}=[0\quad 0\quad 0\quad 1\quad 0\quad 0]\\ \boldsymbol{N}'_{(L)}=[0\quad 0\quad 0\quad 0\quad 1\quad 0]\\ \boldsymbol{N}''_{(L)}=[0\quad 0\quad 0\quad 0\quad 0\quad 1]\end{cases} \tag{13.4}$$

当结构按照第 i 阶模态做固有振动时,集中质量的模态动能可表示为

$$T_i=\frac{1}{2}\omega_i^2 mv^2(a)+\frac{1}{2}\omega_i^2 J\theta^2(a) \tag{13.5a}$$

将式(13.2a)和式(13.3a)代入式(13.5a),可得用梁单元节点位移表示的模态动能:

$$T_i=\frac{\omega_i^2}{2}\boldsymbol{u}_e^{\mathrm{T}}\boldsymbol{M}_L\boldsymbol{u}_e \tag{13.5b}$$

于是,集中质量的惯性效果可以用一个等效的质量矩阵表示[95]:

$$\boldsymbol{M}_L=m\boldsymbol{N}^{\mathrm{T}}_{(a)}\cdot\boldsymbol{N}_{(a)}+J\boldsymbol{N}'^{\mathrm{T}}_{(a)}\cdot\boldsymbol{N}'_{(a)}$$

$$=m\begin{bmatrix}N_1^2 & N_1N_2 & N_1N_3 & N_1N_4 & N_1N_5 & N_1N_6\\ & N_2^2 & N_2N_3 & N_2N_4 & N_2N_5 & N_2N_6\\ & & N_3^2 & N_3N_4 & N_3N_5 & N_3N_6\\ \text{对} & & & N_4^2 & N_4N_5 & N_4N_6\\ & & & & N_5^2 & N_5N_6\\ & & \text{称} & & & N_6^2\end{bmatrix}_{(a)}$$

$$
+J\begin{bmatrix} N_1'^2 & N_1'N_2' & N_1'N_3' & N_1'N_4' & N_1'N_5' & N_1'N_6' \\ & N_2'^2 & N_2'N_3' & N_2'N_4' & N_2'N_5' & N_2'N_6' \\ & & N_3'^2 & N_3'N_4' & N_3'N_5' & N_3'N_6' \\ \text{对} & & & N_4'^2 & N_4'N_5' & N_4'N_6' \\ & & & & N_5'^2 & N_5'N_6' \\ & & \text{称} & & & N_6'^2 \end{bmatrix}_{(a)} \tag{13.6}
$$

从以上表达式可知,计算梁单元内集中质量的等效质量矩阵,只需要形状函数矩阵及其一阶导数自乘即可,这与计算单元内弹性支承的等效刚度矩阵很类似,见式(10.6)。只是现在的等效质量矩阵是 6×6 阶的方阵,与高阶梁单元的自由度数相一致。式(13.6)中的第一项是集中质量平动惯性的等效质量矩阵,而第二项对应于集中质量的转动惯性。

若将一个集中质量置于单元的节点1上,即 $a=0$,根据形状函数在节点上的性质,见式(13.4),即可得到集中质量的等效质量矩阵:

$$
\boldsymbol{M}_L\big|_{a=0}=\begin{bmatrix} \begin{bmatrix} m & 0 & 0 \\ 0 & J & 0 \\ 0 & 0 & 0 \end{bmatrix} & [\mathbf{0}]_{3\times3} \\ [\mathbf{0}]_{3\times3} & [\mathbf{0}]_{3\times3} \end{bmatrix} \tag{13.7}
$$

可以看到,集中质量只在横向位移和转角自由度上有惯性值,没有与曲率自由度相应的惯性值。也就是说在采用高阶梁单元模型时,集中质量的惯性值,与普通的2节点4自由度梁单元模型中的惯性值是一样的,无须做任何附加计算,这对运用有限元方法处理集中质量至关重要[94,97]。

由于集中质量沿梁的轴线移动只改变其等效质量矩阵,并不影响梁单元的质量矩阵。因此,根据式(13.1),在单元层面上,系统的第 i 阶固有频率 ω_i 相对于集中质量位置的一阶导数计算公式可简化为

$$
\frac{\mathrm{d}\omega_i^2}{\mathrm{d}a}=-\omega_i^2\boldsymbol{\phi}_{ie}^{\mathrm{T}}\frac{\mathrm{d}\boldsymbol{M}_L}{\mathrm{d}a}\boldsymbol{\phi}_{ie} \tag{13.8}
$$

式中:$\boldsymbol{\phi}_{ei}$ 是附带有集中质量的梁单元的第 i 阶振型。假设该集中质量块安放在梁单元某一端节点上,根据高阶梁单元形状函数及其导数所具有的特性,见式(13.4),则集中质量的效质量矩阵的一阶导数可计算如下:

$$
\frac{\mathrm{d}\boldsymbol{M}_L}{\mathrm{d}a}\bigg|_{a=0}=\begin{bmatrix} \begin{bmatrix} 0 & m & 0 \\ m & 0 & 0 \\ 0 & 0 & 0 \end{bmatrix} & [\mathbf{0}]_{3\times3} \\ [\mathbf{0}]_{3\times3} & [\mathbf{0}]_{3\times3} \end{bmatrix}+\begin{bmatrix} \begin{bmatrix} 0 & 0 & 0 \\ 0 & 0 & J \\ 0 & J & 0 \end{bmatrix} & [\mathbf{0}]_{3\times3} \\ [\mathbf{0}]_{3\times3} & [\mathbf{0}]_{3\times3} \end{bmatrix} \tag{13.9a}
$$

或

$$\left.\frac{\mathrm{d}\boldsymbol{M}_L}{\mathrm{d}a}\right|_{a=L}=\begin{bmatrix}[0]_{3\times3} & [0]_{3\times3}\\ [0]_{3\times3} & \begin{bmatrix}0 & m & 0\\ m & 0 & 0\\ 0 & 0 & 0\end{bmatrix}\end{bmatrix}+\begin{bmatrix}[0]_{3\times3} & [0]_{3\times3}\\ [0]_{3\times3} & \begin{bmatrix}0 & 0 & 0\\ 0 & 0 & J\\ 0 & J & 0\end{bmatrix}\end{bmatrix} \tag{13.9b}$$

将以上表达式代入方程式(13.8),可分别得到梁的第 i 阶固有频率一阶导数计算公式:

$$\left.\frac{\mathrm{d}\omega_i^2}{\mathrm{d}a}\right|_{a=0}=-2m\omega_i^2 v_{i1}\theta_{i1}-2J\omega_i^2\theta_{i1}\boldsymbol{\kappa}_{i1} \tag{13.10a}$$

或

$$\left.\frac{\mathrm{d}\omega_i^2}{\mathrm{d}a}\right|_{a=L}=-2m\omega_i^2 v_{i2}\theta_{i2}-2J\omega_i^2\theta_{i2}\boldsymbol{\kappa}_{i2} \tag{13.10b}$$

式中:v_{i1}、θ_{i1} 和 $\boldsymbol{\kappa}_{i1}$ 分别是梁单元端点 1 处,第 i 阶振型的横向位移、转角和曲率;v_{i2}、θ_{i2} 和 $\boldsymbol{\kappa}_{i2}$ 分别为在梁单元端点 2 处的相应项,如图 13－1 所示。由于我们已经假设相邻单元公共节点的位移、转角和曲率应保持连续,由此可知,当集中质量位于同一个有限元节点上时,由式(13.10)计算得到的频率灵敏度应该相等。因此,为简单起见,可以删除公式中表示单元端点的下标(1 和 2)。应用式(13.10)只需要集中质量所在节点的横向位移、转角和曲率,这些都是高阶梁单元的基本位移量,可直接获得。

对于细长梁模型,横向位移、转角(斜率)和曲率存在如下简单的基本关系式:

$$\theta_i=\frac{\mathrm{d}v_i}{\mathrm{d}x}=v_i',\quad \boldsymbol{\kappa}_i=\frac{d^2 v_i}{\mathrm{d}x^2}=v''_i \tag{13.11}$$

则第 i 阶固有频率相对集中质量位置的一阶导数灵敏度公式可变为

$$\frac{\mathrm{d}\omega_i^2}{\mathrm{d}s}=-2m\omega_i^2 v_i(s)v_i'(s)-2J\omega_i^2 v_i'(s)v''_i(s) \tag{13.12}$$

式中:$v_i(s)$、$v_i'(s)$ 和 $v''_i(s)$ 分别为第 i 阶振型在有集中质量节点处的横向位移及其一阶和二阶导数值。

根据达朗贝尔(D'Alembert)原理,在式(13.12)中,$m\omega_i^2 v_i(s)$ 可以认为是集中质量产生的第 i 阶模态惯性力$[-m\ddot{v}_i(s)]$,而 $J\omega_i^2 v_i'(s)$ 是集中质量产生的第 i 阶模态惯性力矩$[-J\ddot{v}_i'(s)]$。因此,如果将惯性力用支反力 $-k_s v_i(s)$ 代替,将惯性力矩用支反力矩 $-k_\theta v_i'(s)$ 代替,式(13.12)将变成

$$\frac{\mathrm{d}\omega_i^2}{\mathrm{d}s}=2k_s v_i(s)v_i'(s)+2k_\theta v_i'(s)v''_i(s) \tag{13.13}$$

该结果与式(10.66)完全相同。虽然附加支承的主要作用是增加系统的刚度,而附加集中质量的作用是增加系统的惯性,但从力学角度来看,固有频率对附加集中质量位置,与对支承位置的一阶导数计算公式是一致的。若用广义特征力或力矩来表示固有频率的灵敏度,两者的计算公式是完全相同的[76]。据此,如果我们知道了以上的等价关系,也可以从式(10.66)出发,直接得到式(13.12)[98]。如果忽略集中质量的转动惯性,只考虑集中质量的平动惯性,则频率灵敏度公式(13.12)只剩等号右边的第一项。于是采用高阶梁单元与采用一般的 2 节点 4 自由度梁单元所得结果完全一致[96]。相反,若采用三

次位移模式的简单梁单元模型,用离散方法却无法得到式(13.12)的正确结果。这主要是因为低阶梁单元的位移形状(插值)函数连续性太低的缘故。

下面简单讨论一下非结构集中质量附加在不同位置,对梁结构固有频率的影响。如果只考虑集中质量的平动惯性 m,忽略其转动惯性 J,将集中质量放在第 i 阶振型的节点上,如图13-2所示。则第 i 阶频率和振型将不受附带集中质量的影响,而且频率对其位置的一阶导数等于0。这与弹性点支承作用在振型节点的情形是一样的,只不过此时第 i 阶频率达到极大值,即无附带集中质量时原结构的第 i 阶频率。而在附加支承情况下,由于支承不起作用,此频率值却是极小值。而若考虑集中质量的转动惯性,由于振型节点处的转角不为0,转动惯性将起一定的作用,固有频率会有一定的下降,此时频率的一阶导数也不等于0。

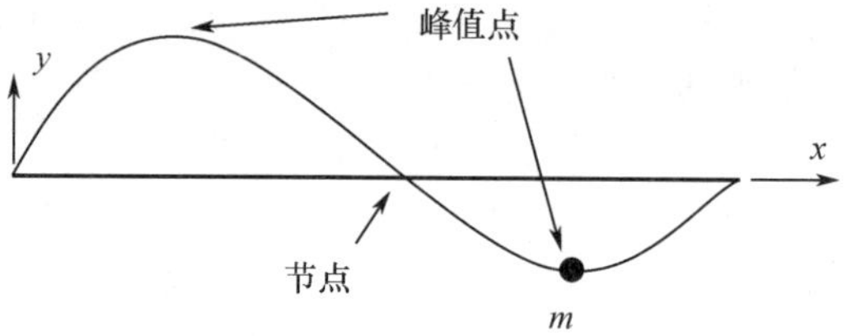

图13-2　结构振动模态示意图

若将集中质量放在第 i 阶振型的峰值点(Peak Node)上,如图13-2所示,是否考虑其转动惯性 J,固有频率的一阶导数都等于0。此时,频率下降幅度最大,该阶固有频率达到其最小值。

13.1.2 薄板单元上附带一个集中质量

在13.1.1节在有关梁结构的固有频率,相对于集中质量位置的灵敏度计算公式推导过程中,只用到了高阶梁单元形状函数的基本特性的概念,并未涉及具体地构造形状函数及其表达式。本节将这一分析过程推广到薄板单元,即矩形弯曲板单元中附带一个非结构集中质量块的情形。假设在单元内一点$(a,\ b)$处有一集中质量块,可分别沿 x 或 y 轴移动,其值(平动惯性)为 m,绕 x 和 y 轴的转动惯量分别是 J_x 和 J_y,如图13-3所示。集中质量沿 z 轴的横向位移,可以用板单元的节点位移插值表示:

$$w(a,b)=\boldsymbol{N}_{(a,b)}\cdot\boldsymbol{u}_e \tag{13.14}$$

式中:$\boldsymbol{N}$ 为矩形板单元形状函数行阵;$\boldsymbol{u}_e$ 为单元节点自由度列阵。为了能够同时包含集中质量的转动惯性对板的动态性能的影响,类似于高阶梁单元,可以构造一个高阶的薄板弯曲单元,如Bogner-Fox-Schmit(BFS-24)高精度协调单元。该薄板单元有4个节点,而每个节点有6个自由度。于是,该薄板弯曲单元的自由度数是24:

$$\boldsymbol{N}=[N_1\quad N_{x1}\quad N_{y1}\quad N_{xx1}\quad N_{yy1}\quad N_{xy1}\quad \cdots\quad N_4\quad N_{x4}\quad N_{y4}\quad N_{xx4}\quad N_{yy4}\quad N_{xy4}] \tag{13.15a}$$

$$\boldsymbol{u}_e=[w_1\quad \theta_{x1}\quad \theta_{y1}\quad \kappa_{xx1}\quad \kappa_{yy1}\quad \kappa_{xy1}\quad \cdots\quad w_4\quad \theta_{x4}\quad \theta_{y4}\quad \kappa_{xx4}\quad \kappa_{yy4}\quad \kappa_{xy4}]^{\mathrm{T}} \tag{13.15b}$$

可以看到,与普通4节点12个自由度矩形板单元(R-12)相比,高阶板单元每个节点新

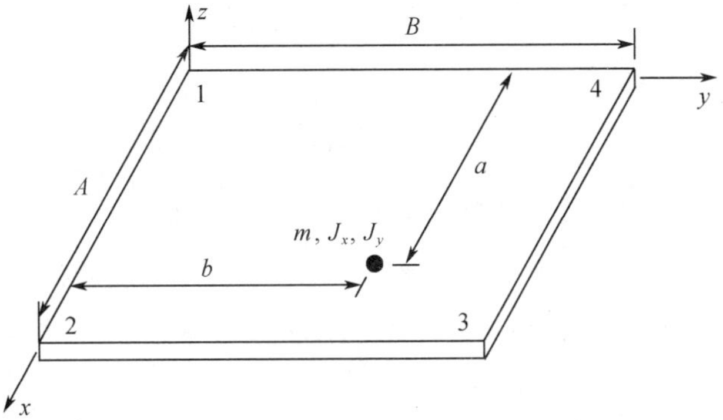

图 13－3　薄板单元中附加一个集中质量

引进了三个自由度 κ_{xxi}、κ_{yyi} 和 κ_{xyi}，它们分别是节点 $i(i=1\sim4)$ 沿单元坐标轴的曲率和扭率，见式(2.32)：

$$\kappa_{xx}=-\frac{\partial^2 w}{\partial x^2}=-w_{,xx},\quad \kappa_{yy}=-\frac{\partial^2 w}{\partial y^2}=-w_{,yy},\quad \kappa_{xy}=-\frac{\partial^2 w}{\partial x\,\partial y}=-w_{,xy} \tag{13.16}$$

同样，根据节点自由度的定义，形状函数 $\boldsymbol{N}$ 及其对 x 和 y 轴的一阶、二阶偏导数也有类似于式(13.4)的基本特性。如在矩形薄板单元的节点 1，其形状函数 $\boldsymbol{N}_1$[式(13.15a)的前 6 项]，就有如下的性质：

$$\begin{cases}\boldsymbol{N}_1=[1\quad 0\quad 0\quad 0\quad 0\quad 0]_{(0,0)}\\ \boldsymbol{N}_{1,y}=[0\quad 1\quad 0\quad 0\quad 0\quad 0]_{(0,0)}\\ \boldsymbol{N}_{1,x}=[0\quad 0\quad -1\quad 0\quad 0\quad 0]_{(0,0)}\end{cases} \tag{13.17}$$

$$\begin{cases}\boldsymbol{N}_{1,xx}=[0\quad 0\quad 0\quad -1\quad 0\quad 0]_{(0,0)}\\ \boldsymbol{N}_{1,yy}=[0\quad 0\quad 0\quad 0\quad -1\quad 0]_{(0,0)}\\ \boldsymbol{N}_{1,xy}=[0\quad 0\quad 0\quad 0\quad 0\quad -1]_{(0,0)}\end{cases} \tag{13.18}$$

有了形状函数在各个节点上的性质，类似于式(13.5)的推导，也可以得到集中质量相对于薄板单元的等效(一致)质量矩阵 $\boldsymbol{M}_L$，其形式与式(13.6)相同。将该等效质量矩阵代入式(13.1)，分别对集中质量的坐标(a, b)求一阶导数，并将集中质量移到单元的节点上。考虑到相邻单元节点的自由度保持连续性，经过简单推导，可得第 i 阶固有频率对集中质量位置的一阶导数计算公式[95]：

$$\frac{\partial\omega_i^2}{\partial a}=2\omega_i^2(mw_i\theta_{iy}-J_y\theta_{iy}\kappa_{ixx}+J_x\theta_{ix}\kappa_{ixy}) \tag{13.19a}$$

$$\frac{\partial\omega_i^2}{\partial b}=-2\omega_i^2(mw_i\theta_{ix}-J_x\theta_{ix}\kappa_{iyy}+J_y\theta_{iy}\kappa_{ixy}) \tag{13.19b}$$

以上公式的计算只与集中质量所在节点的位移量(横向位移、转角和曲率)有关，与其他节点的位移量无关。如果集中质量所在点的位移量能精确获得，则该灵敏度公式可准确预测频率的变化情况。对于满足 Kirchhoff 假设的薄板单元，横向位移、转角和曲率存在简单关系[见式(12.12)和式(13.16)]。将这些关系直接代入，由式(13.19)可得第

i 阶固有频率对集中质量位置的灵敏度另一种表达式[95]：

$$\frac{\partial\omega_i^2}{\partial a} = -2\omega_i^2(mw_iw_{i,x} + J_yw_{i,x}w_{i,xx} + J_xw_{i,y}w_{i,xy}) \tag{13.20a}$$

$$\frac{\partial\omega_i^2}{\partial b} = -2\omega_i^2(mw_iw_{i,y} + J_xw_{i,y}w_{i,yy} + J_yw_{i,x}w_{i,xy}) \tag{13.20b}$$

如果忽略集中质量的转动惯性，式(13.19)或式(13.20)也只剩等号右边的第一项。则采用高阶薄板单元与采用 R－12 板单元，所得频率的一阶灵敏度结果完全一致[96]。但是若要考虑集中质量的转动惯性的影响，集中质量所在节点处的二阶导数，却无法用低阶薄板单元直接获得，必须根据节点的位移和转角，或者节点的弯矩和扭矩，通过计算近似得到。

如果能够获得集中质量位于一个矩形单元的四节点处，薄板结构的第 i 阶固有频率及其一阶导数值，同样可以利用插值的方法，估算集中质量位于板单元内部时，结构的第 i 阶固有频率值。如果对应于第 i 阶频率的振型不发生改变，类似于式(12.16)，可得

$$\omega_i^2 = [N_1 \quad N_{x1} \quad -N_{y1} \quad \cdots \quad N_4 \quad N_{x4} \quad -N_{y4}]_{\substack{1\times12\\(a,b)}} \cdot \left[\omega_{i1}^2 \quad \frac{\partial\omega_{i1}^2}{\partial y} \quad \frac{\partial\omega_{i1}^2}{\partial x} \quad \cdots \quad \omega_{i4}^2 \quad \frac{\partial\omega_{i4}^2}{\partial y} \quad \frac{\partial\omega_{i4}^2}{\partial x}\right]_{12\times1}^{\mathrm{T}} \tag{13.21}$$

由此，无须再求解频率特征方程，既可快速、准确地获得集中质量位于板单元内部时，结构的第 i 阶固有频率值。

13.2 频率对集中质量大小的灵敏度分析

本节简单介绍固有频率对结构附带集中质量大小(即平动惯性) m 的一阶导数计算问题[96]。对于集中质量转动惯量 J 的一阶导数计算，也可以参照以下推导获得。假设一个集中质量块 m 位于结构有限元模型节点 q 上，而该节点既有平动(移)，也有转动自由度，则其质量矩阵为

$$\boldsymbol{M}_L = \begin{bmatrix} m & 0 \\ 0 & 0 \end{bmatrix} \tag{13.22}$$

式中：m 对应于节点 q 的平移自由度，而对角线上的 0 对应于转动自由度。矩阵 $\boldsymbol{M}_L$ 的维数与梁或板结构节点 q 的自由度数相等。根据式(13.1)，可计算第 i 阶固有频率的灵敏度：

$$\frac{\mathrm{d}\omega_i^2}{\mathrm{d}m} = -\omega_i^2\boldsymbol{\phi}_{ie}^{\mathrm{T}}\frac{\mathrm{d}\boldsymbol{M}_L}{\mathrm{d}m}\boldsymbol{\phi}_{ie} = -\omega_i^2v_{iq}^2 \tag{13.23}$$

式中：v_{iq} 为第 i 阶振型在集中质量 m 处的线位移。

正如振动基本理论所分析的那样，式(13.23)表示频率对集中质量大小的灵敏度总是一个非正的值，即增加集中质量总是具有降低固有频率的效果，而减小质量可使固有频率升高。当集中质量安放在第 i 阶振型的节点上时，如图 13－2 所示，由式(13.23)可知，第 i 阶频率的灵敏度为 0，即改变集中质量的大小，不会影响结构的第 i 阶频率值。这与

附加支承位于第 i 阶振型的节点上，对第 i 阶频率的效果是一致的。而当集中质量位于第 i 阶振型的峰值点上时，其灵敏度值达到最大，这与对其位置的灵敏度结果不同。若要通过减小集中质量来增加第 i 阶固有频率，最有效的途径就是从相应振型的峰值点上减小质量。

应该指出，频率灵敏度式(13.23)虽然不显含集中质量的(惯性)值，但由于固有频率 ω_i 和标准规一化振型 $\boldsymbol{\phi}_{ei}$ 都依赖集中质量的数值。因此，频率对集中质量值的一阶导数，与集中质量的大小仍然是有关的，是集中质量的隐函数，并不是一个常值。

13.3　集中质量位置优化步骤

在集中质量位置优化问题中，假设集中质量的惯性值一般保持不变，而集中质量的位置可以在结构上一定范围内移动。结构可能受到固有频率约束，以避免与外激励发生共振。在飞行器设计时，结构的质量中心位置是一个非常重要的设计指标。因此在频率优化过程中，一般要求初始设计的集中质量位置尽量少移动。从这个观点出发，优化问题可以表示为[96]

$$\min \quad \Delta P_c \tag{13.24a}$$

$$\text{s. t.} \quad \omega_i \in \Omega_i^* \quad (i=1,2,\cdots,k) \tag{13.24b}$$

$$s_j \in D_j \quad (j=1,2,\cdots,n) \tag{13.24c}$$

式中：ΔP_c 表示结构质心位置的移动量；s_j 代表第 j 个集中质量的位置坐标；Ω_i^* 是第 i 阶频率约束界限，这可以表示一个区域；D_j 为第 j 个集中质量可移动范围；k 为受约束的频率数；n 为可移动的集中质量数。

本章我们仍可采用前几章广泛应用的广义“渐进节点移动法”优化算法，优化设计结构附带的集中质量的位置。实际上，该方法由两个步骤构成：第一步，根据频率的灵敏度计算结果，确定效率最高的集中质量位置修改方案，寻找搜索(移动)方向；第二步，移动集中质量的位置，改善受约束的频率。优化循环过程中，集中质量沿着单元的边缘移动一个单元的长度，使集中质量始终位于有限元网格的节点上。以上优化过程不断循环，直到频率满足指定约束条件，或者集中质量已经移到结构的边界上。图 13－4 给出优化过程的框图。对于各种频率约束要求，优化步骤可参考 10.2 节对支承位置优化方法，这里不再重复介绍。

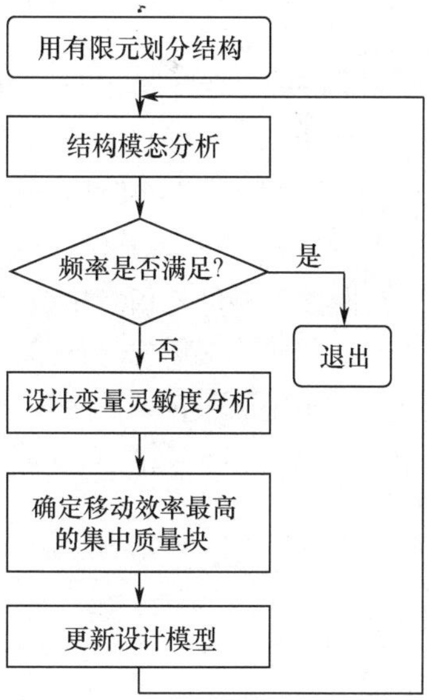

图 13－4　渐进节点移动优化方法流程图

为了运行优化程序，可以首先采用商业有限元软件，如 Ansys、Patran/Nastran 或 Abaqus 等，对结构进行有限元网格划分。其次计算梁、薄板结构的固有频率和相应的振型，获得集中质量所在节点第 i 阶振型的位移和转角值，并近似计算相应的曲率值。有了这些结果，频率相对集中质量位置的灵敏度就很容易计算得出。然后，按照优化步骤，不断修改集中质量的位置坐标。为了减少有限元分析计算次数,一次优化循环可以移动多个效率较高的集中质量位置。

13.4 集中质量位置优化算例

为了使结构优化设计效果明了起见,本节的三个算例暂时不考虑集中质量的转动惯量[96],采用的梁、板单元都是第2章介绍的普通单元。有关运用高阶梁单元对结构的动力特性和灵敏度进行分析和计算问题,读者可以参考文献[94]和[95]。

例 13.1 简支梁

使用这个简单算例是为了阐述频率灵敏度分析结果以及集中质量位置的优化过程。假设有一个均质简支梁,长度 $L=10\text{m}$,梁中间附带一个集中质量 $m=500\text{kg}$。梁被划分成12个等长度的单元,如图13-5所示。梁的横截面为正方形,边长 $h=0.2\text{m}$。假设材料的弹性模量 $E=210\text{GPa}$,密度 $\rho=7800\text{kg/m}^3$。

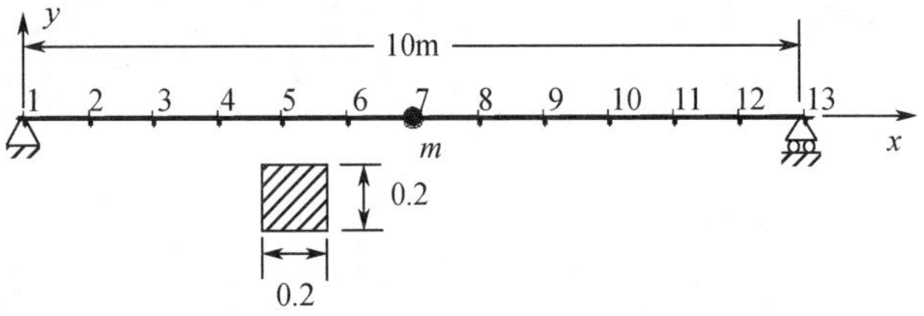

图 13-5 均匀简支梁及其有限元模型

无附带集中质量时,简支梁的前三阶振型分别为

$$\phi_i(x)=\sin\frac{i\pi}{L}x \quad (i=1,\ 2,\ 3)$$

图13-6绘出了简支梁前三阶振型的变形情况。其中第一、三阶振型是对称变形,第二阶振型是反对称变形。相应的固有频率值列于表13-1的第二列。现假设集中质量块位于梁的跨中,则简支梁的前三阶固有频率,及其相应的灵敏度 $\mathrm{d}\omega_i^2/\mathrm{d}s$ 计算结果分别列于表13-1的第三、四列。数值结果表明,第一、三阶频率有显著下降,因为集中质量刚好位于这两阶振型的峰值点上。而第二阶频率未受集中质量的影响,这是由于这个集中质量块刚好位于第二阶振型的节点上。因此,该阶固有频率值保持不变。此外,结构的前三阶频率对集中质量位置的灵敏度都等于0,这是由于集中质量所在节点7的位移(第二阶振型)或其转角为0(第一、三阶振型)的缘故。

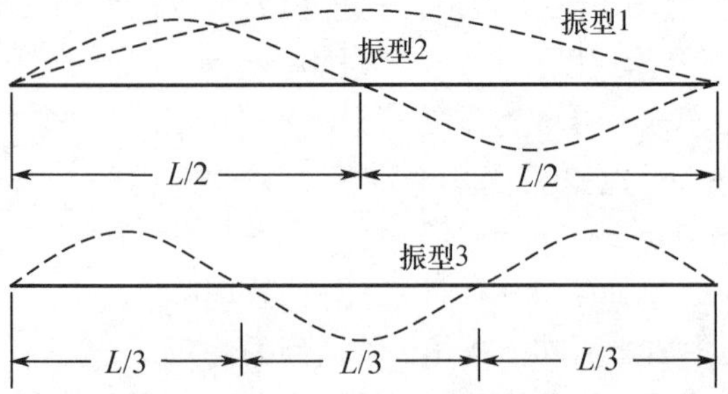

图 13-6 均匀简支梁前三阶振型

表 13－1　均匀简支梁前三阶固有频率(Hz)及其对集中质量位置的灵敏度值

阶次	未带集中质量	带有集中质量							
		在节点 7		在节点 6		在节点 5		在节点 4	
		频率	灵敏度	频率	灵敏度	频率	灵敏度	频率	灵敏度
1	4.59	3.99	0.0	4.03	-2.388×10	4.12	-4.628×10	4.26	-6.269×10
2	18.36	18.36	0.0	17.80	1.618×10^{3}	16.80	1.427×10^{3}	16.22	3.112×10^{2}
3	41.30	36.92	0.0	38.94	-1.268×10^{4}	41.30	0.0	39.28	1.103×10^{4}

若希望将第三阶频率恢复到原来的值。根据第 10 章提出的优化算法，按照灵敏度确定搜索方向，附带的集中质量逐渐移到节点 5。此时，相应的频率灵敏度变成 0，第三阶频率达到极值。优化结果显示在表 13－1 中第七、八列。

若要使第二阶固有频率降低到极小值，优化过程仍从节点 7 开始移动。根据附带集中质量位置的灵敏度值，它将不断向左端移动，最后到达节点 4 或 3，并在这两个节点之间来回振荡移动。第二阶频率相对集中质量位置优化过程如图 13－7 所示。在节点 4 的频率及其灵敏度值列于表 13－1 的第九、十列。应该指出：由于简支梁附带了集中质量，第二阶振型左边的峰值点将向左移到节点 3 与 4 之间。因此，频率对集中质量位置的灵敏度在节点 4(无附加集中质量时第二阶振型的节点)的值不再是 0，而是一个正值。表示继续向左端移动，应该能够减小第二阶频率。但当集中质量移到节点 3 时，第二阶频率反而会升高，并且相应的灵敏度变成负值，如图 13－7 所示。由此可知，集中质量最优位置应在这两个节点之间。与支承的情形一样，最优位置可以通过 Hermite 插值技术得到，见 10.1 节相应的公式和算法。经过简单计算可知：当集中质量位于距左端 2.318m 时，第二阶频率达到最小值 16.19Hz。

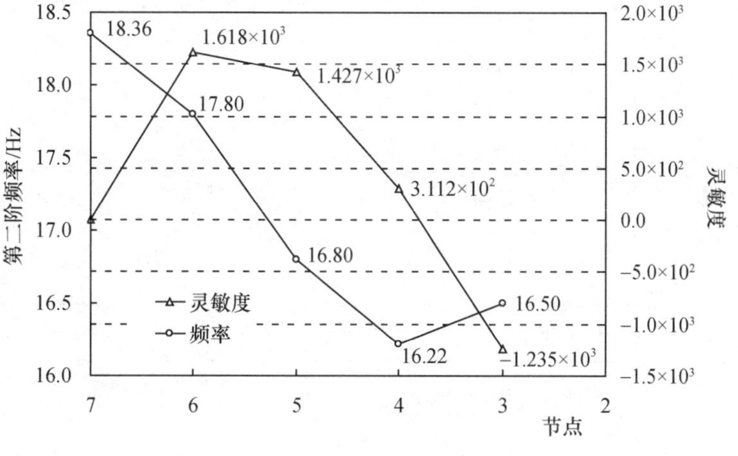

图 13－7　第二阶固有频率优化过程

这个算例演示了集中质量位置优化过程，同时也证明了频率灵敏度分析与推导过程的正确性。此外，从这个例题也可以说明当集中质量位于某阶振型的节点上时，若不考虑其转动惯性，它不会对该阶频率产生影响。如果集中质量未在振型的节点上，它将同时影响该阶频率和振型。

例 13.2 自由梁

一个处于自由状态的梁,附带若干个的集中质量块,用以模拟其整体质量和特性。调节其中一部分质量块的位置,可以改变结构的固有频率。梁的截面形状是圆环形,如图 13-8 所示。按照结构的几何尺寸,梁被分成 8 段,每段基本设计参数分别列于表 13-2 中。整个梁被划分成 30 个单元,在每一段内所有单元等长。假设在所给的集中质量块中,有 8 个是可移动的。初始时被分别安放在每一段的中间点附近,其余集中质量固定不动。各集中质量的值以及所在节点列于表 13-3 中。梁的弹性模量 $E=70\text{GPa}$,材料密度 $\rho=2700\text{kg/m}^3$。结构的前两阶固有频率分别要求控制在 36±0.5Hz 和 91.5±1Hz 范围之内,而整体质量中心最大只允许移动 ±20mm。结构总质量为 201.6kg,初始设计频率见表 13-4 中的第二列。

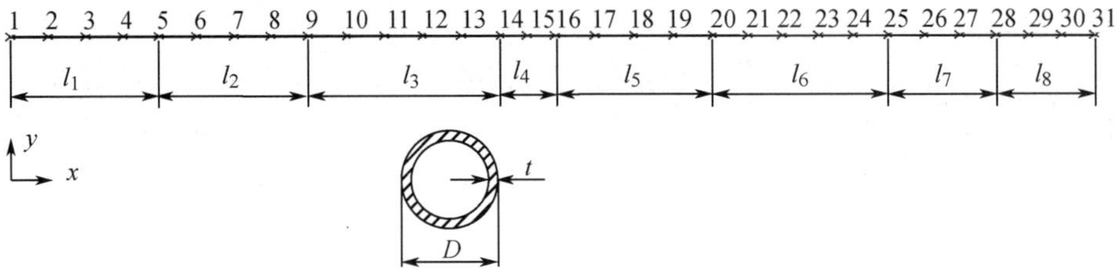

图 13-8 自由梁有限元分析模型

表 13-2 自由梁结构几何设计基本参数(mm)

分段 i	长度 l_i	壁厚 t	直径 D
1	550	4.0	140
2	550	3.0	210
3	700	4.5	210
4	200	3.0	210
5	570	5.5	210
6	640	3.5	210
7	390	3.0	210
8	360	3.0	210

表 13-3 自由梁上,附带固定和可移动集中质量的节点

集中质量/kg	不可移动集中质量所在节点	可移动集中质量	
		初始所在节点	优化所在节点
2	3, 4	3, 7, 11, 15, 18, 23, 27, 30	9, 9, 10, 15, 18, 24, 27, 27
4	5~8	—	—
5	21~31	—	—
7	9~20	—	—

表 13－4　自由梁的初始和最终弯曲频率以及质量中心位置

频率	初始值/Hz	最优值/Hz
1	34.26	35.72
2	88.30	90.74
质量中心/m	2.164	2.172

结构的前两阶固有频率优化过程显示在图 13－9 中。优化设计完成以后，8 个可移动集中质量的位置列于表 13－3 中最后一列。可以看到，有些集中质量块重合于一个节点上。梁的前两阶弯曲频率和结构质量中心坐标，分别列于表 13－4 中第三列。频率满足预先指定的条件，而结构的质心仅移动了 8mm。

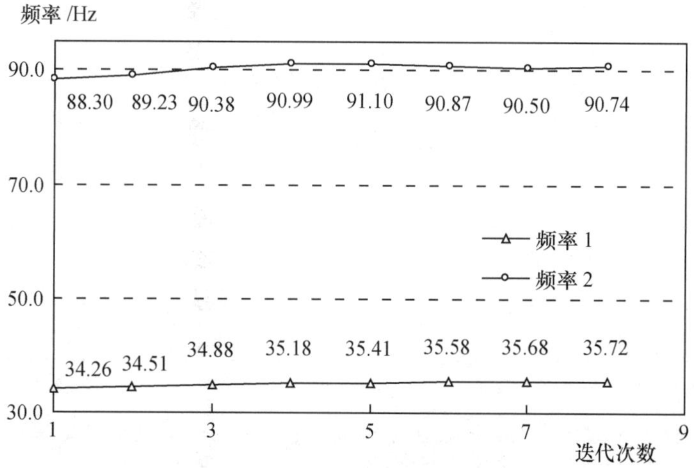

图 13－9　自由梁前两阶固有频率优化过程

例 13.3　后掠机翼模型

高速飞行的机翼，在空气动力、惯性力和弹性力的相互耦合作用下，可能会产生一种气动弹性不稳定现象，称为机翼颤振。颤振是一种自激振动，其影响因素有很多。提高飞机的飞行速度，控制机翼颤振的发生，是飞机设计人员应当考虑的问题。

图 13－10 所示为一个后掠机翼模型，考虑机翼平面外的弹性变形。整个结构被划分成 10×10 四边形薄板单元，机翼根部节点全部固定，其他边界自由。材料的弹性模量 $E=70\text{GPa}$，泊松比 $\nu=0.3$，密度 $\rho=2700\text{kg/m}^3$。机翼厚度沿展向从 4cm 均匀降到 2cm，机翼模型尺寸如图 13－10 所示。

原机翼结构（无附加质量块）的第一阶弯曲固有频率和第一阶扭转频率列于表 13－5的第二列。为了防止由于机翼的弯曲和扭转耦合振动，导致机翼颤振失稳的发生，提高其颤振速度，一种有效的方法是在机翼上布置（增加）配重，以改变机翼结构的惯性分布，从而增大第一阶弯曲频率与第一阶扭转频率之间的间隔，防止机翼发生弯扭耦合颤振。

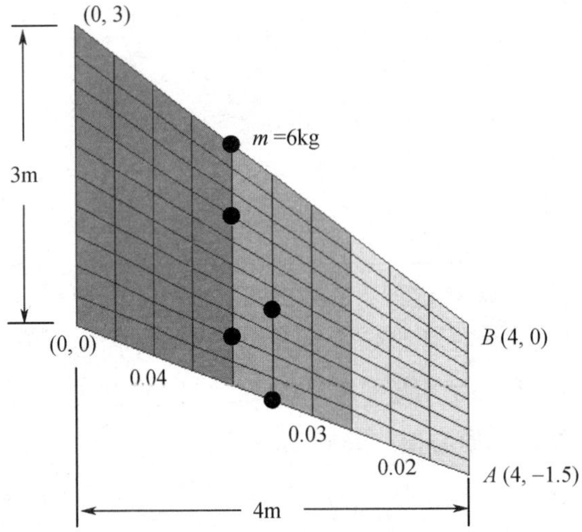

图 13 - 10　后掠机翼模型及其配重

表 13 - 5　附带集中质量前、后机翼的振动频率(Hz)

阶次	初始设计		优化设计
	无配重	有配重	
1 (一弯)	2.58	2.56	2.10
2 (一扭)	11.76	11.31	11.76
差值	9.18	8.75	9.66

初始设计时,将 5 个集中质量 $m = 6\text{kg}$ 随意布置在机翼上,如图 13 - 10 所示。此时机翼的前二阶固有频率会下降,其差值也有所减小,结果列于表 13 - 5 的第三列。相应的前两阶振型用等值线分别绘于图 13 - 11 中。移动集中质量的位置,以便增大机翼前两阶频率的间距。经过对集中质量位置优化设计,所有附加配重将位于翼尖的后缘,即 A 点处。这是一阶弯曲振型最大振幅点,第一阶频率下降最大。同时 A 点又在扭转振型的节线上,第二阶频率值不变。频率优化结果列于表 13 - 5 的第四列。图 13 - 12 分别示出了结构的前两阶频率及其间隔变化过程。

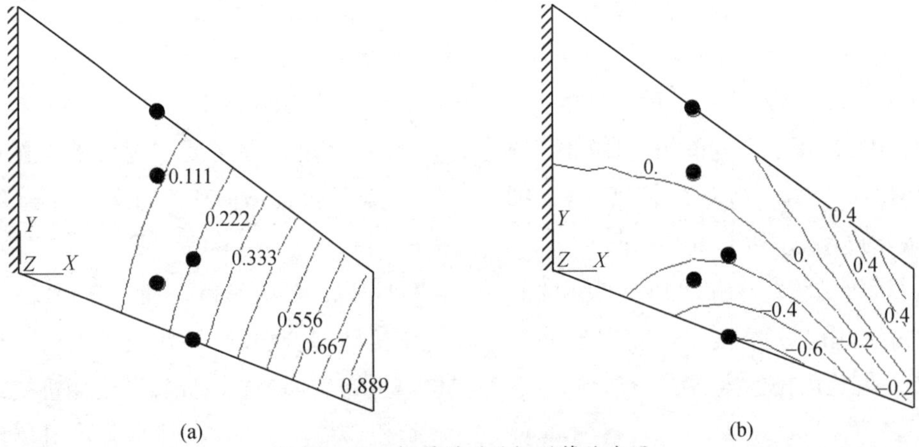

图 13 - 11　机翼模型的振型等值线图

(a) 第一阶弯曲;(b) 第一阶扭转振型。

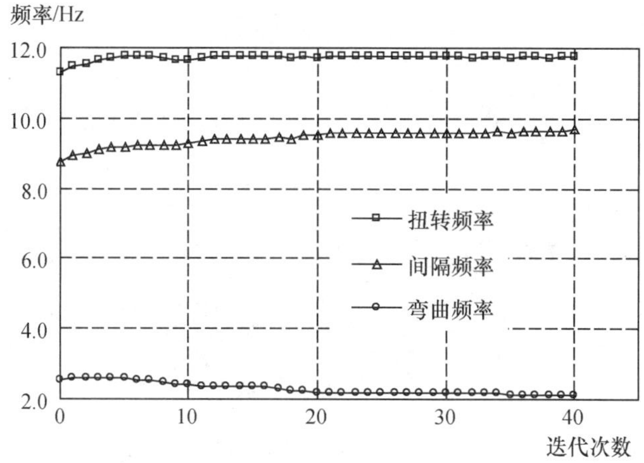

图 13－12　后掠机翼模型前两阶受约束频率及其间隔的优化过程

在实际机翼气动弹性设计时,由于还要涉及附加气动力的作用,机翼剖面刚心与重心的相对位置等,附加集中质量块通常位于机翼的前缘,即 B 点处,使重心位置前移。由此可见,抑制机翼颤振是一个复杂的问题,还有许多因素需要同时考虑和研究。

13.5　集中质量含转动惯性时频率灵敏度的计算

13.4 节的算例在优化设计集中质量位置时,只考虑了非结构集中质量的平动惯性,未考虑其转动惯性对振动的影响。实际工程结构设计时,如果集中质量的转动惯性相对于梁、板截面的转动惯性比较大,如集中质量的尺寸相对于梁的高度,或板的厚度较大,质量分布远离梁、板的轴线(中面)时,其转动惯性对结构振动的作用就不容忽视。否则,优化设计结果很不准确,可靠性较低,无法正确指导实际结构设计。特别是当分析、设计结构的高阶固有振动时,集中质量转动惯性的影响会更加突出,其对结构振动特性的影响有时会比平动惯性作用更大,分析时必须考虑[93, 98]。如果需要优化设计集中质量的位置,首先应该计算结构的固有频率相对于集中质量位置的一阶导数值,然后根据灵敏度信息确定优化策略。根据 13.1 节推导结果,本节继续分析梁所附带的非结构集中质量位置的一阶导数计算问题,考察转动惯性对频率灵敏度计算结果的影响。对于薄板结构,分析结果同样也适用。

在用式(13.12)计算固有频率对非结构集中质量位置的一阶导数时,要用到集中质量所在节点的位移、转角和曲率。同样,在 5.6 节和 10.7 节计算带扭转刚度的支承位置一阶导数时,也需要这些变形量。对于一般的梁结构,节点的位移和转角比较容易获得,而节点的曲率需要仔细分析和另行计算。

如图 13－13 所示的两个相邻的梁单元,在中间节点 2 上附带一个集中质量块。在节点 2 处,根据变形连续性条件,横向位移和转角值是相等的,即

$$v_2^- = v_2^+ ,\quad \theta_2^- = \theta_2^+ \tag{13.25}$$

上式中,上标有“－”(“＋”)的项代表节点左(右)侧的量。而根据质量块两侧力矩的平

衡条件是

$$\frac{EI_1}{L_1}\kappa_2^- - J\omega^2\theta_2 = \frac{EI_2}{L_2}\kappa_2^+ \tag{13.26}$$

即若 $J\neq 0$,节点 2 两侧的曲率值并不相同[95]:

$$\kappa_2^- \neq \kappa_2^+ \tag{13.27}$$

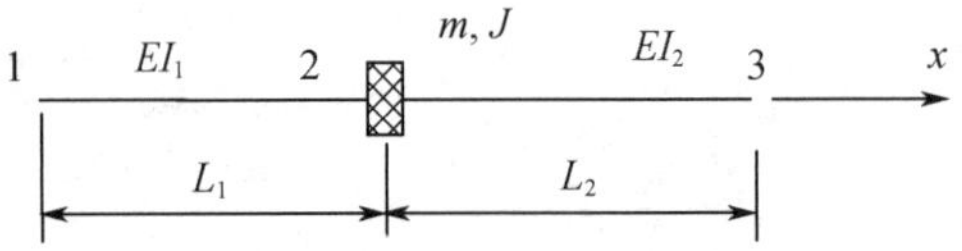

图 13-13 梁单元中间节点附带一个集中质量

如果采用 13.1.1 节提出的 2 个节点 6 自由度的高阶梁单元,在节点 2 处的横向位移、转角和曲率可以通过有限元分析得到。但是,由于考虑了集中质量的转动惯性 J,即在任意一个附带集中质量块的节点上,只有位移和转角有唯一值,曲率值并不唯一。因此,在应用高阶有限梁单元分析时,必须在节点 2 的两侧分别各设置一个曲率自由度[95]。此时,总体位移列阵应具有以下形式:

$$\boldsymbol{U} = [v_1 \quad \theta_1 \quad \kappa_1 \quad v_2 \quad \theta_2 \quad \kappa_2^- \quad \kappa_2^+ \quad v_3 \quad \theta_3 \quad \kappa_3 \quad \cdots]^{\mathrm{T}} \tag{13.28}$$

由此可见,在应用式(13.12)计算集中质量位置的一阶导数时,存在着节点 2 上曲率如何选取的问题。选择 κ_2^- 或 κ_2^+ 都不能保证曲率 κ 在节点 2 上的唯一性。虽然曲率不连续,但它们都是有限值(第一类间断点)。因此可以采用节点 2 两侧曲率的平均值表示节点 2 上的曲率:

$$\kappa_2 = \frac{\kappa_2^- + \kappa_2^+}{2} \tag{13.29}$$

于是,第 i 阶固有频率相对于非结构集中质量位置的一阶导数公式可改写成

$$\frac{\mathrm{d}\omega_i^2}{\mathrm{d}s} = -2m\omega_i^2 v_{2i}\theta_{2i} - J\omega_i^2\theta_{2i}(\kappa_2^- + \kappa_2^+) \tag{13.30}$$

为了构造高阶梁单元的质量和刚度矩阵,首先需要该单元的形状函数 $N_{1\sim 6}$。这些形状函数可以通过有限元基本原理分析得出[94, 95]

$$\begin{cases} N_1 = 1 - 10x^3/L^3 + 15x^4/L^4 - 6x^5/L^5 \\ N_2 = x - 6x^3/L^2 + 8x^4/L^3 - 3x^5/L^4 \\ N_3 = x^2/2 - 3x^3/(2L) + 3x^4/(2L^2) - x^5/(2L^3) \\ N_4 = 10x^3/L^3 - 15x^4/L^4 + 6x^5/L^5 \\ N_5 = -4x^3/L^2 + 7x^4/L^3 - 3x^5/L^4 \\ N_6 = x^3/(2L) - x^4/L^2 + x^5/(2L^3) \end{cases} \tag{13.31}$$

由这些形状函数表达式,根据第 2 章式(2.26)和式(2.15),可以构造 2 节点 6 自由

度高阶平面梁单元的刚度矩阵和质量矩阵：

$$\boldsymbol{k}^e = \frac{EI}{70L^3}\begin{bmatrix} 1200 & & & & & \\ 600L & 384L^2 & & \text{对} & & \\ 30L^2 & 22L^3 & 6L^4 & & \text{称} & \\ -1200 & -600L & -30L^2 & 1200 & & \\ 600L & 216L^2 & 8L^3 & -600L & 384L^2 & \\ -30L^2 & -8L^3 & L^4 & 30L^2 & -22L^3 & 6L^4 \end{bmatrix} \tag{13.32}$$

$$\boldsymbol{m}^e = \frac{\rho AL}{55440}\begin{bmatrix} 21720 & & & & & \\ 3732L & 832L^2 & & \text{对} & & \\ 281L^2 & 69L^3 & 6L^4 & & \text{称} & \\ 6000 & 1812L & 181L^2 & 21720 & & \\ -1812L & -532L^2 & -52L^3 & -3732L & 832L^2 & \\ 181L^2 & 52L^3 & 5L^4 & 281L^2 & -69L^3 & 6L^4 \end{bmatrix} \tag{13.33}$$

另外，若仍采用一般的 2 节点 4 自由度的普通梁单元，通过有限元分析，只能获得节点 2 处的横向位移和转角，第 i 阶振型的曲率 κ 值无法直接得到。因此，必须通过计算近似得到节点 2 两侧的曲率。对于图 13－13 中的节点 2，由式(10.5)，两次对 x 求导可得

$$\kappa_{2i}^- = \frac{1}{L_1^2}[6 \quad 2L_1 \quad -6 \quad 4L_1][v_1 \quad \theta_1 \quad v_2 \quad \theta_2]_i^{\mathrm{T}} \tag{13.34a}$$

$$\kappa_{2i}^+ = \frac{-1}{L_2^2}[6 \quad 4L_2 \quad -6 \quad 2L_2][v_2 \quad \theta_2 \quad v_3 \quad \theta_3]_i^{\mathrm{T}} \tag{13.34b}$$

上两式在计算梁两端的弯矩时曾出现过，见式(6.16)和式(6.17)。用式(13.34a)、式(13.34b)计算节点两侧的曲率，仅适用于均匀截面梁，并未考虑梁截面沿轴线的变化情况。对于更加复杂截面的梁，如梯形截面梁，可以通过节点的弯矩 M_b 近似计算曲率值[95]：

$$\kappa(x) = \frac{M_b}{EI(x)} \tag{13.35}$$

无论是采用式(13.34)，或用式(13.35)，当单元逐渐细分时，所得结果都将收敛[95]。

为了方便以下结果的计算和比较，我们对集中质量引入两个无量纲惯性量：

$$\text{平动惯性：}\quad \alpha = \frac{m}{\rho AL},\qquad \text{转动惯性：}\quad \beta = \frac{J}{\rho AL^3}$$

例 13.4 悬臂梁附带一个集中质量

如图 13－14 所示，一匀质等截面悬臂梁附带一个集中质量，悬臂梁长度 $L = 1\text{m}$。梁的横截面是矩形，宽 0.1m，高 0.05m。材料的弹性模量 $E = 70\text{GPa}$，密度 $\rho = 2700\text{kg/m}^3$。集中质量值 $m = 5.4\text{kg}(\alpha = 0.4)$，转动惯量 $J = 1.35\text{kg}\cdot\text{m}^2(\beta = 0.1)$。将梁划分成 5 个等长度的单元[93,95]。集中质量分别位于悬臂梁自由端($s = 1.0$)和靠近自由端($s = 0.8$)两个指定节点上，计算梁－质量系统的前三阶固有频率及其对集中质量位置的一阶导数值。比较集中质量的转动惯性影响效果。

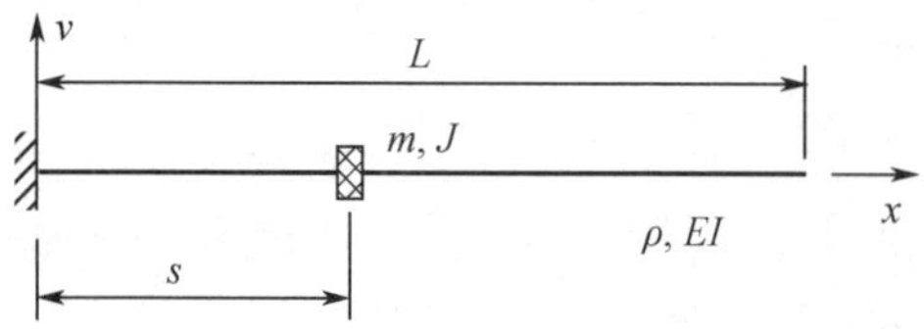

图 13-14　匀质等截面悬臂梁附带一个集中质量

悬臂梁的固有频率λ及其对集中质量位置的一阶导数计算结果列于表13-6中。不难看出，是否考虑附带集中质量的转动惯性，对悬臂梁的固有频率及其导数都有很大的影响。当考虑集中质量的转动惯性以后，由于增加了整个结构的惯性量，所得梁的频率一般都会有所下降，而且下降幅度与固有频率的阶次和集中质量的位置都有很大关系。而从固有频率的一阶灵敏度计算结果不难发现，考虑集中质量的转动惯性与否，计算结果有时会发生符号的改变。而采用不同(低阶或高阶)梁单元模型，所得灵敏度值对第一阶频率相差不大，但对高阶频率会有一定的影响，而且高阶梁单元可以得到比较精确的计算结果。由此可知，在梁-质量系统振动分析过程中，集中质量的转动惯性应当给予足够地重视。

表 13-6　悬臂梁前三阶固有频率($\lambda_i=\sqrt[4]{\omega_i^2\rho L^4/EI}$)
及其对集中质量位置灵敏度计算结果

集中质量位置(s)/m		模型	固有频率 λ_1	固有频率 λ_2	固有频率 λ_3	频率灵敏度 $d\lambda_1/ds$	频率灵敏度 $d\lambda_2/ds$	频率灵敏度 $d\lambda_3/ds$
不计转动惯量	0.8m	理论解	1.6093	4.6890	7.5735	-0.6907	-0.6122	6.7071
		2节点4自由度	1.6093	4.6901	7.5837	-0.6907	-0.6137	6.7728
	1.0m	理论解	1.4724	4.1444	7.2155	-0.6683	-3.5944	-6.7909
		2节点4自由度	1.4724	4.1450	7.2249	-0.6683	-3.5971	-6.8327
考虑转动惯量	0.8m	理论解	1.4681	2.8387	6.2259	-0.5364	-1.8312	-7.0093
		2节点4自由度	1.4681	2.8388	6.2303	-0.5346	-1.8727	-7.3604
		2节点6自由度	1.4681	2.8387	6.2259	-0.5364	-1.8310	-7.0018
	1.0m	理论解	1.3615	2.5458	5.1095	-0.5271	-1.1498	-4.3039
		2节点4自由度	1.3615	2.5459	5.1111	-0.5265	-1.1634	-4.4102
		2节点6自由度	1.3615	2.5458	5.1095	-0.5271	-1.1498	-4.3016

例 13.5　自由梁附带两个集中质量

图13-15所示为一个等截面自由梁附带两个不等的非结构集中质量[93,95]。其中，$m_1=2m_2=2.7\text{kg}(\alpha=0.2)$，$J_1=2J_2=0.27\text{kg}\cdot\text{m}^2(\beta=0.02)$。梁的材料以及截面尺寸与上例相同。若不考虑集中质量的转动惯性，为了不影响梁的第一阶弹性弯曲振动特性，可将两个集中质量分别放置在该阶振型的两个节点上，即 $s_1=0.2242\text{m}$，$s_2=0.7758\text{m}$。此时梁的第一阶弯曲振动频率参数仍是 $\lambda_1=4.7300$，且由式(13.12)可知，第一阶频率对集中质量位置的一阶导数值为0。然而，当我们考虑集中质量的转动惯性后，虽然集中质量的转动惯量相对很小，但梁的第一阶弯曲频率参数却下降到了 $\lambda_1=3.5997$，降幅达23.9%。

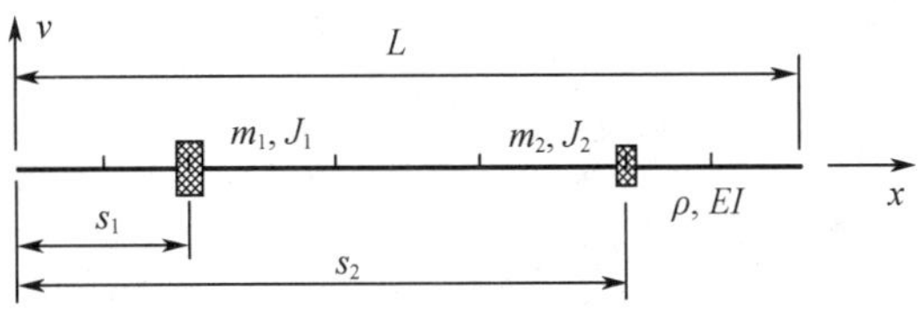

图 13-15 匀质等截面自由梁附带二个非结构集中质量

按照集中质量的位置，将梁划分成三段共 7 个单元，每一段内单元的长度相等，见图 13-15 所示。表 13-7 分别列出了梁的前二阶弯曲固有频率，以及对各附带集中质量位置的一阶灵敏度理论和数值计算结果。很明显，考虑集中质量的转动惯性后，第一阶频率对集中质量位置的一阶导数值均不再是 0，且符号也不相同。另外，由于在左侧（s_1）的集中质量惯性比右侧的大，其对梁的第一、二阶频率影响程度也较大，相应的灵敏度数值也较大。比较理论和数值结果还可以看出，采用高阶梁单元所得结果精确更高、更准确。根据频率灵敏度分析结果，我们知道若分别向两端移动集中质量，将使梁的前二阶固有频率同时下降；而向中间移动集中质量，将同时增加梁的前二阶频率。适当移动集中质量的位置，也可以达到调节结构的频率，控制结构响应的目的。

表 13-7 自由梁前二阶弯曲固有频率（$\lambda_i = \sqrt[4]{\omega_i^2 \rho L^4 / EI}$）及其对各集中质量位置灵敏度计算结果

集中质量位置（s_i）	模型	固有频率 λ_i		频率灵敏度	
				$\partial\lambda_i/\partial s_1$	$\partial\lambda_i/\partial s_2$
$s_1=0.2242$m $s_2=0.7758$m	理论解	λ_1	3.5997	1.5045	-0.8225
		λ_2	5.7464	5.4086	-4.7993
	2 节点 4 自由度	λ_1	3.5997	1.5184	-0.8237
		λ_2	5.7471	5.6664	-5.0797
	2 节点 6 自由度	λ_1	3.5997	1.5043	-0.8225
		λ_2	5.7464	5.4044	-4.7955

下面来估算当两个集中质量向中间移动时，梁的固有频率。在保持结构的重心不变的情况下，分别将集中质量移到 $s_1=0.26$m，$s_2=0.7042$，由表 13-7 可得

$$\lambda_1 \approx 3.5997 + 1.5045 \times (0.26 - 0.2242) + 0.8225 \times (0.7758 - 0.7042) = 3.7125$$

由理论计算可到 $\lambda_1 = 3.7179$，两种方法所得结果几乎完全一致。此时，自由梁的固有频率有所增加。相反，若不考虑集中质量的转动惯性，当两个集中质量离开第一阶振型的节点，到达指定点时，将会得出 λ_1 下降（$\lambda_1=4.6916$）的不正确结论。

图 13-16 是将集中质量放在第一阶弯曲振型节点时，自由梁的第一阶弯曲振型，不考虑集中质量的转动惯性时，振型曲线是对称的；而当考虑集中质量的转动惯性后，振型的节点发生了移动，而且由于两个集中质量的转动惯性不同，振型曲线的对称性也就消失了。

例 13.6 悬臂板附带一个集中质量块

图 13-17 所示为一等厚度薄板，左边固支，其他边界自由，板厚 3mm。材料的弹性模量 $E=70$GPa，泊松比 $\nu=0.3$，密度 $\rho=2700$kg/m^3。在薄板的前缘上有一个集中质量配重，其质量值和对形心轴的转动惯量值如图中所示。要求计算结构的第一、二阶固有频

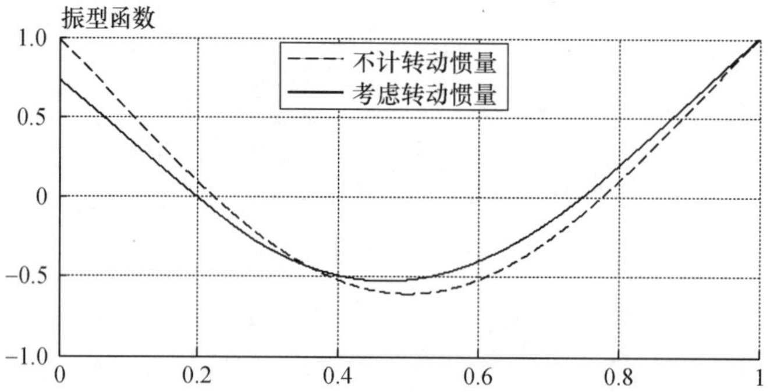

图 13-16　自由梁第一阶弯曲振型曲线比较

率,对集中质量块沿着板的前缘边移动的灵敏度值;并用中心差分方法进行比较,证明计算结果的准确性。

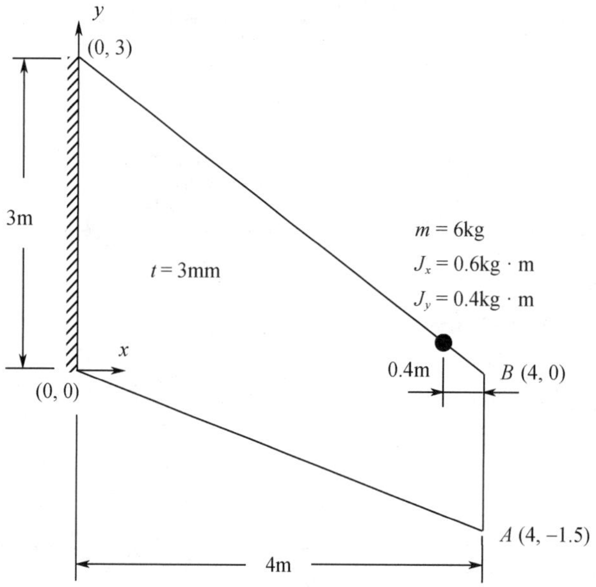

图 13-17　悬臂薄板附带一个集中质量块

首先构建薄板结构有限元分析模型,如图 13-18 所示。将板沿 x 方向分成 20 个等分(每段长度 0.2m),沿 y 方向分成 10 个等分,板被分成 200 个四边形单元。采用 R-12 单元计算薄板的前二阶固有频率以及相应的振型,并可获得集中质量块所在节点的各位移分量值,结果如表 13-8 所列。

表 13-8　薄板的前二阶固有频率以及相应振型(质量规一化后)在集中质量处的位移

模态 i	频率 ω_i/(rad/s)	广义节点位移		
		w/m	θ_x	θ_y
1	0.90707	-1.84137×10^{-1}	2.79516×10^{-2}	7.53550×10^{-2}
2	3.94444	-1.69255×10^{-1}	-3.00361×10^{-1}	7.90121×10^{-2}

计算频率的灵敏度需要集中质量位置的各曲率值,但 R-12 单元的基本位移变量不提供节点的曲率。这可以通过单元节点的弯矩值近似计算得到,见式(2.38)。节点弯矩

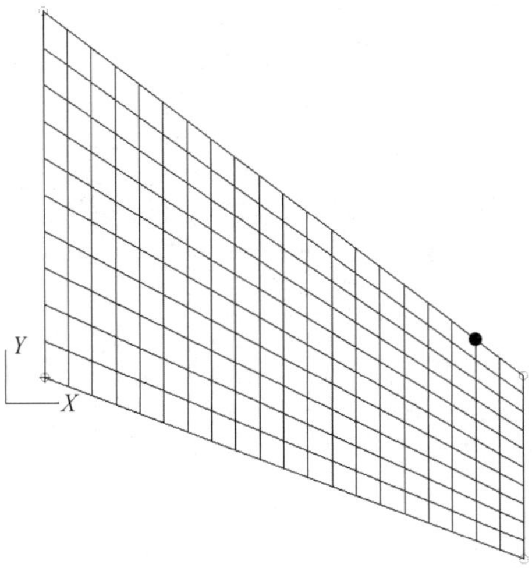

图 13－18　悬臂薄板有限元网格

与曲率有如下关系式：

$$\begin{Bmatrix} \kappa_{xx} \\ \kappa_{yy} \\ 2\kappa_{xy} \end{Bmatrix} = -\frac{12}{h^3}\boldsymbol{D}^{-1}\begin{Bmatrix} M_x \\ M_y \\ M_{xy} \end{Bmatrix}$$

其中：

$$\boldsymbol{D} = \frac{E}{1-\nu^2}\begin{bmatrix} 1 & \nu & 0 \\ \nu & 1 & 0 \\ 0 & 0 & \frac{1-\nu}{2} \end{bmatrix}$$

由集中质量块两侧薄板四边形单元在该节点的弯矩，可分别获得节点的曲率。计算结果如表 13－9 所列。

表 13－9　集中质量所在节点两侧板单元的前二阶弯矩以及曲率值计算结果

单元位置		左侧单元		右侧单元	
模态		1	2	1	2
弯矩	M_x	-4.49900×10^{-2}	1.17718×10	-2.41560×10^{-1}	4.40027
	M_y	5.73275×10^{-1}	-1.75782×10	-1.10836×10^{-1}	-1.80565×10
	M_{xy}	3.52144×10^{-1}	6.78077	2.69327×10^{-1}	1.05448
节点曲率	κ_{xx}	1.37760×10^{-3}	1.08223×10^{-1}	1.32260×10^{-3}	-6.23315×10^{-2}
	κ_{yy}	-3.72554×10^{-3}	1.34030×10^{-1}	2.43605×10^{-4}	1.23026×10^{-1}
	κ_{xy}	-2.90658×10^{-3}	-5.59683×10^{-2}	-2.22301×10^{-3}	-8.70362×10^{-3}

由表 13－9 可见，在有集中质量的节点上，由不同单元所得弯矩或曲率值并不相同，这是由于考虑了集中质量的转动惯量的必然结果。由表 13－9 可以计算集中质量所在节点曲率的平均值：

第一阶模态：

$$\kappa_{xx}=1.35010\times10^{-3};\ \kappa_{yy}=-1.74097\times10^{-3};\ \kappa_{xy}=-2.56480\times10^{-3}$$

第二阶模态：

$$\kappa_{xx}=-8.52775\times10^{-2};\ \kappa_{yy}=1.28528\times10^{-1};\ \kappa_{xy}=-3.23360\times10^{-2}$$

可以看到,第二阶模态的曲率值,比第一阶模态的曲率值大至少一个数量级。于是可按照公式(13.19),首先分别计算薄板的固有频率,相对集中质量位置沿各坐标轴方向的一阶导数值：

$$\frac{\partial\omega_1}{\partial x}=\omega_1(mw_1\theta_{y1}-J_y\theta_{y1}\kappa_{xx1}+J_x\theta_{x1}\kappa_{xy1})=-0.075593$$

$$\frac{\partial\omega_1}{\partial y}=-\omega_1(mw_1\theta_{x1}-J_x\theta_{x1}\kappa_{yy1}+J_y\theta_{y1}\kappa_{xy1})=0.028055$$

$$\frac{\partial\omega_2}{\partial x}=\omega_2(mw_2\theta_{y2}-J_y\theta_{y2}\kappa_{xx2}+J_x\theta_{x2}\kappa_{xy2})=-0.28288$$

$$\frac{\partial\omega_2}{\partial y}=-\omega_2(mw_2\theta_{x2}-J_x\theta_{x2}\kappa_{yy2}+J_y\theta_{y2}\kappa_{xy2})=-1.2905$$

薄板前缘的方向余弦是 $s=(4/5,\ -3/5)$,于是可得各阶频率的一阶灵敏度值：

$$\frac{\partial\omega_1}{\partial s}=-0.8\times0.075593-0.6\times0.28055\approx-0.077308$$

$$\frac{\partial\omega_2}{\partial s}=-0.8\times0.28288+0.6\times1.2905\approx0.54799$$

由此可知,将集中质量沿薄板前缘向外侧移动,能使悬臂板的第一阶频率下降,同时使第二阶频率上升,使悬臂板的前二阶固有频率的间隔增大。

下面我们用中心差分法,验证以上公式计算结果的正确性。将集中质量块沿薄板前缘分别移动 $\delta=\pm0.05$m,结构频率的变化以及差分结果如表 13-10 所列。与梁的分析结果一样,薄板的第一阶频率灵敏度误差较小(0.4%),第二阶频率灵敏度误差较大(34.4%)。两种方法所得第一阶频率灵敏度结果很接近,表明公式(13.19)是正确的。

表 13-10 集中质量分别沿薄板前缘移动引起频率的变化

移动方向	$-\delta$		$+\delta$		$\Delta\omega_1/2\delta$	$\Delta\omega_2/2\delta$
阶次	ω_1	ω_2	ω_1	ω_2		
频率	0.910943	3.92411	0.903182	3.96487	-0.07761	0.4076

本章小结

本章采用离散分析方法,利用高阶有限单元模型,分别推导出了梁、薄板结构的固有频率,相对附带非结构集中质量位置的一阶导数计算公式。该灵敏度公式同时考虑了附带集中质量的平动惯性和转动惯性的影响。根据灵敏度分析结果,将前几章广泛应用的广义“渐进节点移动法”优化算法,成功推广到梁、薄板结构固有频率相对附带集中质量位置的优化设计。

根据达朗贝尔原理,集中质量的惯性力(矩)与支承的支反力(矩)是等价的,都可以当作是附加子系统对结构的作用力。在此基础上,梁、板结构的固有频率相对附带非结构集中位置的一阶导数,与频率相对一般性支承位置的一阶导数计算公式是一致的。本章分别运用低阶和高阶梁单元,计算了固有频率的灵敏度值。所得结果对比表明,高阶梁单元可以得到精确较高的灵敏度结果,特别适合于计算高阶固有频率的灵敏度值。

虽然通常使用的普通梁、薄板单元不能提供节点的曲率,但是集中质量所在点的曲率一般能用节点的弯矩近似计算。因此采用普通的梁、薄板单元,也能比较精确地估算具有平动和转动惯性的集中质量位置的一阶导数值。而且频率阶次越低,计算精度会越高。但是使用高阶梁、板单元对结构进行建模,对响应计算会带来一些不必要的麻烦。如系统总的位移列阵(自由度)排列顺序,会随着集中质量位置变化而经常改变,从而造成结构本身(除集中质量以外)的刚度矩阵也在不断改变。因此实际结构计算时很少使用这些高阶梁、板有限单元。

第14章　结构动态频响函数优化设计

前面几章我们在讨论结构动力优化设计时，都是以结构的固有频率作为最优设计的约束条件，而以结构质量达到最小为目标函数，或者以固有频率作为最优设计的目标函数。这一方面是由于固有频率约束是决定最优解是否存在的主要因素，满足频率约束条件对寻求优化问题的解至关重要；另一方面也是因为结构的固有频率，特别是前几阶固有频率以及振型，基本决定了结构动响应的大小和水平[14, 15]。因此，迄今为止涉及频率约束的结构动力优化问题研究得比较多，有关的优化算法和研究成果都很丰富。而其它一些结构动力响应条件，如瞬态或稳态动位移、动应力响应等，一般也能通过优化设计结构的固有频率基本得到满足。如以动位移响应为约束的结构优化设计，可以通过调整（或移动）结构的固有频率，使其远离外激励频率，同样也能使结构指定点的动位移响应得到有效控制和减小。

实际工程结构设计通常要求在一定宽度的频率范围内，控制结构对外激励作用的响应。即结构在一定宽度频段（带）内的动态响应特性，也能作为结构优化设计的约束条件[99]。而以往基于固有频率移动的优化策略，有时却可能无法改变结构的动响应。例如，优化设计改动了与外激励或测量点自由度正交的振型所对应的固有频率，就对待测量的位移响应基本不起作用。另外，移动结构的一阶或少数几阶固有频率，有时也无法使其动响应在一个较宽的频段内得到有效地控制[100]。因此我们需要在给定的频段内，针对结构的动响应的特点进行优化设计。当外激励的频率在该频段内变化时，如随机激励，结构仍具有比较满意的动响应水平。而结构的频响函数，恰好能在一定的频段内描述结构的动态响应特性。而且频响函数比频率参数更能全面地反映结构实际的响应状况。若能通过优化设计，使结构的频响函数幅值曲线整体得到减小或下降，则可以实现在一个较宽的频段内，有效降低结构的振动响应水平。然而，现有的许多文献主要是研究结构在特定激振频率下的动响应优化设计问题[101, 102]，而研究结构整体动力响应控制的优化设计的文献相对还是较少[103]。

频率响应函数是振动系统一个非常重要的动态传递特性，是用来分析在不同外激振频率作用时，系统稳态响应的幅值及相位。本章研究结构的动态响应优化设计问题，即研究在一定频段内，以结构的质量最小化为目标函数，以结构的频响函数为约束的结构动力优化设计问题。本章以桁架结构的构件尺寸（截面积）为设计变量，运用前几章广泛使用的广义“渐进节点移动法”，根据频响函数的灵敏度分析结果，通过控制给定频段内少数几个离散点的频响值的变化，使结构在该频段内的整体响应水平得到有效降低。同时要求结构的固有频率基本保持不变，即尽可能保持原结构的固有频率特性，不使其在给定频段内有较大地移动从而产生新的共振峰值。如此构造的优化问题，对外激励没有严苛的要求，即避免对外激励作过多的假设（如以往多假设外激励是白噪声）[104, 105]。本章我们将用三个典型算例，来验证所提优化策略和算法的可行性和有效性，并比较频响约束与频率约束对抑制结构振动响应的不同效果。

14.1　结构的频响函数计算

正如 7.4 节所述，结构频响函数的计算通常有两种方法[51]：一种是直接法（Direct Method），即通过动力方程组直接求解。该方法的缺点是，当所考察的激励频率点较多和系统规模较大时，其计算量非常大。虽然结构的动刚度矩阵包含了阻尼矩阵，但无法直接考虑结构的模态阻尼（率）。另一种是（复）模态叠加法（Mode Superposition Method），它是通过模态展开的途径来计算频响函数的。该方法的缺点是要求首先计算出结构的所有模态参数，即频率、振型和模态阻尼率等。对于大型复杂结构，如果振动分析模型的自由度很多，计算其所有模态参数是一件很烦琐、很费时的工作，而且所得高阶模态参数的计算精度也不高，与实际情况相差很大。本章基于全模态展开式计算频响函数及其灵敏度，当所考察的频率点较多时，该方法的计算效率明显高于直接法。此外，该方法还能考虑系统各阶模态阻尼的情况。因此，本章的优化方法仅适合中、小型规模的结构。

由线性振动理论可知，结构的复频率响应函数，表示其在某个特定点（或自由度）上受单位简谐激励作用时，系统在另外一个点上稳态振动响应的幅值和相位。如同结构的固有频率和振型一样，频响函数也是振动系统所固有的动态性能，不受外激励幅值的影响。下面按照模态叠加法，推导结构的频响函数表达式。对于一个 N 自由度线性结构，假设振动受到黏性阻尼力的作用，其受迫振动微分方程为

$$\boldsymbol{M}\ddot{\boldsymbol{y}} + \boldsymbol{C}\dot{\boldsymbol{y}} + \boldsymbol{K}\boldsymbol{y} = \boldsymbol{I}\mathrm{e}^{\mathrm{j}\omega t} \tag{14.1}$$

式中：$\boldsymbol{K}$、$\boldsymbol{C}$ 和 $\boldsymbol{M}$ 分别是结构的总体刚度、阻尼和质量矩阵，可以假设它们都是 $N\times N$ 阶的实对称矩阵；$\boldsymbol{I}$ 为 $N\times N$ 阶单位矩阵；ω 为外激励频率；$\mathrm{j}=\sqrt{-1}$。方程式（14.1）的右端项表示在系统的每一个自由度上，分别作用有单位幅值的简谐力。因此，$\boldsymbol{y}$ 是 $N\times N$ 阶的结构响应矩阵，它的每一列代表着单独作用在一个自由度上的简谐激励所引起的响应。假设阻尼是经典阻尼，即在实模态空间内，阻尼矩阵可以解耦。设结构的稳态响应为

$$\boldsymbol{y}(t) = \boldsymbol{H}(\mathrm{j}\omega)\mathrm{e}^{\mathrm{j}\omega t} \tag{14.2}$$

式中：$\boldsymbol{H}(\mathrm{j}\omega)$ 代表结构的频响函数矩阵。$\boldsymbol{H}(\mathrm{j}\omega)$ 只是表示 $\boldsymbol{H}$ 是 ω 的复数函数。将 $\boldsymbol{y}(t)$ 代到式（14.1）并消去时间项 $\mathrm{e}^{\mathrm{j}\omega t}$ 可得

$$(\boldsymbol{K} + \mathrm{j}\omega\boldsymbol{C} - \omega^2\boldsymbol{M})\boldsymbol{H}(\mathrm{j}\omega) = \boldsymbol{I} \tag{14.3}$$

如果对方程式（14.3）的系数矩阵 $(\boldsymbol{K} + \mathrm{j}\omega\boldsymbol{C} - \omega^2\boldsymbol{M})$ 直接求逆，即得结构的频响函数 $\boldsymbol{H}(\mathrm{j}\omega)$。但是如果我们只关心频响函数矩阵内少数几项（即结构上少数几个点，而不是全部点的频响函数）时，该方法却无法快速直接计算，必须先得到频响矩阵 $\boldsymbol{H}(\mathrm{j}\omega)$，而后提取获得。因此，该方法的计算效率并不高。

假设已得到了结构各阶质量规一化的振型 $\boldsymbol{\phi}_i$，结构的振型矩阵为

$$\boldsymbol{\Phi} = [\boldsymbol{\phi}_1 \quad \boldsymbol{\phi}_2 \quad \cdots \quad \boldsymbol{\phi}_N] \tag{14.4}$$

令

$$\boldsymbol{H}(\mathrm{j}\omega)=\boldsymbol{\Phi x} \tag{14.5}$$

式中:$\boldsymbol{x}$ 为模态坐标矩阵。代入式(14.3),然后两边同乘以 $\boldsymbol{\Phi}^{\mathrm{T}}$,则有

$$(\boldsymbol{\Phi}^{\mathrm{T}}\boldsymbol{K\Phi}+\mathrm{j}\omega\boldsymbol{\Phi}^{\mathrm{T}}\boldsymbol{C\Phi}-\omega^2\boldsymbol{\Phi}^{\mathrm{T}}\boldsymbol{M\Phi})\boldsymbol{x}=\boldsymbol{\Phi}^{\mathrm{T}} \tag{14.6}$$

由于 $\boldsymbol{K}$、$\boldsymbol{C}$ 和 $\boldsymbol{M}$ 对振型均可以解耦,式(14.6)可简化为

$$(\mathrm{diag}(\omega_i^2)+\mathrm{diag}(\mathrm{j}\omega c_i)-\omega^2\boldsymbol{I})\boldsymbol{x}=\boldsymbol{\Phi}^{\mathrm{T}} \tag{14.7}$$

上式中:$\mathrm{diag}(\omega_i^2)$ 表示由各阶固有频率构成的对角矩阵;c_i 为模态阻尼系数:

$$c_i=\boldsymbol{\phi}_i^{\mathrm{T}}\boldsymbol{C}\boldsymbol{\phi}_i=2\zeta_i\omega_i \quad (i=1,2,\cdots,N) \tag{14.8}$$

上式中,ζ_i 是第 i 阶模态阻尼率。于是可得

$$\boldsymbol{x}=\mathrm{diag}((\omega_i^2-\omega^2+\mathrm{j}2\zeta_i\omega\omega_i)^{-1})\boldsymbol{\Phi}^{\mathrm{T}} \tag{14.9}$$

代入到式(14.5)中,可得

$$\begin{aligned}\boldsymbol{H}(\mathrm{j}\omega)&=\boldsymbol{\Phi}\mathrm{diag}((\omega_i^2-\omega^2+\mathrm{j}2\zeta_i\omega_i\omega)^{-1})\boldsymbol{\Phi}^{\mathrm{T}}\\&=\sum_{i=1}^{N}\frac{\boldsymbol{\phi}_i\boldsymbol{\phi}_i^{\mathrm{T}}}{\omega_i^2-\omega^2+\mathrm{j}2\zeta_i\omega_i\omega}\end{aligned} \tag{14.10}$$

频响函数矩阵中的某一项(或元素)$H_{rs}(\omega)$,表示当单位简谐激励作用在第 s 个自由度(s 点)上时,在第 r 个自由度(r 点)上的稳态响应的复振幅:

$$H_{rs}(\omega)=\sum_{i=1}^{N}\frac{\phi_{ri}\phi_{si}}{\omega_i^2-\omega^2+\mathrm{j}2\zeta_i\omega_i\omega} \tag{14.11}$$

式中:$\phi_{ri}(\phi_{si})$ 为第 i 阶振型 $\boldsymbol{\phi}_i$ 的第 $r(s)$ 项(自由度)的值。$H_{rs}(\omega)$ 的模(幅值)代表了 r 点上响应的幅值(Amplitude),而辐角代表了响应的相位角(Phase)。

结构的频响函数在随机振动响应分析中,具有非常重要的作用[107, 108]。根据随机振动理论可知,若作用在 s 点的随机激励的功率谱密度(Power Spectral Density)函数是 $S_f(\omega)$,则在 r 点响应的谱密度函数是

$$S_y(\omega)=|H_{rs}(\omega)|^2S_f(\omega) \tag{14.12}$$

而响应在时域内的均方值:

$$E(y^2)=\frac{1}{2\pi}\int_{-\infty}^{+\infty}|H_{rs}(\omega)|^2S_f(\omega)\mathrm{d}\omega \tag{14.13}$$

由此可见,频响函数的幅值,极大地影响着响应的均方值(水平)。不论外激励的功率谱如何,如果能降低频响函数在某个频段内的幅值,或者说减小在该频段内,频响幅值曲线下的面积。则在外激励不变的情况下,也能显著降低结构动态响应的水平。

以往人们在研究随机振动响应的优化设计时,总是从时域的角度分析结构的动响应,如位移均方响应。这就要求对输入结构的外激励进行准确描述,通常都是假设为理想的白噪声激励[104, 105]。在时域内分析结构响应的灵敏度推导过程复杂,计算量很大。而在频域内分析结构的频响函数计算简单,通用性好,更重要的是能够考虑结构的模态阻尼率。因此,本章将以给定频段内的频响函数为约束条件,优化桁架结构杆件尺寸变量的设计,使结构的质量达到最小。

例 14.1 绘制例 9.2 十杆平面桁架结构优化设计前后的幅频响应函数曲线。

如图 14－1 所示，十杆平面桁架结构在节点 2 的 y 方向上，受到一个简谐载荷 $f(\omega)=1000\sin(\omega t)$，$\omega\in[0,\ 20]$Hz 的作用。根据算例 9.2 的尺寸优化结果，绘制结构在频率约束条件 $\omega_1\geqslant 10$Hz 优化设计前后，节点 2 沿 y 方向的位移响应幅频曲线 $|Y_{2y}(\omega)|$。假设各阶模态阻尼率都是 $\zeta_i=0.05$。

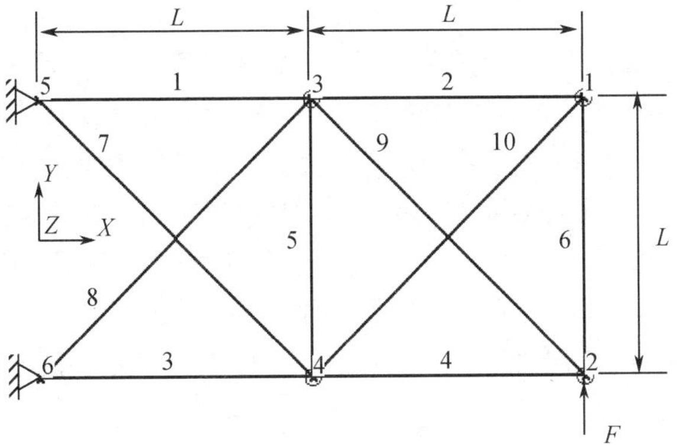

图 14－1　十杆平面桁架结构受外激励作用

算例 9.2 的优化设计，只是对结构的第一阶固有频率进行了约束，使其从 6.02Hz 升到 10.0Hz。图 14－2 分别是结构优化前后，节点 2 沿 y 方向位移响应幅频曲线。比较这两条幅频响应曲线不难发现，按照频率约束条件对构件的尺寸进行优化设计以后，虽然在原来第一个共振峰值（Resonance Peak）周围，响应的幅值确实有了显著下降。但是由于结构的第一阶共振峰值只是移到了 $\omega_1=10$Hz 处，该处的动响应幅值却比优化前大了许多。此外，结构优化设计以后，在我们所关心的[0，20]Hz 频段内，又出现了一个新的共振峰值（$\omega_2=13.90$Hz），其周围的频响值也比优化前的值增大了很多。优化设计以前，第二阶振型是桁架结构整体沿着 x 轴方向的伸展变形，其对节点 2 沿 y 方向的位移响应几乎没有贡献；然而优化设计后，第二阶振型发生了改变，并对桁架结构沿着 y 轴方向的振动有很大的影响，这对振动响应的控制极为不利。

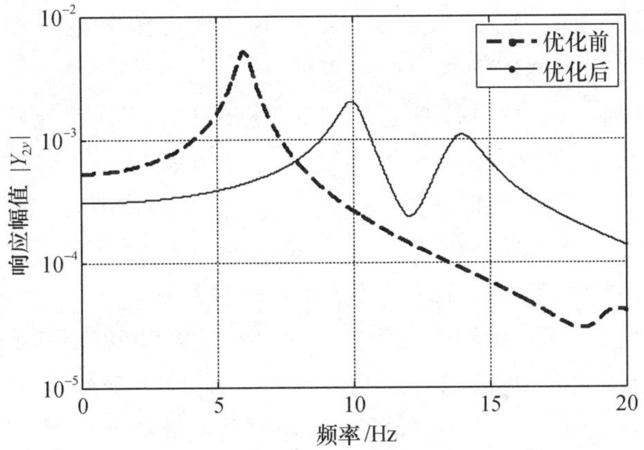

图 14－2　节点 2 沿 y 方向位移响应幅频曲线

众所周知，在低频（低于第一阶固有频率）段，结构的动响应主要由其刚度控制；而在高频段，结构的动响应由其惯性控制。因此，增加结构的刚度，既能使结构的第一阶固有频率增大,也能使低频段结构的动响应降低,但却不能使高频段结构的动响应也同时下降。图 14 – 2 可以明显地看出这一点。相反,增加系统的惯性使结构的第一阶共振幅值前移,能使高频段动响应下降,但低频段的动响应又会增大。要想同时降低第一阶共振频率周围结构的动响应,必须对结构的刚度和惯性同时进行优化设计和配置,确保两段的动响应幅值能够均匀地下降。

从图 14 – 2 还可以看出,虽然我们已经把结构的第一阶频率升到了 10Hz,但并非 10Hz 以前低频段内的动响应幅值都能有所下降。即使是在下降段内,响应幅值的下降程度也不均匀。另外,从图 14 – 2 来看,在给定的[0, 20]Hz 频段范围内,幅频响应曲线下的面积减小并不明显(实际减小了 12.39%)。要实现结构的幅频曲线在给定频段内整体下降,需要以该频段内的频响函数为设计约束条件,并努力保持频响曲线共振峰值的位置(对应于结构的固有频率)不改变。既不要移动原来的共振峰值,也不要增加新的共振峰值。这使得优化设计问题的难度大为增加。唯有如此才可能明显减小幅频响应曲线下的面积,显著降低结构的动响应水平。

14.2 频响函数优化设计模型

结构动态频响函数优化设计要求在一定的频段内,由 s 点输入、r 点输出的频响函数幅值满足预先设定的上限约束条件,并且结构的质量 W 达到最小。对于桁架结构动力尺寸优化设计,将杆件的截面积 A_e 作为设计变量,并在特定的范围内取值。结构优化问题的数学表达式为

$$\min \quad W = \sum_{e=1}^{n} L_e \rho_e A_e \tag{14.14a}$$

$$\text{s.t.} \quad \begin{cases} |H_{rs}(\omega)| \leqslant H_{rs}^*(\omega) & \omega \in [0, \omega^*] \\ A_e^- \leqslant A_e \leqslant A_e^+ & (e = 1, 2, \cdots, n) \end{cases} \tag{14.14b}$$

式中:L_e 和 ρ_e 分别是第 e 号杆件的长度和材料密度;n 是结构中杆件的总数;$H_{rs}^*(\omega)$ 为频响幅值约束上限,它与激振频率有关;ω^* 为给定频段的上限频率值;A_e^- 和 A_e^+ 分别是第 e 号杆单元的截面尺寸 A_e 可取值的最小和最大值。

这里应该强调的是,式(14.14b)是要求在给定的频段[0,ω^*]内,结构的频响函数全部都满足设计约束条件。它实际是一个连续性的限制条件,代表着无数多个约束关系。这样的设计约束条件对任何一种优化算法都是一个巨大的挑战。优化过程中要同时考虑无限多个约束条件,这在结构优化算法中是很难实现的,对优化设计的收敛性也提出了很高的要求。为此我们首先需要对频响函数约束条件进行简化,希望能用有限个、在特定离散频率点处的响应约束条件,代替给定频段内对频响函数的整体性约束条件。

另外,在优化设计过程中,需要计算目标函数对设计变量的一阶导数。对于桁架结构,结构质量对杆件截面积 A_e 的一阶导数可以很容易地计算:

$$\frac{\partial W}{\partial A_e} = L_e \rho_e \quad (e = 1, 2, \cdots, n) \tag{14.15}$$

式(14.15)表明:如果桁架结构的构型和形状不发生改变,目标函数的一阶导数是一个常数,在优化过程中不会发生改变。

14.2.1　频响函数约束的简化

图 14－3 显示了一条典型的振动结构位移频响函数幅值曲线。在给定的频段内，外激励可能会激起多个共振响应峰值。若要求在给定的频段$[0,\ \omega^*]$内满足对频响幅值的约束，则必须考察该频段内所有频率点的响应，特别是共振峰值周围点的响应。这就使得设计约束数量急剧增多。

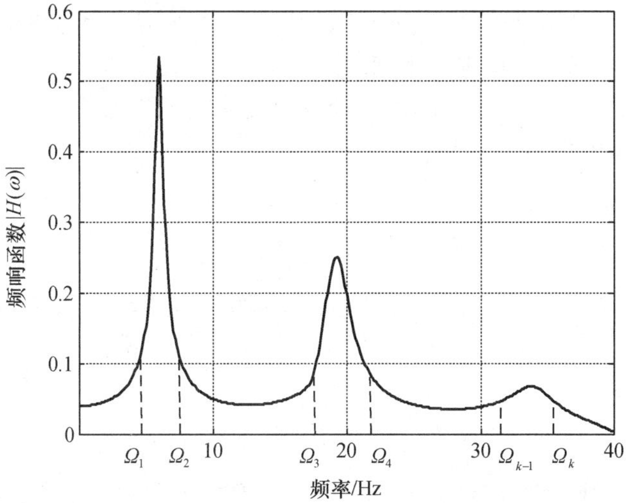

图 14－3　典型频响函数幅曲线及特征频率点 Ω_k

实际上，频响函数幅值曲线最重要的特性都在其共振峰值附近。因为每一个共振响应峰值，都对应着结构的一阶固有频率。减小共振峰值的响应，对控制和减小结构的振动水平至关重要。但是如果仅仅是考虑几个共振峰值处的响应状况，那可以通过简单地移动固有频率的方式解决。但这样做并不能够在给定频段内，降低所有频率点响应的幅值。即无法实现有效减小频响曲线下的面积，使结构的动响应水平整体下降的目的。而且还可能使某些原本响应水平较小的频段，优化设计以后频响幅值反而显著增大的现象出现，如图 14－2所示。

为此，在给定频段$[0,\ \omega^*]$上每个共振峰值的周围，我们可以选择一些具有代表性的特征频率点(Characteristic Frequency Points)。对于一般的非密集模态情形，可以在每一个共振峰值两侧，选择具有基本相同动响应值的点，如图 14－3 中频率 $\Omega_1, \Omega_2, \cdots, \Omega_k$ 等对应的频率点。若能同时降低这些特征频率点的频响幅值$|H(\Omega_k)|$，则整个频响函数幅值曲线，特别是共振峰值点周围的响应，都将同时得到有效降低，并借此控制响应共振峰值的移动。这对降低结构在给定频段上的整体响应，具有非常重要的意义。因此，原来的频响约束问题可以转换为如下的形式：

$$\text{s.t.}\quad |H_{rs}(\Omega_h)| \leqslant H_{rs}^*(\Omega_h)\quad (h=1,2,\cdots,k) \tag{14.16}$$

式(14.16)将原来在给定频段$[0,\ \omega^*]$内连续的位移频响约束函数，转化为在该频段内，有限个(k 个)离散动态位移响应约束条件。这样做可使优化问题大为简化，加快优化过程的收敛速度。应该注意的是，由式(14.16)表示的响应幅值约束条件并非是相互独立的。这些离散的频响值实际是来自同一个测量点，不同激励频率下结构的动响应，彼此之间存在着非常复杂的联系。因此在选择特征频率点时,间隔可取得稍大一些。

14.2.2 频响函数灵敏度分析

基于灵敏度的结构优化算法,通常具有较高的求解效率。振动结构频响函数的一阶导数灵敏度分析与计算,是频响优化设计的基础,也是构造结构优化算法和优化收敛准则的关键技术。

第 7 章曾讨论过频响函数的一阶导数的计算问题,那时没有考虑结构的阻尼,因此频响函数是实数。若考虑结构的阻尼性能,则其频响函数是复数。但我们仅关心频响函数的幅值,可以不必关注其相位角的变化。下面首先将频响函数 $H_{rs}(\omega)$ 分解为实部(Re)和虚部(Im)两部分,由式(14.11)可知:

$$\mathrm{Re}(\omega) = \sum_{i=1}^{N} \frac{\phi_{ri}\phi_{si}(\omega_i^2 - \omega^2)}{(\omega_i^2 - \omega^2)^2 + (2\zeta_i\omega_i\omega)^2} \tag{14.17}$$

$$\mathrm{Im}(\omega) = \sum_{i=1}^{N} \frac{-2\phi_{ri}\phi_{si}\zeta_i\omega_i\omega}{(\omega_i^2 - \omega^2)^2 + (2\zeta_i\omega_i\omega)^2} \tag{14.18}$$

则频响函数的幅值:

$$|H_{rs}(\omega)| = \sqrt{\mathrm{Re}^2(\omega) + \mathrm{Im}^2(\omega)} \tag{14.19}$$

式(14.19)两边同时对设计变量,如桁架结构的杆件截面尺寸(面积) A_e求导。假设模态阻尼率是常数,不受设计变量的影响。于是可得频响函数的幅值的一阶导数表达式[102,103]:

$$\frac{\partial|H_{rs}(\omega)|}{\partial A_e} = \frac{\mathrm{Re}(\omega)\dfrac{\partial \mathrm{Re}(\omega)}{\partial A_e} + \mathrm{Im}(\omega)\dfrac{\partial \mathrm{Im}(\omega)}{\partial A_e}}{|H_{rs}(\omega)|} \tag{14.20}$$

由式(14.17)和式(14.18),可分别计算频响的实部 Re(ω)和虚部 Im(ω)的一阶导数[103]:

$$\frac{\partial \mathrm{Re}(\omega)}{\partial A_e} = \sum_{i=1}^{N}\left\{\frac{\left(\dfrac{\partial\phi_{ri}}{\partial A_e}\phi_{si} + \phi_{ri}\dfrac{\partial\phi_{si}}{\partial A_e}\right)(\omega_i^2 - \omega^2) + \phi_{ri}\phi_{si}\dfrac{\partial\omega_i^2}{\partial A_e}}{(\omega_i^2 - \omega^2)^2 + (2\zeta_i\omega_i\omega)^2} - \frac{2\phi_{ri}\phi_{si}(\omega_i^2 - \omega^2)(\omega_i^2 - \omega^2 + 2\zeta_i^2\omega^2)\dfrac{\partial\omega_i^2}{\partial A_e}}{[(\omega_i^2 - \omega^2)^2 + (2\zeta_i\omega_i\omega)^2]^2}\right\} \tag{14.21a}$$

$$\frac{\partial \mathrm{Im}(\omega)}{\partial A_e} = \sum_{i=1}^{N}\left\{\frac{-2\zeta_i\omega_i\omega\left(\dfrac{\partial\phi_{ri}}{\partial A_e}\phi_{si} + \phi_{ri}\dfrac{\partial\phi_{si}}{\partial A_e}\right) - \dfrac{\zeta_i\omega\phi_{ri}\phi_{si}}{\omega_i}\dfrac{\partial\omega_i^2}{\partial A_e}}{(\omega_i^2 - \omega^2)^2 + (2\zeta_i\omega_i\omega)^2} + \frac{4\phi_{ri}\phi_{si}\zeta_i\omega_i\omega(\omega_i^2 - \omega^2 + 2\zeta_i^2\omega^2)\dfrac{\partial\omega_i^2}{\partial A_e}}{[(\omega_i^2 - \omega^2)^2 + (2\zeta_i\omega_i\omega)^2]^2}\right\} \tag{14.21b}$$

由式(14.21)可知,在计算频响函数的灵敏度时,需要先计算固有频率和振型对设计变量的一阶导数。若系统不出现重频,则其频率与相应振型的一阶导数都很容易计算。这些都在第 7 章已经讨论过,这里不再重复。至此,频响函数的幅值对杆件截面尺寸设计参数的灵敏度值不难准确获得。

例 14.2　如图 14－4 所示为一个平面桁架结构,各杆件横截面积相同:$A=3.9270\times10^{-4}\text{m}^2$,弹性模量 $E=200\text{GPa}$,材料密度 $\rho=7800\text{kg/m}^3$。节点 1 附带一个集中质量块 $m=5\text{kg}$。假设各阶模态阻尼率是一常数 $\zeta=0.03$,按照以上推导的公式,分别计算当激振频率取 $\omega=2000\text{rad/s}$ 和 $\omega=5000\text{rad/s}$ 时,结构沿 x 方向的频响函数 H_{11} 及其对杆件 3 截面积 A_3 的一阶导数 $\text{d}|H_{11}(\Omega)|/\text{d}A_3$。

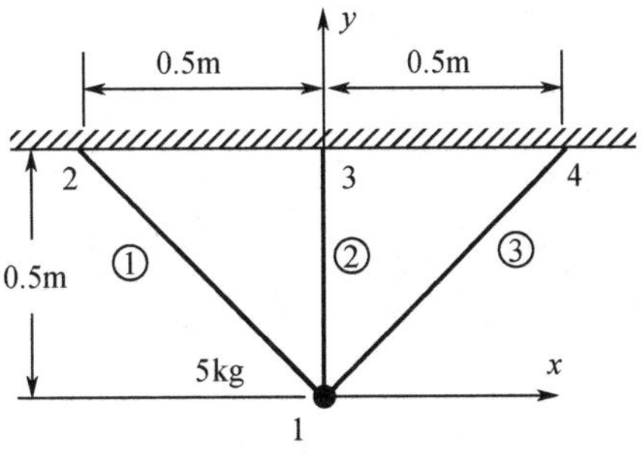

图 14－4　平面刚架结构模型

由分析可知,该结构只有 2 个自由度,即节点 1 分别沿 x 和 y 轴的位移:

$$\boldsymbol{U}=[u_1\quad v_1]^{\text{T}}$$

先计算结构的固有频率和振型矩阵:

$$\omega_1=4405.9\ (\text{rad/s}),\quad \omega_2=6559.3\ (\text{rad/s}),$$

$$\boldsymbol{\Phi}=[\boldsymbol{\phi}_1\quad \boldsymbol{\phi}_2]=\begin{bmatrix}0.4180 & 0\\ 0 & 0.4006\end{bmatrix}$$

由此可得结构节点 1 沿 x 方向的频响函数:

$$H_{11}(2000)=1.1333\times10^{-8},\quad H_{11}(5000)=3.0433\times10^{-8}$$

再计算结构的固有频率对 A_3 的一阶导数:

$$\frac{\partial\omega_1^2}{\partial A_3}=2.1597\times10^{10}((\text{rad/s/m})^2),\quad \frac{\partial\omega_2^2}{\partial A_3}=1.6345\times10^{10}((\text{rad/s/m})^2)$$

采用模态叠加法,计算得到固有振型对 A_3 的一阶导数:

$$\frac{\text{d}\boldsymbol{\phi}_1}{\text{d}A_3}=\begin{bmatrix}-33.580\\ -351.033\end{bmatrix},\quad \frac{\text{d}\boldsymbol{\phi}_2}{\text{d}A_3}=\begin{bmatrix}302.007\\ -29.540\end{bmatrix}$$

于是可得频响函数的一阶导数:

$$\text{d}|H_{11}(2000)|/\text{d}A_3=-1.7691\times10^{-5},\ \text{d}|H_{11}(5000)|/\text{d}A_3=1.0559\times10^{-4}$$

正如前面分析的那样,从各响应的灵敏度计算结果不难看出,增加杆件的截面积(即刚度),可使结构的固有频率增大,并使低频段($<\omega_1$)的位移频响幅值下降,但却使高频

段($>\omega_1$)的频响幅值上升。以上计算频响函数的一阶导数需要计算所有模态参数的导数，其计算量较大。尤其是当结构存在重特征值时,虽然重频的方向导数能够准确计算，但相应振型的一阶导数计算却比较困难,不宜直接计算。

14.3 频响函数优化算法

本章仍然采用前几章广泛使用的广义“渐进节点优化法”,优化设计桁架结构杆件的截面尺寸。通过循环迭代,使由式(14.16)表示的离散特征频率点的响应幅值约束满足预设的条件,而结构质量增加最少,从而间接达到结构质量最小的设计目标。设计变量列阵 $\boldsymbol{X}=[A_1, A_2, \cdots, A_n]$ 的一维搜索迭代公式如下：

$$\boldsymbol{X}^{(t+1)}=\boldsymbol{X}^{(t)}+\beta^{(t)}\boldsymbol{S}^{(t)} \tag{14.22}$$

式中:t 为循环迭代次数;$\boldsymbol{S}$ 为搜索方向;β 为搜索步长,可按杆件截面积的 1 ~3% 取值。

为了减小特征频率点的动响应幅值,同时使桁架结构质量少增加,最有效的优化设计方案是使特征点的响应幅值下降最大,而结构质量增加最少[103]。为此在每个特征频率点,按如下公式计算设计变量的灵敏度数(Sensitivity Index)：

$$\alpha_{he}=\frac{\partial|H_{rs}(\Omega_h)|}{\partial A_e}\Big/\frac{\partial W}{\partial A_e}\quad (h=1,2,\cdots,k;\quad e=1,2,\cdots,n) \tag{14.23}$$

频响函数的灵敏度数的物理意义表示,由结构质量改变而引起频响幅值的变化量。当灵敏度数为 α_{he} 为正值时,表示结构质量减小,频响函数的幅值也减小,这是最理想的情况。当灵敏度数为 α_{he} 为负值时,表示结构质量增加,频响函数的幅值减小。可见,频响函数的灵敏度数,代表了设计变量修改的效率。优化设计过程首先要确定效率最高的设计变量,即能使结构质量增加最少,而使频响函数的幅值减小最大的设计变量。根据以上分析结果,在每一个特征频率点,效率最高的设计变量可由下式确定：

$$\min\{\alpha_{he}\mid\alpha_{he}<0,\quad e=1,2,\cdots,n\} \tag{14.24}$$

而截面修改方向按照频响负梯度的方向确定,保证每次设计循环特征点的频响值都能有所下降：

$$\operatorname{sign}(\Delta A_e)=-\left(\frac{\partial|H_{rs}(\Omega_h)|}{\partial A_e}\right)\quad (e=1,2,\cdots,n) \tag{14.25}$$

于是,在每一个设计点,优化设计执行策略如下：

(1) 优先修改所有正灵敏度数对应的设计变量；

(2) 然后修改最大负灵敏度数对应的设计变量。

然而,一个连续的频响函数约束,通常由多个特征频率点的动响应来近似替代,即此时会有多个动响应约束函数需要同时得到满足。类似于多个频率约束的情形,对每一个设计变量,按照动响应约束的情况,计算各灵敏度数的加权和：

$$\alpha_e=\sum_{h=1}^{k}\lambda_h\alpha_{he}\quad (e=1,2,\cdots,n) \tag{14.26}$$

式中:α_e定义为设计变量的总体(综合)灵敏度数;λ_h为对应于每个特征频率点的权系数,可以根据特征点频响约束状态选取。使违反严重的约束获得较大的权系数,而满足约束条件的响应只能获得很小的权系数：

$$\lambda_h = \begin{cases} \left(\dfrac{|H_{rs}(\Omega_h)|}{H_h^*} \right)^b & \text{当} |H_{rs}(\Omega_h)| \geqslant H_{rs}^* \\ 0 & \text{当} |H_{rs}(\Omega_h)| < H_{rs}^* \end{cases} \quad (h=1,2,\cdots,k) \tag{14.27}$$

由以上 λ_h 的定义可知，当第 h 个动响应约束条件未满足时，$\lambda_h > 1$。若该约束被严重违反，则它对总体灵敏度数 α_e 的影响也就越大。在当前优化循环中，应当主要减小这个特征频率点的响应。反之，当该动响应约束满足时，$\lambda_h = 0$，表明该约束对总体灵敏度数没有贡献。指数 b 是一个惩罚因子，对严重违反约束的加权系数进一步放大。按照第 9 章的建议，仍取 $b=5$。

在优化设计过程中，不断修改杆件的截面尺寸，可使所有特征点的频响值逐渐下降，并最终满足约束要求。然后，按照梯度投影方法[7]，解决多约束条件的优化收敛问题。当目标函数的负梯度（$-\nabla_{Ae}W$），在所有主动（有效）约束面的交集上的投影 $\boldsymbol{V}$（即梯度投影）为 0 时，优化过程既收敛。下面计算这个投影。

设在当前设计点处，有 $m(\leqslant k)$ 个主动约束如下：

$$|H_{rs}(\Omega_h)| = H_{rs}^*(\Omega_h) \quad (h=1,2,\cdots,m) \tag{14.28}$$

由此可构造主动约束梯度矩阵：

$$\boldsymbol{A} = [\boldsymbol{A}_1 \quad \boldsymbol{A}_2 \quad \cdots \quad \boldsymbol{A}_m]_{n\times m} \tag{14.29}$$

其中：

$$\boldsymbol{A}_h = \nabla_{Ae} |H_{rs}(\Omega_h)| \quad (h=1,2,\cdots,m) \tag{14.30}$$

由此可构造投影矩阵：

$$\boldsymbol{P} = \boldsymbol{I} - \boldsymbol{A}(\boldsymbol{A}^{\mathrm{T}}\boldsymbol{A})^{-1}\boldsymbol{A}^{\mathrm{T}} \tag{14.31}$$

式中：$\boldsymbol{I}$ 为 $n\times n$ 阶的单位矩阵。由式(14.15)，定义目标函数的负梯度方向：

$$\boldsymbol{B} = -\nabla_{Ae}W = -[L_1\rho_1 \quad L_2\rho_2 \quad \cdots \quad L_n\rho_n]^{\mathrm{T}} \tag{14.32}$$

则梯度投影方向：

$$\boldsymbol{V} = \boldsymbol{PB} \tag{14.33}$$

由于目标函数 W，对截面尺寸(A_e)是线性函数。设计点沿着约束面上 $\boldsymbol{V}$ 方向移动时，目标函数单调下降，可使设计点逐渐趋于最优点，直到梯度投影 $\boldsymbol{V}$ 消失为止。以上优化收敛条件应当只考虑主动设计变量，忽略被动设计变量的影响。即到达取值边界的设计变量可以不必考虑。

14.4　频响函数优化算例

下面我们以三个典型桁架结构为例，考察基于频响函数约束的结构尺寸优化设计结果，并与基于频率约束的尺寸优化设计结果进行对比，来验证以上优化算法的可行性，以及广义“渐近节点优化法”的有效性。通过这三个桁架结构的优化设计结果，比较不同优化策略的最终抑振效果。

例 14.3 十杆平面桁架结构

如图 14－1 所示，十杆桁架结构的材料弹性模量 $E = 68.9\text{GPa}$，密度 $\rho = 2770\text{kg/m}^3$，杆长 $L = 9.144\text{m}$。以各杆件的横截面积为设计变量，设定截面下限值都是 0.645cm^2，上限是 200cm^2。在每个自由节点(1～4)上，都附带有一个非结构集中质量 454kg。初始设计时，假设所有杆件的初始截面积是 20cm^2，各阶模态阻尼率是一个常数 $\zeta_i = 0.05$。

由图 14－2 所示的节点 2 沿 y 方向动态位移幅频曲线可知，在[0, 14]Hz 频率范围内，原结构响应仅有一个响应共振峰值。在这个共振峰值两侧，各选取一个特征频率点：

$$\Omega_1 = 0.5\omega_1, \quad \Omega_2 = 1.25\omega_1$$

以这两个频率点的动响应幅值变化状况，近似表示该频段内频响函数曲线的变化状况。优化设计的频响约束条件分以下三种情形分析：

(1) 假设结构在节点 2 沿 y 方向，受到一个外激励作用，要求节点 2 沿 y 方向的频响幅值较初始设计下降 40%。即特征频率点动响应设计约束表达式(14.16)为

$$H_h^*(\Omega_h) = 0.6\,|H_{2y}^0(\Omega_h)| \quad (h = 1,2)$$

式中：$|H_{2y}^0(\Omega_h)|$为结构初始设计的频响幅值。

图 14－5 分别显示了优化迭代过程中，特征频率点的位移响应幅值的变化情况。图 14－6 是结构质量的变化情况。可以看到在设计的初始阶段，结构质量逐渐增大，两个特征频率点响应幅值交替下降，但总的趋势还是在逐步下降。当频响约束条件得到满足以后，设计点开始沿着约束边界移动。此时约束条件基本不变，但结构质量不断下降，并逐渐趋于一个稳定值。当优化过程接近于最优设计点时，结构质量的下降已经无法保证这两个特征频率点的响应幅值继续同时满足约束条件了，因为这两个响应约束条件并不独立。一个点响应值的减小往往会引起另一个点响应值的增大，导致频响约束条件不断被打破，而后再满足。因此，优化设计过程出现振荡现象。这种情形下，我们可以利用结构质量的变化情况来判断优化设计过程的收敛状况，当目标函数的相对变化量满足：

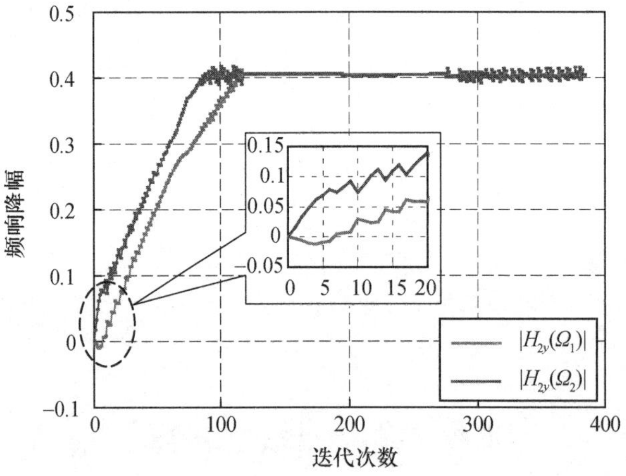

图 14－5 优化设计时，特征频率点动响应幅值下降过程

$$\left|\frac{W^{(j+1)} - W^{(j)}}{W^{(j)}}\right| \leqslant \varepsilon \tag{14.34}$$

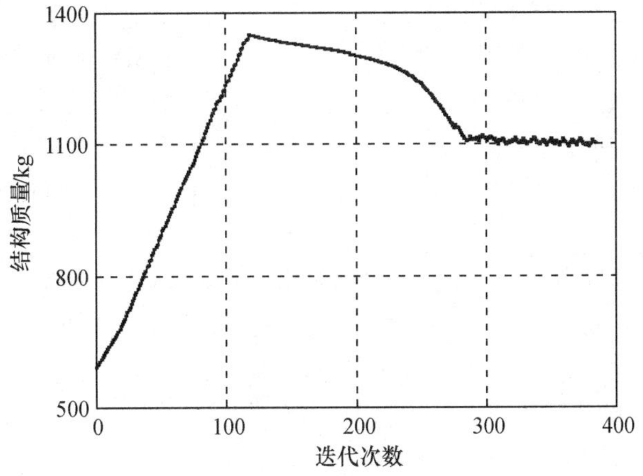

图 14 – 6　优化设计过程中，结构质量变化情况

式中可取 $\varepsilon = 0.1\%$，可以认为优化设计过程已经到达收敛条件了。

图 14 – 7 示出了优化设计前后，节点 2 沿 y 方向的频响函数曲线 $|H_{2y}(\omega)|$ 的变化情况。可以看到，在所考察的频段[0, 14] Hz 范围内，原结构的第一阶共振频率基本未改变。这说明我们选择的两个频率特征点，能够有效控制结构的第一阶固有频率的移动。究其原因，主要是由于结构性能对这两个频率特征点响应的影响效果不同所致。在该频段内，频响曲线整体有了明显下降，而且也没有新的共振峰值出现。在共振峰值处，响应幅度下降达到了 43.95%，虽然这一点的响应没有受到明确控制。此外，频响曲线下的面积也下降了 43.96%。

作为对比，图 14 – 7 同时也示出了在频率约束条件 $\omega_1 \geq 10$Hz 下，优化设计后结构的频响幅值曲线。在给定的频段内，频响曲线整体变化并不均匀，低频段频响曲线有显著下降，而在高频段频响曲线却有明显上升，而且还有新的共振峰值出现。可见，基于频响约束的结构优化设计减振效果，远优于基于频率约束的优化效果。

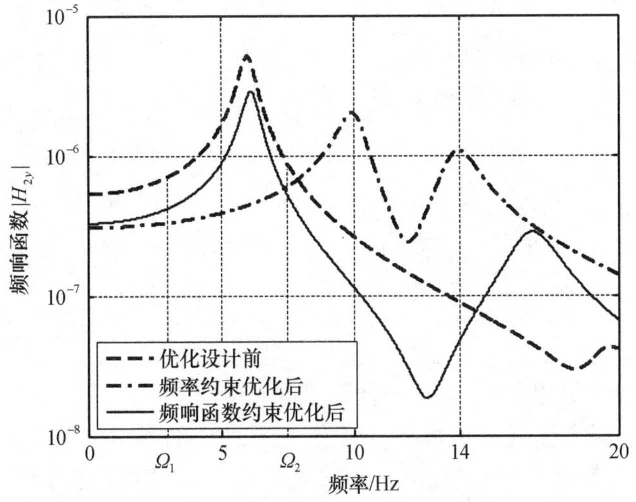

图 14 – 7　优化设计前后，不同约束条件下
节点 2 沿 y 方向的频响函数曲线

由于以频响函数为约束的结构优化设计,要同时均匀地减小第一个响应共振峰值两侧的频响幅值,以保持第一阶固有频率基本不变。因此必须对增加的材料,进行有效地配置和平衡。一味地增加结构的刚度或减少结构的惯性,恐怕都难以达到对整体频响曲线下降的约束要求。因此,从一定频段内控制结构的动态响应方面考虑,以频响幅值为约束的结构优化设计,比以固有频率为约束的优化设计更难。但前者的优化效果要远优于后者的优化效果。

表14-1的第五列给出了优化设计后,各杆件的截面尺寸和结构质量。同时表中的第三列也给出了算例9.2,以第一阶频率 $\omega_1 \geqslant 10\text{Hz}$ 为约束的优化设计结果。比较这两种优化策略所得结果可以发现,以频响函数为约束的优化设计,结构质量还略低于以第一阶频率为约束的结构质量(-3%),但杆件截面尺寸原来的对称性已不复存在。

另外,以固有频率为约束的结构优化设计,由于没有具体的外激励载荷作用位置,某些杆件的截面尺寸可以取得很小。如5、6号杆件的截面尺寸已经到达了设计约束区间的下限值。但是在以频响为约束的结构优化设计时,外激励点和方向已明确给定,这对杆件尺寸的取值都有很大的影响。在本算例中,由于外激励直接作用在6号杆件的一个端点上,因此6号杆件的截面尺寸不再取设计区间的下限值了,但是5号杆件的截面尺寸仍然取设计的下限值。

表14-1 十杆桁架结构优化前后,各杆件的截面积(cm^2)以及结构质量(kg)

杆件号	初始设计	优化设计					
		频率约束/Hz		频响约束			
		$\omega_1 \geqslant 10$	$\omega_1 \geqslant 14$	一点激励		两点激励	
				40% 降幅	60% 降幅	40% 降幅	60% 降幅
1	20	90.340	220.680	73.283	110.902	20.093	26.933
2	20	24.172	48.043	39.942	45.062	6.746	7.363
3	20	90.340	220.680	59.891	96.591	73.122	138.570
4	20	24.172	48.043	89.243	199.131	32.337	42.320
5	20	0.645	0.645	0.645	0.645	3.460	0.859
6	20	0.645	0.645	11.756	83.619	173.718	194.642
7	20	49.220	124.095	3.925	1.998	55.479	106.295
8	20	49.220	124.095	16.944	27.236	11.714	13.164
9	20	27.433	54.847	59.543	158.999	79.670	172.745
10	20	27.433	54.847	32.277	129.206	17.195	151.012
结构质量	590.51	1132.51	2646.5	1099.59	2494.58	1371.53	2627.84

表14-2列出了优化前后,结构的前五阶固有频率。可以看到,结构的第一阶固有频率值基本未改变。第二阶频率值虽有所减小,且其相应的振型也发生了变换,已不再与外激励(测量)点自由度正交,但仍在给定频段之外,对所考察频段内的响应影响很小。而以第一阶频率 $\omega_1 \geqslant 10\text{Hz}$ 为约束的优化设计,第二阶固有频率值降到了给定频段之内。它对在给定频段内的动响应影响很大,如图14-7所示。

表 14－2　优化前后,十杆桁架结构的前 5 阶固有频率(Hz)

频率阶数	初始设计	优化设计					
		频率约束/Hz		频响约束			
				一点激励		两点激励	
		$\omega_1 \geqslant 10$	$\omega_1 \geqslant 14$	40% 降幅	60% 降幅	40% 降幅	60% 降幅
1	6.02	10.00	14.00	6.16	6.05	6.02	6.06
2	18.15	13.90	18.01	16.71	19.98	15.17	17.04
3	19.39	22.23	29.40	21.68	25.46	21.25	22.17
4	34.07	25.85	34.55	27.44	33.99	30.42	30.35
5	39.05	37.32	49.36	38.34	63.13	31.26	50.65

(2) 假设结构受外激励与(1)相同,要求节点 2 沿 y 方向的频响幅值下降 60%,即频响约束条件为

$$|H_{2y}(\Omega_h)| \leqslant 0.4 |H_{2y}^0(\Omega_h)| \quad (h=1,2)$$

图 14－8 分别显示了优化迭代过程中,结构质量和两个特征频率点位移响应幅值的变化情况。同样,在结构质量逐渐增大的同时,两个特征频率点响应幅值交替下降。当频响约束条件得到满足以后,设计点开始沿着约束边界移动,结构质量逐渐下降,并趋于一个稳定值。当优化过程接近于最优设计时,设计点也出现了一点振荡现象。

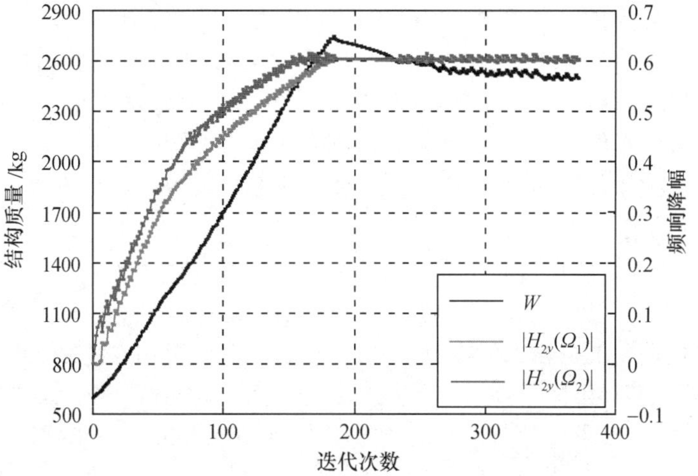

图 14－8　优化设计时,结构质量和特征频率点动响应幅值变化过程

图 14－9 示出了优化设计前后,节点 2 沿 y 方向的频响函数曲线 $|H_{2y}(\omega)|$ 的变化情况。在给定的[0, 14]Hz 频段内,结构的频响曲线整体同样有了显著下降,也没有新的共振峰值出现。原结构的第一阶固有频率基本未变,其共振响应峰值下降达到了 60.74%。频响曲线下的面积也下降了 60.76%。

作为对比,图 14－9 同时也示出了在频率约束条件 $\omega_1 \geqslant 14$Hz 下,优化设计后结构的频响幅值曲线。在给定的频段内,虽然没有新的共振峰值出现,但频响曲线整体变化也是不均匀的。低频段频响曲线有显著下降,而在高频段频响曲线却有明显上升,其减振效果远低于基于频响函数约束的优化设计效果。

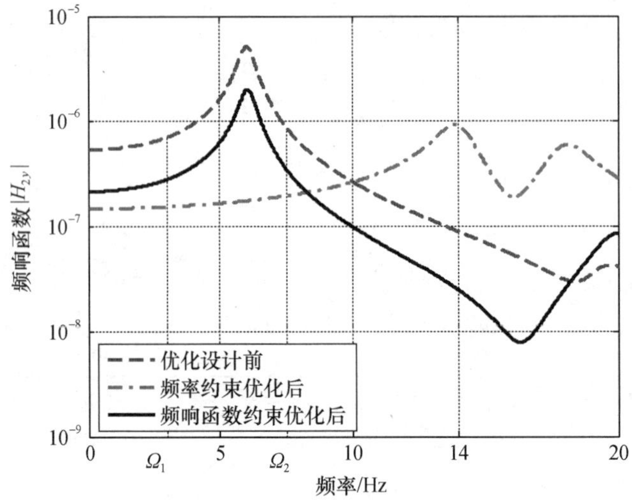

图 14-9 优化设计前后,不同约束条件下
节点2沿 y 方向的频响函数曲线

优化设计后,各杆件的截面尺寸和结构质量列于表14-1的第六列中,5号杆件的截面尺寸仍然取设计区间的下限值。比较不同频响约束条件所得优化结果可知,增大频响函数下降的幅度,需要付出更大的结构质量设计代价。而与算例9.2,以第一阶频率 $\omega_1 \geq$ 14Hz 为约束的优化设计结果比较可以发现,以频响函数为约束的优化设计,结构质量仍低于以第一阶频率为约束的结构质量。结构的前五阶固有频率列于表14-2中的第六列,其第一阶固有频率值基本未变,而第二阶固有频率还有明显增大。

众所周知,在共振区域附近,频响函数的幅值由结构的模态阻尼决定。若仅仅考虑共振峰值周围动响应的下降情况,可将模态阻尼率增加2.5倍,借以实现共振峰值下降60.0%的要求。读者可以自行绘制增大模态阻尼率后结构的频响函数曲线的变化情况。但是增加阻尼仅能使共振区内的幅值有明显下降,而在共振区以外,结构的频响幅值变化很小,几乎不受模态阻尼率增大的影响。由此可见,这样的结构设计修改并不能满足对指定频段内响应幅值整体下降的要求。

(3)假设结构在节点2和节点4的 y 方向上,同时受到两个相位和幅值完全相同的外载荷作用,如图14-10所示。分别按照上述相同的频响约束条件,优化设计杆件的截面尺寸。

当结构同时受两个相同的外激励作用时,其频响函数可按下式计算[51,106]:

$$H_{rs}(\omega) = \sum_{i=1}^{N} \frac{\phi_{ri}(\phi_{s_1 i} + \phi_{s_2 i})}{\omega_i^2 - \omega^2 + \mathrm{j}2\zeta_i\omega_i\omega}$$

式中:下标 s_1 和 s_2 分别为2、4两个外激励作用节点的自由度。

经过优化设计后,频响幅值曲线分别如图14-11所示。在给定的[0, 14]Hz频段内,频响曲线整体都有非常显著地下降。第一阶共振频率基本未变,且没有新的共振峰值出现,实现了优化设计的要求。在第一阶共振峰值处,响应幅值下降分别达到了40.42%和61.26%。各杆件的截面尺寸和结构质量也分别列于表14-1中的最后两列。结构的

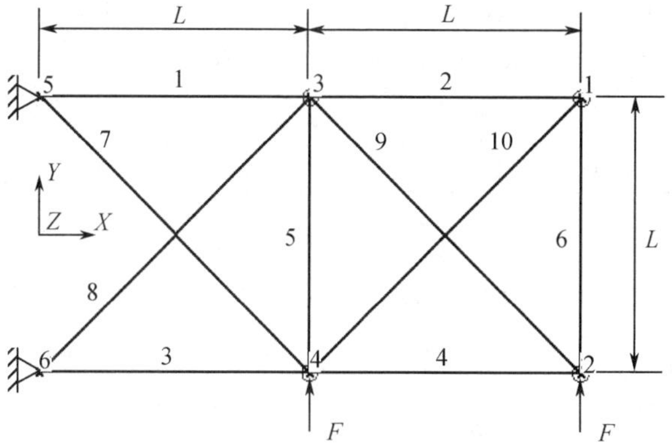

图 14-10　十杆平面桁架结构，同时受到两个相关的外激励作用

前五阶固有频率列于表 14-2 中的最后两列。虽然第二阶固有频率变化比较大，但都在给定频段以外，对所关心频段内的动响应影响很小。

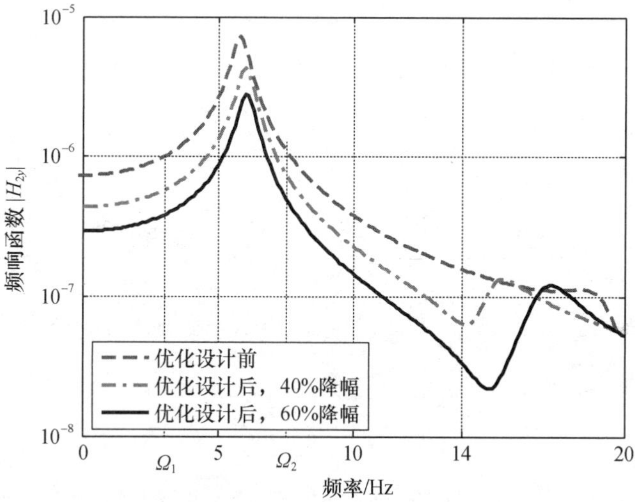

图 14-11　优化设计前后，不同约束条件下
节点 2 沿 y 方向频响函数曲线

由表 14-1 可以发现，由于 5 号杆件的一个端点也受到外激励的直接作用，因此 5 号杆件的截面尺寸不再取设计区间的下限值了。从表的最后一行可知，对应于相同的频响函数下降幅度，两点激励时结构的质量要大于一点激励时的质量。这是因为两点激励时的频响幅值大于一点激励时的频响幅值，如图 14-7 和图 14-11 所示。对于相同的频响下降率，两点激励时的频响函数幅值下降值较大，因此结构质量增加量也就较多。

例 14.4　平面简支桥梁结构

图 14-12 示出了一个平面简支桥梁结构的外形设计，在下弦同时受到两个相位和幅值完全相同的外载荷作用。假设材料的弹性模量 $E=210\text{GPa}$，密度 $\rho=7800\text{kg/m}^3$。为了保证桥面变形后的连续性和光滑性，下弦构件均假设为矩形截面梁，宽度 $b=8\text{cm}$，高度 $h=5\text{cm}$。优化设计过程中，下弦构件截面尺寸不变。其他构件为桁架杆单元，以其截面

积为设计变量,下限值为 $2cm^2$,上限值为 $50cm^2$,初始横截面积均取 $5cm^2$。下弦的每个节点附带一个非结构集中质量 $m=10kg$。假设各阶模态阻尼率取 $\zeta_i=0.05$,优化过程中,要求保持结构的对称性不变。故共有 14 组截面尺寸设计变量,如表 14-3 的第二列所列。

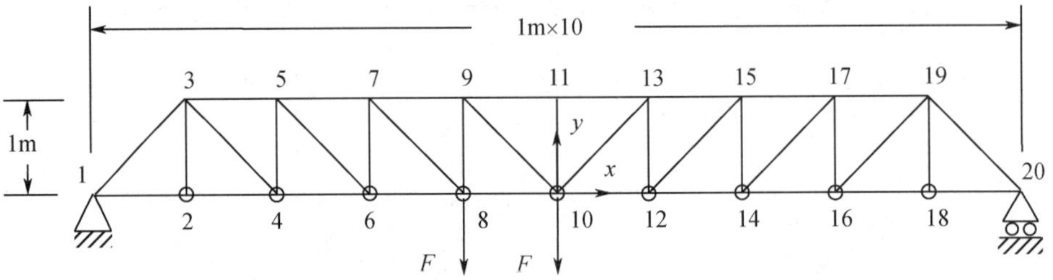

图 14-12 平面简支桥梁结构,在下弦受到两个相关的外激励作用

表 14-3 设计变量组及优化前后的截面积设计(cm^2)和结构质量(kg)

变量组	杆件两端节点号	初始设计	优化设计	
			25% 降幅	40% 降幅
A_1	1-3, 19-20	5.0	4.7231	6.6872
A_2	2-3, 18-19	5.0	28.3126	40.7272
A_3	3-4, 16-19	5.0	6.4104	6.2496
A_4	3-5, 17-19	5.0	5.4064	7.7118
A_5	4-5, 16-17	5.0	25.4364	43.6551
A_6	5-6, 14-17	5.0	4.9656	23.6321
A_7	5-7, 15-17	5.0	6.3823	7.9932
A_8	6-7, 14-15	5.0	21.1525	30.8251
A_9	7-8, 12-15	5.0	11.8681	12.7860
A_{10}	7-9, 13-15	5.0	7.1647	8.5989
A_{11}	8-9, 12-13	5.0	12.2413	25.2142
A_{12}	9-10, 10-13	5.0	9.4549	13.9967
A_{13}	9-11, 11-13	5.0	7.4787	8.4079
A_{14}	10-11	5.0	21.0195	26.3499
结构质量		433.45	588.13	742.41

该平面桥梁结构的前五阶固有频率如表 14-4 所列。在[0, 70]Hz 频率范围内,要求节点 8 沿 y 方向的频响幅值较初始设计值分别下降 25% 和 40%。由表 14-4 可知,在所考虑的频率范围内,结构共有两个固有频率,因此频响函数曲线也有两个共振峰值。在每个共振峰值两侧,我们各选取两个频率值作为特征频率点:

$$\Omega_1=0.7\omega_1,\quad \Omega_2=1.2\omega_1;$$
$$\Omega_3=0.92\omega_2,\quad \Omega_4=1.15\omega_2。$$

表 14-4　平面简支桥梁结构前 5 阶固有频率(Hz)

频率阶数	初始设计	优化设计	
		25% 降幅	40% 降幅
1	17.22	17.15	17.17
2	56.25	56.17	56.35
3	89.96	87.14	81.31
4	106.18	99.74	106.47
5	125.90	128.68	130.57

图 14-13 分别显示了在频响函数降幅为 40% 时的优化迭代过程中，结构质量和四个特征频率点位移响应幅值的变化情况。在结构质量逐渐增大的同时，四个特征频率点响应幅值交替下降。当频响约束条件得到满足以后，设计点开始沿着约束边界移动，结构质量逐渐趋于一个稳定值。当优化过程接近于最优设计时，设计点也出现振荡现象。这同样是由于各特征频率点响应高度耦合，任何一个特征频率点响应的下降都可能引起其他频率点响应逆向变化的缘故。结构质量以及各杆件截面积优化设计结果列于表 14-3 中后两列。与第 9 章例 9.6 频率约束优化结果相比，A_{11}和 A_{14}的截面积不再取设计允许的下限值。

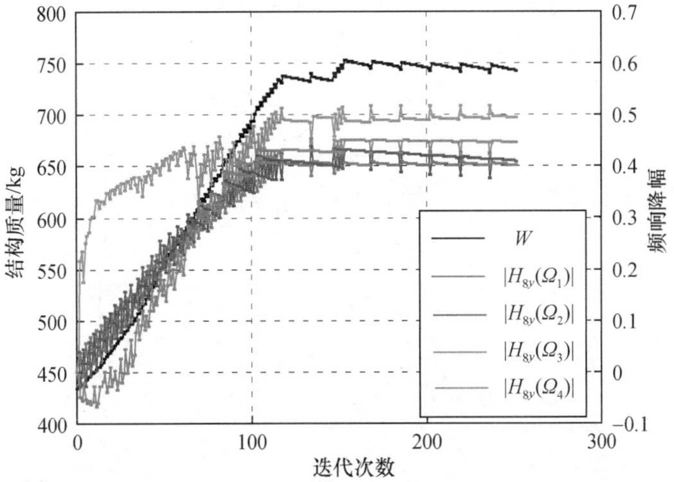

图 14-13　优化设计时，结构质量和特征频率点动响应幅值变化过程

图 14-14 示出了优化设计前后，节点 8 沿 y 方向的频响函数曲线 $|H_{8y}(\omega)|$ 的变化情况。在给定的[0, 70]Hz 频段内，结构的频响曲线整体有了明显下降，而且没有新的共振峰值出现。原结构的前二阶固有频率基本未变化，如表 14-4 后两列所列。第一阶共振响应幅值分别下降了 25.71% 和 40.00%，第二阶共振响应幅值分别下降了 34.25% 和 52.39%。而频响曲线下的面积也分别下降了 26.07% 和 40.32%。此外，本算例优化结果还表明，利用多组特征频率点，可以对多个响应共振峰值同时进行有效控制。

例 14.5　空间 25 杆桁架结构

空间 25 杆桁架结构如图 14-15 所示，弹性模量 $E=210\text{GPa}$，材料密度 $\rho=7800\text{kg/m}^3$。

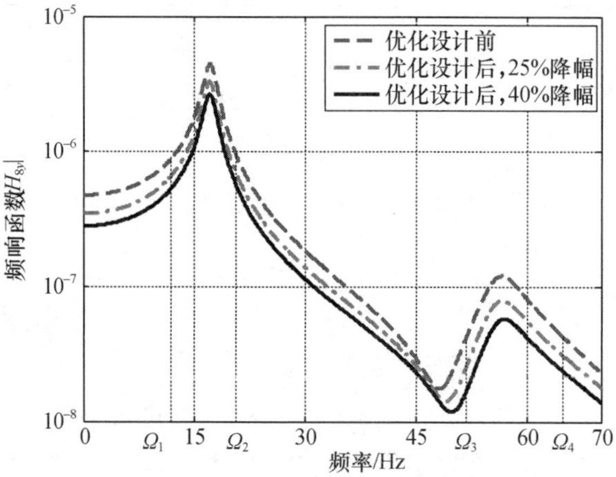

图 14-14　优化设计前后,不同约束条件下
节点 8 沿 y 方向的频响函数曲线

初始设计时,所有杆件的截面积都是 $20cm^2$。其下限设计值是 $6.45cm^2$,上限是 $100cm^2$。按照杆件的长度,将各截面尺寸分成了七组,见表 14-5 的第二列所示[102],每一组杆件的截面尺寸将同时变化。仍然假设结构的各阶模态阻尼率为 $\zeta_i=0.05$。

假设结构在节点 1 沿 y 方向,水平受到一个随机外激励的作用。要求在[0, 110]Hz 范围内,节点 1 沿 y 方向位移频响函数的幅值较初始设计分别下降 40% 和 60%。

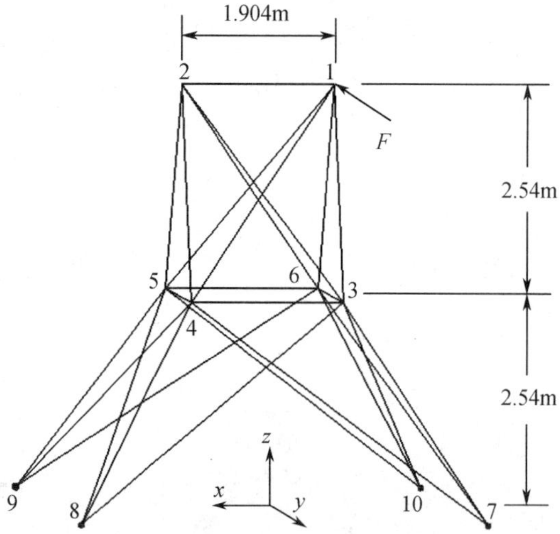

图 14-15　空间 25 杆桁架结构

初始设计时,结构前五阶固有频率列于表 14-6 中的第二列。在[0, 110]Hz 范围内,结构仅有三个固有频率。但其中的第一阶振型代表结构沿 x 轴方向的摆动,对选定节点 y 方向的位移响应没有影响。另外,为了简化处理,在两个共振峰值之间仅取一个特征频率点。由此总共选取三个特征频率点:

$$\Omega_1=0.7\omega_2,\quad \Omega_2=1.2\omega_2,\quad \Omega_3=1.1\omega_3$$

表 14-5 杆件组及优化前后的截面积设计(cm^2)

变量组	杆件两端节点号	初始设计	优化设计	
			40% 降幅	60% 降幅
1	1-2	20	25.491	39.478
2	1-4, 1-5, 2-3, 2-6	20	20.530	32.324
3	1-3, 1-6, 2-4, 2-5	20	53.758	76.710
4	3-4, 4-5, 5-6, 3-6	20	6.450	6.450
5	3-10, 6-7, 4-9, 5-8	20	17.101	27.439
6	3-8, 4-7, 5-10, 6-9	20	32.962	48.614
7	3-7, 4-8, 5-9, 6-10	20	30.234	45.506
结构质量/kg		1310.32	1781.86	2653.46

图 14-16 分别显示了在频响函数降幅为 60% 时的优化迭代过程中,结构质量和三个特征频率点位移响应幅值的变化情况。在结构质量逐渐增大的同时,三个特征频率点响应幅值交替下降。当频响约束条件得到满足以后,设计点开始沿着约束边界移动,并逐渐到达最优设计点,而结构质量逐渐趋于一个稳定值时。结构质量以及各杆件截面积优化设计结果分别列于表 14-5 中的后二列。

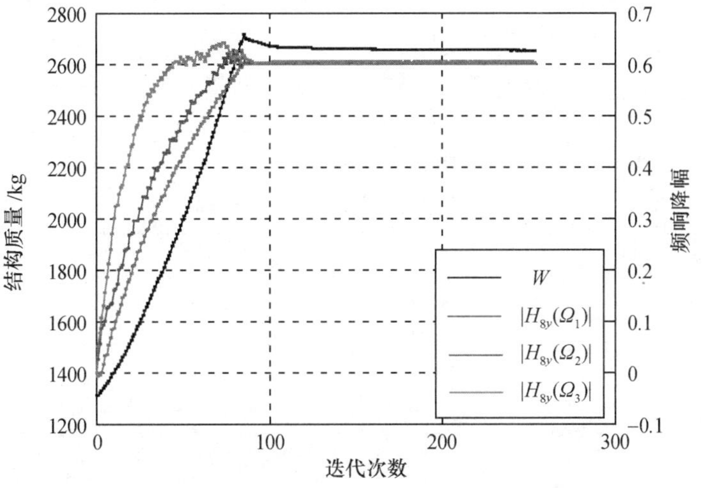

图 14-16 优化设计前后,结构质量和特征频率点动响应幅值变化过程

图 14-17 分别示出了优化设计前、后,节点 1 沿 y 方向的位移频响幅值曲线。在给定频段内,频响函数曲线整体都得到了显著下降。这再次验证了在共振峰值两侧,选择特征频率点的策略是可行的,能有效控制给定频段内的频响函数曲线,实现了频响幅值曲线的整体下降。优化设计后,结构的前 5 阶固有频率分别列于表 14-6 中。很明显,结构的第二、三阶固有频率变化很小,保证了在给定频段内不出现新的共振峰值。第一阶频率虽有较大地变化,但因其相应振型仍然与激励和测量点位移方向正交,故对位移响应没有影响。换句话说,如果优化设计仅改变本算例桁架结构的第一阶固有频率,其结果对当前位移响应下降几乎没有什么影响。

由于本算例桁架结构的所有节点上,没有非结构集中质量存在。因此,可以采用 7.1

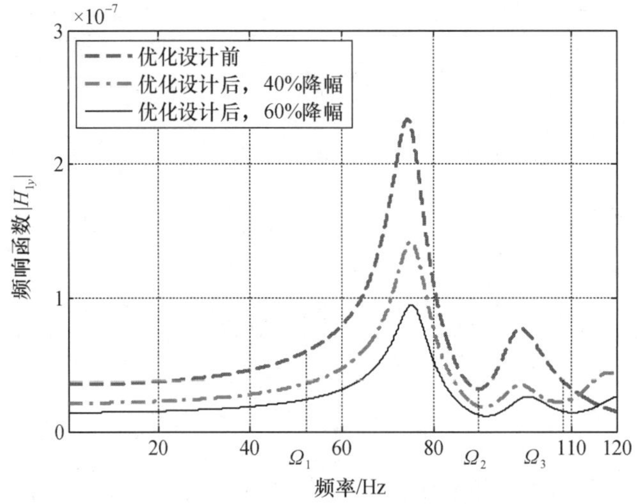

图 14-17　25 杆桁架结构,在不同约束条件下节点 1 沿 y 方向的频响函数曲线

节提到的截面均匀修改设计方法[46],降低结构的频响幅值。按照式(7.10),若要使结构的频响曲线整体下降 40.0%,应将所有杆件的截面积都增加到 33.33cm^2($\alpha=2/3$)。虽然截面均匀修改设计能使该结构的固有频率保持不变,但这样的均匀修改得到的结构质量却增加了 66.7%,达到 2183.86kg,远大于以上截面优化设计的结果。类似地,均匀截面修改设计使结构的频响曲线整体下降 60.0% 的同时,也使结构质量增加了 150%,达到 3275.79kg。同样也是远大于以上截面优化设计的结果。

表 14-6　空间 25 杆桁架结构优化前后的前 5 阶固有频率(Hz)

频率阶数	初始设计	优化设计	
		40% 降幅	60% 降幅
1	71.72	64.83	65.80
2	74.84	75.58	75.71
3	98.55	98.90	100.57
4	123.51	117.27	112.48
5	124.91	120.51	120.06

进一步对比发现,如果从以上频响函数降幅为 40.0% 的优化结果出发,通过截面均匀修改设计获得 60.0% 的频响降幅($\alpha=0.5$)。那样所得的结构质量为 2672.79kg,但仍略高于以频响函数降幅为 60.0% 约束的优化设计结构质量的 0.73%。

本章小结

本章研究了基于频响函数幅值约束的桁架结构尺寸优化设计问题。在结构动力优化设计中,这是一个研究相对较少的方面,也是目前亟待加强的一个研究领域。该类优化问题的困难所在,主要是优化算法如何实现在一个较宽频段内,对结构的频响函数整体进行有效约束,均匀地降低结构在该频段上的响应值。这对现有的优化算法,提出了一个极大的挑战。以往的研究主要从时域内分析,通过约束响应的均方值,实现对宽频段结构响应的控制。但这首先需要知道激励的一些统计特性,通常都简单假设输入是理想白噪声[105]。本章提出控制结构的频响函数值,可以不必对激励进行过多限制。因为不论是响应的功率谱密度,还是响应的均方值都极大地依赖于结构的频响函数,见式(14.12)和式(14.13)。

本章提出了一种离散化频响函数的简化策略,在给定频段内,通过在共振峰值两侧各选择一个特征频率点,利用各特征频率点响应的变化近似代替整个频响函数在该频段内的变化。通过降低这些特征频率点的动响应幅值,借以达到整体降低频响幅值曲线的目的。同时也能基本控制给定频段内共振频率(即结构的固有频率)的移动,不使各共振峰值随意移动,或出现新的共振峰值。该替代策略极大地简化了设计约束函数的计算,使得各种优化算法能够顺利运行。本章的数值算例证明了该频响函数简化策略是可行的,能有效提高结构优化的设计效率。

本章依然采用渐进优化算法对桁架结构的尺寸进行优化设计。通过灵敏度分析获得各设计变量的修改效率,并按照变量的设计效率修改结构模型,从而实现了在频响函数幅值下降的同时,结构的质量增加最少,间接到达结构质量最小设计的目的。从本章的三个典型桁架结构的尺寸优化结果不难看出,在给定的频段范围内,通过少数几个特征频率点的动响应幅值变化,实现了结构的频响函数整体连续、均匀地下降。从对频响函数有效控制的角度考虑,以频响为约束的优化效果,明显优于基于频率约束的优化效果。本章的研究结果,具有重要的理论意义和广泛的应用前景。

在计算结构的频响函数及其对设计变量的一阶导数时,本章采用了完整的模态叠加法。这种方法可以考虑结构的模态阻尼对频响函数的影响,虽然本章将模态阻尼率简单地作为常数来处理。然而在完整的模态空间内,采用模态叠加法计算结构的频响函数及其一阶导数,首先需要计算结构所有的频率和振型。对于大型、复杂振动系统,由于结构自由度的增多,通常只能得到较低阶的模态参数。计算其所有的模态参数既耗时又费力,而且得到的高阶模态参数精确度不高,与真实结构的振动模态参数相差较大。为了能够快速地计算结构的频响函数值,有效地对结构进行优化设计,可以采用模态截尾法(Modal Truncation Scheme),在一个缩减的模态空间(Reduced Mode Space)近似计算结构频响函数及其一阶导数。如果优化设计要求在低频段控制结构的频响函数,可以利用结构的前几阶模态参数,如采用模态加速度方法,近似考虑高阶模态对频响函数的贡献,能够比较精确地计算结构在低频段的频响函数[109,110]。在缩减的模态空间中对结构频响函数进行优化设计,保证优化算法的可执行性,对实际复杂结构的频响优化设计是至关重要,能有效提高结构优化设计的效率[111]。这方面的研究,特别是快速、准确计算频响函数一阶导数问题[49,112],还有待进一步地探索。

参 考 文 献

[1] Haftka R T, Gürdal Z. Elements of structural optimization[M]. Netherlands: Dordrecht, Kluwer Academic Publishers, 1992.

[2] 梁醒培, 王辉. 基于有限元法的结构优化设计[M]. 北京: 清华大学出版社, 2010.

[3] 顾元宪, 程耿东. 结构形状优化设计数值方法的研究和应用[J]. 计算结构力学及其应用, 1993, 10(3), 321-335.

[4] Deaton J D, Grandhi R V. A survey of structural and multidisciplinary continuum topology optimization: post 2000[J]. Struct Multidiscip Optim, 2014, 49, 1-38.

[5] Radovcic Y, Remouchamps A. BOSS QUATTRO: an open system for parametric design[J]. Struct Multidisc Optim, 2002, 23, 140-152.

[6] Rozvany G I N, Bendsøe M P, Kirsh U. Layout optimization of structures[J]. Applied Mechanics Review, 1995, 48(2), 41-117.

[7] 朱伯芳, 梨展眉, 张璧城. 结构优化设计原理与应用[M]. 北京: 水利电力出版社, 1984.

[8] Bruggi M, Duysinx P. Topology optimization for minimum weight with compliance and stress constraints[J]. Struct Multidisc Optim, 2012, 46, 369-384.

[9] Sigmund O, Maute K. Topology optimization approaches, A comparative review [J]. Struc Multidisc Optim, 2013, 48(6), 1031-1055.

[10] Wang D. Sensitivity analysis and shape optimization of a hole in a vibrating rectangular plate for eigenfrequency maximization[J]. J. Engineering Mechanics, Transactions of the ASCE, 2012, 138(6), 662-674.

[11] Li Y, Wang D, Wang T H. Frequency interval optimization of a wing considering uncertain locations of lumped masses [J]. J. of Aerospace Engineering, ASCE, 2017, 04017026.

[12] Vanderplaats G N. Mathematical programming methods for constraints optimization: primal methods[J], in Kamat MP (ed), Structural Optimization: Status and Promise. Progress in Astronautics and Aeronautics, 1993, 150, 29-49.

[13] Niordson F I. On the optimal design of a vibrating beam[J]. Quarterly of Applied Mathematics, 1965, 23, 47-53.

[14] 陈建军, 车建文, 崔明涛, 等. 结构动力优化设计评述与展望[J]. 力学进展, 2001, 31(2), 181-192.

[15] Grandhi R. Structural optimization with frequency constraints - A Review[J]. AIAA J., 1993, 31(12), 2296-2303.

[16] 童卫华, 姜节胜, 顾松年. 桁架频率优化解存在性及其算法研究[J]. 应用力学学报, 2000, 17(2) 36-43.

[17] 程耿东, 顾元宪. 序列二次规划法在结构动力优化中的应用[J]. 振动与冲击, 1986, 17(1), 12-20.

[18] Tong W H, Liu G R. An optimization procedure for truss structure with discrete design variables and dynamic constraints [J]. Computers and Structures, 2001, 79(2), 155-162.

[19] Jog C S. Topology design of structures subjected to periodic loading[J]. J. of Sound and Vibration, 2002, 253(3), 687-709.

[20] 荣见华, 郑建龙, 徐飞鸿. 结构动力修改及优化设计[M]. 北京: 人民交通出版社, 2002.

[21] 朱伯芳. 有限元素法基本原理和应用[M]. 北京: 水利电力出版社, 1998.

[22] 普齐米尼斯基 J. S. 矩阵结构分析理论[M]. 王德荣, 等译. 北京: 国防工业出版社, 1974.

[23] van Keulen F, Haftka R T, Kim N H. Review of options for structural design sensitivity analysis[J]. Part 1: Linear systems, Computer Methods in Applied Mechanics and Engineering, 2005, 194 (30-33), 3213-3243.

[24] Choi K K, Kim N H. Structural sensitivity analysis and optimization 1: Linear systems [M]. New York: Springer, 2005.

[25] Zhou M, Haftka R T. A comparison of optimality criteria methods for stress and displacement constraints[J]. Computers

and Structures. 1995, 124(2), 253 – 271.

[26] Gil L, Andreu A. Shape and cross – section optimization of a truss structure[J]. Computers and Structures, 2001, 79(7), 681 – 689.

[27] Wang D, Zhang W H, Jiang J S. Truss shape optimization with multiple displacement constraints[J]. Computer Methods in Applied Mechanics and Engineering, 2002, 191(33), 3597 – 3612.

[28] Xie Y M, Steven G P. Evolutionary structural optimization[M]. Berlin: Springer, 1997.

[29] Lipson S L, Gwin L B. The complex method applied to optimal truss configuration[J]. Computers and Structures, 1977, 7(3), 461 – 468.

[30] 隋允康, 高峰, 龙连春, 等. 基于层次分解方法的桁架结构形状优化[J]. 计算力学学报, 2006, 23(1), 46 – 51.

[31] Hansen S R, Vanderplaats G N. Approximation method for configuration optimization of trusses[J]. AIAA J, 1990, 28(1), 161 – 168.

[32] Rozvany G I N, Birker T. Generalized Michell structures – exact least – weight truss layouts for combined stress and displacement constraints. Part I – general theory for plane trusses, [J]. Struct Multidisc. Optim, 1995, 9(3 – 4), 178 – 186.

[33] 王栋, 张卫红, 姜节胜. 桁架结构形状与尺寸组合优化[J]. 应用力学学报, 2002, 19(3), 72 – 76.

[34] Wang D, Zhang, W H, Jiang, J S. Combined shape and sizing optimization of truss structures[J]. Computational Mechanics, 2002, 29(4 – 5), 307 – 312.

[35] Svanberg K. Optimization of geometry in truss design[J]. Computer Methods in Applied Mechanics and Engineering, 1981, 28(1), 63 – 80.

[36] Imam M H, Al – Shihri M. Optimum topology of structural supports[J]. Computers and Structures, 1996, 61(1), 147 – 154.

[37] Alteki M. Bending of orthotropic super – elliptical plates on intermediate point supports[J]. Ocean Engineering, 2010, 37, 1048 – 1060.

[38] Liu Z S, Hu H C, Huang C. Derivative of buckling load with respect to support locations[J]. J. of Engineering Mechanics, Transactions of the ASCE, 2000, 126, 559 – 564.

[39] Haug E J, Choi K K, Komkov V. Design sensitivity analysis of structural systems[M]. New York: Academic Press, 1986.

[40] Wang D. Optimization of support positions to minimize the maximal deflection of structures[J]. Int. J. of Solids and Structures, 2004, 41(26), 7445 – 7458.

[41] Friswell M I. Efficient placement of rigid supports using finite element models[J]. Communications in Numerical Methods in Engineering, 2006, 22(3), 205 – 213.

[42] Wang D. Comments on "Efficient placement of rigid supports using finite element models"[J]. Communications in Numerical Methods in Engineering, 2007, 23(4), 327 – 331.

[43] Haftka R T, Adelman H M. Recent developments in structural sensitivity analysis[J]. Struct Optim, 1989, 1, 137 – 151.

[44] Wang D. Optimal design of structural support positions for minimizing maximal bending moment[J]. Finite Elements in Analysis and Design, 2006, 43(2), 95 – 102.

[45] Wang D. Optimal shape design of a frame structure for minimization of maximal bending moment[J]. Engineering Structures, 2007, 29(8), 1824 – 1832.

[46] 童卫华, 姜节胜, 顾松年. 动力学设计与动力学特性指标的若干问题初探[J]. 固体力学学报, 1997, 18(SI), 146 – 150.

[47] Fox R L, Kapoor M P. Rate of change of eigenvalues and eigenvectors[J]. AIAA J., 1968, 6(12), 2426 – 2429.

[48] Nelson R B. Simplified calculation of eigenvector derivatives[J]. AIAA J., 1976, 14(9), 1201 – 1205.

[49] Wang B P. Improved approximate methods for computing eigenvector derivativesin structural dynamics[J]. AIAA J., 1991, 29(6), 1018 – 1020.

[50] 方同，薛璞. 振动理论及应用[M]. 西安：西北工业大学出版社，1997.
[51] Ting T. Design sensitivity analysis of structural frequency response[J]. AIAA J., 1993, 31(10), 1965-1967.
[52] Newland D E. Mechanical vibration analysis and computation[M]. New York: Dover Publications, Inc, 1989.
[53] Friswell M I. The derivatives of repeated eigenvalues and their associated eigenvectors[J]. J. of Vibration and Acoustics, 1996, 118(3), 390-397.
[54] Wang D, Jiang J S, Zhang W H. Characteristics of sensitivity analysis of repeated frequencies[J]. AIAA J., 2004, 42(9), 1939-1943.
[55] Seyranian A P, Lund E, Olhoff N. Multiple eigenvalues in optimization problems[J]. Struct. Optim., 1994, 8, 207-226.
[56] Mills-Curran W C. Calculation of eigenvector derivatives for structures with repeated eigenvalues[J]. AIAA J., 1988, 26(7), 867-871.
[57] Pedersen N L, Nielsen A K. Optimization of practical trusses with constraints on eigenfrequencies displacements, stresses, and buckling[J]. Struct Multidisc Optim, 2003, 24, 436-445.
[58] 张贤达. 矩阵分析与应用[M]. 北京：清华大学出版社，2004.
[59] 胡海昌. 多自由度结构固有振动理论[M]. 北京：科学出版社，1987.
[60] Prells U, Friswell M I. Calculating derivatives of repeated and nonrepeated eigenvalues without explicit use of eigenvectors[J]. AIAA J., 2000, 38(8), 1426-1436.
[61] Craig RR Jr. Structural dynamics, an introduction to computer methods[M]. New Jersey: John Wiley & Sons, Inc. 1981.
[62] Wang D, Zhang W H, Jiang J S. What are the repeated frequencies[J]. J. of Sound and Vibration, 2005, 281(5), 1186-1194.
[63] Miguel LFF, Miguel LFF. Shape and size optimization of truss structures considering dynamic constraints through modern metaheuristic algorithms[J]. Expert Systems with Applications, 2012, 39, 9458-9467.
[64] Sergeyev O, Mroz Z. Sensitivity analysis and optimal design of 3d frame structures for stress and frequency constraints[J]. Computers & Structures, 2000, 75(2), 167-185.
[65] Wang D, Zhang WH, Jiang J S. Truss optimization on shape and sizing with frequency constraints[J]. AIAA J., 2004, 42(3), 622-630.
[66] 王栋，李晶. 空间桁架结构动力学形状优化设计[J]. 工程力学，2007, 24(4), 129-134.
[67] Grandhi R, Venkayya V B. Structural optimization with frequency constraints[J]. AIAA J., 1988, 26(7), 858-866.
[68] Sedaghati R, Suleman A, Tabarrok B. Structural optimization with frequency constraints using the finite element force method[J]. AIAA J., 2002, 40(2), 382-388.
[69] Wei L Y, Zhao M, Wu G M, et al. Truss optimization on shape and sizing with frequency constraints based on genetic algorithm[J]. Computational Mechanics, 2005, 35(5), 361-368.
[70] Sadek E A. Dynamic optimization of framed structures with variable layout[J], Int. J. for Numerical Methods in Engineering, 1986, 23(7), 1273-1294.
[71] 王栋，李正浩，任建亭. 输流管道附加支承刚度优化设计[J]. 计算力学学报，2016. 33(6), 851-855.
[72] Wang D, Jiang J S, Zhang W H. Optimization of support positions to maximize fundamental frequency of structures[J]., Int J. for Numerical Methods in Engineering, 2004, 61(10), 1584-1602.
[73] Wang D, Friswell M I, Lei Y. Maximizing the fundamental frequency of a beam with an intermediate elastic support[J]. J. of Sound and Vibration, 2006, 291(3-5), 1229-1238.
[74] Olhoff N, Akesson B. Minimum stiffness of optimally located supports for maximum value of column buckling loads[J]. Structural Optimization, 1991, 3, 163-175.
[75] Wang D. Optimal design of an intermediate support for a beam with elastically restrained boundaries[J]. J. of Vibration and Acoustic, Transactions of the ASME, 2011, 133(3), 031014.
[76] Wang B P. Eigenvalue sensitivity with respect to location of internal stiffness and mass attachments[J]. AIAA J., 1993, 31(4), 791-794.

[77] Liu Z S, Hu H C, Wang D J. New method for deriving eigenvalue rate with respect to support location[J]. AIAA J., 1996, 34(4), 864-866.

[78] 欧阳炎，王栋．结构支撑位置改变时固有频率的快速计算[J]．振动与冲击，2012，31(18)，1-4.

[79] Wang CY. Minimum stiffness of an internal elastic support to maximize the fundamental frequency of a vibrating beam [J]. J. of Sound and Vibration, 2003, 259(1), 229-232.

[80] Bokaian A. Natural frequencies of beams under tensile axial loads[J]. J. of Sound and Vibration, 1990, 142(3), 481-498.

[81] Bokaian A. Natural frequencies of beams under compressive axial loads[J]. J. of Sound and Vibration, 1988, 126(1), 49-65.

[82] Liu Z S, Huang C. Evaluation of the parametric instability of an axially translating media using a variational principle. J. of Sound and Vibration, 2002, 257(5), 985-995.

[83] Wang D. Optimum design of intermediate support for raising fundamental frequency of a beam or column under compressive axial preload[J]. J. of Engineering Mechanics, Transactions of the ASCE, 2014, 140(7), 04014040.

[84] Wang C M, Nazmul I M. Buckling of columns with intermediate elastic restraint[J]. J. of Engineering Mechanics, Transactions of the ASCE, 2003, 129(2), 241-244.

[85] Yoo C H, Lee S C. Stability of structures: principles and applications[M]. UK: Elsevier, Oxford, 2011.

[86] Ingber M S, Pate A L, Salazar J M. Vibration of clamped plate with concentrated mass and spring attachments[J]. J. of Sound and Vibration, 1992, 153(1), 143-166.

[87] Leissa A W. The free vibration of rectangular plates[J]. J. of Sound and Vibration, 1973, 31, 257-293.

[88] Friswell M I, Wang D. The minimum support stiffness required to raise the fundamental natural frequency of plate structures[J]. J. of Sound and Vibration, 2007, 301(3-5), 665-677.

[89] Wang D, Yang Z C, Yu Z G. Minimum stiffness location of point support for control of fundamental natural frequency of rectangular plate by Rayleigh-Ritz method[J]. J. of Sound and Vibration, 2010, 329(14), 2792-2808.

[90] 王栋，李正浩．薄板结构加筋布局优化设计方法研究[J]．计算力学学报，2018，35(2)，138-143.

[91] 王栋，段宇博．矩形板边界支撑优化设计[J]．工程力学，2010，27(5)，27-31.

[92] Li WL. Vibration analysis of rectangular plates with general elastic boundary supports. J. of Sound and Vibration, 2004, 273, 619-635.

[93] 王栋．附带有考虑集中质量的转动惯性的梁固有振动分析[J]．振动与冲击，2010，29(11)，232-236.

[94] 王栋，马建军．用高阶梁单元计算梁结构附带集中质量的灵敏度[J]．振动与冲击，2013，32(15)，111-115.

[95] Wang D. Frequency sensitivity analysis for beams carrying lumped masses with translational and rotary inertias[J]. Int. J. of Mechanical Sciences, 2012, 65, 192-202.

[96] Wang D, Jiang J S, Zhang W H. Frequency optimization with respect to lumped mass position[J]. AIAA J., 2003, 41 (9), 1780-1787.

[97] To C W S. Higher order tapered beam finite elements for vibration analysis[J]. J. of Sound and Vibration, 1979, 63 (1), 33-50.

[98] Wang D. Vibration and sensitivity analysis of beam with lumped mass of translational and rotary inertias[J]. J. of Vibration and Acoustic, Transactions of the ASME, 2012, 134(3), 034502.

[99] 顾元宪，马红艳，姜成，等．海洋平台结构动力响应优化设计与灵敏度分析[J]．海洋工程，2001，19(1)，7-13.

[100] Jung J, Hyun J, Goo S, et al. An efficient design sensitivity analysis using element energies for topology optimization of a frequency response problem[J]. Computer Methods in Applied Mechanics and Engineering, 2015; 296, 196-210.

[101] Shu L, Wan M Y, Fang Z, et al. Level set based structural topology optimization for minimizing frequency response [J]. J. of Sound and Vibration, 2011; 330(24), 5820-5834.

[102] Chen T Y. Optimum design of structures with both natural frequency and frequency response constraints[J]. Int. J. for Numerical Methodsin Engineering, 1992, 33, 1927-1940.

[103] 王栋，高雯丽．基于频响函数约束的桁架结构尺寸优化设计[J]．应用力学学报，2015，32(1)，101-106.

[104] 童卫华，姜节胜，顾松年．一种以均方响应作为约束的动力学设计方法[J]．应用力学学报，1996，13(3)，94-98.

[105] Tong W H, Jiang J S, Liu G R. Dynamic design of structures under random excitation[J]. Computational Mechanics, 1998, 22, 388-394.

[106] Qu ZQ. Accurate methods for frequency responses and their sensitivities of proportionally damped systems, Computers and Structures, 2001, 79, 87-96.

[107] 方同．工程随机振动[M]．北京：国防工业出版社，1995.

[108] Wirsching P L, Paez T L, Ortiz K. Random vibrations[M]. New York: Dover Publications, Inc, 1995.

[109] Soriano H L, Filho F V. On the modal acceleration method in structural dynamics. Mode truncation and static correction[J], Comput Struct, 1988, 29(5), 777-782.

[110] Dickens J M, Nakagawa J M, Wittbrodt M J. A critique of mode acceleration and modal truncation augmentation methods for modal response analysis[J]. Comput Struct, 1997, 62:985-998.

[111] 高雯丽，王栋．基于缩减模态空间的桁架结构频响优化设计[J]．振动工程学报(增刊)，2014，27，170-175.

[112] Wang B P, Caldwell S P. An improved approximate method for computing eigenvector derivatives[J]. Finite Elementsin Analysis and Design, 1993, 14, 381-392.